Praktische Übungen in der Physiologie

Eine Anleitung für Studierende

Von

Dr. L. Asher

ord. Professor der Physiologie, Direktor des
Physiologischen Instituts der Universität Bern

Zweite, verbesserte und
wesentlich vermehrte Auflage

Mit 40 Abbildungen

Berlin
Verlag von Julius Springer
1924

ISBN-13: 978-3-642-98878-3   e-ISBN-13: 978-3-642-99693-1
DOI: 10.1007/978-3-642-99693-1

Alle Rechte, insbesondere das der Übersetzung
in fremde Sprachen, vorbehalten.
Copyright by Julius Springer in Berlin.

Vorwort zur ersten Auflage.

Die Zeit, wo die Physiologie ausschließlich durch theoretische Vorlesungen mit Vorlesungsexperimenten gelehrt wurde, ist vorüber. Allen Ortes sind praktische Übungen als notwendiger Bestandteil des physiologischen Unterrichtes erkannt worden. Dies tut sich schon äußerlich daran kund, daß wir zur Zeit über eine ganze Reihe von Lehrbüchern für das physiologische Praktikum verfügen. Es liegt im Entwicklungsgange des praktischen physiologischen Unterrichtes, daß demselben noch ein erhebliches individuelles Moment anhaftet, und dieses historische individuelle Moment möge zur Rechtfertigung des Erscheinens dieses neuen Hilfsbuches zum praktischen physiologischen Unterricht beitragen.

Der Unterrichtsplan der Mediziner in der Schweiz fordert schon seit langen Jahren den Nachweis praktischer Übungen in der Physiologie als Bedingung der Zulassung zu den Staatsprüfungen. Ich fand in Bern die von meinem Vorgänger Prof. Kronecker geschaffene Einrichtung vor, daß die praktischen Übungen in der Physiologie zwei Semester lang von den Studierenden besucht werden. Bei der großen Fülle von Aufgaben, welche der praktische Unterricht in der Physiologie zu erfüllen hat, sind zwei Semester jedenfalls keine übertriebene Anforderung an die Studierenden. Ich habe das Berner Praktikum dementsprechend als einen Kursus von Zwei-Semesterdauer eingerichtet und habe den Stoff in Anlehnung an die Hauptvorlesungen so eingeteilt, daß in einem Semester die Übungen zur Physiologie des Stoffwechsels, im anderen Semester diejenigen zur Physiologie der Bewegung und Empfindung ausgeführt werden. Für den Studierenden ist es vorteilhaft, wenn er das Lehrgebiet, über welches sich die physiologischen Übungen erstrecken, vorher in einer theoretischen Vorlesung gehört hat, denn die Übungen sollen nicht zum Anlernen des Lehrinhaltes der Physiologie dienen, sondern zur Vertiefung der Kenntnisse, zur Gewinnung von Anschauung, die allein den Gedächtnisbesitz der physiologischen Tatsachen und Gesetze verbürgt und zum Erwerb praktischer Kenntnisse, die dem künftigen Mediziner nützlich sein können.

Ich habe mich bemüht, bei der Organisation des Praktikums den folgenden Gesichtspunkten Rechnung zu tragen:

In erster Linie sollen möglichst viel Aufgaben so einfach eingerichtet sein, daß sie der Studierende allein, beziehentlich in sogenannten Gruppen ausführen kann. Dadurch, daß der Studierende in die Lage gesetzt wird, eine ganze Menge von physiologischen Untersuchungen wirklich selbständig auszuführen, erkennt er, daß physiologische Übungen mindestens denselben Unterrichtswert besitzen wie ein chemisches Praktikum oder das Präparieren auf der Anatomie.

In zweiter Linie sollte das Gesamtgebiet der Physiologie dem Studierenden innerhalb zwei Semester praktisch vor Augen geführt werden. Dieses Ziel ist im vorliegenden Buche durch eine passende Auswahl versucht worden zu erreichen. Eine Unterscheidung zwischen physikalischen und chemischen Methoden ist absichtlich unterlassen worden. Die Untersuchung der Funktionen ist in den Vordergrund gerückt, und diese werden bald mehr mit physikalischen, bald mehr mit chemischen Methoden untersucht. Ich habe eine Anzahl von quantitativen, chemischen Methoden in die Übungen mit eingezogen, weil ich der Meinung bin, daß quantitative Arbeiten für den künftigen Arzt einen außerordentlich hohen, erzieherischen Wert besitzen. Die Übungen mit chemischen Methoden erheben keinen Anspruch darauf, den Studierenden in die physiologische Chemie einzuführen; dazu ist ein eigenes, physiologisch-chemisches Praktikum erforderlich. Die chemischen Aufgaben dieses Buches dienen ausschließlich zum besseren Verständnis der Funktionen. Auch einzelne physikalische Aufgaben sind in diesem Buche mit aufgenommen worden, meist deshalb, weil sie zur Einführung in nachfolgende wichtige, physiologische Methoden dienen. Sie wurden aber auch deshalb aufgenommen, weil leider der Studierende der Medizin meist nicht die Gelegenheit wahrnimmt, ein physikalisches Praktikum zu besuchen und deshalb der Physiolog, bis dieser Zustand sich ändert, in die Lücke springen muß.

In dritter Linie sollten eine Reihe von Aufgaben aufgenommen werden, durch welche wichtige physiologische Gesetze oder grundlegende Methoden, auf denen sehr vieles in Physiologie und Pathologie aufgebaut ist, veranschaulicht werden, trotzdem sie nicht vom Studierenden selbst ausgeführt werden können. Diese leicht erkennbaren Aufgaben sind als Demonstrationsaufgaben gedacht. Dieselben werden vom Lehrpersonal ausgeführt, und es werden Studenten in Gruppen zur Assistenz beigezogen, wie es etwa in chirurgischen und anderen Kliniken üblich ist. Man wird vorläufig in physiologischen Übungen nicht ganz ohne Demonstrationsversuche auskommen können.

Im übrigen sind die anderen Aufgaben, soweit sie nicht zu den Demonstrationsaufgaben gehören, in der Art abgefaßt, daß sie den Studierenden in kurzen Zügen anweisen, wie die betreffende Untersuchung anzustellen ist. Dabei wird an passenden Stellen der Studierende darauf aufmerksam gemacht, daß Gelegenheit gegeben ist, durch eigenes Nachdenken zu finden, worauf es ankommt.

Theoretische Auseinandersetzungen sind so gut wie ganz vermieden worden. Ich möchte dem Lehrpersonal vorbehalten wissen,

Vorwort zur ersten Auflage. V

wie es das für jede einzelne Aufgabe erforderliche theoretische Wissen beibringen will. Auch auf eine nähere Beschreibung der Apparate wurde verzichtet. Die Beschreibung der Apparate, die an den einzelnen Instituten sehr verschieden sind, muß an den Apparaten selbst stattfinden.

In der Erkenntnis, daß naturgemäß eine ganze Anzahl von physiologischen Übungen mehr oder weniger Gemeingut der meisten Praktika sein müssen, habe ich aus der vorhandenen Literatur Aufgaben in dies Buch aufgenommen. Insbesondere habe ich aus dem Physiologischen Praktikum für Mediziner von R. F. Fuchs (2. Auflage, Wiesbaden: J. F. Bergmann 1912) sowie auch aus den Übungen und Demonstrationen für Studierende von R. Tigerstedt (Leipzig: Hirzel 1913), aus dem Physiologischen Praktikum von E. Abderhalden (Berlin: J. Springer 1912), einzelnes auch aus dem Leitfaden für den praktischen chemischen Unterricht der Mediziner von F. Hofmeister (4. Auflage, Braunschweig: Fr. Vieweg & Sohn 1911), ferner aus den älteren Lehrbüchern für den praktischen Unterricht von Hermann und von Schenck entnommen.

Vorbildlich für mich für die Organisation des Praktikums ist das physikalische Praktikum von Geheimrat Prof. Dr. Quincke in Heidelberg gewesen, an welchem ich das Glück hatte, in den Jahren 1891 und 1892 teilzunehmen. Ich habe versucht, soweit es möglich ist, auf den physiologischen Unterricht zu übertragen, was ich dort gelernt habe.

Meinem Freunde und Verleger, Herrn Ferdinand Springer, möchte ich für seine großen Mühewaltungen bei der raschen Herausgabe dieses Buches meinen herzlichsten Dank aussprechen.

Bern, im Oktober 1916.

Leon Asher.

Vorwort zur zweiten Auflage.

Die neue Auflage hat in allen ihren Teilen eine vollständige Umarbeitung erfahren. Die Praxis des Laboratoriumsunterrichtes gab vielfach Veranlassung, die bisherigen Aufgaben den gemachten Erfahrungen anzupassen, einige sind auch ganz gestrichen worden. Andererseits sind sehr zahlreiche neue Aufgaben und Methoden aufgenommen worden, darunter eine größere Anzahl von quantitativen Methoden. Ich habe sowohl der Entwicklung der Physiologie Rechnung zu tragen gesucht wie auch besonders das Praktikum der Physiologie mehr und mehr in der Richtung ausgestaltet, daß frühzeitig den Studenten der Medizin die Physiologie als das eigentliche Fundament der modernen Medizin vor Augen geführt wird. Es ist dies auch der Grund, weshalb sehr viele Methoden, deren sich auch die wissenschaftliche Klinik bedient, aufgenommen wurden. So tritt die innere Gemeinsamkeit des vorklinischen und klinischen Unterrichtes für den Studenten in fruchtbringenderer Weise zutage, als das durch das immer noch zu starke und im Verhältnis zu seiner wirklichen Bedeutung viel zu zeitraubende Überwiegen des morphologischen Unterrichtes geschehen kann. Quantitative Methoden scheinen mir nicht bloß ihrer selbst wegen, sondern auch wegen der für den Arzt so dringend nötigen Erziehung zur Genauigkeit und Selbstkritik sehr wertvoll. Qualitatives und präparatives Arbeiten ließ ich als diesen Zwecken weniger dienlich zurücktreten.

Schließlich habe ich in der neuen Auflage eine Reihe eigener Methoden aufgenommen, die sich in Forschung und Unterricht bewährt haben, um sie dem allgemeineren Gebrauche zugänglich zu machen.

Wie in der ersten Auflage habe ich die wertvollen methodischen Erfahrungen anderer Autoren herangezogen. Ich nenne hier besonders die ausgezeichneten Werke von Bang, Hawk, Mandel und Steudel, Matthews, Michaelis und Pincussen.

Bern, Sommer 1924.

Leon Asher.

Inhaltsverzeichnis.

I. Übungen zur Physiologie der vegetativen Funktionen.

Allgemeines und Lehre vom Blut.

Seite
1. Prüfung organischer Körper auf ihren Gehalt an Kohlenstoff und Stickstoff.................... 1
2. Reaktion des Fettes 2
3. Löslichkeit und Hydrolyse von Fett durch Alkali........ 2
4. Eiweißreaktionen....................... 3
5. Versuche über Dialyse 4
6. Zählung der roten Blutkörperchen nach der Methode von Thoma und Zeiß......................... 4
7. Zählung der roten Blutkörperchen nach der Methode von Hayem-Sahli 5
8. Bestimmung von Volumen der Blutkörperchen und des Plasmas mit dem Hämatokrit 7
9. Messen der Durchmesser von roten Blutkörperchen 10
10. Lackfarbenwerden des Blutes 10
11. Einfluß der Salzkonzentration auf den Austritt von Hämoglobin. 11
12. Nachweis von Eisen im Blut 11
13. Anstellung der Häminprobe................. 11
14. Bestimmung des Hämoglobingehaltes mit dem Hämometer nach Sahli 11
15. Bestimmung des Hämoglobingehaltes mit dem von Fleischl-Miescherschen Hämometer 13
16. Beobachtung von Oxyhämoglobin im Spektrum........ 13
17. Beobachtungen an den Derivaten des Oxyhämoglobins..... 14
18. Zählung der weißen Blutkörperchen nach Hayem-Sahli 15
19. Beobachtung der Blutplättchen am Menschen nach Bürker-Fuchs und nach Sahli 16
20. Beobachtung und Zählung der Blutplättchen nach Flössner .. 18
21. Untersuchung der Arten der weißen Blutkörperchen und Feststellung der relativen Zahl der einzelnen Arten 18
22. Bestimmung der Gefrierpunktserniedrigung des Blutes 19
23. Bestimmung des osmotischen Druckes von Serum nach Hamburger 20
24. Globulin und Albumin des Blutserums 21
25. Gewinnung von menschlichem Serum............. 21
26. Versuch über die Gerinnung des Blutes 21
27. Nachweis von Fibrinogen im Plasma 23
28. Quantitative Bestimmung des Fibrinfermentes 23
29. Viscosität des Blutes 24
30. Nachweis des Phosphors und des Schwefels in Eiweißkörpern.. 25

VIII   Inhaltsverzeichnis.

	Seite
31. Bestimmung der elektrischen Leitfähigkeit des Blutes	26
32. Untersuchung der Neutralitätsregulation bzw. der Pufferwirkung	27
33. Bestimmung der Säuren- und Basenkapazität des Blutes	28
34. Nachweis der Kationen, Natrium, Kalium und Calcium im Blute	29
35. Bestimmung des spezifischen Gewichtes des Blutes mit dem Pyknometer	29

Kreislauf.

36. Ernährung des Herzens	30
37. Transfusion beim Frosch	34
38. Minimaler und maximaler Reiz	34
39. Die Bewegung des Froschherzens, beobachtet mit der Suspensionsmethode	35
40. Abhängigkeit des Herzschlags von der Temperatur	35
41. Untersuchung der refraktären Periode, der Extrasystole und des Gesetzes der Erhaltung der physiologischen Reizperiode	36
42. Stanniusscher Versuch	36
43. Muscarin und Atropinwirkung auf das Herz	37
44. Wirkung von Herzgiften auf das Herz	38
45. Reizung des Vagus beim Frosch	38
46. Beobachtungen am überlebenden Säugetierherzen	39
47. Untersuchung der Erregungsleitung im Froschherzen	42
48. Untersuchung des Blockes an der Atrioventrikulargrenze	42
49. Einfache Methode zur Untersuchung des Herzblocks am Frosch	43
50. Goltzscher Klopfversuch	43
51. Aufnahme einer Herzspitzenstoßkurve	43
52. Auskultation der Herztöne beim Menschen	45
53. Perkussion des Herzens	46
54. Blutdruckversuch am Säugetier	47
55. Vergleich des Quecksilbermanometers und der elastischen Manometer	49
56. Sphygmographie	50
57. Blutdruckmessung am Menschen	51
58. Messung der Fortpflanzungsgeschwindigkeit des Pulses am Menschen	52
59. Die Dynamik des Herzmuskels	53
60. Übung über den Nervus depressor und den Nervus splanchnicus	54
61. Schlagvolumen des Kaninchenherzens	57
62. Die Plethysmographie am Menschen	60
63. Beobachtung des Blutstromes in den Capillaren der Lunge	61
64. Beobachtung des Blutstromes in den Capillaren der Froschschwimmhaut, des Mesenteriums und der Lunge	62
65. Messung des Druckes in den Capillaren	62
66. Beobachtung des Capillarkreislaufs am menschlichen Nagelfalz	63
67. Adrenalinbestimmung am Froschgefäßpräparat	63
68. Registrierung des venösen Pulses des Menschen	65
69. Aufzeichnung der Volumveränderung des Froschherzens	65

Atmung und respiratorischer Stoffwechsel.

70. Nachweis des negativen Druckes im Pleuraraum und seiner Veränderung bei der Atmung	66

Inhaltsverzeichnis. IX

Seite
71. Anwendung der künstlichen Atmung beim Tiere. Gewöhnliche künstliche Atmung, Überdruckverfahren nach Brauer und Meltzers Insufflationsmethode 67
72. Messung der Vitalkapazität am Menschen 70
73. Pneumatometrie am Menschen 70
74. Registrierung der Atembewegungen am Menschen 70
75. Bestimmung des Minutenvolumens der menschlichen Atmung . 71
76. Bestimmung der Exspirationsstellung, der Mittelstellung und Vitalkapazität der Lungen nach Krogh 71
77. Untersuchung über die Innervation der Atmung an Kaninchen 72
78. Die chemische Regulation der Atmung des Menschen durch CO_2 75
79. Die Regulation der Atmung durch CO_2-Überschuß und O_2-Mangel 76
80. Bestimmung des Kohlensäuregehaltes der Luft 76
81. Analyse von Kohlensäure und Sauerstoff mit Hilfe der Buntebürette 78
82. Analyse von Atmungsgasen mit Hilfe des Apparates von Orsat . . 80
83. Bestimmung des CO_2-Gehaltes und der CO_2-Spannung der Alveolarluft (nach Haldane und Henderson) 81
84. Gasanalyse mit dem Apparat von Winterstein 84
85. Gasanalyse des Blutes mit Barcrofts Blutgasapparat 85
86. Bestimmung der Alkalireserven (der Kohlensäurekapazität) des Blutes nach van Slyke 87
87. Nachweis der inneren Atmung am Froschherzen 91
88. Quantitative Bestimmung der inneren Atmung am Froschherzen 91
89. Bestimmung des respiratorischen Stoffwechsels kleiner Tiere . 92
90. Untersuchung der Schilddrüsenfunktion vermittels der Prüfung der Sauerstoffmangelempfindlichkeit nach der Methode von Asher 95
91. Respiratorischer Stoffwechsel des Menschen bei Ruhe und bei Muskelarbeit 96

Verdauung.

92. Nachweis von Traubenzucker 98
93. Bestimmung von Traubenzucker durch Polarisation mit Hilfe des Lippichschen Halbschattenapparates 99
94. Quantitative Bestimmung des Traubenzuckers nach Bertram . 101
95. Nachweis der Stärkespaltung durch Speichel 103
96. Quantitative Bestimmung der diastatischen Kraft des Fermentes im Speichel nach Wohlgemuth 104
97. Nachweis von Rhodanwasserstoffsäure im Speichel 105
98. Nachweis und Schätzung der Pepsinmenge mit Mettschen Röhrchen 105
99. Untersuchung der peptischen Verdauungsprodukte 106
100. Umwandlung des Eiweißes durch die Verdauung in dialysable Produkte 107
101. Nachweis und Schätzung der Verdauungskraft eiweißspaltender Fermente mit Hilfe von Grützners Carminmethode 107
102. Methode von Gross zur Bestimmung der Wirksamkeit von Pepsin 107
103. Bestimmung der Verdauungskraft von Pepsin mittels der Methode von Volhard 108
104. Untersuchung der Schluckbewegung und deren Innervation . . 108

Inhaltsverzeichnis.

105. Abhängigkeit der Pepsinverdauung vom Säuregrad 109
106. Nachweis der Salzsäure und Unterscheidung derselben von organischen Säuren 110
107. Bestimmung A) der Gesamtacidität, und B) der an anorganische Stoffe gebundenen Salzsäure 110
108. Bestimmung der aktuellen Acidität des Magensaftes nach der Titrationsmethode von Sahli 111
109. Nachweis der Eiweißspaltungsprodukte, welche durch Verdauung mit Trypsin entstehen 111
110. Nachweis der diastatischen Wirkung von Pankreas 112
111. Nachweis der Fettspaltung durch die Lipase des Pankreas . . 113
112. Quantitative Bestimmung der Fettspaltung durch die Lipase des Pankreas 113
113. Untersuchung der Labwirkung von Magen und Pankreassaft . 113
114. Nachweis des Antiferments gegen Trypsin im Blutserum . . . 114
115. Emulgierung von Fetten 114
116. Nachweis der totalen Aufspaltung von Fleisch durch die Verdauungssäfte des Magens, Pankreas und Darmes 115
117. Nachweis der Verdauungswirkung durch Erepsin 115
118. Reaktionen der wichtigsten Gallenbestandteile 116
119. Nachweis von Cholesterin 116
120. Untersuchung der Milch 117
121. Darstellung von Glykogen aus der Leber 118
122. Quantitative Bestimmung des Glykogens nach Pflüger 118
123. Untersuchung der Darmbewegung beim Kaninchen 119
124. Untersuchung der Dünndarmperistaltik 120
125. Beobachtung der Bewegungen des Froschmagens 122
126. Beobachtung der Darmbewegung mit Hilfe des Bergmannschen Fensters 122

Harn, allgemeiner und intermediärer Stoffwechsel.

127. Stickstoffbestimmung im Harn nach Kjeldahl, nach dem Mikroverfahren von Abderhalden 123
128. Versuch über Harnabsonderung und Plethysmographie der Niere 125
129. Bestimmung des Harnstoffs nach Knop-Hüfner 127
130. Harnstoffbestimmung mit Gerrards Ureometer 128
131. Nachweis der Sulfate im Harn 128
132. Nachweis der Hippursäure 129
133. Nachweis von Indican 129
134. Nachweis von Phenol im Harn 129
135. Nachweis von Urobilin (nach Schlesinger) 130
136. Chlorbestimmung im Harn nach Volhard 130
137. Bestimmung des spezifischen Gewichtes des Harnes 131
138. Bestimmung der Gesamtacidität des Harnes nach Folin 131
139. Bestimmung der Gesamtphosphate im Harn 132
140. Ammoniakbestimmung nach Folin-Spiro 133
141. Bestimmung der anorganischen und Äthersulfate nach der Titrationsmethode von Rosenheim und Drummond 133
142. Bestimmung der Harnsäure nach Folin-Shaffer 134
143. Kreatininbestimmung nach Folin 135

Inhaltsverzeichnis.   XI

Seite
144. Bestimmung der Wasserstoffionenkonzentration des Harnes mit Hilfe der Gaskette 136
145. Bestimmung der Wasserstoffionenkonzentration des Blutes . . 138
146. Gewinnung eines eiweißfreien Filtrates aus Blut für nachfolgende quantitative Mikrobestimmungen 143
147. Bestimmung des Harnstoffes nach der Ureasemethode 145
148. Mikrobestimmung des Reststickstoffes im Blute nach Bang . . 146
149. Mikrobestimmung des Traubenzuckers nach Folin und Wu . . 149
150. Mikrobestimmung der Chloride im Blut 150
151. Bestimmung des Kaliums im Serum nach Kramer 151
152. Bestimmung des Calciums im Blut oder Blutplasma nach Kramer und Tisdall 153
153. Bestimmung des Eiweißgehaltes und des Extraktivstoffgehaltes des Fleisches 153
154. Bestimmung der Rohfaser nach Henneberg-Stohmann..... 154

Wärme.

155. Untersuchung der Thermometer 154
156. Calorimetrie am Tiere 155

II. Übungen zur Physiologie der Bewegung und Empfindung.

Einleitend Physikalisches und Lehre vom Muskel.

157. Qualitative Prüfung des Ohmschen Gesetzes 156
158. Beobachtung der Ampèreschen Regel 157
159. Beobachtung der Erscheinungen der Stromverzweigung. Kirchhoffsche Regel 157
160. Abzweigung sehr kleiner elektromotorischer Kräfte mit Hilfe des Kompensationsdrahtes 158
161. Bestimmung von Widerständen mit Hilfe der Wheatstoneschen Brücke 158
162. Induktionsapparat und Entstehung von Induktionsströmen . . 159
163. Das Arbeiten mit dem Schlittendinduktionsapparat 160
164. Bestimmung der Intensität der Induktionsströme........ 161
165. Nachweis der Polarisationsströme 162
166. Untersuchung der optischen Polarisation........... 162
167. Untersuchung der Elastizität 163
168. Untersuchung der Elastizität der Biegung 164
169. Elastizität der Biegung 165
170. Herstellung der Muskel und Nerv-Muskelpräparate vom Frosch 165
171. Doppelsemimembranosis und gracilis (nach Pick) 166
172. Sartoriuspräparat 167
173. Untersuchung der Elastizität des Muskels 170
174. Untersuchung der Zuckungskurve des Muskels 171
175. Untersuchung der Einzelheiten im Verlaufe der Muskelzuckung 172
176. Summation zweier Reize am Muskel 173
177. Unvollkommener und vollkommener Tetanus......... 174
178. Messung der absoluten Kraft des Muskels.......... 175
179. Einfluß der Temperatur des Muskels auf den Ablauf der Zuckungen 175
180. Vergleich der Verkürzungs- und Spannungsentwicklung des Sartorius mit der des Gastrocnemius 176

Inhaltsverzeichnis.

Seite
181. Abhängigkeit der Muskelkontraktion von der Reizstärke . . . 177
182. Arbeitsgröße bei verschieden großer und verschieden angebrachter Belastung. 177
183. Untersuchung der Zuckungskurve der roten und weißen Muskeln am Kaninchen 178
184. Untersuchung der Dickenkurve des Muskels und Bestimmung der Fortpflanzungsgeschwindigkeit der Kontraktionswelle 179
185. Untersuchung der Zuckungskurve bei Ermüdung 180
186. Versuch über Ermüdung 180
187. Untersuchung über Muskelermüdung unter physiologischen Bedingungen nach der Methode von Asher 181
188. Ermüdungsversuche am Menschen 183
189. Ermüdungsversuche am Froschherzen 184
190. Thermoelektrische Messungen 184
191. Wärmebildung im Muskel des Säugetieres 185
192. Wärmebildung am Froschmuskel 185
193. Untersuchung der Reaktion des Muskels. 186
194. Untersuchung der Atmung des Muskels 187
195. Wärmestarre 188
196. Abhängigkeit der Muskelkontraktion von den Gasen 188
197. Chloroformstarre 189
198. Chemische Reizung des Muskels 189
199. Wasserkrämpfe und Wasserstarre 190
200. Beobachtung der Erscheinungen der tierischen Elektrizität vornehmlich des Muskels 190
201. Sekundäre Zuckung und sekundärer Tetanus 191
202. Beobachtung der Aktionsströme des Froschherzens 192
203. Erregung des Muskels durch den eigenen Strom 193
204. Chemische Reizung des Muskels 193

Protoplasma, Flimmerbewegung und glatte Muskulatur.

205. Untersuchung der pflanzlichen Protoplasmabewegung 194
206. Untersuchung der tierischen Protoplasmabewegung 194
207. Untersuchung der amöboiden Bewegung der weißen Blutkörperchen 194
208. Untersuchung der Flimmerbewegung 195
209. Bestimmung der Geschwindigkeit und Kraft der Flimmerbewegung 196
210. Versuche an glatten Muskeln 197

Allgemeine Nervenphysiologie.

211. Messung der Fortpflanzungsgeschwindigkeit der Erregung im Nerven 199
212. Nachweis der doppelsinnigen Leitung durch den Zweizipfelversuch. 200
213. Analyse der Curarevergiftung und Erregbarkeit des Nervens und Muskels (Rosenthals Versuch) 201
214. Antagonismus von Nicotin und Curare 201
215. Mechanische Reizung des Nerven 202
216. Chemische Reizung des Nerven 202
217. Narkose des Nerven. 202

Inhaltsverzeichnis. XIII

Seite
218. Das „Alles- oder Nichts"-Gesetz der nervösen Erregung. . . . 203
219. Abhängigkeit der Nervenerregung von den zeitlichen Verhältnissen des Reizes bzw. von der Reizform 204
220. Untersuchung der zeitlichen Verhältnisse, unter denen Erregungen des Nerven Summation geben 205
221. Wedenskyphänomen (Hemmung durch frequente Reizung) . . 206
222. Untersuchung der elektrischen Erscheinungen des Nerven . . . 206
223. Erregung des Nerven durch den eigenen Strom nach Kühne . 207
224. Elektrotonus 208
225. Prüfung des Pflügerschen Zuckungsgesetzes 209
226. Bestimmung der Chronaxie oder Kennzeit eines Muskels . . . 210
227. Untersuchung der Erregbarkeit der motorischen Nerven am Menschen 212

Spezielle Nervenphysiologie.

228. Reflexe am Rückenmarksfrosch 213
229. Strychninvergiftung 214
230. Nachweis des Bellschen Gesetzes 215
231. Analyse der Reflexbewegungen 215
232. Der Muskeltonus (Brondgeestsches Phänomen) 216
233. Herstellung eines Rückenmarkspräparates am Säugetier . . . 216
234. Das Gesetz der reziproken Innervation 217
235. Einfache Methode zum Nachweis des Gesetzes der reziproken Innervation 218
236. Beobachtung über das Gefäß und Atemzentrum in der Medulla oblongata 218
237. Zwangsstellung und Zwangsbewegung beim Frosche 219
238. Versuch am großhirnlosen Frosch 220
239. Der Goltzsche Quakfrosch 221
240. Die Starre nach Enthirnung und Untersuchung von Reflexen nach Enthirnung 221
241. Reizung der motorischen Zentren des Großhirns beim Hunde 223
242. Reaktionszeit 224

Lehre von den Sinnesempfindungen.

243. Bestimmung der Brennweite einer Linse 225
244. Untersuchung aus der Dioptrik mit dem Augenmodell von v. Kries 226
245. Messung der Hornhautkrümmungen mit dem Ophthalmometer . 228
246. Bestimmung des Nahpunktes und des Fernpunktes mit Hilfe von Scheiners Optometer 229
247. Beobachtung der Purkinje-Sansonschen Spiegelbilder nach Helmholtz 230
248. Beobachtung des Augenhintergrundes des Kaninchens 231
249. Beobachtung des Augenhintergrundes am Menschen 232
250. Pupillarreflexe 233
251. Untersuchung der Mydriatica und Myotica 235
252. Untersuchung der Unterschiedsempfindlichkeit des Auges für Helligkeiten 235
253. Untersuchung der Wechselwirkung der Netzhautstellen 236

XIV   Inhaltsverzeichnis.

Seite
254. Untersuchung der Dunkeladaptation des Auges und der künstlich erzeugten totalen Farbenblindheit 237
255. Das Talbot-Platosche Gesetz 238
256. Untersuchung des Sehens in der Netzhautperipherie und Ermittlung der Urfarben mit Hilfe des peripheren Farbensinns ... 238
257. Untersuchung der Farbenmischung 239
258. Beobachtung an Nachbildern, ihre Beziehungen zur Theorie des Lichtsinnes 241
259. Untersuchung der korrespondierenden Netzhautstellen. 242
260. Das Gesetz der identischen Sehrichtung 243
261. Die Entstehung der Tiefenwahrnehmung durch das binokulare Sehen 244
262. Nachweis des Listingschen Gesetzes 244
263. Beobachtung des Trommelfelles am Menschen 245
264. Prüfung der Empfindlichkeit des Gehöres 247
265. Prüfung der Mittelohrfunktionen 247
266. Galvanischer Schwindel und reaktive Drehung am Kaninchen . 248
267. Untersuchung der Labyrinthfunktion mit Hilfe des calorischen Nystagmus 248
268. Untersuchung der Labyrinthfunktionen des Frosches 249
269. Untersuchung des Richtungssinnes 252
270. Aufsuchung der Wärme und Kältepunkte 252
271. Untersuchung der Schmerzempfindung 253
272. Prüfung des Ortssinnes der Haut (Lokalisationsvermögen) .. 254
273. Untersuchung des Kraftsinnes 255
274. Prüfung des Weberschen Gesetzes mit Hilfe von gehobenen Gewichten 256
275. Prüfung der spezifischen Funktionen des Geschmackssinnes .. 257
276. Trennung von Geruchs- und Geschmacksempfindungen 257
277. Olfaktometrie 257
278. Herstellung von Mischungsgleichungen auf dem Gebiete des Geschmackssinnes 258
279. Beobachtung des Kehlkopfes am Menschen 258

I. Übungen zur Physiologie der vegetativen Funktionen.

Allgemeines und Lehre vom Blut.

1. Prüfung organischer Körper auf ihren Gehalt an Kohlenstoff und Stickstoff.

I. Die Prüfung auf Kohlenstoff. Hierzu dienen: 1. ein Kohlenhydrat, z. B. eine ganz kleine Quantität Rohrzucker; 2. eine kleine Menge eines Eiweißkörpers, z. B. getrocknetes Serum oder Casein.

a) Ein linsengroßes Stück der trockenen Substanz, ein Tropfen, falls es sich um eine Flüssigkeit handelt, wird auf Platinblech, in Ermangelung eines solchen auf einem Nickelblech erhitzt. Die meisten Kohlenstoffverbindungen verbrennen oder verkohlen. Die gebildete Kohle ist beim Glühen leicht oder schwer verbrennbar. Nach vollständigem Verbrennen bleiben die nicht flüchtigen Bestandteile als „Asche" zurück, die bei Abwesenheit von Schwermetallen meist ganz weiß ist.

b) Man mengt die zu prüfende Substanz innig mit pulverförmigem Kupferoxyd, bringt sie in ein trockenes Probierglas und erhitzt zum Glühen. Handelt es sich um eine Kohlenstoffverbindung, so entweicht Kohlendioxyd:

$$C + 2\,CuO = CO_2 + Cu_2 \quad \text{oder} \quad C + 4\,CuO = CO_2 + 2\,Cu_2O\,.$$

Die CO_2 kann dadurch nachgewiesen werden, daß man einen vorher in Barythydrat getauchten Glasstab über das Reagensrohr hält. Das Barythydrat trübt sich.

II. Prüfung auf Stickstoff. Man mengt die feingepulverte Substanz aufs innigste mit Natronkalk (einem Gemenge von Natrium und Calciumhydroxyd) und erhitzt die Mischung im Probierglas. Stickstoffhaltige Substanzen (mit Ausnahme der Nitro-, Azo- und Diazoverbindungen) bilden dabei Ammoniak.

Ammoniak wird durch den Geruch und dadurch nachgewiesen, daß ein über das Reagensglas gehaltenes feuchtes Stück rotes Lackmuspapier sich bläut.

2　Übungen zur Physiologie der vegetativen Funktionen.

Man überzeuge sich, daß N im Eiweiß vorhanden ist, nicht aber im Zucker.

2. Reaktion des Fettes.

Fett oder einige Tropfen Olivenöl werden im trockenen Probierglas mit gepulvertem, saurem schwefelsauren Kali- (Monokalium)-Sulfat erhitzt. Es wird durch Wasserentziehung aus dem im Fett vorhandenen Glycerin stechend riechendes Acrolein gebildet:

$$\begin{array}{l} CH_2OH \\ CHOH \\ CH_2OH \end{array} - 2\,H_2O = \begin{array}{l} CH_2 \\ \| \\ CH \\ | \\ COH \end{array}$$

3. Löslichkeit und Hydrolyse von Fett durch Alkali.

Aufgabe: Es ist die Löslichkeit von Fett in einigen Lösungsmitteln nachzuweisen sowie Fett durch Alkali zu spalten und die gebildete Seife nachzuweisen.

Gebraucht werden: Speck, Aceton, Alkohol, Äther, Chloroform, destilliertes Wasser, alkoholische Lösung von Kalilauge, 25 proz. Schwefelsäure (1 Teil konz. Schwefelsäure mit 3 Teilen Wasser), Reagensgläser, Porzellanschalen, Wasserbad, Kochkolben.

Ausführung: Es wird in einer Porzellanschale auf einem kochenden Wasserbad ein wenig Speck geschmolzen. Einige Tropfen des geschmolzenen Speckes werden in Reagensgläser gebracht, die Aceton, Alkohol, Äther, Chloroform und Wasser enthalten. Beachte die Löslichkeit der Fette in diesen Lösungsmitteln.

Lasse einige Tropfen der alkoholischen oder ätherischen Lösungen auf ein Stück weißes Papier fallen und beachte den Fettfleck, welcher bleibt, wenn das Lösungsmittel verdampft ist.

Man füge langsam 5 ccm des geschmolzenen Speckes zu 50 ccm einer alkoholischen Lösung von Kalilauge, welche in einer Flasche enthalten ist und auf dem kochenden Wasserbade sich befindet. Mische ordentlich unter Wärme 10—20 Minuten lang. Füge ein paar Tropfen der Mischung zu Wasser in einem Reagensglas. Wenn keine Öltropfen zur Ausscheidung gelangen, ist die Verseifung des Fettes vollständig; im anderen Falle muß die Erwärmung mit mehr Kalilösung fortgesetzt werden. Nach Vollendung der Reaktion wird die Lösung langsam in ein Becherglas, 100 ccm warmes Wasser enthaltend, hineingegossen und ordentlich gemischt. Zu der wässerige Seife enthaltenden Lösung füge man etwas 25 proz. Schwefelsäure zu, bis die Reaktion sauer ist, und erwärme auf dem Wasserbad, bis die geschmolzenen Fettsäuren als eine ölige Lage auf der Oberfläche schwimmen. Nach Abkühlen werden die Fettsäuren fest und können entfernt und mit kaltem Wasser von der anhängenden Schwefelsäure gereinigt werden.

4. Eiweißreaktionen.

Aufgabe: Chemische und physikalisch-chemische Reaktionen der Eiweißstoffe.

Gebraucht werden: Eiweißlösungen, am besten Serum, Reagenzien, Reagensgläser.

1. Hitzegerinnung des Serums. Beim vorsichtigen Kochen, am besten im Wasserbad, Gerinnung. Zusatz von starker Lauge hebt die Gerinnung auf. Vor dem Kochen ist evtl. das Serum mit 5 Teilen NaCl-Lösung zu verdünnen.

2. Versetze das verdünnte Serum mit ein paar Tropfen verdünnter Essigsäure und ein paar Tropfen 10proz. Ferrocyankaliumlösung. Es tritt Fällung ein, evtl. bei starker Verdünnung erst beim Kochen.

3. Aussalzung des Eiweißes: Eintragen von gepulvertem Ammoniumsulfat fällt das Eiweiß. Bei Zusatz von destilliertem Wasser löst es sich wieder.

4. Serum, mit dem gleichen Volum gesättigter Ammoniumsulfatlösung versetzt, fällt gleichfalls.

5. Fälle das Eiweiß mit anderen konz. Neutralsalzlösungen, Kochsalz, Magnesiumsulfat, Natriumsulfat. Verdünne dann wieder.

6. Fällung durch Mineralsäuren in der Kälte. Zusatz von ein paar Tropfen Salzsäure, Schwefel- und Salpetersäure fällt.

7. $CuSO_4$-Lösung, $HgCl_2$-Lösung (Metallsalze), in geringen Mengen der Eiweißlösung zugesetzt, fällen. Bei Überschuß kann Lösung eintreten.

8. Zusatz von Alkohol bei neutraler oder schwach saurer Reaktion fällt.

9. Xanthoproteinreaktion: 2—3 ccm Salpetersäure zu 2—3 ccm Eiweißlösung gesetzt und gekocht. Gelbfärbung.

10. Biuretreaktion: Zusatz von starker Natron- oder Kalilauge, dann Zusatz von ein paar Tropfen Kupfersulfatlösung. Violettfärbung.

11. Millonsche Reaktion: Zusatz von Millon-Reagens (Quecksilber in Salpetersäure mit etwas salpetriger Säure). Kochen; und zwar ziemlich stark. Es tritt fleischrote Färbung des Niederschlages ein.

12. Sulfosalicylsäure. Zusatz einer 20proz. Sulfosalicylsäurelösung bewirkt einen weißen Niederschlag. Diese Reaktion auf Eiweiß ist sehr empfindlich.

13. Tryptophanreaktion: 2 ccm einer tryptophanhaltigen Eiweißlösung (wobei Tryptophangehalt der Lösung 0,1 bis 0,01%) werden mit 10 ccm reiner konz. HCl versetzt und 1 ccm Benzaldehydlösung

zugegeben (Benzaldehydlösung frisch zu bereiten aus 20 ccm reiner konz. HCl und 20 Tropfen reinem Benzaldehyd). Obige Mischung bleibt 2 Minuten stehen, darauf gibt tropfenweiser Zusatz von 0,5 $NaNO_2$-Lösung eine tiefblaue Farbe.

14. Nachweis des Cystinschwefels: Die Eiweißlösung wird im Überschuß mit Natronlauge versetzt und darauf basisches Bleiacetat zugegeben. Man kocht und beobachtet das Entstehen einer schwarzbraunen Fällung von Bleisulfid. Der Schwefel entstammt dem Cystin.

5. Versuche über Dialyse.

Aufgabe: Feststellung des verschiedenen Verhaltens von kolloidem Eiweiß und Krystalloiden bei der Dialyse.

Gebraucht werden: Dialysierhülsen, Eiweißlösungen, Kupfersulfatlösung, Traubenzuckerlösung, Bariumchloridlösung, Lösungen für die Trommersche Reaktion, Silbernitratlösung, Salpetersäure, Zylinder für die Dialysierhülsen.

Ausführung: Stelle je drei Dialysierhülsen auf; eine werde mit Serum (oder Hühnereiweißlösung), eine mit Kupfersulfatlösung, eine mit Traubenzuckerlösung gefüllt und in destilliertes Wasser versenkt.

Eiweiß als Kolloid diffundiert nicht; stelle Eiweißreaktion, z. B. die Biuretreaktion mit der Außenflüssigkeit an; sie fällt negativ aus; bei Zusatz von Salpetersäure und Silbernitrat gibt es einen weißen Niederschlag von Silberchlorid; also ist Chlor diffundiert.

Der Nachweis der Diffusion von Kupfersulfat erfolgt schon durch die blaue Färbung; durch Zusatz von Bariumchlorid zur Außenflüssigkeit — Fällung von Bariumsulfat — wird die Diffusion des Sulfates nachgewiesen.

In der Außenflüssigkeit der mit Traubenzucker gefüllten Hülse wird durch die Trommersche Probe (Kalilauge und Kupfersulfat) die Diffusion von Zucker nachgewiesen.

6. Zählung der roten Blutkörperchen nach der Methode von Thoma und Zeiß.

Aufgabe: Es ist zu bestimmen, wie groß die Zahl der roten Blutkörperchen im Kubikmillimeter Blut ist.

Gebraucht werden: Blutkörperchenzählapparate nebst Zubehör. (Besprechung!) Mikroskop, Hayemsche Lösung. (Aqu. dest. 200,0, Natr. sulf. 5,0, Natr. chlorat. 2,0, Sublimat 0,5.)

Ausführung: Reinigen der Fingerkuppe durch Waschen, Alkohol und Äther. Hierauf erfolgt behufs Erweiterung der Gefäße ein warmes Handbad mit nachfolgender sorgfältiger Abtrocknung. Einstechen in die Fingerkuppe mit Stechapparat. In den frei hervortretenden Bluttropfen wird die Spitze des horizontal gehaltenen

Allgemeines und Lehre vom Blut. 5

Melangeurs getaucht und genau bis zur Marke 0,5 oder 1,0 aufgesaugt. Luft vermeiden. Nach dem Aufsaugen wird rasch das außen anhaftende Blut mit Fließpapier abgewischt. Hierauf wird mit vertikal gehaltenem Melangeur Hayemsche Lösung genau bis zur Marke 101 aufgesaugt. Der horizontal gehaltene Melangeur wird jetzt zur gleichmäßigen Mischung vorsichtig geschüttelt. Der erste Tropfen im Melangeur ist zu verwerfen. Die Zählkammer wird zur Hälfte mit dem Deckglas bedeckt, dann bringt man einen kleinen Tropfen Blutlösung in die Kammer und verschließt ganz mit dem Deckglas. Achten auf gleichmäßige Verteilung der Blutkörperchen in der Kammer. Einstellung der Blutkörperchen mit dem Mikroskop (Seibert, Okular I, Objekt 5, Leitz, Okular III, Objekt 6, Tubuslänge 170). Zählung von 128 bis 160 kleinen Quadraten. Blutkörperchen auf der oberen und linken Begrenzungslinie werden dem betreffenden Quadrat zugezählt.

Berechnung der Blutkörperchenzahl. Die gefundene Durchschnittszahl für ein kleines Quadrat (entsprechend $1/_{4000}$ qmm) wird mit 4000 multipliziert; der erhaltene Wert gibt die Blutkörperchenzahl in 1 cmm der verwendeten Verdünnung an. Um die Zahl der Blutkörperchen in 1 cmm des unverdünnten Blutes zu erhalten, muß der erhaltene Wert noch mit dem Verdünnungsfaktor (100 oder 200) multipliziert werden.

7. Zählung der roten Blutkörperchen nach der Methode von Hayem-Sahli.

Aufgabe: Bestimmung der Zahl von roten Blutkörperchen in einer Zählkammer, in welcher dieselbe bloß die Tiefe der Zähleinheit bestimmt und das Zählgitter vom Okular des Mikroskopes selbst geleistet wird.

Gebraucht werden: Blutkörperchenzählapparat nach Hayem-Sahli (von der Firma E. Leitz, Wetzlar), Hayemsche Lösung, evtl. Lösung von Toison, zur Unterscheidung von roten und weißen Blutkörperchen (Aqu. dest. 160,0, Glyc. neutr. 30,0, Natr. sulf. 8,0, Methylviolett 25 mg), erwünscht ein verschiebbarer Objekttisch mit automatischer Einschnappvorrichtung.

Ausführung: Man beginnt mit der Einstellung des Mikroskopes, indem man als Vorübung die Zählkammer mit dem Deckglas bedeckt, unter das Mikroskop bringt und das im Kasten des Apparates befindliche Okular III einsetzt. Dasselbe enthält das Okulargitter, ein großes Quadrat, welches zur Orientierung in 16 kleine Quadrate eingeteilt ist; die letzteren dienen nur zur Orientierung, als Zähleinheit das große Quadrat. Die Augenlinse des Okulars muß auf die Teilung scharf eingestellt werden. Der Tubus wird nun soweit ausgezogen, bis die Seite des großen Quadrates im Okular genau die Länge von $1/_5$ mm in der Kammer deckt, was dadurch bewerkstelligt wird, daß das

6 Übungen zur Physiologie der vegetativen Funktionen.

Quadrat in der Kammer, welches zur besseren Erkennung von drei konzentrischen Kreisen umgeben ist, genau mit dem Okularquadrat zur Deckung gebracht wird.

Die Fläche des größeren Quadrates im Okular entspricht bei richtiger Tubuseinstellung auf dem Boden der Kammer einer Fläche von $1/25$ qmm; so daß der Kubikinhalt der Zähleinheit bei einer Kammertiefe von $1/5$ mm $1/125$ cmm beträgt. Folglich hat man bei der Verwendung dieser Kammer die durchschnittlich in einer Zähleinheit gefundene Blutkörperchenzahl mit 125 und außerdem noch mit der verwendeten Verdünnung zu multiplizieren, um die Zahl der Körperchen in 1 cmm verdünnten Blutes zu erhalten. Somit ist bei der Verwendung der Kammer von $1/5$ mm Tiefe der Multiplikationsfaktor bei einer Verdünnung von 2 : 502 = 1 : 251 = 31 375, für die weißen bei einer Verdünnung von 25 : 525 = 1 : 21 = 2625. Bei der Verwendung der $1/10$ mm tiefen Kammer sind die Multiplikationsfaktoren doppelt so groß.

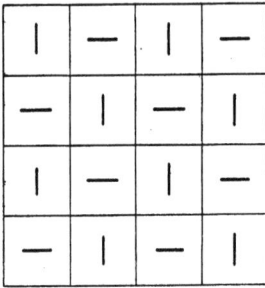

Abb. 1. Okularquadrat.

Vorbereitungen der Fingerkuppe und Handbad wie in der vorausgehenden Aufgabe. Bei Zählung der roten Blutkörperchen werden die mit roter Marke bezeichneten Teilstücke der Apparatur benutzt. Zur Vornahme einer Zählung werden 500 ccm Verdünnungsflüssigkeit in das Glaströgchen abgemessen. 2 cmm Blut aus der Pipette für die roten Blutkörperchen zugefügt, und die Blutpipette wird durch mehrfaches Hin- und Hersaugen gut ausgespült. Durch lebhaftes, wenigstens 5 Minuten dauerndes Umrühren mittels des Glasspatels wird dann die Mischung vorgenommen. Unmittelbar nach dem Rühren wird ein kleiner Tropfen durch die nochmals mit der Blutmischung ausgespülte Blutpipette oder durch eine capillar ausgezogene trockene Glaspipette rasch in die Zählkammer übertragen und sofort, bevor die Blutkörperchen sich senken können, mit dem Deckglas unter Erzeugung Newtonscher Streifen bedeckt. Nach 1 Minute haben sich die roten Blutkörperchen auf dem Kammerboden gesenkt, worauf man sich überzeugt, ob die Verteilung derselben eine gleichmäßige ist; ist dies nicht der Fall, so muß eine neue Füllung vorgenommen werden.

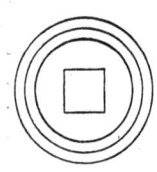

Abb. 2. Quadrat auf dem Kammerboden.

Bei richtig eingestelltem Mikroskop zählt man, unterstützt durch den verschiebbaren Objekttisch mit der automatischen Einschnappvorrichtung, wenigstens 25 große Quadrate des Zählokulars (Zähleinheiten) durch, für approximative Werte kann man sich auf 6 bis

Allgemeines und Lehre vom Blut. 7

10 Quadrate beschränken. Durch Division der gefundenen Zahl durch die Anzahl der ausgezählten Quadrate und durch Multiplikation des erhaltenen Mittels mit 125 (in $^1/_{125}$ cmm wurde bei Verwendung der Kammer von $^1/_5$ mm Tiefe gezählt) und 251 (der Verdünnungszahl), also im ganzen mit 31 375, ergibt sich die Anzahl Blutkörperchen in 1 cmm Blut. Aus den Tabellen (Seite 8 u. 9) kann der Gehalt auch direkt abgelesen werden.

8. Bestimmung vom Volum der Blutkörperchen und des Plasmas mit dem Hämatokrit.

Aufgabe: Es ist das Volum von Blutkörperchen und Plasma in 100 Teilen Blut zu bestimmen.

Gebraucht werden: Hämatokrit: 1. Hedin-Gärtner, 2. Hämatokrithandzentrifuge mit Zubehör, Zentrifuge.

Ausführung mit Nr. 1: Man steche die Fingerkuppe an und fülle die Capillarpipette genau bis zur Marke (0,02 ccm). Nach rascher Reinigung derselben außen wird das Blut in die Bürette zum Zentrifugieren entleert. Vor diesen Prozeduren hat man erstens etwas 2$^1/_2$ proz. Kalibichromatlösung in die Bürette gebracht und durch Zuhilfenahme eines feinen Drahtes luftfrei den unteren Teil der Bürette erfüllen lassen; zweitens hat man in die Capillarpipette bis in die obere Ampulle Bichromatlösung aufgesaugt. Diese kleine Menge dient zum Ausspülen der letzten Reste Blut aus der Pipette in die Bürette. Mit Hilfe des Neusilberdrahtes wird Blut und Lösung gut gemengt, sodann evtl. etwas Chromatlösung nachgegeben. Die Bürette wird in die Hülse eingeschlossen und dann zentrifugiert.

Zentrifugieren, bis die Schicht roter Blutkörperchen ein konstantes Niveau erreicht.

Da die Pipette 0,02 ccm faßt, der geteilte Raum der Capillarbürette 0,02 ccm, in 100 Teilstriche geteilt, beträgt, liest man die Volumprozente der roten Blutkörperchen direkt ab.

Ausführung mit Nr. 2: Die Hämatokrithandzentrifuge besteht aus einer kleinen, auf rascheste Tourenzahl einzustellende Zentrifuge, die zwei in 100 Skalenteile geteilte kurze Capillarröhren enthält, die mittels einer Einspannvorrichtung befestigt werden. In die beiden Capillaren wird ein Blutstropfen, der dieselben füllen muß, eingebracht, außen wird abgetrocknet. Durch die Kurbel der Zentrifuge wird dieselbe in möglichst rasche Umdrehungen gebracht und so lange zentrifugiert, bis eine konstant bleibende Scheidung zwischen Blutkörperchen und Plasma eingetreten ist. Der betreffende Skalenteil gibt die gesuchten Volumenprozente an. Auf gute Dichtung an den beiden Enden der Röhrchen ist zu achten. Rasches Arbeiten ist erforderlich, ebenso sofortiges Reinigen der Röhrchen nach vollzogener Ablesung.

Tabelle zur Bestimmung der Zahl der roten Blutkörperchen nach Hayem-Sahli[1].

Kammertiefe 0,2 mm. Blut 2 cmm. Verdünnungsflüssigkeit 500 cmm.

Multiplikationsfaktor $125 \times \dfrac{502}{2} = 31375$.

Durch- schnittliche Anzahl der Blut- körperchen in einem Quadrat	Anzahl der Blut- körperchen in 1 cmm	Durch- schnittliche Anzahl der Blut- körperchen in einem Quadrat	Anzahl der Blut- körperchen in 1 cmm	Durch- schnittliche Anzahl der Blut- körperchen in einem Quadrat	Anzahl der Blut- körperchen in 1 cmm
40	1 555 000	80	2 510 000	120	3 765 000
41	1 286 375	81	2 541 375	121	3 796 375
42	1 317 750	82	2 572 750	122	3 827 750
43	1 349 125	83	2 604 125	123	3 859 125
44	1 380 500	84	2 635 500	124	3 890 500
45	1 411 875	85	2 666 875	125	3 921 875
46	1 443 250	86	2 698 250	126	3 953 250
47	1 474 625	87	2 729 625	127	3 984 625
48	1 506 000	88	2 761 000	128	4 016 000
49	1 537 375	89	2 792 375	129	4 047 375
50	1 568 750	90	2 823 750	130	4 078 750
51	1 600 125	91	2 855 125	131	4 110 125
52	1 631 500	92	2 886 500	132	4 141 500
53	1 662 875	93	2 917 875	133	4 172 875

Tabelle zur Bestimmung der Zahl der weißen Blutkörperchen nach Hayem-Sahli[1].

Blut 25 cmm. Kammertiefe 0,2 mm. Verdünnungsflüssigkeit 500 cmm. Multipl.-Faktor $125 \times \dfrac{525}{25} = 2625$.

Durchschnittliche Anzahl der Blut- körperchen in einem Quadrat	Anzahl der Blutkörperchen in 1 cmm
1,0	2 625
1,1	2 887
1,2	3 150
1,3	3 412
1,4	3 672
1,5	3 937
1,6	4 200
1,7	4 465
1,8	4 725
1,9	4 987
2,0	5 250
2,1	5 512
2,2	5 775
2,3	6 037

Allgemeines und Lehre vom Blut.

54	1 694 250	94	2 949 250	134	4 204 250	174	5 459 250	2,4	6 300
55	1 735 625	95	2 980 625	135	4 235 625	175	5 490 625	2,5	6 562
56	1 757 000	96	3 012 000	136	4 267 000	176	5 522 000	2,6	6 825
57	1 788 375	97	3 043 375	137	4 298 375	177	5 553 375	2,7	7 087
58	1 819 750	98	3 074 750	138	4 329 750	178	5 584 750	2,8	7 350
59	1 851 125	99	3 106 125	139	4 361 125	179	5 616 125	2,9	7 612
60	1 882 500	100	3 137 500	140	4 392 500	180	5 647 400	3,0	7 875
61	1 913 875	101	3 168 875	141	4 423 875	181	5 678 875	3,1	8 137
62	1 945 250	102	3 200 250	142	4 455 250	182	5 710 250	3,2	8 400
63	1 976 625	103	3 231 625	143	4 486 625	183	5 741 625	3,3	8 662
64	2 008 000	104	3 263 000	144	4 518 000	184	5 773 000	3,4	8 925
65	2 039 375	105	3 294 375	145	4 549 375	185	5 804 375	3,5	9 187
66	2 070 750	106	3 325 750	146	4 580 750	186	5 835 750	3,5	9 450
67	2 102 125	107	3 357 125	147	4 512 125	187	5 867 125	3,7	9 712
68	2 133 500	108	3 388 500	148	4 643 500	188	3 898 500	3,8	9 975
69	2 164 875	109	3 419 875	149	4 674 875	189	5 929 875	3,9	10 237
70	2 169 250	110	3 451 250	150	4 706 250	190	5 961 250	4,0	10 500
71	2 227 625	111	3 482 625	151	4 737 625	191	5 992 625	4,1	10 762
72	2 259 000	112	3 514 000	152	4 769 000	192	6 024 000	4,2	11 025
73	2 290 375	113	3 545 375	153	4 800 375	183	6 055 375	4,3	11 287
74	2 321 750	114	3 576 750	154	4 831 750	194	6 086 750	4,4	11 550
75	2 353 125	115	3 608 125	155	4 863 125	195	6 118 125	4,5	11 812
76	2 384 500	116	3 639 500	156	5 894 500	196	6 149 500	4,6	12 075
77	2 415 875	117	3 670 875	157	4 925 875	197	6 180 875	4,7	12 337
78	2 447 250	118	3 702 250	158	4 957 250	198	6 212 250	4,8	12 600
79	2 478 825	119	3 733 625	159	4 988 625	199	6 243 625	4,9	12 862
						200	6 275 000	5,0	13 135

[1]) Aus Sahli: Lehrbuch der klin. Untersuchungsmethoden. Wien 1914.

Übungen zur Physiologie der vegetativen Funktionen.

9. Messen der Durchmesser von roten Blutkörperchen.

Aufgabe: Es sind der größte und der kleinste Durchmesser von roten Blutkörperchen zu messen.

Gebraucht werden: Mikroskop, Objektiv und Okularmikrometer, Blut verschiedener Tiere.

Ausführung: Zuerst ist mit Hilfe des Objektivmikrometers das Okularmikrometer auszuwerten. Das Objektivmikrometer wird auf den Tisch des Mikroskopes gelegt und das Mikroskop auf die feine Teilung des Objektivmikrometers genau eingestellt. Das im Okular befindliche Okularmikrometer muß gleichfalls genau eingestellt sein. Man bringt einen großen Teilstrich des Objektivmikrometers mit einem großen Teilstrich des Okularmikrometers zur Deckung und zählt die Zahl der Teilstriche des Okularmikrometers, welche auf ein durch zwei große Teilstriche des Objektivmikrometers abgegrenztes Intervall kommen. Da der Wert eines Teilstriches des Objektivmikrometers bekannt ist, läßt sich hieraus der Wert der Teilung des Okularmikrometers ermitteln.

Jetzt wird das Objektivmikrometer entfernt, und man legt einen Objektträger mit verdünntem Blut auf den Tisch des Mikroskopes. Ohne jede Verschiebung der Tubuslänge stellt man scharf auf ein Blutkörperchen ein und zählt, wieviel Teilstriche des Okularmikrometers auf den größten und wieviel auf den kleinsten Durchmesser kommen. Notiere die gefundenen Zahlen.

10. Lackfarbenwerden des Blutes.

Aufgabe: Den Austritt des Blutfarbstoffes aus den roten Blutkörperchen infolge Einwirkung chemischer Agenzien zu beobachten.

Gebraucht werden: Blut oder gewaschene Blutkörperchen, Reagensgläser, destilliertes Wasser, 0,9 proz. NaCl-Lösung, Äther, Galle, evtl. Chloroform und Saponin, dunkles Papier.

Ausführung: Man versetze 2 ccm Blut mit 28 ccm 0,9 proz. NaCl-Lösung, beziehentlich mit dest. Wasser, mische gut und bringe je 15 ccm in Reagensgläser. Man betrachte dieselben im auffallenden und durchfallenden Licht. In ersterem Falle halte man ein dunkles Papier hinter das Reagensglas.

Man versetze 5 ccm Blut mit 1 bis 2 ccm Äther, schüttle durch und stelle die gleiche Beobachtung an.

Ferner versetze man Blut mit einigen Kubikzentimeter Galle und beobachte die Auflösung der roten Blutkörperchen. Mit Saponin und Chloroform lassen sich ähnliche Beobachtungen machen.

Allgemeines und Lehre vom Blut.

11. Einfluß der Salzkonzentration auf den Austritt von Hämoglobin.

Aufgabe: Es ist die Konzentration von Salzen zu ermitteln, bei welcher gerade Hämoglobin aus den Blutkörperchen austritt.

Gebraucht werden: Blut, Pipetten, Maßzylinder, destilliertes Wasser, Kochsalzlösung 1%, evtl. Rohrzucker, Kaliumnitrat, Gestell mit Reagensgläsern.

Ausführung: Bringe 20 ccm Kochsalzlösung von 1%, 0,9%, 0,8%, 0,7%, 0,6% mit je 0,1 ccm Blut in einem Reagensglas zusammen, schüttle durch und lasse stehen. In den Gläsern unterhalb einer gewissen Konzentration ist die Flüssigkeit, nachdem die Blutkörperchen sich gesetzt haben, rot gefärbt.

Die Verdünnungen der Salzlösung werden durch Zusatz von destilliertem Wasser bewerkstelligt.

Beobachtungsaufgaben: 1. Ermittle die Grenzkonzentration, bei welcher die erste deutliche Rotfärbung eintritt. (Genauigkeit 0,1%.) 2. Ermittle dieselbe für verschiedene Salze, wobei sich ergibt, daß die gefundenen Konzentrationen untereinander isotonisch sind, z. B. Kaliumnitrat 1,01%, Chlornatrium 0,585%, Rohrzucker 5,13%.

12. Nachweis von Eisen im Blut.

Eine kleine Menge Blut wird auf dem Wasserbad zur Trockne eingedampft. Nach der Eindampfung wird vorsichtig mit der Gasflamme verascht. Man gießt nach der Veraschung etwas heißes Wasser auf und setzt einen Tropfen reiner, nicht zu konz. Salzsäure zu. Filtriere durch einen Filter in ein Reagensglas; setze einige Tropfen Rhodanammonium zu; es tritt schöne Rotfärbung ein, womit Eisen nachgewiesen ist.

13. Anstellung der Häminprobe.

Man bringe einen Tropfen Blut auf den Objektträger und lasse ihn daselbst eintrocknen. Bringe sodann einen Tropfen Eisessig und ein Körnchen Kochsalz hinzu. Man lasse über einer kleinen Flamme vorsichtig die Säure einmal aufkochen, bedecke mit einem Deckgläschen und beobachte im Mikroskop bei mittelstarker Vergrößerung die Krystalle von salzsaurem Hämatin.

14. Bestimmung des Hämoglobingehaltes mit dem Hämometer nach Sahli.

Aufgabe: Der Hämoglobingehalt des menschlichen Blutes ist colorimetrisch mit einer Standardlösung von salzsaurem Hämatin zu bestimmen.

12 Übungen zur Physiologie der vegetativen Funktionen.

Gebraucht werden: Hämometer nach Sahli (von F. Büchi, Optiker, Bern), $^1/_{10}$ n-Salzsäure.

Ausführung: Man beschickt das graduierte Gläschen des Hämoglobinometers bis zum Teilstrich 10 mittelst der größeren, dem Apparat beigegebenen Pipette, mit der als Reagens dienenden $^1/_{10}$ n-Salzsäure. Die Blutentnahme geschieht wie früher in der Aufgabe über Zählung der Blutkörperchen beschrieben wurde. Mittels der Capillarpipette des Apparates wird genau die Menge von 20 cmm Blut aufgesogen, die Pipette äußerlich gereinigt und das in der Pipette enthaltene Blut in das mit der verdünnten Salzsäure beschickte graduierte Gläschen ausgeblasen. Es geschieht dies in der Weise, daß durch wiederholtes Zurücksaugen und Wiederherausblasen der Flüssigkeit die Capillare vollständig von dem aufgesogenen Blut befreit wird, da die Standardlösung auf dieses Verfahren berechnet ist. Dieses wechselnde Ausblasen und Zurücksaugen ist auch das beste Mittel, um das Blut mit der Salzsäure innig zu mischen. Man wartet dann genau 1 Minute, worauf die Mischung eine dunkelbraune Färbung angenommen hat und dabei fast völlig klar geworden ist. Das Röhrchen, welches die Standardflüssigkeit enthält, wird, ehe man zur Verdünnung schreitet, um Gleichheit der untersuchten Blutprobe mit der Farbe der Standardflüssigkeit zu erzielen, umgeschüttelt. Dies ist deshalb erforderlich, weil das salzsaure Hämatin in kolloidaler Lösung sich befindet und gelegentlich sedimentieren kann. Zur besseren Durchmischung dient das eingeschmolzene Glaskügelchen. Aus dem kleinen Tropfglase, welches dem Apparat beigegeben ist, setzt man der Blutlösung tropfenweise destilliertes Wasser zu, bis nach dem durch Neigen erfolgten Mischen die verdünnte Blutmischung die gleiche Farbe und Helligkeit hat wie die Standardlösung, welche in dem schwarzen Gestell neben der Mischbürette sich befindet. Bei der Farbenvergleichung dreht man das graduierte Gläschen so, daß die Skala hinter dem Rande des Gestelles völlig verschwindet. Dies geschieht zur Erzielung einer größeren Reinheit des Farbeneindruckes und zur Vermeidung subjektiver Beeinflussung. Ferner kann man sich eines schwarzen Kartons bedienen, der nur einen schmalen Ausschnitt zur Farbenvergleichung in den beiden benachbarten Röhrchen zuläßt. Die Beobachtungen geschehen im Tageslicht. Zur Erzielung größerer Genauigkeit kann man den Stand der Flüssigkeit notieren, bei welcher die zu untersuchende Lösung eben dunkler, gleich hell und eben heller erscheint als die Standardlösung, und nimmt dann aus diesen drei Einstellungen die Mitte.

Korrigierte Hämoglobinprozente. Handelt es sich um eine Standardlösung, bei welcher der Skalenteil 80 dem durchschnittlichen Mittelwert des Hämoglobingehaltes normaler Männer entspricht, so würde eine Gleichheit z. B. beim Skalenteil 70 den korrigierten Prozentwert $\dfrac{70}{80} \cdot 100 = 87$ korrigierte Hämoglobinprozente liefern.

Allgemeines und Lehre vom Blut.

15. Bestimmung des Hämoglobingehaltes mit dem v. Fleischl-Miescherschen Hämometer.

Aufgabe: Den Hämoglobingehalt durch colorimetrischen Vergleich zu finden.

Gebraucht werden: Hämometer nach v. Fleischl-Miescher, Argandbrennerlampe, Dunkelkasten.

Aufgabe: Blutentnahme siehe Blutkörperchen. In die Mischpipette wird als Verdünnungsflüssigkeit eine 1 promill. Sodalösung bis zur Marke oberhalb der Birne eingesogen. Zunächst wird die eine Kammerhälfte mit destilliertem Wasser vollständig gefüllt, so daß ein nach oben konvexer Flüssigkeitsmeniscus den oberen Kammerrand überragt, dann erst wird die zweite Kammerhälfte mit dem verdünnten Blute in gleicher Weise vollständig gefüllt. Man entfernt auch hier den ersten Tropfen aus der Mischpipette, der nur Verdünnungsflüssigkeit enthält. Auf die vollständig gefüllte Kammer wird das Deckglas unter mäßigem Andrücken gegen die Scheidewand von der Seite her in horizontaler Richtung über die Kammerfläche geschoben. Die gefüllte Kammer wird in den kreisrunden Ausschnitt des Hämometerobjekttisches so eingefügt, daß die mit destilliertem Wasser gefüllte Hälfte genau über dem Rubinglaskeil steht, der in einem Metallrahmen durch Zähne und Trieb verschieblich ist. Als Lichtquelle wird eine Petroleum- oder Argandgasbrenner-Flamme benützt. Der ganze Apparat wird in einen Dunkelkasten gestellt.

Die Bestimmung wird vorgenommen, indem man den Glaskeil vermittels der Triebschraube so lange verschiebt, bis jeder Unterschied in der Farbe und Helligkeit der beiden Vergleichsfelder verschwunden ist, und zwar wird die Einstellung des Glaskeiles, sowohl vom dünnen zum dicken Ende als auch in umgekehrter Richtung, etwa zehnmal vorgenommen. Die Einstellung muß rasch geschehen. Nach erfolgter Einstellung wird der erhaltene Wert der Skala abgelesen.

Berechnung: Als Mittelwert von 10 Ablesungen ergeben sich 63 Skalenteile für die Kammer von 10 mm Höhe. In der Eichungstabelle finden sich für 63 Skalenteile 103 mg Hämoglobin für 1000 ccm der untersuchten Lösung, wenn die Schichtendicke 15 mm beträgt. Wäre nun die Verdünnung des untersuchten Blutes $1/300$ gewesen, so enthalten 1000 ccm unverdünnten Blutes $503 \times 300 = 150\,900$ mg $= 150{,}9$ g Hämoglobin oder 15%. Dieser Wert wäre etwas größer als der normale Durchschnittswert des Hämoglobingehaltes des menschlichen Blutes, der mit rund 14% angenommen wird.

16. Beobachtung von Oxyhämoglobin im Spektrum.

Aufgabe: In Lösungen von Blut oder Oxyhämoglobin ist das charakteristische Absorptionsspektrum zu beobachten.

Übungen zur Physiologie der vegetativen Funktionen.

Gebraucht werden: Spektralapparat, Absorptionströge oder Hermanns Hämoskop, Auerbrenner, Kochsalzflamme nach Beckmann, NaCl, Blut, destilliertes Wasser, Maßzylinder.

Ausführung: Vorübung: Stelle den Spektralapparat so ein, daß ein deutliches, helles Spektrum der Auerflamme entsteht. Ersetze die Auerflamme durch den Beckmannschen Kochsalzbrenner. Der Spektralstreifen des Natriums erscheint an der Stelle der D-Linie des Sonnenspektrums.

Es wird eine verdünnte Blutlösung vor den Spalt des Spektralapparates gebracht, nachdem vorher der Auerbrenner wieder vorgesetzt und auf dessen Spektrum eingestellt wurde.

Beobachtungsaufgabe: 1. Man mache eine 1proz. Hämoglobinlösung (14 Teile Blut auf 100 Teile dest. Wasser) mit destilliertem Wasser und beobachte die beiden Absorptionsstreifen in der Gegend der D-Linie (1. Band $-580-564\ \mu\mu$, 2. Band $-555-517\ \mu\mu$) sowie die Absorption im blauen Teil des Spektrums. 2. Man stelle fest, daß die Stärke der Absorption von der Schichtdicke abhängt, indem man entweder verschieden dicke Absorptionströge oder das verschiebbare Hämoskop nimmt. 3. Stelle die Abhängigkeit von der Konzentration fest, indem passende Verdünnungen, ausgehend von der 2proz. Hämoglobinlösung, gemacht werden.

17. Beobachtungen an den Derivaten des Oxyhämoglobins.

Aufgabe: Es sind reduziertes Hämoglobin, CO-Hämoglobin, Methämoglobin, Hämatin, Hämochromogen herzustellen und spektroskopisch zu beobachten.

Gebraucht werden: Spektroskop, Absorptionsgefäße, Blut, Reagenzien.

1. Reduziertes Hämoglobin. Anfertigen einer 2proz. Hämoglobinlösung als Ausgangshämoglobinlösung. Zu je 1 ccm der Oxyhämoglobinlösung mindestens 1 Tropfen konz. Schwefelammoniumlösung. Man erkennt die Reduktion zu Hämoglobin an dem Verschwinden der zwei Oxyhämoglobinstreifen und dem Auftreten eines einzigen Absorptionsstreifens zwischen den Linien D und E. Bei Durchleiten von Luft wird das Hämoglobin wieder zu Oxyhämoglobin oxydiert. Siehe Abb. 3.

2. CO-Hämoglobin. Durchleiten von Leuchtgas durch die in einem Kölbchen befindliche 1proz. Hämoglobinlösung. Feststellung der zwei dem Oxyhämoglobinspektrum ähnlichen Absorptionsstreifen. Reduktion durch Schwefelammonium tritt nicht ein. Siehe Abb. 4.

3. Methämoglobin. Zusatz von 1 Tropfen 10proz. Ferricyankaliumlösung zu je 1 ccm Hämoglobinlösung. Siehe Abb. 5.

4. Hämatin, alkalisches. Zusatz von 1 Tropfen 15proz. Kalilauge zu je 1 ccm Oxyhämoglobinlösung. Aufkochen und Abkühlen der Lösung. Siehe Abb. 6.

Allgemeines und Lehre vom Blut.

5. **Hämochromogen.** Darstellung von Hämatin, dann Reduktion desselben durch Schwefelammonium. Siehe Abb. 7.

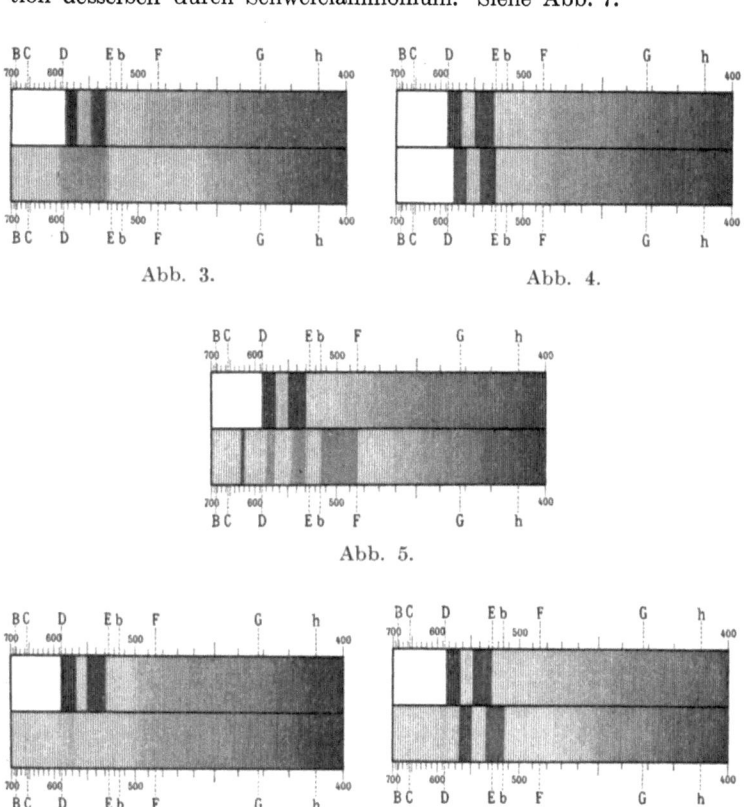

Abb. 3.   Abb. 4.

Abb. 5.

Abb. 6.   Abb. 7.

6. **Hämatoporphyrin.** In ein Reagensglas werden 3 ccm konz. H_2SO_4 gebracht, 1 Tropfen Blut hinzugefügt. Die passende Konzentration muß durch abwechselndes Zufügen von Schwefelsäure und Blut aufgesucht werden.

18. Zählung der weißen Blutkörperchen nach Hayem-Sahli.

Die Methode unterscheidet sich von der für rote Blutkörperchen nur dadurch, daß mehr Blut und eine andere Verdünnungsflüssigkeit ($^1/_3$ proz. wässerige Eisessiglösung oder Türksche Lösung, 1 proz.

Essigsäurelösung mit Zusatz von Gentianaviolett 0,05 : 300 zur Kernfärbung) zur Verwendung kommt, und daß die Verdünnung nur eine 21fache ist.

Mit der weiß bezeichneten Pipette für die Verdünnungsflüssigkeit werden zunächst 500 ccm in das entsprechende Glaströgchen abgemessen und mit der gleichfalls weiß bezeichneten Blutpipette 25 cmm Blut zugefügt, worauf gemischt wird. Die Füllung der Zählkammer geschieht in der gleichen Weise wie bei Zählung der roten Blutkörperchen. Um eine genügende Genauigkeit zu erzielen, muß man im ganzen wenigstens 300 Leukocyten zählen. Man geht also eine größere Zahl von Zähleinheiten (großen Quadraten) durch, am besten unter Verwendung des verschiebbaren Objekttisches mit automatischer Einschnappvorrichtung, schreibt die Zahlen für jede Zähleinheit untereinander, bis die Summe wenigstens 300 beträgt, und berechnet daraus die Mittelzahl für eine Zähleinheit. Dann multipliziert man diese Zahl, vorausgesetzt, daß die Kammertiefe $1/5$ mm betrug, mit 2625, um auf den Gehalt von 1 cmm Blut zu kommen, oder auch den Gehalt direkt aus den beigegebenen Tabellen abzulesen.

19. Beobachtung der Blutplättchen am Menschen nach Bürker-Fuchs und nach Sahli.

I. Nach Bürker-Fuchs.

Gebraucht werden: Paraffinblock, Bunsenbrenner, feuchte Kammer, Blutschnäpper, Deckgläser, Objektträger, Salzsäure, Äther, Alkohol, Schälchen, Spritzflasche mit destilliertem Wasser, kleine Wachskerze, Streichhölzer.

Man schneidet mit einem gut gereinigten Messer einen Paraffinblock von 3—4 cm Seitenlänge, dessen obere Fläche mit einem erwärmten, sorgfältig gereinigten Objektträger vollkommen geglättet wird. Die Paraffinoberfläche muß absolut frei von jeder Verunreinigung sein. Der so hergerichtete Paraffinblock wird in einer feuchten Kammer aufbewahrt. Dann wird die Fingerkuppe eines Fingers sorgfältig gereinigt, desinfiziert und getrocknet und vermittels des ebenfalls sorgfältig gereinigten und durch die Flamme einer Spirituslampe gezogenen, trockenen Schnäppers ein Einschnitt in die Fingerkuppe gemacht, aus der ein genügend großer Blutstropfen hervorquillt. Diesen Tropfen läßt man sofort aus ganz geringer Nähe auf den vorgenannten Paraffinblock fallen, den man in der feuchten Kammer beläßt. In dem nach oben konvexen Blutstropfen, der auf dem Paraffin flüssig bleibt, senken sich nach einiger Zeit die spezifisch schwereren roten und weißen Blutkörperchen zu Boden, während die leichten Blutplättchen sich in der Kuppe des Tropfens ansammeln.

Berührt man nun nach 20 bis 30 Minuten die Kuppe des Blutstropfens ganz leicht mit einem auf das sorgfältigste gereinigten Deck-

Allgemeines und Lehre vom Blut. 17

glas, dann enthält der an ihm haftenbleibende Tropfen zahlreiche Blutplättchen, aber keine oder fast keine roten Blutkörperchen. Die zu dieser Untersuchung benötigten Objektträger und Deckgläser werden vor dem Gebrauch mehrere Stunden in verdünnte Salzsäure gelegt, dann mit Leitungswasser abgespült, dann mit destilliertem Wasser mehrfach abgespült und schließlich in einer Mischung von Alkohol und Äther zu gleichen Teilen aufbewahrt. Vor der Verwendung werden die Gläser sorgfältig getrocknet durch Verdampfen des Äthers.

Das mit dem Plasmatröpfchen versehene Deckglas wird vorsichtig ohne Druck auf den Objektträger gebracht und dann das Präparat mit einem starken Trockensystem oder Ölimmersion (600 bis 700fache Vergrößerung) untersucht. Die Untersuchung muß bei ziemlich abgeblendeter Beleuchtung vorgenommen werden. Ein Berühren des Präparates mit der Objektivlinse ist peinlichst zu vermeiden. Beim Einstellen sind die im Präparat evtl. vorhandenen vereinzelten roten Blutkörperchen gute Merkzeichen. Deshalb sucht man zunächst nach ihnen mit schwacher Vergrößerung und stellt auf sie mit der starken Vergrößerung ein. Die Blutplättchen erscheinen als kleine farblose Zellen, welche meist deutliche Fortsätze zeigen und einen Kern besitzen.

Das Gelingen dieses Versuches hängt in erster Linie von der absoluten Sauberkeit der Gläser sowie der Manipulation ab, da jede Verunreinigung des Präparates zum raschesten Zerfall der Blutkörperchen führt. Um die Präparate für eine genauere Durchmusterung haltbar zu machen, umrandet man sie mit Wachs. (Auffließenlassen von Wachstropfen eines kleinen brennenden Wachslichtes ohne jeden Druck.) Aber auch in diesen vor der Austrocknung geschützten Präparaten gehen die Blutplättchen bald zugrunde.

II. Methode nach Sahli.

Gebraucht werden: Hirudin, heizbare Objektträger, Mikroskop, Meßzylinder, Zentrifuge, Punktionsnadel für Vene.

Ausführung: Aus einer Vene wird vermittels Punktion Blut gewonnen. Das Blut läßt man in ein kleines Zentrifugengefäß fließen, welches die genügende Menge Hirudin enthält, um die Gerinnung aufzuheben. Das Zentrifugengefäß wird sofort zentrifugiert. Nach kurzer Zeit hat sich oben eine blutkörperchenfreie Schicht gebildet, in welcher sich zahlreiche Blutplättchen befinden. Man entnimmt einen Tropfen und bringt denselben auf den heizbaren Objektträger. Das Deckgläschen muß mit Vaseline umgeben werden, um die Verdunstung zu verhindern. Man betrachtet mit Immersionssystem den Tropfen, in welchem sich die Blutplättchen in lebhafter amöboider Bewegung befinden.

18 Übungen zur Physiologie der vegetativen Funktionen.

20. Beobachtung und Zählung der Blutplättchen nach Flößner.

In einem reinen Paraffinblock erzeugt man mit dem unteren Ende eines mit heißem Wasser gefüllten Probierröhrchens eine napfförmige Vertiefung mit ganz glatter Fläche. In diesen Napf hinein läßt man 30 Tropfen Tyrodelösung und beim Manne 5 bis 6 Tropfen, bei der Frau 5, beim Kind 4 Tropfen 1 promill. Sublimatlösung eintropfen, welch letztere man sich durch Auflösen einer Sublimatpastille in Wasser herstellt. Die Flüssigkeiten müssen vorher sehr sauber filtriert sein, damit keine feste Partikel darin schwimmen. Dann wird mit dem Schnäpper die Wunde gesetzt und der erste Blutstropfen, der ohne Druck hervorquillt, in die Lösung gebracht, mit einem Glasstab, der mit Carnaubawachs überzogen ist, sogleich gut umgerührt und unverzüglich 1 Tropfen der Mischung auf eine Zeißsche Zählkammer gebracht und zugedeckt. Dann kann sofort gezählt werden, d. h. man bestimmt die Zahl der Plättchen, welche auf 100 rote Blutkörperchen kommen. Hierauf folgt in einer getrennt hergestellten Blutprobe eine Zählung der roten Blutkörperchen. Sei a die Zahl der Blutplättchen auf 100, so ergibt sich die Zahl X der Blutplättchen in 1 cmm Blut.

$$X = \frac{a \cdot \text{Zahl der roten Blutkörperchen im cmm}}{100}$$

21. Untersuchung der Arten der weißen Blutkörperchen und Feststellung der relativen Zahl der einzelnen Arten.

Aufgabe: Durch Fixierung und Färbung sind im Ausstrichpräparat die einzelnen Arten von weißen Blutkörperchen im Mikroskop zu beobachten und zu zählen.

Gebraucht werden: Mikroskop, Deckglas mit geschliffenem Rand, sorgfältig gereinigte Objektträger, Jennersche und Giemsasche Farblösung, speziell präparierte Farbschalen (Petrischalen werden mit Paraffin ausgegossen; nach dem Festwerden schneidet man einen Raum derart aus, daß ein Objektträger von zwei Paraffinleisten noch getragen wird und unter demselben Platz für Farblösung bleibt, welche die Unterfläche des Objektträgers bespült; an den beiden Längsseiten macht man kleine Einkerbungen, die zum Heben des Objektträgers dienen), Methylalkohol, destilliertes Wasser, Pinzetten, Fließpapier, Nadel zum Stechen.

Ausführung: Gewinnung eines Blutstropfens aus der Fingerkuppe wie früher. Man faßt das geschliffene Deckgläschen an einem Rande mit der Pinzette und berührt den Blutstropfen mit dem entgegengesetzten Rande, so daß an der Schmalseite des Deckgläschens eine gewisse Menge Blut haften bleibt. Man streicht nun das auf dem Deckgläschen haftende Blut auf dem Objektträger aus, wobei das

Allgemeines und Lehre vom Blut. 19

Deckgläschen annähernd einen Winkel von 45° mit der Oberfläche des Objektträgers bilden soll. Der Ausstrich muß ein möglichst gleichmäßiger sein. Den Objektträger mit Blut läßt man 5 bis 15 Minuten lufttrocken werden und bringt dann zum Fixieren den Objektträger in eine zugedeckte Schale, die entweder Methylalkohol oder absoluten Alkohol enthält; Verbleiben daselbst 10 bis 15 Minuten. In die oben beschriebene Farbschale wird filtrierte Jenner-Farbe eingebracht, der Objektträger mit der Blutschicht nach unten eingelegt und in der zugedeckten Schale 5 bis 7 Minuten gelassen. Hierauf erfolgt Zusatz der doppelten Menge von destilliertem Wasser, sodann wird der Objektträger in eine neue Farbschale, die verdünnte Giemsa-Lösung enthält, eingelegt. (Verdünnung der Giemsa-Lösung je nach der Qualität der Lösung 10 ccm Wasser + 16 Tropfen Giemsa-Lösung, oder zu je 1 ccm Wasser 1 Tropfen Giemsa-Lösung.) Verbleiben in der Giemsa-Lösung 30 Minuten bis 1 Stunde. Alle angegebenen Zeitdauern hängen von der jeweiligen Qualität der Farblösungen ab. Der Objektträger wird mit destilliertem Wasser abgespült und zwischen Fließpapier getrocknet. Zur Auszählung braucht man ein starkes Trockensystem oder Ölimmersion. Um die relative Zahl der einzelnen Arten von weißen Blutkörperchen festzustellen, legt man sich eine Tabelle an, welche Rubriken für die einzelnen Arten enthält. Als normal können beim Menschen folgende Verhältnisse gelten: Lymphocyten 20 bis 25%, Monocyten 6 bis 8%, neutrophile Leukocyten (polymorphkernige) 65 bis 70%, eosinophile Leukocyten 2 bis 4%, Mastzellen 0,5%. Es müssen mindestens 200 bis 300 weiße Blutkörperchen gezählt werden.

Darauf zählt man in möglichst gleichmäßig ausgestrichenen Teilen die im ganzen Gesichtsfeld des Mikroskops befindlichen Leukocyten nach Art und Zahl, und trägt das Ergebnis in die Rubriken der Tabelle ein. Man verschiebt und zählt andere Stellen, bis man einige Hundert Leukocyten gezählt hat. Wurden L Leukocyten im ganzen gezählt und 1 von einer bestimmten Art, so ist der Prozentgehalt an dieser Art

$$\frac{1 \cdot 100}{L}.$$

22. Bestimmung der Gefrierpunktserniedrigung des Blutes.

Aufgabe: Es ist die Gefrierpunktserniedrigung des Blutes zu bestimmen.

Gebraucht werden: Apparat zur Bestimmung der Gefrierpunktserniedrigung von Beckmann, Eis, Salz, Blut, eine Lupe.

Ausführung: Das Außengefäß des Apparates wird mit einer Mischung von Eis und Salz gefüllt, so daß etwa die Temperatur −4° erreicht wird. Dann wird der Luftmantel des Innengefäßes eingesetzt. In das Innengefäß werden etwa 7 ccm (bzw. so viel, um den Quecksilberbehälter des Thermometers zu bedecken) Blut (oder Serum oder Salzlösung) eingefüllt. Vorsichtige Abstellung und Behandlung des Thermometers während dieser Manipulationen; dann wird der Rührer des Innengefäßes eingesetzt und darauf das Innengefäß mit dem Stopfen, welcher das Thermometer trägt, verschlossen. Das Thermometer muß so tief eingesteckt sein, daß der untere Quecksilberbehälter ganz mit Flüssigkeit bedeckt ist. Durch Einsetzen in eine Kältemischung wird die Temperatur der Lösung bis etwa 0° heruntergebracht, das Rohr wird rasch außen abgetrocknet und dann in den Luftmantel eingesetzt. Man rühre jetzt gleichmäßig mit dem Platinrührer. Die Temperatur sinkt allmählich tief unter 0°, bis sie auf einmal steigt und in einer gewissen Höhe etwa 2 Minuten konstant bleibt. Die so erreichte Temperatur wird mit der Lupe abgelesen; es ist der Gefrierpunkt der Lösung. Die Bestimmung kann durch Auftauen des gebildeten Eises mit der Hand wiederholt werden. Sollte keine Eisausscheidung erfolgen, so muß durch den seitlichen Stutzen des Apparates ein Eiskrystall eingeführt werden.

Beobachtungsaufgaben: Bestimme die Gefrierpunktserniedrigung vom Blut und von einer 0,9 proz. Kochsalzlösung.

Je $1/_{1000}$° Gefrierpunktserniedrigung = 9 mm Hg osmotischer Druck.

23. Bestimmung des osmotischen Druckes von Serum nach Hamburger.

Aufgabe: Der osmotische Druck von Serum ist durch Aufsuchen von derjenigen Verdünnung zu bestimmen, die gerade Hämolyse macht.

Gebraucht werden: Zentrifuge, Serum, destilliertes Wasser, Maßzylinder.

Ausführung: In Zentrifugierröhren bringe 0,2 ccm Blut, überschichte mit 2 bis 4 ccm Serum. In ein anderes Zentrifugenröhrchen bringe die gleiche Menge Blut und Serum, welches mit destilliertem Wasser verdünnt wird, z. B. 2 ccm Serum und 0,5 destilliertes Wasser. Es wird diejenige Verdünnung aufgesucht, bei welcher gerade Hämolyse eintritt. Die Kochsalzlösung, bei welcher Hämolyse eintritt, sei eine solche von 0,65%. Anstatt Zentrifugenröhrchen kann man auch kleine Reagensgläser gebrauchen, nur beansprucht dann das Absetzen der Blutkörperchen mehr Zeit.

Berechnung: Das Serum ist isotonisch mit einer Kochsalzlösung von der Konzentration.

$$X = \frac{2,5 + 1,5}{2,5} \cdot 0,65.$$

Wenn z. B. 2,5 Serum + 1,5 destilliertes Wasser gerade Hämolyse macht.

Allgemeines und Lehre vom Blut.

24. Globuline und Albumine des Blutserums.

Aufgabe: Globulin und Albumin im Blutserum zu trennen.
Gebraucht werden: Serum, Reagenzien, Kippscher Apparat für Kohlensäureentwicklung. 1. Serum wird mit 10 bis 20 Volumen destilliertem Wasser versetzt, dann wird Kohlensäure durchgeleitet. Die Trübung setzt sich als Niederschlag von Euglobulin. 2. 2 ccm Serum + 5 ccm Wasser + 3 ccm kaltgesättigter Ammonsulfatlösung: Niederschlag = Fibrinoglobulin. (Bei Anwendung von Plasma entsteht Fibrinogen.) 3. Gleiche Teile von Serum (am besten Pferdeblutserum) und kaltgesättigter Ammonsulfatlösung werden vermengt. Man filtriert von dem aus Fibringlobulin, Euglobulin und Pseudoglobulin bestehenden Niederschlag ab. Das Filtrat wird mit $^1/_5$ n-Schwefelsäure versetzt bis zur bleibenden Trübung: Serumalbumin. 4. Serum mit festem Ammoniumsulfat bis zur Sättigung versetzt; das Filtrat ist frei von koagulierbarem Eiweiß.

25. Gewinnung von menschlichem Serum.

Aufgabe: Es ist eine kleine Quantität klaren menschlichen Serums zu gewinnen, welches zu mannigfachen Untersuchungen dient.

Gebraucht werden: Handbad, Frankesche Nadeln, 5 cm lange Glasröhrchen von etwa 1 cm Durchmesser.

Ausführung: 8 bis 12 Stunden vor Gebrauch des Serums wird aus einer Fingerspitze 1 ccm Blut entnommen. Der Einstich geschieht mit der Frankeschen Nadel am besten etwas lateral in der Nähe des Endes einer seitlichen Fingerarterie. Das in großen Tropfen leicht austretende Blut wird in einem unten abgerundeten, etwa 5 cm langen Glasröhrchen von etwa 1 cm Durchmesser aufgefangen und verkorkt in leicht geneigter Lage bis abends im Eisschrank stehengelassen. Das ausgeschiedene Serum wird nach 8 bis 12 Stunden mit einem in einer Spitze ausgezogenen Glasröhrchen abpipettiert. Das offene weite Ende des Glasröhrchens ist, um Verdunstung zu vermeiden, mit einem kleinen Wattepfropf zu verschließen. Die Glaspipettchen, welche am besten nur einmal benützt werden, sind aus einem Glasrohr von etwa 3 bis 4 mm Lumen hergestellt, das Röhrchen ist etwa 6 cm lang, die ebenso lange Spitze nahe ihrer Basis fast rechtwinklig abgebogen, um während des Ansaugens darauf achten zu können, daß nicht Teile des Blutkuchens aspiriert werden. Das abpipettierte Blutserum soll hämoglobinfrei sein (spektroskopische Kontrolle).

26. Versuche über die Gerinnung des Blutes.

Aufgabe: Es soll die Wirkung verschiedener chemischer und physikalischer Reagenzien auf die Blutgerinnung untersucht werden. (Als Demonstrationsversuch geeignet.)

Gebraucht werden: Kaninchen, Kanülen für Arterie und Vene, Injektionsspritzen, Reagensgläser, Eis, die nachfolgenden Lösungen: physiologische Kochsalzlösung, konz. Sodalösung, 25 proz. Magnesiumsulfatlösung, 1 proz. Oxalatlösung, 1 proz. Fluornatriumlösung (die Konzentration der beiden genannten Stoffe soll so bemessen sein, daß nachher das Gemenge von Lösung und Blut 0,1 Oxalat bzw. NaFl enthält), Calciumchloridlösung, einige Körnchen Hirudin, Filtriergaze, Porzellanschalen, Trichter, Stäbchen zum Schlagen des Blutes.

Ausführung: Das Kaninchen wird mit Äther oder Urethan narkotisiert. Unter Leitung des Lehrpersonals wird eine Kanüle in die Carotis und der Ansatz einer Injektionsspritze in die Vena jugularis eingebunden. Während dies geschieht, werden die mit den verschiedenen obengenannten Reagenzien gefüllten Reagensgläser bereitgestellt und ein Reagensglas in ein größeres Gefäß gebracht, welches eine Kältemischung von 0° enthält. Jetzt wird die Klemme, welche die mit Kanüle versehene Carotis verschließt, leicht geöffnet und es werden folgende Blutproben entnommen: 1. Ein paar Tropfen in ein leeres Reagensglas, 2. ein paar Tropfen in das mit physiologischer Kochsalzlösung gefüllte Reagensglas, 3. ein paar Tropfen in das kaltgestellte Reagensglas, 4. ein paar Tropfen in das gut geölte Reagensglas, 5. je ein paar Tropfen in die Reagensgläser, welche mit den obengenannten Salzen gefüllt sind, 6. ein paar Tropfen Blut in das mit Hirudin versetzte Reagensglas. Sämtliche Reagensgläser (außer Nr. 4) müssen, ehe sie weggestellt werden, durch Umstülpen mit verschlossenem Finger gut vermengt werden. 7. Einige Kubikzentimeter Blut in eine kleine Porzellanschale; das Blut wird mit Holzstäbchen geschlagen, bis Fibrin sich ausscheidet. 8. Einige Kubikzentimeter Blut in eine kleine Porzellanschale. Das Blut wird der Selbstgerinnung überlassen, dann durch Gaze filtriert, wobei der Blutkuchen etwas ausgepreßt wird. Das Filtrat wird mit Hilfe einer kleinen Spritze in die Vene injiziert. Vor Ansetzen der Injektionsspritze wird die in die Vene eingebundene Kanüle luftfrei mit Kochsalzlösung gefüllt. Da die injizierte Flüssigkeit Gerinnungsferment enthält, stirbt das Tier fast momentan infolge Gerinnung in den Gefäßen.

Man beachte jetzt die einzelnen in der beschriebenen Weise gefüllten Reagensgläser. Gerinnung ist eingetreten in dem ohne Lösung benützten Reagensglas sowie, wenn auch verzögert, in dem mit physiologischer Kochsalzlösung gefüllten Reagensglas. In allen anderen Reagensgläsern ist das Blut flüssig geblieben, womit eine Reihe von gerinnungshemmenden Faktoren demonstriert sind.

Das mit Oxalat und Fluoridlösung gefüllte Reagensglas, in dem sich das Blut ungeronnen befindet, wird mit ein paar Tropfen Calciumchloridlösung versetzt. Es tritt jetzt Gerinnung ein. Durch diese Versuche ist der Einfluß des Calciums auf den Gerinnungsvorgang demonstriert.

Allgemeines und Lehre vom Blut.

27. Nachweis von Fibrinogen im Plasma.

Aufgabe: Es ist zu zeigen, daß im Plasma Fibrinogen vorhanden ist, im Serum fehlt.

Gebraucht werden: Oxalatplasma (10 ccm einer 1 proz. Lösung von Kaliumoxalat in 0,7 proz. reiner Kochsalzlösung auf 50 ccm Blut), Serum, gesättigte Kochsalzlösung, Reagensgläser.

Ausführung: Füge zu 10 ccm bzw. weniger filtriertem Oxalatplasma das gleiche Volumen gesättigter reiner Kochsalzlösung zu. Es erscheint ein weißer Niederschlag. Dasselbe mit Serum wiederholt gibt keinen Niederschlag.

Durch Dekantieren der Flüssigkeit, Waschen mit halbgesättigter Kochsalzlösung, wieder Lösung in 0,9 proz. Kochsalzlösung und erneuter Fällung mit gesättigter Kochsalzlösung läßt sich das Fibrinogen reinigen.

28. Quantitative Bestimmung des Fibrinfermentes.

Aufgabe: Es ist das Vorhandensein und die Menge von Fibrinferment im Serum zu bestimmen.

Gebraucht werden: Reagensgläser, 1 proz. Kochsalzlösung, Magnesiumsulfatplasma (Gewinnung: vom Hund oder Kaninchen werden 3 Teile Blut in 1 Teil 28 proz. Magnesiumsulfatlösung in einem Zentrifugenröhrchen aufgefangen, unter guter Kühlung; es wird scharf zentrifugiert und das Plasma dann abgehoben; dieses Plasma im Eisschrank aufgehoben, stellt eine unveränderliche Fibrinogenlösung dar), möglichst frisch gewonnenes Serum, Pipetten, Meßzylinder.

Ausführung: Eine Reihe von Reagensgläsern werden mit absteigenden Mengen von Serum beschickt, die Volumdifferenzen mit den entsprechenden Quantitäten 1 proz. NaCl-Lösungen (Ca-frei) ausgeglichen und zu jeder Portion 2 ccm des Magnesiumsulfatplasmas zugesetzt in einer Verdünnung 1 : 10. Die Gläschen können entweder in dem Eisschrank aufbewahrt werden, um den Einfluß der Wärme auf das Fibrinferment auszuschalten, oder der Versuch kann bei einer nicht zu hohen Zimmertemperatur durchgeführt werden. Nach Ablauf von 24 Stunden (bei höheren Temperaturen auch kürzerer Zeit) wird auf eingetretene Gerinnung so geprüft, daß ohne zu schütteln, nur durch horizontales Neigen eines jeden Röhrchens, wo eine Gerinnung komplett, teilweise oder spurweise eingetreten ist, beobachtet wird.

Die Berechnung der Fibrinmenge geschieht so, daß man diejenige Serummenge als Einheit setzt, die noch imstande ist, ein deutlich erkennbares Gerinnsel zu geben. Es sei dies beispielsweise ein Gläschen mit 0,016 ccm Serum. Dann sind in 1 ccm Serum

$$\frac{1,0}{0,016} = 62,5 \text{ Fermenteinheiten.}$$

24 Übungen zur Physiologie der vegetativen Funktionen.

Falls wenig Serum und Plasma zur Verfügung steht, wird die zehnfach geringere Menge als oben angegeben, benutzt.

29. Viscosität des Blutes.

Aufgabe: Die innere Reibung des Blutes ist zu bestimmen.
Gebraucht werden: Viscosimeter (1. Ostwald, 2. Heß), Blut, Wasserbad, Uhr mit springendem Zeiger, Pipette.

Ausführung 1 mit dem Apparat von Ostwald: Hänge das Ostwaldsche Viscosimeterrohr senkrecht in einem Wasserbade auf, bringe eine bestimmte Menge Blut in den weiteren Schenkel der U-förmigen Röhre des Viscosimeters; sauge bis über die obere Marke des anderen Schenkels und lasse dann das Blut wieder von selbst herabsinken. Sobald die Blutsäule die obere Marke passiert, wird die Uhr in Gang gesetzt; wenn sie die untere Marke passiert, wird die Uhr angehalten. Notiere die Zahl der Sekunden t. Darauf wird das Rohr gereinigt und getrocknet und mit destilliertem Wasser das Verfahren wiederholt.

Es seien η_0 der relative Reibungskoeffizient des Wasser $= 1$, s_0 das spezifische Gewicht des Wassers, s dasjenige des Blutes, t und t_0 die gefundenen Sekunden, dann ist η der relative Reibungskoeffizient des Blutes

$$\eta = \frac{\eta_0 s t}{s_0 t_0} = \frac{s t}{s_0 t_0}.$$

Beobachtungsaufgabe: Leite CO_2 durch das Blut und bestimme auch von diesem die Viscosität im Vergleich zum arteriellen Blut.

Ausführung 2 mit dem Apparat von Heß: Von einem dreischenkligen Rohr aus werden durch eine Glascapillare hindurch in ein graduiertes Röhrchen Blut, gleichzeitig durch eine zweite parallel gelagerte Capillare hindurch in ein zweites graduiertes Röhrchen Wasser angesogen. Da die treibende Kraft (dieselbe wird durch Ansaugen erzeugt) von demselben Rohr ausgehend auf beide Flüssigkeiten gleich lang und gleich stark wirkt, so ist bei den gegebenen Dimensionen der Capillaren das Verhältnis der Durchflußvolumina beider Flüssigkeiten ausschließlich noch abhängig von dem Verhältnis ihrer Viscositätsgrade, und zwar besteht ihre Proportion:

$$\frac{\text{Durchflußvolum des Wassers}}{\text{Durchflußvolum des Blutes}} = \frac{\text{Viscosität des Blutes}}{\text{Viscosität des Wassers}}$$

Läßt man die ansaugende Kraft gerade so lange wirken, bis das Durchflußvolumen des Blutes gerade $= 1$ ist, so ist nach der angeführten Proportion in jenem Zeitpunkt das Durchflußvolumen des Wassers das direkte Maß für das Verhältnis

Allgemeines und Lehre vom Blut. 25

$$\frac{\text{Viscosität des Blutes}}{\text{Viscosität des Wassers}}$$

d. h. für die relative Viscosität der untersuchten Blutprobe.
Mittels einer der beigegebenen Pipetten wird Aqu. dest. an die freie Öffnung des Glasröhrchens gebracht, welches zur Aufnahme von Wasser dient. Der Hahn des Apparates wird so gestellt, daß die Saugkraft auf das Glasröhrchen einwirkt. Ist das Glasröhrchen bis zur Schmelzstelle von Aqu. dest. angefüllt, so entfernt man die Pipette und saugt die Wassersäule, welche dabei zusammenhängend bleiben muß, so lange weiter an, bis deren linkes Ende die Nullmarke der dazugehörigen Skala erreicht hat.

Blut wird von der Fingerkuppe in der früher beschriebenen Weise entnommen. Man faßt ein bereitgelegtes Ersatzröhrchen (dieselben sind dem Apparat beigegeben) in der Nähe seines glatt abgeschnittenen Endes und bringt dieses letztere mit dem Blut in Berührung, welches dabei spontan eintritt. Zu etwa $^3/_4$ angefüllt, entfernt man das Röhrchen von der Fingerkuppe und hält es senkrecht, bis das Blut an dem unteren, trichterförmig erweiterten Ende hervorzutreten beginnt. An die Capillare angestoßen, welche zur Ansaugung des Blutes dient, senkt man, ohne daß das Blut den Kontakt mit der Capillare wieder verliert, das zwischen den Fingern gehaltene Ende des Ersatzröhrchens bis zur horizontalen Lage und schiebt es dann zwischen die zwei Ärmchen der an dem Apparat angebrachten Feder.

Es wird der Hahn jetzt so gestellt, daß bei dem jetzt erfolgenden Ansaugen Blut und Wasser zugleich folgen. Hat das Blut die Marke 1 erreicht, so wird die Saugwirkung unterbrochen. Der Skalenpunkt, bis zu welchem das Wasser inzwischen vorgerückt ist, markiert den Viscositätsgrad der untersuchten Blutprobe.

Sollte während des Versuches die Gerinnung beginnen, so entfernt man das Ersatzröhrchen sofort, saugt kräftig an und spült hierauf mit Ammoniak nach.

30. Nachweis des Phosphors und des Schwefels in Eiweißkörpern.

Aufgabe: Nachweis des Phosphors und des Schwefels in Eiweißkörpern.

Gebraucht werden: Reagensgläser, konz. Salpetersäure, 15 proz. Perhydrol Merck, Ammoniummolybdatlösung, Bariumacetat, Ferrinitrat, dest. Wasser.

Ausführung: 0,1 bis 2,0 g Casein. pur. werden in 3 ccm konz. Salpetersäure unter Erwärmen gelöst. In der abgekühlten Lösung wird zuerst eine Spur Ferrinitrat und dann 3 ccm 15 proz. Perhydrol zugesetzt. Es tritt eine heftige Reaktion unter Sauerstoffentwicklung ein. Man erwärmt gelinde und gibt nach Ablauf von einigen Minuten noch 2 ccm der gleichen Perhydrollösung hinzu. Nach 5 bis 10 Minuten ist der P zu Phosphorsäure und der S zu Schwefelsäure oxydiert.

Nachweis der Phosphorsäure: 5 ccm der erhaltenen Lösung werden zum Kochen erhitzt (Aufschäumen unter Sauerstoffentwicklung) und mit 2 ccm Ammoniummolybdatlösung versetzt: gelbe Fällung von Phosphormolybdänsäure.

Nachweis der Schwefelsäure: 5 ccm der erhaltenen Lösung werden aufgekocht und mit Bariumacetat versetzt: Fällung von Bariumsulfat.

31. Bestimmung der elektrischen Leitfähigkeit des Blutes.

Aufgabe: Die elektrische Leitfähigkeit einer Substanz ist der reziproke Wert ihres Leitungswiderstandes. Sie kann somit durch Messung des letzteren bestimmt werden.

Gebraucht werden: Telephon, Meßdraht, Rheostat, kleines Induktorium, Widerstandsgefäß mit frisch platinierten Elektroden, Wasserbad mit Thermoregulator, Schlüssel, Elemente.

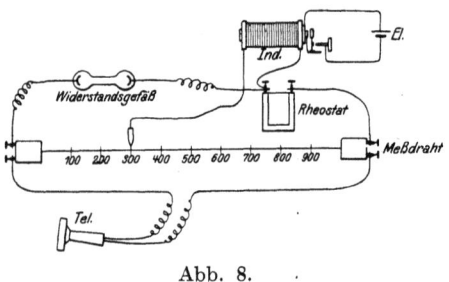

Abb. 8.

Ausführung: Setze den Apparat nach Abb. 8 zusammen. Fülle das Blut in das Widerstandsgefäß, bis die Elektroden bedeckt sind, setze das Induktorium in Gang. An das eine Ohr bringt man das Telephon, das andere wird durch ein mit Gummischlauch überzogenes Glasstäbchen verstopft, damit keine Nebengeräusche die Beobachtung stören. Jetzt verschiebt man den Schleifkontakt so lange, bis der Ton des Telephons = 0 wird. Ein vollständiges Aufhören des Tones bleibt meist aus, doch kann man leicht zwei einander naheliegende Stellen ermitteln, von denen aus der Ton deutlich anzusteigen beginnt. Die Mitte zwischen diesen beiden Punkten ist dann die gesuchte Stelle. Es geht dann kein Anteil der Wechselströme durch die Strecke. — Den Widerstand des Rheostaten regelt man bei der Bestimmung so, daß er nahezu dem Widerstand im Widerstandsgefäß wird. Es kommt dann der Schleifkontakt ungefähr in die Mitte des Brückendrahtes zu liegen.

Die Messung wird mit zwei wenig voneinander verschiedenen Widerständen des Rheostaten durchgeführt. Die gefundenen Widerstände des mit Blut gefüllten Widerstandsgefäßes müssen übereinstimmen.

Allgemeines und Lehre vom Blut. 27

Um aus dem gefundenen Wert die Leitfähigkeit der angewandten Lösung berechnen zu können, muß man die Widerstandskapazität des verwandten Gefäßes kennen. Diese bestimmt man, indem man es mit einer Flüssigkeit von bekanntem Leitungsvermögen (z. B. 0,1 n-KCl-Lösung) füllt und dann den Widerstand der Flüssigkeit im Gefäß feststellt.

Da der Widerstand der Flüssigkeit dem Leitvermögen x umgekehrt proportional ist, so muß $W = \dfrac{k}{x}$ sein, wobei k die von der Form des Gefäßes herrührende Konstante, die sog. Widerstandskapazität ist. k ist dann $= x \cdot W$.

Berechnung der Leitfähigkeit der untersuchten Lösung.

Es sei W_1 der gesuchte Widerstand (in Ohm ausgedrückt) der zu untersuchenden Lösung im Widerstandsgefäß. W_2 sei der Widerstand im Rheostat. Mit a und b seien die Längen der Strecke, in die der Brückendraht eingeteilt werden mußte, um das Tönen des Telephons auf Null resp. auf ein Minimum zu beschränken, bezeichnet. Es ist $\dfrac{W_1}{W_2} = \dfrac{a}{b}$; $W_1 = W_2 \cdot \dfrac{a}{b}$. Nun haben wir oben festgestellt, daß W_1 in unserem speziellen Falle $W_1 = \dfrac{k}{x}$ ist, somit ist

$$W_2 \cdot \frac{a}{b} = \frac{k}{x}; \qquad x = \frac{k}{W_2} \cdot \frac{b}{a}.$$

Wir drücken somit das Leitvermögen der untersuchten Flüssigkeit aus durch den Rheostatenwiderstand W_2, den wir direkt am Widerstandskasten ablesen, ferner durch die Widerstandskapazität k des angewandten Gefäßes und durch das Verhältnis $\dfrac{b}{a}$, in dem der Meßdraht durch den Schleifkontakt geteilt wird. Bei allen Bestimmungen muß die Temperatur der Lösung berücksichtigt resp. konstant gehalten werden.

32. Untersuchung der Neutralitätsregulation bzw. der Pufferwirkung.

1. Salze starker Basen und schwacher Säuren wirken als Puffer für freie Wasserstoffionen.

Gebraucht werden: $^1/_{10}$ n-Natronlauge, $^1/_{10}$ n-Salzsäure, $^1/_{10}$ n-Essigsäure, Phenolphthalein, Methylorange, Büretten, Bechergläser.

Ausführung: Zu 10 ccm Wasser in einem Becherglas füge 10 ccm $^1/_{10}$ n-Natronlauge und 5 Tropfen Phenolphthaleinlösung hinzu. Titriere mit der $^1/_{10}$ n-Salzsäurelösung, bis die rote Farbe des Phenolphthaleins gerade verschwindet. Bei richtiger Titerstellung werden gerade 10 ccm der $^1/_{10}$ n-Salzsäure gebraucht. Die Lösung enthält

28 Übungen zur Physiologie der vegetativen Funktionen.

jetzt NaCl und ist nahezu neutral. Jetzt werden Tropfen Methylorange hinzugefügt und so lange Tropfen für Tropfen der $^1/_{10}$ n-Salzsäure hinzugefügt, bis der Umschlag erreicht wird. Notiere die Menge der $^1/_{10}$ n-Salzsäure, welche notwendig ist, um vom Neutralpunkt aus diejenige Wasserstoffionkonzentration zu erreichen, welche zum Umschlag erforderlich ist.

Das gleiche Experiment wird wiederholt, nur mit dem Unterschied, daß die $^1/_{10}$ n-Natronlauge mit $^1/_{10}$ n-Essigsäure titriert wird. Wenn die rote Farbe des Phenolphthalein verschwindet, ist die Lösung eine neutrale Lösung von Natriumacetat. Notiere die viel größere Menge von $^1/_{10}$ n-Salzsäure, welche nach Zusatz von Methylorange nötig ist, um den Umschlag von Methylorange zu erreichen.

Da der Zusatz der gleichen Menge von Salzsäure nicht die gleiche Steigerung der Wasserstoffionenkonzentration herbeiführt, wirkt Natriumacetat als ein Puffer oder Moderator. Die Erklärung liegt darin, daß die starke Säure mit der starken Base sich verbindet und die schwächere Essigsäure frei gemacht wird, welche in geringerem Umfang als Salzsäure Wasserstoffionen abdissoziiert.

2. Die Pufferwirkung von Natriumbicarbonat ist zu untersuchen.

Ausführung: Bringe 10 ccm einer 0,25 proz. Lösung von Natriumbicarbonat in ein Becherglas unter Zufügung von 5 Tropfen Methylorange. Es wird mit $^1/_{10}$ n-Essigsäure-Salzsäure titriert, bis der Umschlag erreicht wird. Beachte, daß in diesem Falle die schwache Säure CO_2-frei gemacht und an die Luft abgegeben wird. Vergleiche mit der Säuremenge, welche erforderlich ist, wenn anstatt Natriumbicarbonatlösung Wasser angewandt wird.

Welche anderen Salze als die Carbonate können die gleiche Wirkung ausüben?

33. Bestimmung der Säuren und Basenkapazität des Blutes.

Aufgabe: Es ist festzustellen, daß bei Zusatz von Säuren und Basen zum Blute der Umschlag der Reaktion später eintritt als bei Zusatz zu destilliertem Wasser.

Gebraucht werden: Blutserum, $^1/_{50}$-n-Schwefelsäure und $^1/_{50}$ n-Natronlauge, Phenolphthalein, Methylorange, destilliertes Wasser, Büretten, Kölbchen.

Ausführung: Man füllt in 2 Kölbchen destilliertes Wasser, in das 3. und ebenso das 4. Kölbchen Serum, wobei stets gleiche Mengen genommen werden. In die beiden Kölbchen mit Wasser tut man je ein paar Tropfen Phenolphthalein und Methylorange hinzu. In ein Kölbchen mit Serum kommt gleichfalls Phenolphthalein, in das andere Methylorange. Die beiden Phenolphthalein enthaltenden Kölbchen werden mit der Lauge, diejenigen, welche Methylorange enthalten, werden mit der Säure titriert. Man lasse so lange zufließen, bis der

Allgemeines und Lehre vom Blut.

Farbenumschlag eintritt, welcher die alkalische bzw. saure Reaktion anzeigt. Man überzeuge sich, daß beim destillierten Wasser der Umschlag sofort, beim Serum jedoch erst nach Zusatz einer bestimmten Menge von Säure oder Lauge eintritt. Die Anzahl Kubikzentimeter, welche zum Umschlag erforderlich sind, geben, auf den Liter berechnet, die Säure und Basenkapazität des Blutes an.

34. Nachweis der Kationen Natrium, Kalium und Calcium im Blute.

Gebraucht werden: Platinchloridlösung, Weinsäurelösung, Kobaltnitritlösung (Herstellung: 20 g Kobaltnitrit und 35 g Natriumnitrit in 75 ccm verdünnter Essigsäure, 10 g Essigsäure, verdünnt auf 75 ccm aufgelöst; sobald die heftige Entwicklung von Stickstoffperoxyd aufgehört hat, wird die Lösung auf 100 ccm verdünnt), Ammoniumoxalatlösung, Serum, Blut, Dialysierhülsen, destilliertes Wasser.

Ausführung: Eine größere Menge von Serum wird in einen Dialysierschlauch getan und derselbe in destilliertem Wasser aufgehangen. In das destillierte Wasser treten die diffusiblen Bestandteile des Blutserums über. Nach einiger Zeit sind in die Außenflüssigkeit genügende Mengen von Kationen des Blutserums übergetreten. Um das Kalium nachzuweisen, nimmt man eine Probe der Außenflüssigkeit in ein Reagensglas und versetzt sie mit einigen Tropfen Platinchlorid, wobei ein orangegelber Niederschlag von Kaliumplatinchlorid entsteht, oder man setzt das Kobaltnitritreagens zu, worauf ein orangegelber Niederschlag von Kobaltkaliumnitrit entsteht. Nur wenn viel Kalium vorhanden ist, gibt Weinsäure einen weißen Niederschlag von weinsaurem Kalium. In einer anderen Probe der Flüssigkeit wird durch Ammoniumoxalat das Calcium durch den Niederschlag von Calciumoxalat nachgewiesen. Um Natrium nachzuweisen, wird ein Teil der Außenflüssigkeit zur Trockne in einer Schale verdampft. Der Rückstand wird mit der Platinöse abgeschabt. Hält man die Platinöse in die nichtleuchtende Flamme des Bunsenbrenners, so zeigt die Gelbfärbung der Flamme das Vorhandensein von Natrium an.

Man mache Blut durch destilliertes Wasser lackfarben. Das lackfarbene Blut wird in eine Dialysierhülse gebracht. Man kann mit Hilfe der obengenannten Kaliumreaktionen den Nachweis führen, daß mehr Kalium vorhanden ist als in Dialysaten von Blutserum.

35. Bestimmung des spezifischen Gewichtes des Blutes mit dem Pyknometer.

Pyknometer sind Fläschchen von einem konstanten Rauminhalt. Man wägt das Pyknometer zuerst leer, dann mit destilliertem Wasser

30 Übungen zur Physiologie der vegetativen Funktionen.

gefüllt. Die Differenz der beiden Gewichte ergibt das Volumen des Pyknometers. Das Pyknometer ist mit der Flüssigkeit vollständig zu füllen und bei dem Verschluß desselben durch den Stopfen müssen auf das sorgfältigste Luftblasen vermieden werden. Hierauf wird das Fläschchen entleert und getrocknet, sodann wird in derselben Weise wie Wasser mit Blut gefüllt. Die Differenz zwischen dem Gewicht des Pyknometers mit Blut und dem Gewicht des Pyknometers leer ergibt das Gewicht des Blutes. Das spezifische Gewicht des Blutes ist dann:

$$s = \frac{P_t - P_e}{P_w - P_e}.$$

Auf die Temperatur muß bei der Bestimmung des spezifischen Gewichtes Rücksicht genommen werden.

Kreislauf.
36. Ernährung des Herzens.

Aufgabe: Es ist zu untersuchen, welchen Einfluß die Durchströmung des Herzens mit Kochsalzlösung, Ringerlösung und Blutlösung hat.

Gebraucht werden: Froschherzmanometer (Kronecker, Williams-Dreser), Frosch, Doppelwegkanülen, Induktionsapparat, Element, Drähte, Lösungen: 1. NaCl 0,65%; 2. NaCl 0,65, NaHCO$_3$ 0,01, CaCl$_2$ 0,02, KCl 0,0075 °/$_{00}$ (Ringersche Lösung); 3. NaCl 0,65%, NaHCO$_3$ 0,10, KCl 0,01, CaCl$_2$ 0,02, PO$_4$ 7 mg in 100 ccm, Stammlösung hierzu NaCl 13%, NaHCO$_3$ 2,5, KCl 1, CaCl$_2$ 2, Phosphatgemisch 100 ccm $^1/_3$ Mol. sekund. Natriumphosphat; 15 ccm, $^1/_3$ Mol. primär. Natriumphosphat mit Wasser aufgefüllt auf 250 ccm. Zur Herstellung der Lösung NaCl-Lösung 50 ccm, NaHCO$_4$-Lösung 40 ccm, KCl-Lösung 10 ccm, CaCl$_2$ 10 ccm, Phosphatlösung, 5 ccm Wasser bis zum Volum 1000 ccm (Lösung von Barker, Broemser und Hahn); 4. dieselbe Lösung ohne CaCl$_2$; 5. Blutlösung: 1 Teil Blut, 3 Teile Kochsalzlösung.

Ausführung: Nach Tötung des Frosches durch Köpfung wird das Herz freigelegt und der Herzbeutel eröffnet. Zum weiteren Arbeiten am Herzen benutze man einen Filtrierpapierstreifen als Sonde. Mit dieser wird das Herz erhoben und eine Präpariernadel unter die Plica pro vena bulbi, welche zur Dorsalwand des Ventrikels zieht, geführt, um einen Wollfaden durchzuziehen. Binde die Plica ab und schneide die Falte unterhalb der Abbindung ab. Jetzt kann das Herz leicht umgelegt werden. **Vorbereitung für das Kronecker-Manometer.** Am umgelegten Herzen wird durch einen Schnitt in die Vena cava inferior die Doppelwegkanüle durch den Sinus geführt,

Kreislauf. 31

so daß die Spitze derselben in die Ventrikelhöhlung reicht. Durch eine um die Vorhöfe gelegte Ligatur, welche den Bulbus aorticus mitfaßt, wird die Kanüle fixiert und das Herz oberhalb der Ligatur vom Tier

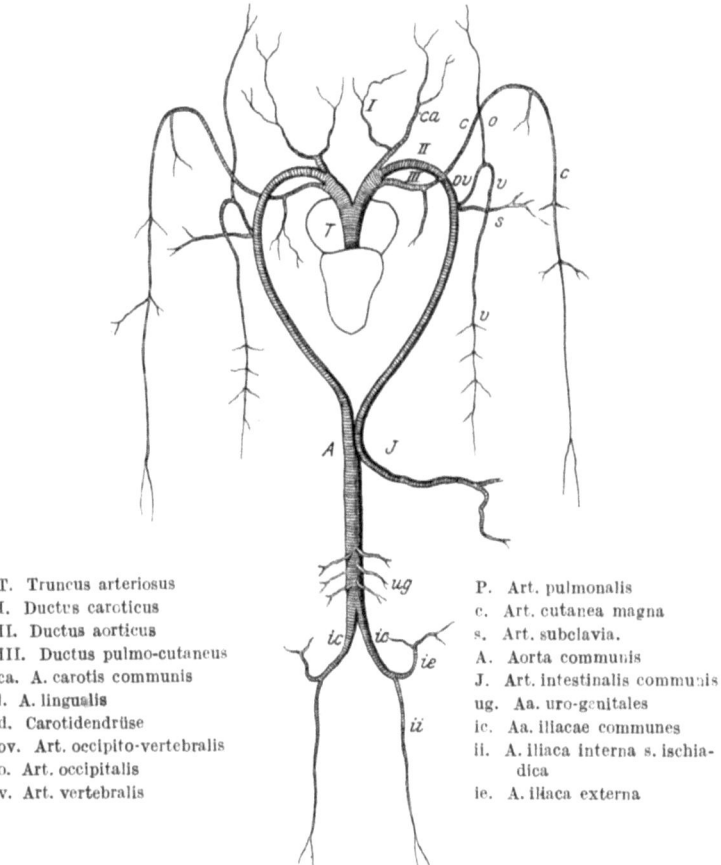

T. Truncus arteriosus
I. Ductus caroticus
II. Ductus aorticus
III. Ductus pulmo-cutaneus
ca. A. carotis communis
l. A. lingualis
d. Carotidendrüse
ov. Art. occipito-vertebralis
o. Art. occipitalis
v. Art. vertebralis

P. Art. pulmonalis
c. Art. cutanea magna
s. Art. subclavia.
A. Aorta communis
J. Art. intestinalis communis
ug. Aa. uro-genitales
ic. Aa. iliacae communes
ii. A. iliaca interna s. ischiadica
ie. A. iliaca externa

Abb. 9. Kreislauf des Frosches; ventrale Seite.

gelöst. Das eine Ende der Kanüle wird mit den Ausflußbüretten, das andere mit dem Hg-Manometer verbunden. Das Herz wird mit dem Herzbad verbunden. Drähte werden mit der Klemme an der Perfusionskanüle und mit dem Quecksilber im Herzbad verbunden. Beim

Schematische Darstellung des Venensystems von Rana esculenta.

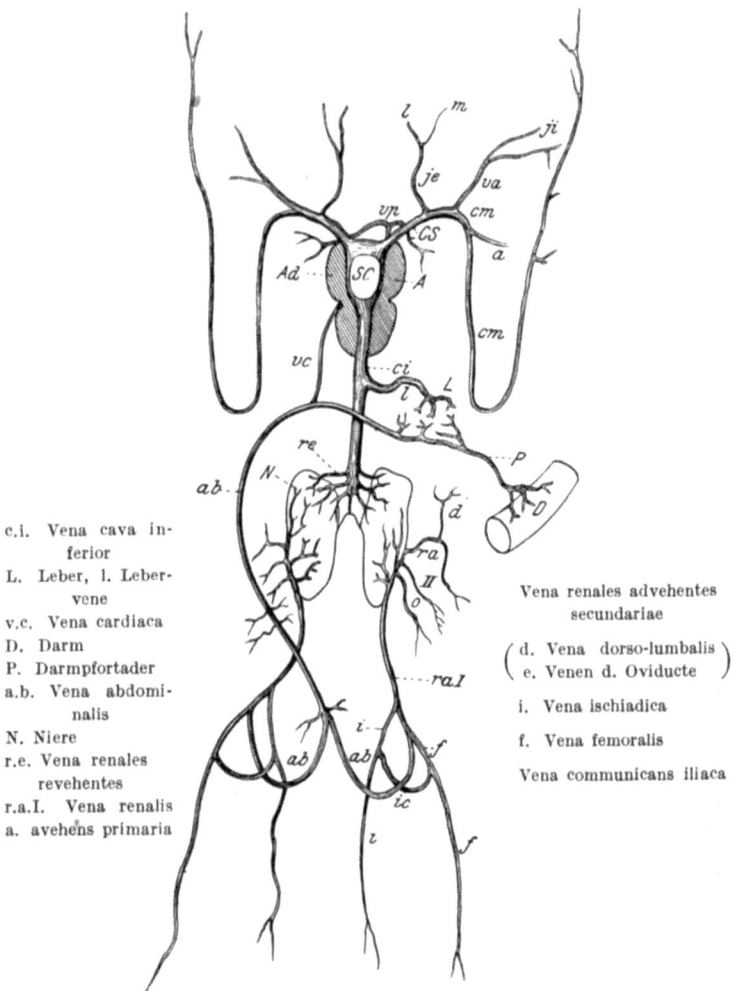

c.i. Vena cava inferior
L. Leber, l. Lebervene
v.c. Vena cardiaca
D. Darm
P. Darmpfortader
a.b. Vena abdominalis
N. Niere
r.e. Vena renales revehentes
r.a.I. Vena renalis a. avehens primaria

Vena renales advehentes secundariae

(d. Vena dorso-lumbalis)
(e. Venen d. Oviducte)

i. Vena ischiadica
f. Vena femoralis
Vena communicans iliaca

Abb. 10. Kreislauf des Frosches; dorsale Seite.

A.d. A.S. Atrium dextrum u. sinistrum;
S.C. Sinus venarum, cavarum; V.p. Vena pulmonalis;
C.S. Vena cava superior, zusammengesetzt aus: 1. Vena jugularis externa (j.e.), gebildet durch Vena lingualis (l.) und Vena maxillaris (m.); 2. Vena anonyma (v.a.), gebildet aus Vena jugularis interna (j.i.) und Vena subscapularis (S.); 3. Vena cutanea magna (c.m.), welche noch a. Vena subclavia aufnimmt (a,).

Kreislauf. 33

Durchspülen müssen die Hähne von der Bürette und vom Manometer geöffnet werden, beim Registrieren beide geschlossen werden.

Ausführung am Williams-Apparat: Die Williamsche Kanüle wird in die eine Aorta bis in den Ventrikel eingeführt und so abgebunden, daß alle anderen Öffnungen geschlossen sind. Der eine Zweig der Kanüle wird mit dem Zuflußgefäß, der andere Zweig mit dem Abflußrohr, welches zum Manometer führt, verbunden. Zufluß- und Abflußrohr enthalten Ventile zum Verschluß in je einer Richtung. In der Leitung zum Manometer findet sich ein T-Stück, dessen Ausflußöffnung passend verengt werden muß, damit das Herz gegen einen genügenden Widerstand arbeitet.

Ausführung mit der Straubschen Kanüle: Das Herz wird wie bei den anderen Methoden freigelegt. Ein Faden kommt an die obere Grenze des Sinus venosus. Derselbe wird so eingeführt, daß die beiden Aorten mit der Pinzette leicht in die Höhe gehoben werden, um unter dieselben den Faden zu legen. Mit einer aus Filtrierpapier hergestellten Sonde wird das Herz umgelegt, so daß die dorsale Fläche nach oben zu liegen kommt. Der Faden wird an der oberen Grenze des Sinus venosus abgebunden; die richtige Lage der Abbindung erkennt man daran, daß das Herz unverändert automatisch weiter schlägt. Das Herz wird in seine ursprüngliche Lage zurückgebracht und erneut ein Faden unter den Aortenursprung gelegt. Man faßt die größere linke Aorta mit einer Pinzette und schneidet sie dann an. In die Öffnung schiebt man eine Straubsche oder Fühnersche Kanüle ein. Die Einführung ist manchmal nicht ganz leicht, sie geschieht in der Weise, daß man die Kanüle vorschiebt, bis man den leichten Widerstand der Spiralklappen fühlt. Während dieser Einführung soll die Kanüle, in der Richtung vom Einführenden aus betrachtet, schräg links unten, rechts oben liegen. Hierauf dreht man die Kanüle mit dem oberen Ende nach links herüber und derart, daß die Kanülenmündung nach rechts und etwas nach oben sieht, um in den obersten Teil des Ventrikels zu gelangen. Mit dem vorher gelegten Faden wird die Kanüle fest eingebunden. Mit einer langen dünnen Kanüle fährt man in die Kanüle herein, saugt die Reste von Blut, die in derselben vorhanden sind, aus und wäscht mehrfach mit Ringerlösung nach. Das Herz an der Kanüle wird aus dem Körper herausgeschnitten, die Kanüle in ein Stativ eingeklemmt, die Herzspitze mit dem Suspensionshebel verbunden. Evtl. kann um das Herz noch eine feuchte Kammer kommen. Bei der Füllung der Kanüle halte man eine konstante Flüssigkeitshöhe von 2—3 cm inne. Der Wechsel der verschiedenen Flüssigkeiten geschieht sehr leicht mit einer langen, dünnen Pipette.

Beobachtungsaufgaben: Durchspüle das Herz erst mit Kochsalz, dann mit den verschiedenen Salzlösungen, dann Blut. Registriere am Kymographion die Herzschläge. Stelle den Einfluß dieser Lösungen auf das Herz fest. Evtl. muß künstlich gereizt werden.

Übungen zur Physiologie der vegetativen Funktionen.

37. Transfusion beim Frosch.

Aufgabe: Der Frosch ist von der Bauchvene aus zu transfundieren. Dabei soll die Besserung des Kreislaufes beobachtet werden.

Gebraucht werden: Frosch, Äther, Watte, Glocke, feine Kanüle, Froschbrett, Glaspipette, Ringerlösung oder NaCl-Lösung, Mariottesche Flasche.

Ausführung: Der Frosch wird vorsichtig mit Äther narkotisiert, dann auf das Froschbrett aufgebunden. Hautschnitt in der Mitte des Bauches, um die große Bauchvene, welche nach Durchtrennung der Haut durchschimmert, freizulegen. Es werden zwei Fäden um die Vene gelegt. Der untere wird abgebunden und dient als Handhabe. Oberhalb der Abbindung wird die Vene fein angeschnitten und eine Glaskanüle eingeführt. Dieselbe muß vorher mit Ringerlösung gefüllt sein. Der obere Faden wird zum Festbinden der Kanüle benutzt. Mit der fein ausgezogenen Pipette wird die Glaskanüle luftfrei gefüllt und mit dem luftfrei gefüllten Schlauch der Mariotteschen Flasche verbunden. Unterhalb der ersten Abbindung wird die Vene angeschnitten. Die Klemme am Schlauch der Mariotteschen Flasche wird geöffnet, die Lösung fließt herzwärts und zur peripheren Venenöffnung ab.

Das Herz kann freigelegt werden, wobei die mittlere Bauchvene nicht angeschnitten werden darf.

Bald nach Beginn der Transfusion wird der Herzschlag kräftiger.

38. Minimaler und maximaler Reiz.

Aufgabe: Zu zeigen, daß der Herzmuskel jeden überhaupt wirksamen Reiz mit der jeweilig maximalen Kontraktion beantwortet.

Gebraucht werden: Froschherzmanometer oder Suspensionshebel, Elektroden, Schlittenapparat, Element, Kymographion, Schlüssel zum Öffnen und Schließen.

Ausführung: Präparation des Forschherzens wie in der Aufgabe „Ernährung des Froschherzens". Bei Anwendung des Suspensionshebels muß die erste Stanniussche Ligatur angelegt werden und ein Elektrodenpaar in den Ventrikel gehakt werden, bei Anwendung von Kroneckers Froschherzmanometer die Doppelwegkanüle so tief eingeführt werden, daß möglichst der Ventrikel nur auf Reiz schlägt. Die Herzkontraktionen werden bei stehender Kymographiontrommel registriert, und die Trommel wird nach jeder Kontraktion mit der Hand verschoben. Es wird die sekundäre Rolle von der primären Rolle weit entfernt und unter allmählichem Nähern der sekundären Rolle an die primäre der schwächste Reiz aufgesucht, welcher gerade wirksam ist. Man reize nur mit Öffnungsinduktionsschlägen und schließe vor Schließung des primären Kreises den Vorreiberschlüssel der sekundären Rolle. Nach Auffinden des schwächsten wirksamen Reizes verstärke man den Reiz und überzeuge sich, daß keine stärkere Kontraktion als vorher auftritt. Man achte auf die evtl. eintretende Treppe, die man daran erkennt, daß bei gleichbleibender Reizstärke die Zuckungshöhen wachsen.

Beobachtungsaufgabe: Es ist das Herz mit Blut oder Salzlösungen zu füllen, um festzustellen, daß je nach dem Ernährungszustand das jeweilige Maximum verschieden groß ist. Das Präparat kann noch dazu benutzt werden, um zu zeigen, daß das Herz sich nur dann auf jeden Reiz hin kontrahiert, wenn die Reizungen nicht zu frequent sind. Hierzu bedarf es eines Stabunterbrechers, um Reize verschiedener Frequenz zu erzielen.

39. Die Bewegung des Froschherzens, beobachtet mit der Suspensionsmethode.

Aufgabe: Es ist die spontane Herztätigkeit des Froschherzens unter verschiedenen Bedingungen zu untersuchen.

Gebraucht werden: Frosch, Suspensionshebel, Kymographion, Häckchenelektroden.

Ausführung: Narkose durch Injektion von 20% Urethan, $1/4$ ccm in den dorsalen Lymphsack. Das Herz wird dadurch freigelegt, daß der Frosch auf den Rücken festgebunden wird und die Brust vorsichtig nach stumpfer Beiseiteschiebung der Brustmuskeln über der Herzgegend eröffnet wird. Mit einer feinen Pinzette faßt man den Herzbeutel und eröffnet ihn. Die Spitze des Herzbeutels wird mit einer feinen Klemme gefaßt, welche an dem Suspensionshebel hängt. Der Suspensionshebel wird evtl. mit einem kleinen Gegengewicht beschwert. Der Hebel wird fein an das Kymographion angestellt. Für Reizungszwecke kommen in das Herz zwei feine Häkchenelektroden.

Beobachtungsaufgaben: 1. Beobachte die einzelnen Herzschläge. 2. Einfluß der lokalen Erwärmung des Sinus: Man halte einen warmen Glasstab in der Nähe des Sinus; der Herzschlag beschleunigt sich. 3. Man halte den warmen Glasstab in der Nähe des Ventrikels: kein Einfluß auf das Herz. 2. und 3. sind der Gaskellsche Versuch. 4. Verbinde den Vorhof mit einem Suspensionshebel und registriere gleichzeitig Vorhofs- und Ventrikelkontraktion.

40. Abhängigkeit des Herzschlages von der Temperatur.

Aufgabe: Beobachtung des Einflusses der Temperatur auf die Herztätigkeit.

Gebraucht werden: Mareysche Herzmuskelzange (oder sonst ein Fühlhebel), Froschbrett, Frosch, Uhrschälchen, warme und kalte Salzlösung.

Übungen zur Physiologie der vegetativen Funktionen.

Ausführung: 1. Töte den Frosch durch Köpfen, entferne das ganze Herz einschließlich Sinus aus dem Körper und lege es in ein Uhrschälchen. Es wird die Herzmuskelzange oder der Fühlhebel an das Herz gelegt und der Herzschlag auf dem Kymographion registriert. In das Uhrschälchen kommt kalte oder warme Kochsalzlösung.
2. Modifikation. Belasse das Herz im Körper und lege den Herzhebel an. Es wird zum Wechsel der Temperatur einfach kalte oder warme Kochsalzlösung über das Herz gegossen. Bei Anwendung von Mareys Herzmuskelzange muß die Kymographiontrommel horizontal gelegt werden.
Beobachtungsaufgabe: 1. Erwärmung des Herzens. 2. Abkühlung des Herzens. Notiere die Folgen für das Herz.

41. Untersuchung der refraktären Periode, der Extrasystolen und des Gesetzes der Erhaltung der physiologischen Reizperiode.

Aufgabe: Feststellung, daß das Herz während einer bestimmten Periode seiner Kontraktion unerregbar bzw. schwer erregbar ist, daß außerhalb der refraktären Periode eine Extrasystole ausgelöst werden kann, daß auf die Extrasystole eine „kompensatorische Pause" folgt, und daß nach Einschaltung mehrerer Extrasystolen die Zeit vom Anfang der letzten spontanen Systole bis zum Anfang der ersten spontanen Systole nach der Reizung immer ein gerades Vielfaches der normalen Periodendauer ist.
Gebraucht werden: Froschherzmanometer oder Suspensionshebel oder ein spezieller Apparat für Reiz und Extrareiz, Frosch, Induktorium, Element, Quecksilberschlüssel, Elektroden, Kymographion, Zeitregistrierung.
Ausführung: Herrichtung des Froschherzens je nach dem angewandten Apparat. Wenn das Herz spontan schlägt — man sorge durch Abkühlung für langsamen Rhythmus — und die Herzschläge aufgeschrieben werden, so wird derart mit einem Öffnungsinduktionsschlag gereizt, daß der Reiz entweder während der Systole oder während der Diastole oder während der Pause eintrifft. Je nachdem gibt es entweder keine Kontraktion — refraktärer Zustand — oder eine Extrasystole. Nach der Extrasystole tritt eine kompensatorische Pause auf (außer bei Sinusreizung). Schalte mehrere Extrasystolen nacheinander ein und beachte die Pause.

42. Stanniusscher Versuch.

Aufgabe: Es sind die Folgen der Stanniusschen Ligaturen zu beobachten.
Gebraucht werden: Frosch, Präparierbesteck, Wollfäden.
Ausführung: Der Frosch wird durch Köpfen getötet. Nach Freilegung des Herzens wird eine Ligatur unter die Plica pro vena bulbi

Kreislauf. 37

gelegt und die Plica nach ihrer Unterbindung durchschnitten. Dann wird eine Ligatur unter die beiden Äste des Truncus arteriosus gelegt. Das Herz wird an der Plicaligatur emporgehoben, und die beiden Enden des unter dem Truncus arteriosus durchgeführten Fadens werden an der Dorsalseite des Vorhofes so um den Sinus (Venensinus) geschlungen, daß die zunächst lose geknüpfte Ligatur an der als seichte Furche sichtbaren Grenze zwischen Sinus und Vorhof liegt. Hat man sich von der richtigen Lage der Ligatur überzeugt oder sie im Falle unrichtiger Lagerung mit einem Finder zurechtgeschoben, dann schnürt man den Faden fest zu. Nach Zuziehen der Ligatur steht das Herz (Vorhof und Ventrikel) still, während der Sinus weiter pulsiert. Berührt man jetzt den stillstehenden Ventrikel an der Herzspitze mit einem Finder, so vollführt er auf jede Berührung eine einzelne Kontraktion. Übt man aber an einer bestimmten Stelle der Vorhofskammergrenze (am Hisschen Atrioventrikulartrichter), welche an der ventralen Herzwand gelegen ist, einen nicht zu starken Druck aus, dann folgt auf diese mechanische Reizung eine ganze Reihe rhythmischer Herzkontraktionen. Löst man am stillstehenden Herzen die um die Grenze von Sinus und Vorhof gelegte Ligatur durch vorsichtige Lockerung mit einem stumpfen Finder, dann beginnt das Herz wieder zu schlagen, vorausgesetzt, daß man die Herzwand beim Zuziehen der Ligatur nicht vollständig durchquetscht hat. Nun wird durch neuerliches Zuschnüren der Ligatur wiederum Herzstillstand herbeigeführt und eine zweite Ligatur lose um die Grenze zwischen Kammer und Vorkammer (Sulcus coronarius) geschlungen. Sobald man diese zuzieht, wird in der Mehrzahl der Fälle die Kammer wieder regelmäßig zu schlagen beginnen, während der Vorhof nach wie vor stillsteht.

Beobachtungsaufgabe: Außer obiger kann der Versuch noch am atropinisierten Herzen ausgeführt werden, wo er gleichfalls gelingt.

43. Muscarin und Atropinwirkung auf das Herz.

Aufgabe: Zu beobachten, daß Muscarin den Herzschlag aufhebt und Atropin das nicht schlagende Herz wieder zum Schlagen bringt. Theorie!

Gebraucht werden: Frosch, Lösung von Muscarin und Atropin, evtl. Schlittenapparat, Element und Elektroden, zwei Pipetten, Fließpapier.

Ausführung: Lege das Herz ohne zu großen Blutverlust frei, indem nicht mehr als ein Herzfenster gemacht wird. Träufle Muscarinlösung auf das Herz. Wenn der Herzschlag aufgehört hat oder sehr langsam geworden ist, sauge mit Fließpapier die überschüssige Giftlösung ab. Träufle dann Atropinlösung auf. Das Herz beginnt wieder zu schlagen. Wiederholt man die Vergiftung mit Muscarin, so bleibt dieselbe jetzt wirkungslos.

Beobachtungsaufgabe: Nach der Vergiftung mit Atropin kann die Unwirksamkeit der Vagusreizung festgestellt werden. (Siehe die Aufgabe: Reizung des Vagus.)

44. Wirkung von Herzgiften auf das Herz.

Aufgabe: Es ist die Wirkung einiger physiologisch interessanter Herzgifte zu beobachten.

Gebraucht werden: Frosch, Apparate (Froschherzmanometer oder Suspensionshebel), Lösungen von Blut mit Chloroformwasser, Campherlösung, Adrenalin, Digitalis, Galle, Straubsche Kanüle, Pipette hierzu.

Ausführung: Bei Benutzung des Froschherzmanometers: Freilegen des Herzens, Einbinden der Doppelwegkanüle und Einrichtung des Apparates wie in der Aufgabe „Ernährung des Herzens". Registrierung der Herzschläge bei Durchströmung mit einer Blutkochsalzlösung. Dann wird etwas Adrenalin zugesetzt. Die Lösung soll enthalten 0,2 ccm der Adrenalinstammlösung auf 10 ccm Blutlösung. Beachte, ob Verstärkung und Änderung der Frequenz des Pulses eintritt. Nachher wird wieder giftfreie Blutlösung durchströmt. Bei der Untersuchung der Digitaliswirkung wird Strophantin (Boehringer), 1 ccm einer Lösung $1/_{100000}$ oder Tinctura digitalis, 1 ccm auf 100 Blutlösung, angewandt. Das Herz steht in Diastole still.

Bei Benutzung der Straubschen Kanüle werden die Kanüle in die Aorta eingebunden, der Venensinus und die Pulmonalvenen abgebunden und die Herzspitze mit einem Häkchen verknüpft, dessen Faden die Verbindung mit einem Suspensionshebel herstellt.

Mit Hilfe der Pipette wird rasch das Blut aus der Kanüle abgesaugt und durch Ringerlösung ersetzt.

Nach Registrierung der normalen Herztätigkeit wird die Ringerlösung mit der Pipette entfernt und anstatt dessen die Giftlösung zugefügt.

Gallenversuch: Lege das Herz eines Frosches frei. Eröffne über dem Herzen die Gallenblase des Frosches so, daß die Galle über das Herz fließt. Beobachte die Hemmung evtl. Lähmung des Herzens.

45. Reizung des Vagus beim Frosch.

Aufgabe: Die Hemmung des Herzens auf Reizung des Vagus ist zu beobachten.

Gebraucht werden: Frosch, Elektroden, Schlitten, Element, Reagensrohr, Atropinlösung.

Ausführung: Der Frosch wird in der Mitte durchschnitten und Rückenmark und Gehirn rasch zerstört. Ein Reagensrohr wird in

das Maul geführt und vorgeschoben, bis es in der durch die Durchschneidung bewirkten Magenöffnung herauskommt. Das Herz wird in bekannter Weise freigelegt. Dann werden vom Rücken her die Schulterblätter freigelegt und vorsichtig abgetragen. Man sieht den dicken Brachialnerven und oberhalb am Rande des Schädels austretend drei Nerven herzwärts ziehen. Vergleiche hierzu die Abbildung. Einer davon ist der Vagus. Man bringe unter den Strang, welcher die Nerven enthält, Elektroden.
Beobachtungsaufgaben:
1. Reize einen Vagus erst mit schwächeren, dann mit stärkeren tetanisierenden Strömen. Zähle vorher und während der Reizung die Schlagzahl des Herzens. Notiere, wann Verlangsamung, wann vollständiger Stillstand eintritt. 2. Reize beide Vagi. Es tritt leichter völliger Stillstand ein. 3. Atropinisiere das Herz und reize die Vagi wieder; es tritt entweder gar nichts oder Beschleunigung ein. (Wirkung von beschleunigenden Fasern.)

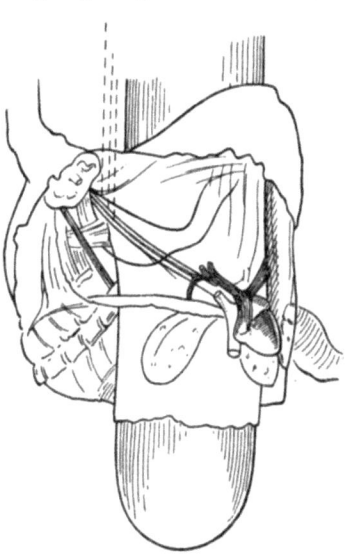

Abb. 11. Vagus des Frosches.

46. Beobachtung am überlebenden Säugetierherzen.

Aufgabe: Es ist die Lebenstätigkeit des überlebenden Säugetierherzens zu untersuchen und dabei die Wirkung verschiedener Eingriffe zu beobachten.

Gebraucht werden: Langendorffs Apparat zur Untersuchung des überlebenden Säugetierherzens (derselbe wird vom Lehrpersonal erklärt; evtl. läßt sich ein einfacher Apparat aus tubulierten Flaschen improvisieren). Sauerstoffbombe, leichter Hebel, Serre-fine, Kymographion, Tyrodelösung. Herstellung derselben nach E. Laqueur:
Die Tyrodelösung enthält in 1 l: 8,0 g NaCl, 0,2 g KCl, 0,2 g $CaCl_2$, 0,1 g $MgCl_2$, 1,0 g $NaHCO_3$, 0,05 g NaH_2PO_4, 1,0 g Traubenzucker.

Um Niederschläge des Calciums beim Zusammenbringen mit dem Carbonat und Phosphat zu vermeiden, muß man recht verdünnte Lösungen und in bestimmter Reihenfolge mischen. Man vereinfacht

40 Übungen zur Physiologie der vegetativen Funktionen.

sich das Ganze sehr, wenn man sich zwei konz. Lösungen und einige kleine Päckchen abgewogenen Traubenzuckers vorrätig hält. Man kann den Zucker nicht den Vorratslösungen zusetzen, da sie sonst schimmeln.

Zweckmäßig sind z. B. folgende zwei Lösungen:
Lösung I: 20% NaCl, 0,5% KCl, 0,5% $CaCl_2$, 0,25% $MgCl_2$.
Lösung II: 5% $NaHCO_3$, 0,25% NaH_2PO_4.

(Um sich z. B. 2 l Tyrodelösung zu machen, verdünnt man 80 ccm der Lösung I und 40 ccm der Lösung II auf je 1 l und gießt diese beiden Liter nach Zusatz von 2 g Traubenzucker unter Umschütteln zusammen.)

Adrenalinlösung, Mariottesche Flasche, Jaquetsche Uhr.

Ausführung: Der Apparat wird vor Beginn des Versuchs mit Wasser gefüllt und dieses Wasser durch eine Gasflamme auf diejenige Temperatur erwärmt, die notwendig ist, um die Lösungen, welche durch das Herz perfunfiert werden sollen, auf Körpertemperatur zu erhalten. Die tubulierten Flaschen des Apparates werden mit Tyrodelösung gefüllt, und sodann wird die ganze Leitung bis zur Ausflußstelle in das Herz luftfrei durch Druck mit Hilfe der Sauerstoffbombe mit Lösung gefüllt.

Ein junges Kaninchen wird ätherisiert. Sobald die Äthernarkose eingetreten ist, wird das Tier aufgebunden, und es werden in die beiden Carotiden Glaskanülen eingebunden. Auch in die Vene kommt eine Glaskanüle. Diese wird luftfrei mit Kochsalzlösung oder Tyrodelösung gefüllt und mit einer Bürette verbunden, welche körperwarme Tyrodelösung enthält. Die beiden Kanülen in den Arterien werden durch ein Gabelrohr verbunden. Darauf öffnet man die Klemmen, welche die beiden Arterien verschließen, und läßt arterielles Blut ausströmen. Nach einiger Zeit verschließt man die Klemmen wieder, ehe das Tier sich verblutet hat und öffnet die Klemme nach der Vene, so daß Tyrodelösung einläuft. Man kann abwechselnd ausbluten und Tyrodelösung einlaufen lassen. Dies geschieht, um das Herz, solange es noch schlägt, möglichst blutfrei auszuwaschen. Doch kann man von dem ganzen Auswaschen absehen und nur die Verblutung machen.

Sobald das Tier verblutet ist, wird rasch der Thorax eröffnet und das Herz freigelegt. Der Herzbeutel wird eröffnet, darauf isoliert man rasch die Aorta von der Pulmonalis und führt eine stumpfe Präpariernadel unter die Aorta. Mit Hilfe der gelochten Präpariernadel werden zwei starke, gut gewachste Fäden unter die Aorta geführt. Der obere Faden dient zur Abbindung der Aorta. Die Aorta wird eröffnet und eine möglichst große Glaskanüle in das geöffnete Gefäß eingeführt und fest eingebunden. Bei der Einbindung ist darauf zu achten, daß das Ende der Kanüle das Spiel der Aortenklappen nicht stört. Der Einbindungsfaden wird durch einen weiteren Faden auf der Kanüle

Kreislauf. 41

gesichert. Darauf wird rasch das Herz aus dem Körper herausgeschnitten und in eine Porzellanschale versenkt, welche mit körperwarmer Tyrodelösung gefüllt ist. Man eröffnet durch einen Scherenschnitt den rechten Vorhof, damit nachher die Flüssigkeit leichter ausfließt. Mit Hilfe einer Pipette wird die Aortenkanüle mit größter Sorgfalt luftfrei mit Tyrodelösung gefüllt und sodann luftfrei mit dem Schlauch, der von einer Mariotteschen Flasche kommt, verbunden. Unter möglichst hohem Druck wird jetzt kurze Zeit das Herz mit Tyrodelösung ausgewaschen, wobei es gewöhnlich zu schlagen anfängt. Jetzt wird die Verbindung mit der Mariotteschen Flasche gelöst und das Herz an die Ausflußöffnung des Langendorffschen Apparates gebracht. Mit Hilfe der Sauerstoffbombe wird Druck in den Perfusionsflaschen hergestellt, und man läßt Flüssigkeit auslaufen, während man das Herz mit dem Apparat verbindet. Luft in der Leitung muß absolut vermieden werden.

Die Herzspitze wird mit dem Serre-fine-Häkchen eingehakt und dieses durch eine Fadenleitung in passender Weise mit dem Schreibhebel verbunden. Dem Faden wird die richtige Spannung erteilt und der Hebel mit einem leichten Gewichtchen belastet. Der Hebel registriert die Schläge des Herzens, die auf der Kymographiontrommel aufgeschrieben werden. Gleichzeitig verzeichnet man mit Hilfe der Jaquetschen Uhr die Sekunden auf der Trommel. Unter die Öffnung des Apparates, wo die durch das Herz geströmte Flüssigkeit abfließt, kommt eine Porzellanschale, um die abfließende Flüssigkeit aufzufangen und evtl. zu messen.

Der Druck, der mit Hilfe der Sauerstoffbombe auf die Flüssigkeitsbehälter im Apparat ausgeübt wird, wird im Anfang mit Hilfe des am Apparat befindlichen Quecksilberventiles auf etwa 60 bis 80 mm Quecksilberdruck einreguliert. Wenn es nötig wird, erhöht man im Laufe des Versuches den Druck. Man richtet sich in bezug auf die Höhe des Druckes nach der Güte des Herzschlages.

Beobachtungsaufgaben: Man beobachte die Veränderungen des Herzschlages bei Veränderung der Temperatur der durchströmenden Flüssigkeit. Durch stärkere oder geringere Erwärmung des Gesamtapparates läßt sich leicht die Temperatur verändern. Ferner kann man den Einfluß verschiedenen Druckes der Perfusionsflüssigkeit leicht feststellen. Nachdem diese Beobachtungen gemacht worden sind, bringt man in den einen Flüssigkeitsbehälter des Apparates einige Tropfen der Adrenalinlösung. Durch Umstellung eines Hahnes wird die Durchströmung mit reiner Tyrodelösung abgestellt und anstatt dessen die adrenalinhaltige Lösung mit dem Herzen verbunden. War die Dosis richtig gewählt, so verstärkt und beschleunigt sich der Herzschlag. Durch erneute Umstellung kann man dann wieder die reine Tyrodelösung einschalten.

Übungen zur Physiologie der vegetativen Funktionen.

47. Untersuchung der Erregungsleitung im Froschherzen.

Aufgabe: Es ist die Verteilung der atrioventrikulären Erregungsleitung am Froschherzen durch Durchschneidung der einzelnen Bündel des Atrioventrikularringes zu prüfen.

Gebraucht werden: Suspensionshebel, Korkplatte zum Befestigen des Froschherzens, dünne Stecknadeln, Kymographion, Binokularlupe.

Ausführung: Köpfen des Frosches und Zerstörung des Rückenmarkes. Das Herz wird herausgeschnitten und nach der Isolierung mit dünnen Stecknadeln, die etwas unterhalb der Atrioventrikulargrenze eingestochen werden, auf einer Korkplatte befestigt. Die Suspensionshebel werden mit dem linken Vorhof und der Ventrikelspitze verbunden.

Der Bulbus arteriosus wird von dem Ventrikel abgeschnitten und das viscerale Perikardium in gewisser Ausdehnung vorsichtig von der Atriumwand abgelöst. Hierzu eignen sich besonders Temporarien. Das abgelöste Pericardium zieht man nach oben und kann deutlich die Atrioventrikulargrenze sehen, von deren dunkelroter Färbung sich cremefarbige, rhythmisch sich stark kontrahierende Bündel abheben, die an der ventralen Seite meist mehr unregelmäßig, aber an der dorsalen Seite oft an drei Stellen, namentlich an den beiden Seiten und in der Mitte zusammenlaufen. Man kann den atrioventrikulären Ring in 8 Bündel einteilen, die beiden lateralen, das ventrale, dorsale und die 4 dazwischenliegenden. Man schneidet eins nach dem anderen durch und prüft jedesmal die dadurch herbeigeführte Leitungsstörung mittels der registrierenden Methode. Bei den Durchschneidungen orientiert man sich mit Hilfe einer Binokularlupe.

48. Untersuchung des Blockes an der Atrioventrikulargrenze.

Aufgabe: Festzustellen, daß eine leichte Kompression an der Grenze von Vorhof und Ventrikel die Übertragung der Erregung vom Vorhof auf den Ventrikel beeinflußt.

Gebraucht werden: Frosch, Klemme für die Atrioventrikulargrenze, doppelter Suspensionshebel, Kymographion.

Ausführung: Töte den Frosch mit möglichst geringem Blutverlust, lege das Herz frei, derart, daß die Klemme (Gaskellsche Klemme) angelegt werden kann. Führe die Klemme an die Grenze von Vorhof und Ventrikel. Linker Vorhof und Ventrikelspitze werden am Suspensionshebel angehakt. Registriere die Kontraktionen beider. Die Klemme wird ganz allmählich zugeschraubt.

Beobachtungsaufgabe: 1. Stelle fest, daß ohne jede Klemmung auf jede Vorhofkontraktion eine Ventrikelkontraktion erfolgt. 2. Stelle fest, daß von einem gewissen Grad der Klemmung an erst

Kreislauf. 43

jeder zweiten, dritten Vorhofkontraktion eine Ventrikelkontraktion folgt. $\frac{1}{2}$ Block. 3. Nach vollständigem Verschluß der Klemme ist die Beziehung zwischen Ventrikel- und Vorhofkontraktion aufgehoben — vollständige Dissoziation.

49. Einfache Methode zur Untersuchung des Herzblocks am Frosch.

Aufgabe: Es sind mit einer einfachen Methode die Folgen der Unterbrechung der Leitung zwischen Vorhof und Ventrikel am Froschherzen zu untersuchen.

Gebraucht werden: Frosch, Froschbrett, Baumwollenfaden, Schere, Urethanlösung.

Ausführung: Der Frosch wird zunächst nach Vorschrift urethanisiert. Darauf wird der Frosch auf das Froschbrett aufgebunden und das Herz freigelegt. Man unterbinde in bekannter Weise das Ligamentum cordis. Hierauf zähle man die Zahl der Kontraktionen des Vorhofes und des Ventrikels. Sodann legt man einen Faden an der Grenze zwischen Vorhof und Ventrikel und beginnt denselben ganz allmählich zuzuschnüren. Man zähle wiederholt Vorhof- und Kammerkontraktionen und achte darauf, ob die Zahl der Kammerkontraktionen anfängt, nicht mehr denen der Vorhofskontraktionen zu entsprechen — partieller Block. Man löst wieder und sieht, ob wiederum Gleichheit der Kontraktionen eintritt. Schließlich bindet man die Grenze zwischen Vorhof und Ventrikel ganz ab. Es tritt völlige Dissoziation zwischen beiden Herzabteilungen ein — vollständiger Block, die Kammer schlägt viel seltener als der Vorhof. Man versucht durch Durchschneidung der Ligatur den ursprünglichen Zustand wieder herzustellen.

50. Goltzscher Klopfversuch.

Aufgabe: Zu zeigen, daß bei Reizung der Eingeweide reflektorisch durch Vagusreizung das Herz gehemmt wird.

Ausführung: Bei einem schwach curarisierten Frosch wird das Herz in der gewohnten Weise freigelegt. Nun schlägt man mit Hilfe eines ganz leichten Hämmerchens oder mit einem Bleistift schnell hintereinander auf den Bauch. Das Herz steht still. Dieser Stillstand ist ein reflektorischer. Wir reizen durch das Klopfen die Eingeweidenerven. Die Erregung wird der Medulla oblongata zugeleitet und geht von da auf den Nervus vagus über.

51. Aufnahme einer Herzspitzenstoßkurve.

Aufgabe: Der Spitzenstoß des menschlichen Herzens ist zu registrieren.

Gebraucht werden: Kardiograph, Mareysche Kapsel, Mareys Kardiographenventil, Schlauch, Kymographion binaurales Stethoskop, Pfeilsches Markiersignal, Tasterschlüssel, Zungenpfeife Schwingungszahl 100, Element, Basler Stativ.

Ausführung: Vor Anlegung des Apparates zur Verzeichnung des Herzspitzenstoßes wird der Ort des deutlichst fühlbaren Spitzenstoßes durch Betasten der Brustwand mit zwei nebeneinanderliegenden Fingern einer Hand aufgesucht und mit einem Farbstift bezeichnet. Bei den meisten Menschen ist der Herzspitzenstoß am deutlichsten im fünften Intercostalraum etwas innerhalb der Mamillarlinie (Mediklavikularlinie) zu fühlen. Zur Verzeichnung des Herzspitzenstoßes bedient man sich des Kardiographen, der mit einer Mareyschen Registrierkapsel durch einen Schlauch von 3 bis 5 mm lichter Weite und 1 bis 1,5 mm Wandstärke verbunden wird. Die Ausschläge werden registriert. Der ganze Apparat ist mit einem Gurtband versehen, das den angelegten Apparat auf der Brust fixiert. Der Apparat wird an die entblößte Brust der sitzenden, stehenden oder liegenden Versuchsperson so angelegt, daß die Pelotte auf der Stelle des deutlichsten Herzspitzenstoßes genau senkrecht steht, was durch passendes Verstellen der Aufnahmekapsel ermöglicht wird. Dann verbindet man den Kardiographen unter Zwischenschaltung eines Mareyschen Kardiographenventiles mit der Mareyschen Registrierkapsel. Um die Ausschläge des Schreibhebels in ihrer Größe verändern zu können, kann die Trommel durch eine Schraube ohne Ende verstellt werden, wodurch das an dem Schreibhebel angreifende Stäbchen dem Drehpunkt des Hebels genähert oder von ihm entfernt werden kann. Das Mareysche Ventil besteht aus einer beiderseits mit Schlauchansätzen versehenen Röhre, die sich nach oben durch ein enges kurzes Röhrchen öffnet. Die Mündung des letzteren ist durch eine federnde Hebelvorrichtung verschlossen, die sich durch Druck öffnen läßt. Während der Herstellung der Verbindungen ist das Mareysche Ventil, um die Gummimembran der Kapsel vor allen gewaltsamen Dehnungen zu bewahren, offen zu halten.

Sobald der Kardiograph angelegt ist, wobei die Gurten so fest angezogen werden müssen, daß sich der Apparat durch die Atembewegungen nicht verschiebt, wird die Verbindung mit der Schreibkapsel hergestellt und dann der Seitenweg des T-Rohres bzw. die Öffnung des Ventiles verschlossen. Nun reguliert man durch Drehen an der Schraubenführung der Kardiographentrommel den Druck der Pelotte auf die Gummimembran so lange, bis man entsprechend große Ausschläge des Schreibhebels erhält. Die Höhe einer guten Kurve braucht 1 cm nicht zu übersteigen. Es ist wichtig, die Pelotte nicht zu fest anzudrücken, weil sonst die Gummimembran des Kardiographen zu stark angespannt wird. Dadurch werden die Ausschläge der Membran nicht nur im ganzen kleiner, sondern die Kurve wird entstellt, weil bei der gespannten Gummimembran bei gleichem Drücken die Deformation um so geringer ausfällt, je stärker die Membran durch die vorangehende Ausdehnung schon gespannt ist. Deshalb wird man die besten Kurven bei einer Spannung der Gummimembran erhalten, welche von der Anfangsstellung nicht zuviel abweicht, zumal bei der Bespannung der Kapsel die Gummimembran ohnehin etwas über ihre elastische Gleichgewichtslage gespannt wird. Es ist deshalb bei der Neubespannung der Kapseln darauf zu achten, daß die Gummimembran zwar allseitig straff gezogen wird, aber keinesfalls zu stark gespannt wird, auch ungleiche Spannung der Membran nach einer Seite muß vermieden werden. Um die Kurve des Herzstoßes in ihren Einzelheiten aufzuklären (dieselbe wird vom Lehrpersonal erläutert; Bedeutung der einzelnen Zacken und deren Beziehung zu der Form und Lageveränderungen des Herzens!), werden die Herztöne und die Zeit mit registriert. Die Schreibspitze der Marey-Kapsel und des Pfeilschen Signales müssen genau in einer und derselben Vertikale liegen. Die Einstellung wird durch Benutzung eines vertikal verschiebbaren Kymographions und des vertikal verschiebbaren Basler Statives erleichtert. (Siehe Aufgabe 52.) Die mit dem binauralen Stethoskop, welches so aufgesetzt wird, daß an der Lage des Kardiographen nichts geändert wird, gehörten Herztöne werden durch kurzes Aufschlagen auf den Tasterschlüssel markiert. Vor der Registrierung wird das richtige Markieren beider Töne eingeübt. Die Lage des zweiten Herztones in der Kurve markiert den Schluß der Semilunarklappen.

Um die zusammengehörigen Punkte aufzufinden, kann man sich des „Merkzeichenverfahrens" von Langendorff bedienen. Um es anzuwenden, stellt man nach geschehener Aufzeichnung der Kurven den Zylinder so ein, daß die Schreibspitzen sich im Bereich der miteinander zu vergleichenden Spitzenstoßkurve und im Beginn der Abhebung der Signalkurve befindet. Läßt man jetzt gleichzeitig einen jeden Schreibhebel eine Bewegung ausführen, während die Trommel still stehen bleibt, so treffen die angegebenen Zeichen synchrone Punkte in beiden Kurven. Dieses Verfahren läßt sich sogar anwenden, wenn es nicht gelungen ist, die benutzten Schreibspitzen genau senkrecht übereinander zu orientieren.

52. Auskultation der Herztöne beim Menschen.

Gebraucht werden: Monaurales und binaurales Stethoskop; evtl. Verbindung dieser Aufgabe mit der Registrierung des Spitzenstoßes.

Ausführung: Um die Herztöne zu hören, muß das Stethoskop fest auf diejenige Stelle der Brustwand aufgelegt werden, wo man erfahrungsgemäß meist die Herztöne am besten hört. Das Ohr muß gleichfalls fest an den Hörtrichter des Stethoskopes gelegt werden.

46 Übungen zur Physiologie der vegetativen Funktionen.

Jede Reibung des Stethoskopes ist zu vermeiden, weil sie Veranlassung zu Geräuschen gibt. Die Mitralklappe wird im fünften Intercostalraum etwas innerhalb der Mamillarlinie am Orte des Spitzenstoßes auscultiert, die Tricuspidalklappe am unteren Ende des Sternums. Den Ton der Pulmonalklappe behorcht man links vom Sternalrand im zweiten Intercostalraum. Denjenigen der Aortenklappe im rechten zweiten Intercostalraum rechts vom Sternum. Hat man sich im Hören der Herztöne eingeübt, so kann der Versuch gemacht werden, die Herztöne in der Kurve des Herzspitzenstoßes zu registrieren. Die Registrierung kann entweder mit Hilfe eines elektrischen Signales oder mit Hilfe der Luftübertragung mit zwei Mareyschen Kapseln geschehen. Der erste Ton, den man über der Tricuspidalklappe hierbei behorcht, dient zur Feststellung des Beginns der Systole. Der Ton über den Aortenklappen dient zur Festlegung desjenigen Punktes der Spitzenstoßkurve, welcher dem Beginn der Diastole entspricht.

53. Perkussion des Herzens.

Aufgabe: Es sind durch Beklopfen der Brustwand vermittelst der hierdurch erzeugten Schallqualitäten die Herzgrenzen festzustellen.

Gebraucht werden: Lagerungsgestell, Farbstifte.

Ausführung: Auf den unbekleideten Thorax wird der große Finger der linken Hand fest aufgelegt. Der hakenförmig gekrümmte Mittelfinger der rechten Hand schlage kurz, leicht und elastisch nur unter Bewegung des Handgelenkes auf die zweite Phalanx des Mittelfingers der rechten Hand. Der Schlag geschehe stets senkrecht auf die Oberfläche des Thorax. Je nach der Stärke des Schlages ist schwache, mittelstarke und starke Perkussion zu unterscheiden.

Man beginne mit starker Perkussion der rechten Seite, indem man in der rechten Parasternallinie nach abwärts perkutiert; der volle, tiefe und langdauernde reine Lungenschall geht über in einen intensiv gedämpften, die Leberdämpfung. Hierauf perkutiert man in der linken Parasternallinie, bis man auf die Herzdämpfung trifft, sodann vom linken Sternalrand nach außen zu, bis man wieder in das Gebiet des hellen Lungenschalles gelangt. Auf diese Weise fortfahrend, grenzt man allseitig die Zone des durch das Herz bedingten intensiv gedämpften Schalles ab und zeichnet die gefundenen Grenzen mit dem Farbstift auf. Hierauf schreitet man von oben und seitwärts vor zur oberflächlichen oder leisen Perkussion. Hierbei muß nicht allein sehr leise perkutiert werden, sondern der aufliegende Finger soll nur durch seine eigene Schwere der Brustwand aufliegen. Die auf diese Weise perkutierten Grenzen sind diejenigen der oberflächlichen Herzdämpfung, bedingt durch denjenigen Teil des Herzens, welcher nicht durch die Lunge überdeckt ist.

Kreislauf. 47

54. Blutdruckversuch am Säugetier.

Aufgabe: 1. Es ist die arterielle Blutdruckmessung am Säugetier auszuführen. 2. Es ist der Blutdruck einmal mit dem Quecksilbermanometer, sodann mit einem elastischen Manometer zu registrieren. 3. Es ist die Wirkung der Reizung des Vagus, der Aortenkompression und der Kompression der Vena cava inferior zu beobachten.

Gebraucht werden: Größeres Schleifenkymographion (die Einrichtung des Schleifenkymographions wird durch das Lehrpersonal erklärt), Quecksilbermanometer, elastisches Manometer [verschiedene Konstruktionen von elastischen Manometern, welche vorrätig sind, werden demonstriert: a) die elastischen Manometer älterer Konstruktion, z. B. diejenigen von Fick und Hürthle, b) das Franksche elastische Hebelmanometer; bei dieser Gelegenheit werden den Studierenden die wichtigsten theoretischen und praktischen Angaben über die Bedeutung der Theorie des Baues und der Konstanten der Manometer gemacht], 25proz. Magnesiumsulfatlösung für die Manometerleitung zur Verhütung der Gerinnung, Spritze zur Erhöhung des Druckes in der Manometerleitung, Kanülen für Arterien und Venen, feine Glaspipetten, Induktionsapparat, Elemente hierzu, Elektroden für Nervenreizung.

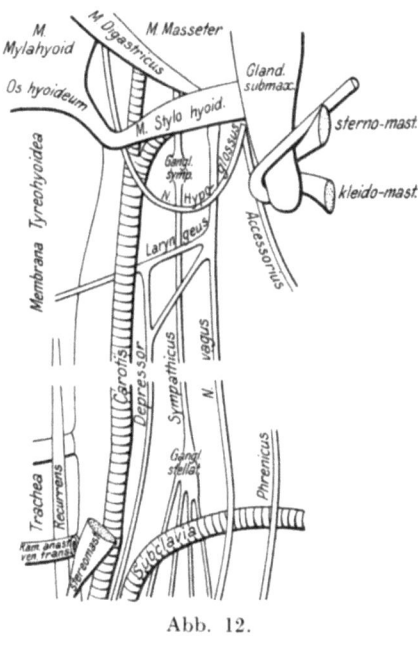

Abb. 12.

Ausführung: Die Schleife des Kymographions wird vor Beginn des Versuches berußt und in Ordnung gebracht. In der Manometerleitung, die natürlich durch eine Klemme verschlossen wird, wird durch ein eingeschaltetes T-Stück in derselben mit Hilfe der Spritze der Druck im Quecksilbermanometer auf diejenige Höhe gebracht, welche man beim Kaninchen zu erwarten hat, 80 bis 100 mm Quecksilberdruck. Das Kaninchen wird mit einer 20proz. Urethanlösung narkotisiert; es wird so viel subcutan injiziert, daß das Tier 1 g Urethan pro Kilo Körpergewicht erhält. Sobald die Narkose eingetreten ist, wird das Tier aufgebunden und es werden die beiden Carotiden und der Nervus vagus auf beiden Seiten freigelegt. Die Lage von Arterien und Nerven ergibt sich aus beifolgender Abbildung (s. S. 47).

Unter die beiden Carotiden werden mit Hilfe einer gelochten stumpfen Präpariernadel je zwei gut gewachste Fäden geführt. Der obere peripheriewärts vom Herzen gelegene Faden wird zugebunden; unterhalb, d. h. herzwärts vom zweiten Faden, wird eine leichte Klemme zum Verschluß des Gefäßes angelegt. Darauf wird mit einer feinen Schere dicht unterhalb der oberen Abbindung das Gefäß leicht angeschnitten; ein Assistent hält die so geschaffene Öffnung mit einem Finder offen, so daß der Operateur leicht die Glaskanüle in die Öffnung einführen kann. Die eingeführte Kanüle wird von dem Assistenten an der verengten Stelle festgebunden. Die Verlängerung des Fadens wird nochmals mit einem Faden am Glasteil der Kanüle festgebunden — sog. Sicherung. Unter die beiden Nervi vagi kommen feine Seidenfäden, außerdem Elektroden. In die Vena jugularis wird auf die gleiche Weise wie bei der Carotis eine Kanüle eingebunden, nur daß zuerst herzwärts eine Klemme angelegt wird, damit sich das Blut in der Vene staut. Erst dann wird der obere Faden zugebunden und in das strotzend mit Blut gefüllte Venenstück die Kanüle eingebunden.

Mit Hilfe der Pipette wird die in der Arterie befindliche Glaskanüle mit konz. Magnesiumsulfatlösung gefüllt. Sodann verbindet man luftbläschenfrei diese Kanüle mit der Manometerleitung zum Quecksilbermanometer. Während dieser Zeit bleibt die Leitung geschlossen, und erst nach hergestellter Verbindung werden die verschließenden Klemmen gelockert und die Klemme von der Arterie abgenommen. Jetzt wirkt der Blutdruck auf das Manometer, dessen Schreibspitze an das berußte Papier des Kymographions angelegt wird. Damit die Schreibvorrichtung in dauernd gleicher Weise dem berußten Papier anliege, hängt ein mit Blei beschwerter Faden vom oberen Teile des Kymographions herab und drückt leicht die Schreibspitze an.

Die Kompression von Aorta und Vena cava inferior kann ohne Eröffnung des Bauches durch Fingerdruck bewerkstelligt werden. Es kann aber auch ein kleiner Schnitt in die Linea alba geführt werden, um 2 bis 3 Finger breit die Bauchhöhle zu eröffnen, damit man direkt die beiden Gefäße mit dem Finger komprimieren kann.

Beobachtungsaufgaben: Man beobachtet die Blutdruckkurve, wobei die Aufmerksamkeit auf die Größe des mittleren Druckes, die Pulsschwankungen und die Atemschwankungen des Blutdruckes gerichtet wird. (Bei dieser Gelegenheit sind die Methoden zur Bestimmung des mittleren Blutdruckes, evtl. auch das Amslersche Planimeter zu erörtern.) Hierauf wird der Vagus, nachdem er zentralwärts abgebunden und durchschnitten worden ist, zunächst mit schwachen Reizströmen gereizt, wobei man beobachtet, daß die Pulse seltener werden; meist sinkt auch der Blutdruck. Jetzt wird diejenige Stromstärke aufgesucht, wobei vollständiger Stillstand des Herzens eintritt. ·Der Blutdruck sinkt dabei sehr tief herab. Dann hört man wieder mit der Reizung auf.

Jetzt wird die andere Carotis mit einem elastischen Manometer verbunden. Die Manipulationen zur Verbindung sind die gleichen wie die vorher beschriebenen. Die Schreibvorrichtung des elastischen Manometers wird gleichfalls an das Kymographion angelegt, in der Art, daß die Kurven, die von den beiden Manometern registriert werden, dicht übereinanderliegen. Achte auf den Unterschied der beiden Kurven, insbesondere darauf, daß die Höhe des systolischen und diastolischen Druckes in beiden sehr verschieden ist, ferner, daß die Ausschläge bei der Vagusreizung in beiden Kurven durchaus ungleich sind, sowie schließlich, daß selbst die Werte für den Mitteldruck voneinander sich unterscheiden können. (In einer besonderen Aufgabe wird die Eichung des elastischen Manometers durchgeführt.)

Hierauf wird zur Aortenkompression geschritten. Wenn die Aorta dicht unterhalb des Zwerchfelles kurze Zeit mit dem Finger verschlossen wird, steigt der Blutdruck außerordentlich hoch an. Sobald die Aorta wieder freigegeben wird, sinkt der Blutdruck wieder, und zwar zunächst unter das vorherige Niveau, um hierauf wieder die Ausgangshöhe zu erreichen. Die mechanische Bedeutung dieser Tatsachen wird besprochen.

Hierauf wird die Vena cava leicht komprimiert, der Blutdruck sinkt tief herab, um wieder die alte Höhe zu erreichen, wenn die Vena cava wieder freigegeben wird. Diese Beobachtung demonstriert insbesondere die Bedeutung der Füllung des Herzens.

Schließlich wird aus einer Carotis, nach Lösung der Verbindung mit dem elastischen Manometer, eine gewisse Menge Blut entzogen. Der Blutentzug führt zu einer mehr oder weniger großen Blutdrucksenkung. Ehe man denselben ausgeführt hat, hat man die venöse Kanüle unter Ausschluß von Luftbläschen mit einer Mariotteschen Bürette verbunden, welche mit körperwarmer Kochsalz- oder Ringerlösung oder Ringerlösung mit 7% Gummiacacia gefüllt ist. Man läßt von dieser Lösung in die Vene einfließen. Durch diese Transfusion wird der Blutdruck wiederhergestellt.

55. Vergleich des Quecksilbermanometers und der elastischen Manometer.

Aufgabe: Die Wirkungsweise der beiden Typen von Blutdruck registrierenden Apparaten kennenzulernen und das elastische Manometer mit Hilfe des Quecksilbermanometers zu eichen.

Gebraucht werden: Quecksilbermanometer, elastisches Manometer (von Fick, Hürthle, Frank), Kymographion, Stativ mit Flasche für Quecksilber oder eine Spritze.

Ausführung: Das elastische Manometer und das Quecksilbermanometer werden mit Hilfe eines Gabelrohres einmal miteinander und mit dem zur Druckerzeugung dienenden Flaschensystem (mit Quecksilber gefüllt) oder einfach mit einer Spritze verbunden. Beide Manometer sowie alle Verbindungsstücke müssen luftfrei mit Flüssigkeit gefüllt werden. Das elastische Manometer wird in der Höhe der Nullstellung des Quecksilbermanometers eingestellt; die Schreibspitzen beider Apparate werden an das Kymographion angelegt. Die Kymographiontrommel wird mit der Hand etwas gedreht, wodurch eine Nullinie oder Abscisse verzeichnet wird. Dann erhöht man den Stand des Quecksilbermanometers entweder durch die Druckflaschen oder durch die Spritze um je 10 mm und registriert nach jedesmaligem Verschieben der Trommel den Anstieg der Schreiber beider Manometer. Man erhöhe allmählich bis auf 100 mm Hg und gehe wieder auf Nullstellung zurück, je 10 mm Hg senkend.

Im Gegensatz zu dieser statischen Eichung kann man auch dynamisch eichen, indem man nach der jedesmaligen Erhebung bzw. Senkung durch Drücken auf den Schlauch ein paar Schwingungen erzeugt und den nach den Schwingungen erzielten Stand des elastischen Manometers als den richtigen annimmt.

56. Sphygmographie.

Aufgabe: Die Druckveränderungen in der Art. radialis des Menschen sind mit Hilfe von Sphygmographen aufzuzeichnen.

Gebraucht werden: Die verschiedenen Typen der Sphygmographen, Sphygmograph von Marey, von Dudgeon, von Jaquet-Sahli, von Frank-Petter, Berußungsvorrichtung.

Ausführung: Man suche am Vorderarm der Versuchsperson den Radialispuls auf und markiere die deutlichste Stelle farbig. Hierauf binde man bei denjenigen Apparaten, welche einen Grundrahmen haben, denselben so um den Arm fest, daß die sichtbar gemachte Pulsstelle der Pelottenmitte entspricht. Auf den Grundrahmen wird der übrige Apparat montiert. Man überzeuge sich von der richtigen Lage der Pelotte, daran erkennbar, daß die Pulsanschläge an dem mit der Pelotte verbundenen Hebel deutlich sind. Wenn dies nicht der Fall ist, muß die Lage der Pelotte verändert werden. Die Schreibspitze des Hebels wird an die berußte Papierfläche angelegt und der Bewegungsmechanismus in Bewegung gesetzt. Bei dem Jaquetschen und Frankschen Apparat wird gleichzeitig noch die Zeit aufgeschrieben. Der Papierstreifen, welcher vermittelst unter Druck anliegenden Rädern vorbeigezogen wird, darf nicht zu lang sein, und seine

Kreislauf. 51

gleichmäßige Bewegung wird durch Führung mit der Hand unterstützt.

Beobachtungsaufgaben: 1. Registriere den Puls bei verschiedener Spannung der Feder durch den Exzenter bzw. am Apparat von Frank durch Verschraubung der Spannfeder am kurzen Hebelarm des Pelottenträgers. 2. Beobachte den Einfluß der Atmung. 3. Registriere zum zweiten Male nach einer kräftigen Muskeltätigkeit (Gehen). 4. Registriere den Puls nach Einnahme von Kaffee. 5. Beobachtung des Pulses nach Riechen von Amylnitrit.

57. Blutdruckmessung am Menschen.

Aufgabe: Es ist der Blutdruck am Arme des Menschen zu messen.

Gebraucht werden: Blutdruckapparat von Riva Rocci, Manschette von Recklinghausen, elastisches Manometer (z. B. von Recklinghausen), Sahli's Blutdruckapparat.

Ausführung mit dem Apparat von Riva Rocci: Der Blutdruck wird gewöhnlich in den Arterien des Armes gemessen. Die Gummimanschette wird dicht um den Oberarm in der Nähe der Cubitalgegend gelegt und der Verschluß fest angezogen. Zunächst muß der Puls der Arteria radialis am distalen Radiusende deutlich zu fühlen sein. Dann wird mit dem Gebläse eine Drucksteigerung in der Manschette erzeugt, wodurch die von der Manschette umschnürten Teile des Armes mit einem bestimmten Druck komprimiert werden, der an der Skala entsprechend dem Stande des Quecksilbers abgelesen wird. Man steigert den Kompressionsdruck so lange, bis man den während der Drucksteigerung unausgesetzt getasteten Radialispuls eben verschwinden fühlt. Der hierzu erforderliche Druck, welchen man an der Skala abliest, ist etwas größer als der systolische Druck im Gefäße, weil er das Gefäß komprimieren mußte, damit der Puls verschwinde. Man sucht durch langsame Druckverminderung (Lüften der Schraube, wodurch die Luft langsam entweicht) jenen Druck auf, bei dem der Puls gerade wieder zu tasten ist; dieser Druck ist etwas unter dem systolischen Druck gelegen, da ein Überdruck von innen besteht. Als systolischen oder maximalen Blutdruckwert wählt man das arithmetische Mittel der beiden Messungen. Um zu halbwegs brauchbaren Werten zu kommen, darf man sich nicht mit einer einzigen Doppelbestimmung begnügen, sondern es müssen mehrfach wiederholt und aus den erhaltenen Zahlen Mittelwerte genommen werden. Zur Ermittlung des diastolischen oder minimalen Druckes wird derjenige Druck aufgesucht, bei welchem die Pulswelle kleiner zu werden beginnt. Man achte, wenn man ein elastisches Manometer anwendet, auf dessen Schwankungen. Der Druckwert, bei welchem die größten Schwankungen eintreten, gilt als Ausdruck des diastolischen Druckes (nach Recklinghausen).

58. Messung der Fortpflanzungsgeschwindigkeit des Pulses am Menschen.

Aufgabe: Die Fortpflanzungsgeschwindigkeit des Pulses am Menschen ist zu messen.

Gebraucht werden: Zwei Riva-Rocci-Manschetten, zwei Erlanger-Ballons (dieselben werden improvisiert aus Glasbirnen mit T-förmigem Zuleitungsstück und Glasrohr zur Verbindung der Mareyschen Kapsel, Gummifingerlingen und gut schließenden Gummistopfen), zwei Mareyschen Kapseln, Mareysche Ventile, Klemmen, Quecksilbermanometer, Schraubenklemmen, Pumpe zum Aufpumpen der Riva-Rocci-Manschette, Kymographion, Zungenpfeife der Schwingungszahl 100.

Ausführung: Um den Oberarm und um den Unterschenkel etwas oberhalb des Fußgelenkes wird je eine Riva-Rocci-Manschette gelegt. Dieselben werden aufgepumpt bis zu einer bestimmten Druckhöhe und die Pulsschwankungen aus dem Erlanger-Ballon, der mit der Riva-Rocci-Manschette kommuniziert, durch die Mareysche Kapsel registriert. Die Herrichtung geschieht folgendermaßen: Durch einen starkwandigen Schlauch wird die Riva-Rocci-Manschette mit dem abführenden Schenkel des T-Rohres des Erlanger-Ballons verbunden. Der zuführende Schenkel wird gleichfalls durch starkwandigen Schlauch mit der Pumpe zum Aufpumpen der Manschette verbunden. In diesen Teil der Leitung wird auch ein Quecksilbermanometer eingeschaltet. Während des Aufpumpens darf die Glasbirne des Erlanger-Ballons nicht mit der Marey-Kapsel verbunden sein. Hat man einen zur Registrierung geeigneten Druck in der Manschette erzeugt, so wird mit einer Schraubenklemme dicht vor dem Erlanger-Ballon die Leitung nach dem Quecksilbermanometer und der Pumpe abgeschlossen, die Glasbirne des Erlanger-Ballons wird durch einen Schlauch mit der Marey-Kapsel verbunden. In diese Leitung kommt ein Marey-Ventil, welches zum Ausgleich des Druckes während des Versuches dient. Das Kymographion wird auf raschen Gang eingestellt, die beiden Schreibspitzen der Marey-Kapseln kommen genau untereinander und wenn möglich, auch die Schreibspitze der Zungenpfeife.

Dann wird die Uhr in Gang versetzt und die Arretierung des Kymographions gelöst. Man erhält zwei untereinanderstehende Pulskurven, zwischen denen die Linie mit den Zeitmarken sich befindet. Ohne an der Lage des Hebels etwas zu ändern, öffnet man die Ventile. Die Schreibspitzen der beiden Registrierhebel stehen dann gewöhnlich etwas tiefer als die Fußpunkte der Pulskurven. Man stellt die Schreibspitzen genau auf die Fußpunkte der Pulskurven ein. Dann dreht man die Kymographiontrommel langsam so lange, bis der Schreibhebel des Brachialispulses eben am Beginn des aufsteigenden Schenkels

Kreislauf. 53

der Pulskurve steht, und markiert diese Stelle durch ein leichtes Bewegen des Hebels mit der Hand (l. Marke). Man markiert nun den Stand des Hebels, welcher den Unterschenkelpuls registriert, in diesem Zeitpunkt gleichfalls; die von ihm gezeichnete Linie fällt vor den Beginn des Radialispulses. Dann dreht man die Kymographiontrommel so weit, bis dieser Hebel am Beginn der Pulskurve steht, und markiert diese Marke hinter den Beginn des Pulses. Die gleichen Markierungen wiederholt man an mehreren Pulsen. Die Distanz der beiden Marken gibt den Zeitabstand an, um welchen der Puls im Unterschenkel später auftrat als in den Brachialis. Da nun auch die Zeitmarken geschrieben worden sind, so kann man ausmessen, welchem Zeitraum der lineare Abstand der beiden Marken entspricht. Mißt man nun noch den Abstand der Stellen, an denen die beiden Manschetten aufgesetzt worden sind, dann kann man aus diesen Daten die Fortpflanzungsgeschwindigkeit $\left(v = \frac{\text{Weg}}{\text{Zeit}}\right)$ des Pulses berechnen. Bei richtig angestellten Versuchen erhält man einen Wert von ungefähr 7 m in der Sekunde.

Zur Ausmessung der Kurven ist die beschriebene Anbringung der beiden Marken unbedingt notwendig. Man kann selbst bei genau übereinanderstehenden Schreibspitzen nicht einfach die Senkrechte von der oberen zur unteren Kurve und umgekehrt ziehen, weil die von beiden Hebeln verzeichneten Kurven Abschnitte von Kreisbögen sind, deren Radien die Längen der beiden Hebel darstellen.

59. Die Dynamik des Herzmuskels.

Aufgabe: Es ist die isometrische und isotonische Kontraktion des Herzens, ihre Abhängigkeit vom Füllungszustand des Herzens und die Leistung des Herzens zu untersuchen.

Gebraucht werden: Franksche Doppelwegkanüle, Williams Ventile, Mariottesche Flasche, Röhrenleitung und Schläuche, Federmanometer, Mareysche Kapsel, Maßzylinder, Kymographion, Frosch, Ringerlösung.

Ausführung: Nach Aufbau des Systems (Erklärung an der Apparatur) wird dasselbe luftfrei gefüllt. In die Aorta wird der Ansatz der Doppelwegkanüle eingebunden, genau in der Art, wie bei Einbindung der Straubschen Kanüle (siehe frühere Aufgabe). Auch sonst finden die Abbindungen in der gleichen Weise statt. Zunächst wird der Kreislauf durch den Ventrikel hergestellt, indem er der Ausflußröhre eine bestimmte Höhe erteilt wird. Der Hahn zum Manometer, welches vorher vollständig mit Flüssigkeit gefüllt sein mußte, ist vorerst geschlossen. Derselbe wird dann geöffnet. Darauf verschließt man zuerst den Hahn der Doppelwegkanüle nach der venösen Seite, worauf sich das Herz vollständig entleert. Sodann wird der

54 Übungen zur Physiologie der vegetativen Funktionen.

Hahn nach dem arteriellen Ventil verschlossen. Das Manometer registriert die isometrischen Kontraktionen des Ventrikels. Durch Öffnung des venösen Hahnes erteilt man dem Ventrikel verschiedene Füllung und überzeugt sich, daß die Maxima der isometrischen Kontraktionen mit der Füllung wachsen. Die Füllung geschieht von einer in $1/_{100}$ ccm geteilten Bürette aus, ein Gabelvolum verbindet diese Bürette mit der Mariotteschen Flasche und der Leitung. Nach Erledigung dieser Aufgabe wird der Hahn nach dem arteriellen Ventil geöffnet, so daß die Flüssigkeit ausfließen kann. Man mißt dann die in einer bestimmten Zeit ausfließende Menge (Minutenvolumen) und den Druck im Ventrikel.

60. Übung über den Nervus depressor und den Nervus splanchnicus.

Aufgabe: Es ist im Experiment die blutdrucksenkende Wirkung der Reizung des Nervus depressor und die blutdrucksteigernde Wirkung der Reizung des Nervus splanchnicus zu beobachten.

Gebraucht werden: Kaninchen, Kaninchenbrett, Operationsinstrumente, Schwämme und Tupfer, Guttaperchapapierelektroden, Hartgummielektroden für tiefliegende Nerven, Induktionsapparat, Elemente hierzu, Glaskanülen, Quecksilbermanometer, Kymographion, Magnesiumsulfatlösung, Injektionsspritze, Jaquetsche Uhr.

Ausführung: Das Kaninchen wird, wie in der früheren Aufgabe (Blutdruckversuch), narkotisiert und für den Blutdruckversuch vorbereitet, ebenso wird in der gleichen Weise alles für die Registrierung des Blutdruckes von der Art. carotis hergerichtet. Die Präparation des N. depressor geschieht auf folgende Weise. In der Mittellinie des Halses wird ein Schnitt geführt bis auf die Trachea, unter sorgfältiger Blutstillung. Darauf wird stumpf zwischen die Halsmuskeln eingegangen, und es werden die Carotis und die Halsnerven freigelegt. Unter die beiden Vagi kommen Fäden wie in der Aufgabe über den Blutdruck. Sodann wird der Nervus depressor aufgesucht. Man findet ihn am besten in der Weise, daß man die Spalte zwischen den Muskeln bis herauf zum Kehlkopf bis über das obere Ende der Cartilago thyreoidea heraufführt. Man sieht dann, wenn durch zwei stumpfe Haken die Spalte auseinandergehalten wird, den Nervus laryngeus ziehen. Man verfolgt diesen Nerven zentralwärts bis zur Abgangsstelle vom Nervus vagus. In dem von beiden Nerven gebildeten Winkel geht je vom Nervus laryngeus und vom Nervus vagus ein feiner Nervenfaden aus. Die beiden Nervenfaden sind die Wurzeln des Nervus depressor. Man verfolgt diese beiden Fasern bis zu ihrer Vereinigung zu einem einzigen Nervenstämmchen, welches sich längs des Halssympathicus nach unten fortsetzt. Hier legt man eine Guttaperchaelektrode unter denselben. Eine andere Methode, den Nervus

Kreislauf. 55

depressor zu präparieren, besteht darin, daß man in der Mitte des Halses mit einer feinen Pinzette das Gewebe neben der Arteria carotis faßt und in die Höhe hebt. Man sieht dann drei Nerven durchschimmern, den Vagus, den Sympathicus und den Depressor, welcher an seiner größten Dünne erkennbar ist. Man hüte sich vor Verwechslung mit feinen Muskelnerven.

Die Präparation des Nervus splanchnicus kann auf zweierlei Arten geschehen, entweder von der Bauchhöhle aus oder von hinten her. Letztere Methode ist vorzuziehen, weil sie den Nerven extraperitoneal ohne Eröffnung der Bauchhöhle freizulegen gestattet. Zu diesem Zwecke wird das Tier in Bauchlage umgelegt. Die Haare werden in einer etwa drei Finger breiten Strecke, beginnend am Rande der untersten Rippe, neben der Rückenwirbelsäule geschoren. Dann macht man in dieser Gegend einen Längsschnitt parallel der Rückenwirbelsäule, etwa $1^1/_2$ Finger breit von der Mittellinie entfernt. Man durchtrennt schichtweise die Haut und die Fascien, bis der Rand der medialwärts gelegenen langen Rückenmuskeln sichtbar wird. Der so geschaffene Spalt wird mit stumpfem Haken auseinandergehalten. Quer verlaufende Nerven und Gefäße werden nach doppelter Abbindung zwischen denselben durchschnitten. Man geht stumpf in die Tiefe, bis die Nebenniere sichtbar wird. Um dieselbe gut sichtbar zu machen, ist es nötig, einen großen breiten Wundhaken medialwärts bis unter die Wirbelsäule zu führen und unter leichtem Druck die Wirbelsäule anzuheben. Dadurch wird die Nebenniere und ihre Umgebung gut sichtbar gemacht. Von Vorteil ist es, ein gerolltes Handtuch unter den Thorax zu schieben. Bei sorgfältiger Präparation am oberen Ende der Nebenniere mit einer stumpfen Präpariernadel sieht man den Nervus splanchnicus, den man nach oben bis fast an seine Durchtrittsstelle durch das Zwerchfell verfolgen kann. Wegleitend zu seiner Auffindung kann auch die medialwärts vom Nerven pulsierende Aorta abdominalis dienen. Man führt nun möglichst hoch oben eine dünne gebogene Pinzette unter den Nerven und legt in die geöffneten Branchen derselben einen feinen, sehr gut gewachsten Zwirnfaden von nicht zu geringer Länge. Mit diesem Faden bindet man den Nerven ab, der darauf oberhalb der Abbindung durchschnitten wird. Will man den Nerven auf kleine, tiefliegende Elektroden nach Ludwig lagern, so wird einfach der Nerv mit dem Faden zum Wundspalt herausgezogen, in die geöffneten Elektroden gelegt, sodann mit Ringerlösung befeuchtete Watte leicht aufgepreßt und Nerv und Wattebausch in der Rinne der Elektrode durch Verschieben derselben verschlossen. Die Elektrode wird mit Nähten an der Umgebung befestigt, damit sie durch ihr Gewicht den Nerven nicht zerreißt. Will man aber den Nerven, was besser ist, in Gotch-Aschersche Glaselektroden lagern, so wachst man das eine Ende des Seidenfadens nochmals recht stark, damit der Faden möglichst steif wird, während man das andere Fadenende dicht am Knoten abschneidet. Das gewachste Fadenende zieht man durch die Glascapillare, welche an ihrem oberen Ende mit einem Gummischlauch versehen ist, durch, bis der Faden aus der Öffnung des Gummischlauches heraustritt. Dann zieht man den Faden so lange ohne große Kraftanwendung an, bis der Nerv selbst in die Capillare und über die in die Capillare eingeschmolzenen Platindrähte durchgetreten ist. Unter Festhalten des Fadens füllt man die Capillare mit Ringerlösung und verschließt nach vollendeter Füllung das Schlauchende mit einem Holz- oder Glaspfropfen. Auf diese Weise ist erreicht, daß der Nerv nicht rutschen kann und bei dauernder Füllung mit Ringerlösung gleiche Bedingungen während einer längeren Versuchszeit für die Reizung bietet. Die Capillare läßt man in den Wundspalt zurücksinken und verschließt denselben durch Nähte. Darauf wird das Tier vorsichtig umgedreht und wiederum in Rückenlage aufgebunden. Es ist zu bemerken, daß diese eben beschriebene Präparationsweise für die linke Seite gilt, da auf der linken Seite der Nervus splanchnicus leichter zu präparieren ist. Der rechte Splanchnicus wird intakt gelassen, damit der Blutdruck eine für den Versuch genügende Höhe erhält.

Will man den Splanchnicus in der Bauchhöhle selbst aufsuchen, so verfährt man folgendermaßen: An dem in Rückenlage aufgebundenen Kaninchen wird in der Mittellinie des Bauches ein drei Finger breiter Schnitt gemacht. Durch Gaze wird die Öffnung bedeckt und das Austreten der Baucheingeweide verhindert. Der Schnitt beginnt am unteren Ende des Processus xiphoideus. Etwa in der Mitte desselben legt man sodann dicht nebeneinander zwei lange arterielle Klemmpinzetten so an, daß die geöffneten Branchen die Haut von der Mittellinie bis links unten seitlich in der Gegend der Niere fassen. Zwischen den beiden verschlossenen Arterienpinzetten schneidet man die Haut durch, was ohne jeden Blutverlust geschieht. Durch warme Gaze werden die Baucheingeweide zugedeckt, die Leber wird mit Watte abgepolstert, so daß ein vollkommen abgedeckter Raum entsteht, in den man stumpf in die Tiefe dringt, bis in die Gegend der Aorta abdominalis. Zur Seite derselben findet man durch stumpfe Präparation oberhalb der Nebenniere den Nervus splanchnicus. Im übrigen verfährt man dann wie oben beschrieben.

Wie früher beschrieben wurde, werden jetzt Kanülen in eine Arteria carotis und in die Vena jugularis eingeführt. Die Arterie wird mit dem Quecksilbermanometer verbunden und die Vorrichtung zum Aufschreiben des Blutdruckes in gleicher Weise in Ordnung gebracht.

Man beginnt jetzt mit der Reizung des Nervus depressor, indem man zuerst die schwächste Reizstärke aufsucht, welche gerade eine Blutdrucksenkung hervorruft. Darauf geht man zu etwas größeren Reizstärken über. Achte auf zwei Erscheinungen: 1. die Senkung des Blutdruckes, die nach einer gewissen Latenz zum Ausdruck gelangt; 2. die Verlangsamung des Herzschlages. Diese reflektorische Verlangsamung des Herzschlages fällt weg, sobald man die beiden Vagi am Halse abbindet. Bei mehrfachem Reizen des Nervus depressor muß dafür gesorgt werden, daß derselbe stets feucht bleibt.

Jetzt wird zur Reizung des Nervus splanchnicus übergegangen. Die Stromstärken, deren man zur wirksamen Reizung bedarf, sind öfters nicht ganz schwach. Hat man die passende Reizstärke gefunden, so beobachtet man einen sofort eintretenden steilen Anstieg des Blutdruckes, und die Erhöhung des Blutdruckes bleibt eine Zeitlang bestehen, nachdem man die Reizung unterbrochen hat. Bei genauerer Beobachtung sieht man, falls die Reizung länger als 50 Sekunden andauert, daß der Druckanstieg in zwei Phasen zerfällt, indem auf den ersten Anstieg eine leichte Senkung folgt, die wiederum in eine nachfolgende erneute Erhöhung des Blutdruckes übergeht. Diese nachfolgende Steigerung des Blutdruckes beruht auf Adrenalinabsonderung infolge der Splanchnicusreizung.

Der Zusammenhang zwischen den gemachten Beobachtungen ist zu erklären und in Beziehung zu den früher gemachten Beobachtungen über rein mechanische Beeinflussung des Blutdruckes zu setzen.

Zum Schluß wird noch eine Injektion von Adrenalin in die Vene gemacht, um zu zeigen, daß die Wirkung die gleiche ist wie bei Reizung des Nervus splanchnicus.

61. Schlagvolumen des Kaninchenherzens.

Aufgabe: Es ist das Schlagvolumen, d. h. die Blutmenge, welche das Herz bei einem Schlage austreibt, dadurch zu bestimmen, daß die Volumveränderung des Herzens registriert wird.

Gebraucht werden: Kaninchen, Operationsinstrumente, Rothbergersche Glasbirnen als Onkometer, Gummimembran, Thermokauter, Volumrekorder (entweder Pistonrekorder oder Ascherscher Volumrekorder), Vorrichtungen zur Registrierung des Blutdruckes, Trachealkanüle, künstlicher Atmungsapparat.

Ausführung: Das Kaninchen wird mit Urethan oder Äther narkotisiert. Nach Aufbindung des Tieres werden am Halse die Carotis und die Nervi vagi in früher beschriebener Weise präpariert. In die Trachea wird eine Trachealkanüle eingesetzt. Behufs Einsetzung der Trachealkanüle werden mit Hilfe einer stumpfen gelochten Präpariernadel unter die Trachea zwei Fäden geführt. Die Trachea wird dicht unterhalb der Schilddrüse unter Vermeidung der seitlich gelegenen Schilddrüsenvenen durch einen Messerschnitt geöffnet. Der untere Schnittrand wird mit der Pinzette gefaßt und in die Öffnung das untere längere Ende der Trachealkanüle eingesetzt. Sodann wird das obere Ende der Trachealkanüle in der gleichen

Weise unter den oberen Rand des Trachealschnittes eingesetzt. Oberes und unteres Ende der Trachealkanüle werden jetzt mit den beiden Fäden festgebunden. Jetzt wird die Trachealkanüle unter Vorschaltung einer Äthernarkoseflasche mit dem Atmungsapparat in Verbindung gebracht. Als Äthernarkoseflasche dient eine doppelt tubulierte Woulffsche Flasche, deren beide Öffnungen mit gutschließenden durchbohrten Stopfen verschlossen sind. Durch die eine Bohrung geht ein Glasrohr bis fast zum Boden, durch die andere Bohrung nur ein kurzes Glasrohr. Beide Glasröhren stehen in Verbindung mit dem T-Fortsatz eines T-Glasstückes. Die beiden T-Stücke sind oben miteinander verbunden; hierdurch ist erreicht, daß bei Verschluß zwischen den beiden T-Stücken mit Hilfe einer Klemme der Luftstrom durch das lange Rohr in die Ätherflasche einströmt und zur anderen Seite mit Äther geschwängert wieder heraustritt oder daß bei Öffnung beider Wege nur ein wenig Äther dem Luftstrom beigemischt wird, oder schließlich bei Absperrung der Leitung nach den beiden Stopfen nur reine Luft heraustritt. Die künstliche Atmung wird mit passender Narkose einreguliert. Die Arteria carotis wird mit einer Kanüle versehen und in bekannter Weise die Verbindung mit dem Quecksilbermanometer hergestellt und der Blutdruck auf dem Kymographion aufgeschrieben.

Jetzt wird in der Mittellinie des Thorax ein Schnitt in der ganzen Länge geführt bis auf den Knochen. Der Processus xiphoideus wird mit einer Pinzette gefaßt und mit Hilfe der Schere freigelegt. Man macht einen kleinen Einschnitt unter dem freigelegten Ende desselben. In die Öffnung wird der Zeigefinger der linken Hand eingeschoben. Auf diesen Finger läßt man die untere Branche einer größeren Knorpelschere ruhen und schneidet immer unter Führung des Fingers das Brustbein streng in der Mittellinie durch. Etwaige Blutungen werden gestillt; besonders ist die Verletzung der Art. mammaria interna zu vermeiden. Die beiden Schnittränder werden mit Haken auseinandergehalten. Man faßt den Herzbeutel an der Herzspitze mit der Pinzette und schneidet ihn auf. Dadurch tritt das Herz frei hervor. Jetzt wählt man nach der Größe des Herzens eine Glasbirne von passender Dimension, auf deren Öffnung eine Gummimembran aufgebunden worden ist. Mit Hilfe des Thermokauters wird ein Loch von passender Größe in die Gummimembran eingebrannt. Jetzt schiebt man in diese Öffnung das Herz hinein, bis die Ränder der Öffnung der Atrioventrikulargrenze des Herzens anliegen. Die Ränder des durchschnittenen Herzbeutels liegen jetzt außerhalb der Glasbirne. Man kann dieselben zur besseren Abdichtung mit einem Faden in die Rinne der Glasbirne festbinden. Das Loch in der Glasbirne muß so beschaffen sein, daß es einerseits die Atrioventrikulargrenze abdichtet, andererseits aber keinesfalls den Kreislauf hemmt. Jetzt wird die seitliche Öffnung der Glasbirne mit dem Volumrekorder verbunden. Wenn alles richtig

Kreislauf. 59

liegt, verzeichnet der Volumrekorder die Vergrößerung und Verkleinerung des Herzvolumens bei jedem Herzschlag. Aus der Größe der registrierten Kurven läßt sich ein angenähertes Urteil über die Größe des Schlagvolumens gewinnen.

(Der Ashersche Volumrekorder besteht aus einer sehr leichten Celluloidglocke, welche in einen größeren Metallzylinder taucht, der mit reinem Petroleum gefüllt ist. In den Zylinder taucht von unten ein dünnes Rohr, welches in die Glocke oberhalb des Niveaus des Petroleums mündet. Dieses Rohr steht in Verbindung mit dem Raume, in dem die Volumveränderungen stattfinden, die man registrieren will. Auf der Glocke sitzt ein leichter, zweiarmiger Hebel; am kürzeren Hebelarm greift die Glocke an.)

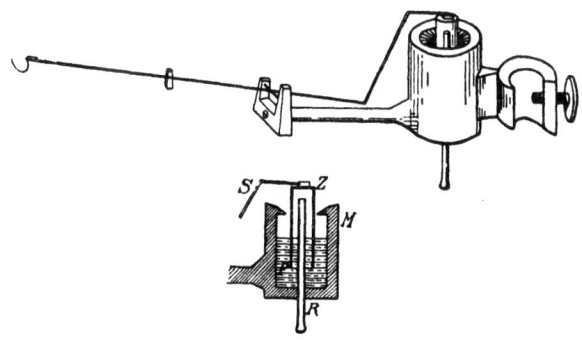

Abb. 13. Rekorder nach Asher.

Bei dieser Gelegenheit werden die Prinzipien der Volumen registrierenden Apparate besprochen und besonders darauf hingewiesen, daß bei der Registrierung durch die Apparate keine Druckänderungen eintreten dürfen.

An Stelle der künstlichen Atmung mit dem Atmungsapparat kann eine Überdruckatmung (siehe spätere Aufgabe) ausgeführt werden. Dies hat den Vorteil, daß die Atmungsschwankungen der Lunge keinen Einfluß auf das registrierende System ausüben können. Arbeitet man mit der künstlichen Atmung, so darf die Lungenatmung das Herz nicht direkt beeinflussen.

Beobachtungsaufgaben: 1. Nach Beobachtung des Schlagvolumens ohne weitere Eingriffe wird der Einfluß abgestufter Vagusreizung geprüft. 2. Man prüfe den Einfluß der besseren Füllung des Herzens auf das Schlagvolumen, indem man die untere Hälfte des Tieres hochhält.

Übungen zur Physiologie der vegetativen Funktionen.

62. Die Plethysmographie am Menschen.

Aufgabe: Es sind die Variationen der Blutzufuhr zu einer Extremität durch die Volumschwankung der Extremität zu registrieren, wenn dieselbe in einem mit Wasser gefüllten Glaszylinder eingeschlossen ist.

Gebraucht werden: Plethysmograph nach Mosso nebst Glaswürfel von Kronecker, Kautschukring zum Abschluß, Kymographion, Thermometer, Gestell zum Aufhängen des Plethysmographen, Bürette, Jaquetsche Uhr.

Ausführung: Der Plethysmograph wird in seinem Gestell aufgehängt und das vordere Ende desselben mit Hilfe eines Schlauches, in den ein T-Stück eingeschaltet ist, mit dem Glaswürfel verbunden (Kroneckers Einrichtung zu Mossos Plethysmograph), der zur Registrierung der Volumschwankungen dient. Der seitliche Schenkel des T-Rohres wird mit einer Mariotteschen Bürette verbunden. Diese Bürette dient zum Zufüllen oder zum Ablassen von Flüssigkeit aus dem Glaszylinder. Die zu- oder abgelassene Flüssigkeitsmenge ist ein Maß für die Größe der Volumschwankungen des Armes im Zylinder.

Die Versuchsperson bringt den entblößten Arm in den Glaszylinder, etwa bis zum unteren Drittel des Oberarmes. Der am vorderen Ende des Glaszylinders angebrachte Kautschukring dient zur Abdichtung evtl. kann noch der Rand durch gelbe Vaseline abgedichtet werden. Die Abdichtung geschieht am besten in der Art, daß die Gummimanschette nach innen umgestülpt wird. Der Kautschukring muß so dicht schließen, daß jeder Flüssigkeitsaustritt aus dem Zylinder verhindert wird. Andererseits darf er nicht so fest drücken, daß der venöse Kreislauf gehemmt wird. Nachdem sich die Versuchsperson mit eingebrachtem Arm in bequeme Lage gesetzt hat, wobei dafür zu sorgen ist, daß der Glaszylinder streng horizontal hängt, wird durch eine der beiden oberen Öffnungen des Glaszylinders warmes Wasser von etwa 34° eingefüllt. Der Zylinder wird vollständig luftfrei mit Wasser gefüllt; dabei füllt sich gleichzeitig der Glaswürfel mit Wasser. In dem Glaswürfel schwimmt eine Platte mit Korkkeil, welche die Volumschwankungen auf einen am Kasten angebrachten Hebel überträgt, der die Volumschwankungen registriert. Zu Anfang soll die Platte in der Höhe des oberen Niveaus des Glaszylinders stehen. Wenn die letzten Luftbläschen aus dem System entfernt worden sind, wird die eine Öffnung des Glaszylinders mit einem Stopfen, die andere Öffnung mit einem Stopfen, der mit Thermometer versehen ist, gleichfalls verschlossen. Der Hebel wird am Kymographion angesetzt, und die Registrierung beginnt.

Beobachtungsaufgaben: Zunächst wird die Volumveränderung des Armes bei möglichster Ruhe der Versuchsperson aufgenom-

Kreislauf. 61

men. Sodann werden der Versuchsperson geistige Aufgaben gestellt, z. B. Rechenexempel und ähnliches. Auch der Einfluß von Schreck (Pistolenschuß) kann geprüft werden. Achte auch auf den Einfluß von tiefer und flacher Atmung. Die Vorrichtungen eignen sich ferner zur Prüfung des Einflusses pharmakologischer Stoffe, z. B. von Amylnitrit. Während der ganzen Beobachtungszeit muß die Versuchsperson ihren Arm ruhig in dem Glaszylinder halten.

63. Beobachtung des Blutstromes in den Capillaren der Lunge.

Aufgabe: Den Blutstrom in den Capillaren der Lunge zu beobachten.

Gebraucht werden: Frosch, Doppelwegkanüle, Glasstopfen für die Schläuche der Doppelwegkanüle, Glasplatte, Deckgläschen, Kochsalzlösung, Mikroskop, 25proz. Urethanlösung, Nadel, Faden.

Ausführung: Narkose des Frosches; auf 50 g Frosch 1 ccm der 25proz. Urethanlösung in den dorsalen Lymphsack injiziert. Die Injektion muß 15 bis 20 Minuten vor Beginn des Versuches gemacht werden. Nach eingetretener Narkose wird die Doppelwegkanüle durch den Rachen bis in die Glottis eingeführt. Der Kehlkopf wird von außen mit einer Nadel mit eingefädeltem Faden umstochen und mittels des Fadens die Kanüle luftdicht in dem Kehlkopf festgebunden. Die Leibeshöhle wird etwas unterhalb der Mitte der Axillarlinie mit einer Schere eröffnet. Die Haut wird sorgfältig mit Pinzetten in die Höhe gehoben, um das Ausschneiden von Gefäßen zu vermeiden. Vorsicht, namentlich in der Nähe der Achselhöhle. Nach genügender Eröffnung kommt die Lunge zum Vorschein. Der Frosch wird auf die Glasplatte gelagert. Durch Einblasen von Luft in die Doppelwegkanüle, wobei der eine Schlauch mit einem Glasstopfen verschlossen wird, wird die Lunge passend aufgeblasen und dann der zweite Schlauch gleichfalls verschlossen. Unter die Lunge kann man einen Objektträger schieben. Dann stellt man mit einer mittleren Vergrößerung auf die Gefäße der Lunge ein. Evtl. deckt man das Bruchstück eines Deckgläschens auf die Lunge.

Beobachtungsaufgaben: 1. Beobachte den Unterschied zwischen arterieller und venöser Strömung. 2. Achte auf die Stellung der roten und weißen Blutkörperchen. 3. Messung der Geschwindigkeit der Bewegung der roten Blutkörperchen: in das Okular kommt ein Okularmikrometer. Fasse ein bestimmtes rotes Blutkörperchen in das Auge. Man markiere mit einer Uhr mit springendem Sekundenzeiger den Moment, wo das Blutkörperchen gerade einen Teilstrich des Mikrometers passiert und halte sie an, wenn das Blutkörperchen den letzten sichtbaren Teilstrich passiert hat.

64. Beobachtung des Blutstromes in den Capillaren der Froschschwimmhaut, des Mesenteriums und der Zunge.

Aufgabe: Beobachtung des Blutstromes in den Capillaren der Froschschwimmhaut, der Zunge und des Mesenteriums.

Gebraucht werden: Frosch, Mikroskop, Glasplatte, Korkplatte mit Loch, Stecknadeln, Kochsalzlösung.

Ausführung: Der tief narkotisierte Frosch wird in Bauchlage auf die mit passenden Löchern versehene Korkplatte gebracht und mit einigen Stecknadeln, die durch Nase, Arme und Beine gestochen werden, fixiert. Die Schwimmhaut zwischen der dritten und vierten Zehe — wo sie am breitesten ist — wird über dem einen Loch der Korkplatte ausgebreitet und durch Stecknadeln festgehalten. Die Nadeln steckt man ganz schräg durch den Fuß und die benachbarten Schwimmhäute, damit sie nicht im Wege stehen, wenn man den Tubus des Mikroskopes auf die Schwimmhaut senkt. Soll die Zirkulation nicht leiden, so darf die Schwimmhaut nicht zu stark gespannt werden und muß wiederholt mit einem Pinsel von oben und von unten durch das Loch in der Korkplatte hindurch mit Wasser angefeuchtet werden. Die Schwimmhaut wird nun unter das Mikroskop gebracht, und da die Korkplatte für den Objekttisch desselben zu groß ist, so stellt man den kleinen Tisch, der die gleiche Höhe hat, neben das Mikroskop und bekommt dadurch gute Unterlage, um den Frosch festlegen und verschieben zu können! Wir beobachten alles erst bei schwacher, dann bei starker Vergrößerung. Namentlich für die letztere ist es nötig, auf die nasse Schwimmhaut ein Stückchen Deckglas zu legen, doch muß dies natürlich auf der Oberfläche trocken bleiben. Ein schönes Bild des Capillarstromes erhält man vom Mesenterium. Man schneidet seitlich das Abdomen des wieder befreiten Frosches auf und zieht vorsichtig den Darm heraus. Eine Schlinge desselben wird um das zweite Loch der Korkplatte gelegt, so daß das Bauchfell das Loch überspannt. Die Darmschlinge und der übrige Frosch werden wieder mit Stecknadeln fixiert. Da das Mesenterium sehr dünn und durchsichtig ist, kann man hier die Capillaren ausgezeichnet beobachten und an diesem Präparat das Auswandern der weißen Blutkörperchen studieren. Häufiges Berieseln mit Ringerlösung ist erforderlich.

Auch die Zunge des mit Urethan narkotisierten Frosches eignet sich zur Beobachtung der Capillaren. Dieselbe wird aus dem Munde hervorgezogen und mit der Ventralfläche nach oben wie das Mesenterium befestigt. Man beleuchtet von oben durch ein starkes elektrisches Glühlicht.

65. Messung des Druckes in den Capillaren.

Aufgabe: Den Druck zu bestimmen, bei welchem eine deutliche Farbenveränderung in der Haut erscheint; dieser wird dem Capillardruck gleichgesetzt.

Gebraucht werden: Apparat von Kries zur Bestimmung des Capillardruckes, Apparat von Basch (andere Apparate von v. Recklinghausen und Basler), Gewichte.

Ausführung: Apparat von Kries. Auf einer Glasleiste ist ein Glasplättchen von 4 qmm Fläche aufgeklebt. Die Glasleiste wird mit Gewichten belastet, bis die deutliche Farbenveränderung der Haut eintritt. Man lege das Glasplättchen auf die Rückseite des letzten Fingergliedes. Beispiel: Es sei der Druck von 1 g zum Hervorrufen des Farbenunterschiedes erforderlich. Dann trägt eine Oberfläche von 4 qmm 1 g = 1 ccm Wasser.

$$\frac{1 \text{ ccm}}{4 \text{ qmm}} = \frac{1000}{4} = 250 \text{ mm in Wasser Capillardruck.}$$

Apparat von Basch. Eine kleine Glaskammer wird mit Mendelejeffschem Kitt auf die Haut des Fingerrückens aufgeklebt. Wenn die Kammer luftdicht aufsitzt, wird mit dem kleinen Gummibeutel so lange aufgepumpt, bis die Abblassung der in der Glaskammer befindlichen Hautstelle sichtbar wird. Die erreichte Druckhöhe wird an dem seitenständig befindlichen Quecksilbermanometer abgelesen.

Beobachtungsaufgabe: Beobachte, daß die Werte, welche für den Capillardruck gefunden werden, um so höher ausfallen, je größer der vertikale Abstand des Fingers unter der Scheitelhöhe ist.

66. Beobachtung des Capillarkreislaufes am menschlichen Nagelfalz.

Aufgabe: Es sind die Capillaren am menschlichen Nagelfalz bei geeigneter Beleuchtung unter dem Mikroskop zu beobachten.

Gebraucht werden: Mikroskop (z. B. Leitz mit Objektiv III oder IV, Okular I oder II), Osramglühlampe 50 bis 100 Kerzenstärke, Konvexlinse, Halter mit Gelenkverbindungen für dieselbe, Rinne zur Lagerung des Fingers, dickes Cedernöl.

Ausführung: Ein Finger der linken Hand, am besten der Ringfinger, wird in eine Rinne gelagert, die auf dem Objekttisch des Mikroskopes befestigt ist. Das Licht der Glühlampe wird mit Hilfe einer Konvexlinse von oben und seitlich her auf die Gegend des Nagelfalzes gerichtet. Auf diese Gegend kommt ein Tropfen dickes Cedernöl. Das Mikroskop wird so eingestellt, daß die Capillarschlingen deutlich sichtbar werden. Man achte auf die Weite derselben und die im Verlauf der Beobachtung eintretenden Veränderungen.

67. Adrenalinbestimmung am Froschgefäßpräparat.

Aufgabe: Es ist durch die Aorta des Frosches unter konstantem Druck eine Lösung zu infundieren, welche auf ihren Gehalt an Adre-

64 Übungen zur Physiologie der vegetativen Funktionen.

nalin geprüft werden soll. Aus der Tropfenzahl der aus einer Vene ausfließenden Flüssigkeit wird der Schluß gezogen, ob die Gefäße sich verengt oder erweitert haben. Verminderung der Tropfenzahl bedeutet Gefäßverengerung. Dies ist, was normal geschieht, wenn Adrenalin in der Flüssigkeit vorhanden ist.

Gebraucht werden: Frosch, zwei Kanülen, elektrischer Tropfenzähler oder Registrierhebel, Markiersignal, Jaquetsche Uhr, Kymographion, Adrenalinlösung, Akkumulator, Quecksilberschlüssel.

Ausführung: Die besten Präparate erhält man bei Verwendung männlicher Eskulenten von etwa 70 g Gewicht. Die Tiere werden dekapiert und das Rückenmark sehr gründlich durch Ausbohrung zerstört, sonst kommen während des Versuches leicht störende Schwankungen in der Gefäßweite vor. Zur Herstellung des Präparates wird die Bauchhaut abpräpariert und ein etwa 1 cm breiter, die Vena abdominalis enthaltender Lappen der Bauchwand von oben nach unten zu ausgeschnitten und zurückgeschlagen. Dann werden der Magen und das ihn umgebende Gewebe durchschnitten und die ganzen Eingeweide unter Schonung der Aorta von der hinteren Bauchwand von oben nach unten zu abpräpariert. Dazu muß man das Mesenterium durchschneiden, welches die Nieren und Ureteren mit der seitlichen Bauchwand verbindet; der Schnitt darf nicht weiter als bis zum unteren Ende der Niere reichen, sonst wird das Präparat bei der Durchspülung undicht. Die Eingeweide hängen nun mit dem übrigen Froschkörper nur noch durch einen, das Rectum, die Blase, die Ureteren und Vena advehentes enthaltenden Stiel zusammen. Dieser Stiel wird möglichst nahe an seiner Wurzel abgebunden und durchschnitten. Sodann wird eine dünne Kanüle in die Aorta vor ihrer Teilung eingeführt und mit der Durchleitungsflüssigkeit gefüllt. Zuletzt setzt man eine möglichst weite Kanüle in die Venae abdominalis ein. Zum Versuch wird die Aortenkanüle mit dem Durchleitungsapparat in Verbindung gesetzt, der aus einer Mariotteschen Flasche besteht, von welcher die Durchleitungsflüssigkeit, und zwar für Plasmaversuche Ringersche Lösung mit Zusatz von 0,5% Natriumcitrat durch einen Gummischlauch ausfließen kann. Der Schlauch endet mit einem T-Rohr mit einem kurzen T-Ansatz, auf welchen eine 1-ccm-Spritze mit Gummischlauch adaptiert ist, während der dritte Schenkel des T mit der Aortenkanüle des Frosches unter Vermeidung von Luftblasen verbunden wird.

Man setzt nun auf die Ausflußkanüle einen Gummischlauch, der ein Glasrohr mit ausgezogener Spitze trägt, deren Öffnung man so wählt, daß die Tropfen bei einem Druck von 15 bis 25 cm Wasser mit einer Schnelligkeit von 40 bis 60 in der Minute von der ausgezogenen Spitze abfallen. Wenn die Tropfenzahl während einiger Zeit sich als konstant erwiesen hat, kann man an den Auswertungsversuch gehen.

Der Tropfenzähler wird so unter die Ausflußkanüle gestellt, daß die fallenden Tropfen die Spitzen des Hebels gerade aus dem Queck-

Kreislauf. 65

silberkontakt heben, so daß der Strom des Kreises, in dem der Akkumulator und der Quecksilberschlüssel angeordnet sind, unterbrochen wird. Jede Unterbrechung wird am Kymographion durch ein Pfeilsches oder ein anderes elektrisches Signal angezeigt.

An Stelle des Tropfenzählers kann man sich auch eines zweiarmigen Hebels bedienen, der am Ende eines Armes ein leicht schräg geneigtes Deckgläschen, auf welches die Tropfen fallen, trägt. Der andere Arm des Hebels registriert. Die Ausschläge des Hebels müssen durch Anschlag und evtl. eine Gummischlinge, welche den Hebel und einen oberhalb befindlichen Glasstab umfaßt, gedämpft werden.

Nachdem man eine Zeitlang die Tropfenfolge registriert hat, injiziert man langsam unter den Schlägen eines Metronomes in die seitenständige Kanüle 1 ccm einer sehr verdünnten Adrenalinlösung. Bei sehr empfindlichen Präparaten bekommt man die erste merkliche Verminderung der Tropfenzahl bei einer Verdünnung von 1 auf 5 000 000. Sonst braucht man stärkere Konzentrationen.

68. Registrierung des venösen Pulses des Menschen.

Aufgabe: Der Puls der Vena jugularis ist zu registrieren.

Gebraucht werden: Lagerbett für den Menschen, Kymographion, kleiner Trichter (evtl. Metallkapsel nach Mackenzie), Schlauch, Mareyscher Tambour, Vaseline.

Ausführung: Die Versuchsperson lagert sich, indem Kopf und Hals durch ein Kissen gestützt werden. Der Kopf wird zur Seite gewendet und flektiert. Der kleine Trichter wird auf die Jugularis aufgesetzt, oberhalb der Clavicula in der Gegend der Vereinigung mit der V. subclavia. Der Rand des Trichters wird mit Vaseline abgedichtet. Der Trichter wird mit dem Mareyschen Tambour durch einen Schlauch verbunden. Die Pulsationen werden auf dem Kymographion registriert.

Beobachtungsaufgabe: Registriere gleichzeitig mit dem Venenpuls unter Anwendung der früher geübten Methode den Radialispuls.

69. Aufzeichnung der Volumenveränderung des Froschherzens.

Aufgabe: Es sind die Volumenveränderungen des Froschherzens bei seiner Tätigkeit zu registrieren.

Gebraucht werden: Plethysmographische Einrichtungen an den Froschherzmanometern von Kronecker bzw. Williams, Mareysche Kapseln bzw. kleiner Volumrekorder, Kymographion, Blut- oder Ringerlösung.

Ausführung: Die Ausführung gestaltet sich verschieden, je nach dem benutzten Apparat. Wird das Froschherzmanometer von

Kronecker benutzt, so wird das Froschherz (s. frühere Angaben) in der vorgeschriebenen Weise mit der Doppelwegkanüle verbunden. Die Doppelwegkanüle steckt in einem Gummistopfen, welcher das luftfrei vollständig mit Flüssigkeit gefüllte Herzbad des Apparates verschließt. Das Herzbad besitzt außerdem einen Auslaß, welcher mit einer Mareyschen Kapsel verbunden ist. Die Doppelwegkanüle wird in bekannter Weise mit den Büretten des Apparates verbunden. Jetzt beginnt die Durchspülung. Der Schreibhebel der Mareyschen Kaspel wird an das Kymographion angelegt und verzeichnet bei schlagendem Herzen die Volumenveränderungen desselben; es kann gleichzeitig auch bei abgestellter Durchspülung der Druck registriert werden.

Bei Anwendung des Williamsschen Apparates verfährt man im ganzen wie früher, nur kommt das an der Williamsschen Kanüle sitzende Herz in ein Herzbad, welches oben durch einen Gummistopfen, durch den die Kanüle geht, verschlossen wird, während am unteren Ende des Herzbades sich ein horizontal gebogenes Glasrohr befindet, an welches ein Lineal angelegt ist. Die Veränderung des Standes der Flüssigkeit im horizontalen Rohre gibt die Volumendifferenzen des Ventrikels in Systole und Diastole. Druck $\times$ Pulsvolumen gibt die Arbeitsleistung.

Atmung und respiratorischer Stoffwechsel.

70. Nachweis des negativen Druckes im Pleuraraum und seiner Veränderungen bei der Atmung.

Aufgabe: Es ist zu zeigen, daß im Pleuraraum ein negativer Druck herrscht (Druck kleiner als der Atmosphärendruck) und daß bei der Einatmung die Größe des negativen Druckes wächst.

Gebraucht werden: Kaninchen, Operationsinstrumente, Meltzersche Pleurakanüle, U-förmiges Glasmanometer mit gefärbtem Wasser gefüllt, Trachealkanüle.

Ausführung: Das mit Urethan narkotisierte Kaninchen wird in Rückenlage aufgebunden. In bekannter Weise wird die Trachealkanüle in die Trachea eingesetzt. Jetzt wird das Tier in linke Seitenlage gelagert und das rechte Vorderbein nach oben gezogen und oberhalb des Kopfes befestigt. Auf der jetzt freiliegenden rechten Seite des Thorax werden die Haare etwa im fünften Intercostalraum geschoren. Parallel den Rippen wird an der freigelegten Stelle eine kleine Incision durch die Haut und die oberflächliche Muskulatur gemacht, bis die Pleura freiliegt. Etwaige Blutungen werden sorgfältig gestillt, dann wird mit der stumpfen Präpariernadel die Pleura eröffnet und in diese Öffnung parallel mit den Rippen das Endstück der Meltzerschen Pleurakanüle eingesetzt. Sodann dreht man dieses Endstück um 90°, so daß es einen Halt vermittelst der beiden Rippen erhält, zwischen welche es eingesetzt worden ist. Hierauf verschraubt man die Rosette der Pleurakanüle, welche mit einer dünnen Gummimembran gefüttert ist, fest auf die Wundöffnung, so daß diese Öffnung vollständig gedichtet wird. Während dieser Zeit ist der vorn gelegene Hahn der Pleurakanüle offen geblieben. Durch Druck auf den Thorax bei ganz kurz dauerndem Verschluß der Trachealkanüle wird die in denselben eingedrungene Luft durch die eröffnete Pleurakanüle ausgetrieben; durch leichtes Anblasen der Lunge von der Trachealkanüle aus kann die Entfernung der Luft begünstigt werden. Sobald die Luft vollständig entfernt worden ist, wird der Hahn der Pleurakanüle geschlossen. Jetzt wird durch einen Gummischlauch die Pleurakanüle mit dem Manometer verbunden; sobald die Verbindung hergestellt worden ist, öffnet man den Hahn der Pleurakanüle. Sofort sieht man, daß die Flüssigkeit in dem lungenwärts gelegenen Schenkel des Manometers höher steigt, womit bewiesen ist, daß in der Pleurahöhle ein niedrigerer Druck vorhanden ist als außen in der Luft. Bei jeder Einatmung nimmt der negative Druck zu, bei jeder Ausatmung nimmt er ab.

71. Anwendung der künstlichen Atmung beim Tier. Gewöhnliche künstliche Atmung, Überdruckverfahren nach Brauer und Meltzers Insufflationsmethode.

Aufgabe: Es ist die gewöhnliche künstliche Atmung sowie das Überdruckverfahren nach Brauer und Meltzers Insufflationsmethode anzuwenden, unter gleichzeitiger Registrierung des Blutdruckes, der als Kriterium für die Anwendbarkeit des Verfahrens dient.

Gebraucht werden: Apparat zur künstlichen Atmung (im Berner Institut stehen hierzu zur Verfügung der Atmungsapparat nach Kronecker und der Atmungsapparat von Oehmke [Berlin] sowie ein Blasebalg, der durch einen von einem Elektromotor getriebenen Exzenter in Bewegung gesetzt wird), Sauerstoffbombe, Trachealkanüle, große Vorlageflasche mit Stopfen, der drei Durchbohrungen hat (in je zwei Bohrungen sitzt ein kleines rechtwinklig gebogenes Glasstück, in der mittleren Bohrung sitzt ein gerades Glasstück mit Hahn), hohes zylinderförmiges Gefäß, Wassermanometer, Gabelröhren, Trachealkanüle, Kaninchen, Operationsinstrumente, Quecksilbermanometer und übrige Vorrichtungen zur Registrierung des Blutdruckes einfacher oder doppelwandiger Katheter.

Ausführung: Vorbereitende Operation: In bekannter Weise wird in die Trachea eine Trachealkanüle eingesetzt, die Carotis mit einer Kanüle versehen und alles für die Registrierung des Blutdruckes am Kymographion hergerichtet.

68 Übungen zur Physiologie der vegetativen Funktionen.

A. **Gewöhnliche künstliche Atmung**: Die zur Verfügung stehenden Apparate zur künstlichen Atmung werden vom Lehrpersonal erläutert. Es wird die Aufmerksamkeit gelenkt auf den Druck, unter dem die Luft aus dem Apparat in die Trachea gelangt (der Druck im Atmungsapparat wird mit Hilfe eines Quecksilbermanometers festgestellt); ferner darauf, daß eine genügende Öffnung vorhanden ist, um die Ausatmungsluft entweichen zu lassen. Fortlaufend wird während der künstlichen Atmung der Blutdruck registriert. Die Atemschwankungen des Blutdruckes sind je nach der Größe der künstlichen Atmung verschieden stark ausgeprägt. Um die eigene Atmung des Tieres vollkommen auszuschalten, welche möglicherweise der künstlichen Atmung

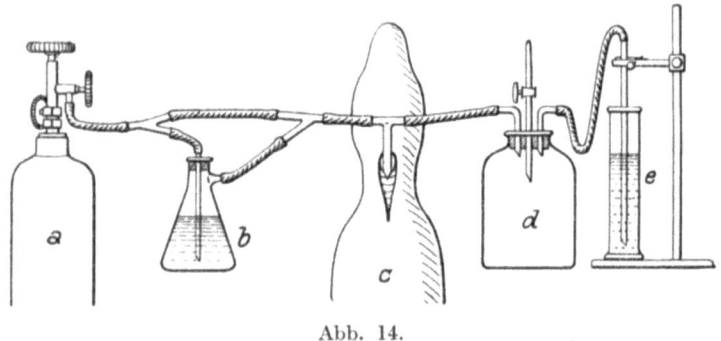

Abb. 14.

entgegenwirken kann, wird die Narkose durch Vorlegen einer Äthernarkoseflasche in die Luftleitung vertieft.

B. **Ausführung des Überdruckverfahrens nach Brauer.**

Prinzip: Durch Eröffnung des Thorax kollabiert die Lunge, und die Atembewegungen werden unmöglich. Um die Lunge, trotz eröffnetem Thorax, ausgedehnt zu erhalten, muß die normale Druckdifferenz zwischen dem auf der Lungenoberfläche und dem im Lungeninnenraum herrschenden Druck hergestellt werden. Normalerweise wird die Lunge dadurch gebläht gehalten, daß der Druck, der auf ihrer Innenwand ruht, größer ist wie der auf der Außenfläche lastende. Diese Differenz beträgt etwa 7 mm Quecksilber. Diese Differenz läßt sich dadurch herstellen, daß man mit Hilfe von Überdruck nach der Thoraxöffnung einen Überdruck von etwa 8 mm Quecksilber auf die Lungenoberfläche wirken läßt. (Man kann dasselbe auch mit Hilfe eines Unterdruckverfahrens erreichen, indem man das ganze Tier oder den Thorax in einen Raum von 8 mm Quecksilberunterdruck hineinbringt und von der Trachea aus auf die Lungenoberfläche den normalen Atmosphärendruck einwirken läßt.)

Atmung und respiratorischer Stoffwechsel. 69

In die Trachea wird jetzt an Stelle der gewöhnlichen Trachealkanüle eine T-förmige Kanüle eingesetzt, deren vertikaler Schenkel in der Trachea sitzt, deren horizontaler Schenkel nach beiden Seiten mit den bereitgehaltenen Vorrichtungen verbunden wird. Dem einen Schenkel wird von einer Sauerstoffbombe mit Reduzierventil Druckluft unter einem gemessenen Druck (am besten mit Hilfe eines vorgeschalteten Quecksilbermanometers) zugeleitet. In dieser Zuleitung befinden sich zwei Gabelröhren; das eine Gabelrohr führt von der Sauerstoffbombe einmal durch ein Narkosegefäß und das andere Mal direkt zu einem horizontalen Schenkel der Trachealkanüle, an dem ein zweites Gabelrohr die beiden getrennten Wege wiederum vereinigt. Der andere horizontale Schenkel führt nach der großen Vorlageflasche, indem er durch einen Gummischlauch mit dem rechtwinkligen Glasstück verbunden wird. Das andere rechtwinklige Glasstück der Vorlageflasche wird mit Hilfe eines Schlauches und eines langen Glasrohres mit dem hohen Zylinder verbunden. Dieser Standzylinder wird mit Wasser gefüllt und dient als Sicherheitsventil. Je nach der Tiefe des Eintauchens des Glasstabes in den mit Wasser gefüllten Zylinder läßt sich der Druck der einströmenden Druckluft regulieren. Die große Vorlageflasche dient dazu, größeren Druckschwankungen vorzubeugen.

Nachdem alle Verbindungen hergestellt worden sind, kann die Überdruckatmung begonnen werden. Doch darf man, solange der Thorax nicht eröffnet ist, nur mit einem äußerst geringen Überdruck arbeiten. Man öffnet die Schraube am Reduktionsventil der Sauerstoffbombe und stellt einen Überdruck von 3 bis 4 mm Quecksilber her. Besser ist es jedoch, rasch den Thorax zu eröffnen und bei eröffnetem Thorax den Überdruck von 8 bis 10 mm Quecksilber auf die Lungen einwirken zu lassen. Man sieht dann die Lungen in dauernd ausgedehntem Zustande. Daß die Ventilation ergiebig ist, erkennt man daran, daß der Blutdruck in der Carotis weder abnorm steigt, noch abnorm sinkt.

Zum Schluß wird das T-Stück aus der Trachea entfernt und anstatt dessen ein doppelwandiger Glaskatheter in die Trachea so weit eingeführt, daß er etwas oberhalb der Bifurkationsstelle der Trachea zu liegen kommt. Die eine Seite des Katheters wird mit der Sauerstoffbombe, die andere mit dem druckregulierenden Wasserventil verbunden. Ob letzteres weggelassen werden kann, so daß die Luft, nachdem sie an der Bifurkationsstelle vorbeigestrichen ist, nach außen ausströmt oder beibehalten und einreguliert werden muß, hängt von dem Erfolg der Ventilation, die nach dem Blutdruck und der Farbe des arteriellen Blutes beurteilt wird, ab.

Die sinngemäße Anwendung der Meltzerschen Insufflationsmethode ist in Erwägung zu ziehen.

Übungen zur Physiologie der vegetativen Funktionen.

72. Messung der Vitalkapazität am Menschen.

Aufgabe: Es ist die Luftmenge zu bestimmen, welche man nach einer möglichst tiefen Einatmung wieder ausatmen kann.

Gebraucht werden: Spirometer von Hutchinson, Spirometer von Fleischl.

Ausführung: Man stelle die Spirometerglocke auf Null, mache eine möglichst tiefe Einatmung, bringe das Mundstück in den Mund und atme nun so tief wie möglich aus. Die so gefundene Luftmenge stellt die Vitalkapazität dar. Vor jeder neuen Atmung in den Spirometer wird langsam bei geöffnetem Hahn die schwimmende Glocke herabgedrückt.

Beobachtungsaufgaben: 1. Bestimmung der Respirationsluft: Von einer abgelesenen mittleren Stellung des Zylinders aus vollführt man eine gewöhnliche Atmung. 2. Komplementärluft: Nach einer gewöhnlichen Ausatmung macht man eine forcierte Einatmung aus dem erhobenen Zylinder und zieht davon den Betrag der Respirationsluft ab. 3. Reserveluft: Nach einer gewöhnlichen Inspiration vollführt man eine forcierte Exspiration in den Spirometerzylinder und zieht von dem Luftvolumen die Respirationsluft ab.

73. Pneumatometrie.

Aufgabe: Den Druck zu bestimmen, welcher bei der Ein- und Ausatmung erzeugt wird.

Gebraucht werden: Quecksilbermanometer, Metallmanometer, Gummischläuche, Oliven für die Nase.

Ausführung: Man führt die beiden Oliven in die Nasenlöcher und schließt den Mund; darauf atmet man in das Manometer aus und verschließt den Hahn vor dem Manometer. Bei der Bestimmung des Einatmungsdruckes verfährt man so, daß nach einer Ausatmung aus dem Manometer eingeatmet wird. Man vermeide Blasen und Saugen.

74. Registrierung der Atembewegungen am Menschen.

Aufgabe: Es ist Bauch- und Brustatmung zu registrieren.

Gebraucht werden: Kymographion, Mareyscher Atemschreiber, Gummibeutel, zwei Mareysche Kapseln.

Ausführung: Es wird um die Brust der Mareysche Pneumograph aufgebunden; um den Bauch wird ein Gummibeutel befestigt. Beide Apparate werden mit einer Mareyschen Kapsel verbunden, wodurch auf dem Kymographion die Brust- und Bauchatmung registriert werden.

Beobachtungsaufgaben: Untersuche den Einfluß der Körperlage und von psychischen Faktoren auf die Atmung.

Atmung und respiratorischer Stoffwechsel. 71

75. Bestimmung des Minutenvolumens der menschlichen Atmung.

Aufgabe: Es sind durch Messungen an einer Gasuhr die in der Minute vom Menschen geatmeten Volumina unter verschiedenen Bedingungen zu bestimmen.

Gebraucht werden: Mundstück mit Ein- und Ausatmungsventil, Nasenklemme, genau kalibrierte Gasuhr, Lysol und Wasser zum Desinfizieren und Reinigen der Mundstücke.

Ausführung: Die Person, deren Minutenvolumen bestimmt werden soll, setzt sich in möglichst bequemer Stellung vor die aus Mundstück, Ventilen und Gasuhr bestehende Einrichtung. Das Mundstück wird in den Mund eingesetzt, die Nasenklemme aufgesetzt und die Atmung an der Gasuhr begonnen. Zunächst muß sich die Versuchsperson an die Bedingungen des Experimentes gewöhnen. In einem bestimmten Zeitpunkt gibt der Versuchsleiter das Zeichen zum Beginn der eigentlichen Versuchsperiode und notiert den Stand der Zeiger der Gasuhr in diesem Zeitpunkte. Die Atmung durch die Versuchsperson wird 5 Minuten fortgesetzt, und am Ende von 5 Minuten wird der Stand der Zeiger an der Gasuhr wiederum notiert. Die auf diese Weise festgestellte Luftmenge, dividiert durch 5, gibt das Minutenvolumen. In einer zweiten Versuchsreihe geht die Versuchsperson erst einige Minuten im Zimmer auf und ab und atmet dann erst wie vorher an der Gasuhr. In einer dritten Versuchsreihe hat die Versuchsperson im Anfange in einem raschen Tempo Treppen zu steigen, um darauf sofort wieder eine Bestimmung des Minutenvolumens vornehmen zu lassen.

76. Bestimmung der Exspirationsstellung, der Mittelstellung und Vitalkapazität der Lungen nach Krogh.

Aufgabe: Bestimmung der Exspirationsstellung, d. h. des totalen Luftquantums in den Lungen nach einer normalen Exspiration, der Mittelstellung, d. h. der Luftmenge, welche während normaler Respiration in den Lungen vorhanden ist, und der Vitalkapazität, d. h. der nach einer möglichst tiefen Einatmung durch darauffolgende tiefste Ausatmung geförderten Luftmenge. Zu den Volumina, die bei Bestimmung der Exspirationsstellung bzw. Mittelstellung abgelesen werden, hat man noch das Volumen der Residualluft hinzuzufügen. Die Bestimmung der Residualluft wird vom Lehrpersonal erläutert.

Gebraucht werden: Kroghs Spirometer mit dazugehörigem Kymographion, Nasenklemme.

Ausführung: Das große Spirometer wird mit 3 bis 4 l atmosphärischer Luft gefüllt. Die Versuchsperson atmet in das Mundstück bei verschlossener Nase zur Übung erst einige Minuten lang nach außen, was durch die hierzu geeignete Stellung des Hahnes hinter dem Mundstück erreicht wird. Am Schluß einer normalen Exspiration wird der Hahn, ohne daß es die Versuchsperson merkt, so gedreht, daß der Weg nach dem Spirometer frei ist. Man registriert ein paar Atemzüge bei langsamer Trommeldrehung. Dann wird eine möglichst tiefe Einatmung mit folgender möglichst tiefer Ausatmung von der Versuchsperson ausgeführt. Nachfolgendes Versuchsbeispiel von Krogh erläutert Einzelheiten des Verfahrens.

Im Spirometer bei normaler Exspirationsstellung 3,55 l
„ „ „ normaler Inspirationsstellung 2,88 l
„ „ „ tiefster Inspirationsstellung 1,17 l
„ „ „ tiefster Exspirationsstellung 4,94 l

Daraus Vitalkapazität . . . . . . 4,94—1,17 = 3,77 l
Reserveluft . . . . 4,94—3,55 = 1,39 l
Exspirationsstellung . . . . 1,39 l + Residualluft
Mittelstellung . . $1,39 + \dfrac{3,55-2,87}{2} = 1,73$ l + „

77. Untersuchung über die Innervation der Atmung an Kaninchen.

Aufgabe: Es ist der Einfluß des Nervus trigeminus, des N. laryngeus sup. und des N. vagus auf die Atmung zu untersuchen.

Gebraucht werden: Kaninchen, Operationsinstrumente, Gadsche Kanüle, große Vorlageflasche, Rekorder, Kymographion, Induktionsapparat, Elemente, Elektroden. Jaquetsche Uhr.

Ausführung: 1. Die Operation. Das mit Urethan narkotisierte Kaninchen wird in Rückenlage aufgebunden. In der früher beschriebenen Weise wird die Trachea freigelegt und in dieselbe die Gadsche Trachealkanüle eingebunden, dieselbe unterscheidet sich von der gewöhnlichen Trachealkanüle dadurch, daß sie eine Bohrung hat, welche die Kommunikationen zwischen Trachea und Kehlkopf gestattet, und andererseits ein seitenständiges T-Stück. Die Atmung kann demzufolge entweder auf dem natürlichen Wege geschehen oder seitenständig durch das T-Stück, je nach der Hahndrehung. Die beiden Nervi vagi werden freigelegt und unter dieselben Seidenfäden geführt. Wie bei der oben beschriebenen Präparation des Nervus depressor geht man längs des Vagus nach oben bis in die Gegend der Kehlkopfknorpel. Mit stumpfen Haken wird in der Gegend des Kehlkopfes der Spalt erweitert, und man sieht den Nervus laryngeus sup. vom Vagus kehlkopfwärts ziehen. Der Nervus laryngeus sup. wird auf beiden Seiten freigelegt und unter denselben ein Seidenfaden geführt.

2. Zusammenstellung der Vorrichtung zur graphischen Registrierung der Atembewegungen. Die Gadsche Kanüle wird unter Einschal-

Atmung und respiratorischer Stoffwechsel. 73

tung eines T-Stückes mit einer 5 bis 10 l großen Vorlageflasche verbunden. Diese Vorlageflasche dient als Luftvorrat für die Atmung des Tieres, damit keine Dyspnöe eintritt. Das T-Stück mündet mit einem horizontalen Schenkel in eine Öffnung am Boden der großen Flasche. Die Vorlageflasche ist oben mit einer Öffnung versehen, in welcher ein doppelt durchbohrter Stopfen sich befindet. Durch die eine Bohrung geht ein Rohr bis fast zum Boden der Vorlageflasche. Dieses Rohr dient zur Ventilation der Flasche, die periodenweise mit Hilfe Durchblasens reiner Luft geschehen muß, und zur etwaigen Einführung von Gasgemischen. Durch die andere Bohrung des Stopfens ist ein kurzes Glasstück eingeführt, welches zu einem T-Stück leitet. Der horizontale Schenkel verbindet die Vorlageflasche mit dem Rekorder (Ascherscher Volumrekorder oder Atemvolumschreiber nach Gad). Der vertikale Schenkel des T-Stückes wird mit einem Schlauch versehen, welcher die Verbindung mit dem vertikalen Schenkel des T-Stückes zwischen Trachea und Vorlageflaschen herstellt. Jetzt steht dem Luftstrom der Atmung entweder der Weg durch die Vorlageflasche nach dem Rekorder offen oder nur der Weg von der Trachea direkt zum Rekorder oder beide Wege gleichzeitig. Wenn der Rekorder empfindlich ist, kann stets unter Vorschaltung der großen Vorlageflasche gearbeitet werden. Der Rekorder wird an das Kymographion angestellt. Die Zeit wird mit der Jaquetschen Uhr geschrieben.

Zuerst wird die normale Atmung des Kaninchens registriert. Zu diesem Zwecke stellt man das T-Stück der Gadschen Kanüle so, daß sowohl der Weg nach dem Larynx wie auch der Weg nach der Vorlageflasche mit der Registriereinrichtung offen ist. Sollten die Ausschläge nicht hinreichend groß sein, so muß das T-Stück der Gadschen Kanüle so gedreht werden, daß dem Luftstrom nur der Weg nach den Registrierapparaten offen ist.

Nachdem die Atmungen ohne weitere Beeinflussung des Tieres registriert worden sind, muß zunächst die große Vorlageflasche frisch ventiliert werden. Es empfiehlt sich, jede 10 Minuten die Vorlageflasche zu regulieren; es wird hierbei die Verbindung nach dem Rekorder unterbrochen, ebenso die Verbindung nach der Trachealkanüle. Die Ventilation geschieht mit Hilfe eines Gummiballons, der frische Luft durch die Vorlageflasche treibt.

Um den Einfluß des Trigeminus auf die Atmung zu prüfen, fährt man einfach mit einer stumpfen Präpariernadel in die Nasenlöcher des Kaninchens. Dieser Reiz des Trigeminus an seinen Endigungen in der Schleimhaut der Nase genügt, um charakteristische Veränderungen in der Atemkurve hervorzurufen.

Zur Prüfung des Einflusses der Nervus laryngeus sup. werden unter die beiden Nerven Guttaperchapapierelektroden gelegt. Peripheriewärts davon bindet man die Nerven ab. Die Atmkurve wird registriert. Währenddem sucht man, ausgehend von möglichst schwachen Reizen, durch langsames Annähern der sekundären Rolle des Schlittenapparates an die primäre Rolle des Induktionsapparates die schwächste Stromstärke, welche eine deutliche Wirkung zeigt. Die Wirkung besteht in einer ausgesprochenen Hemmung der Atmung. Wenn Tier und Nerven in gutem Zustande sind, muß man aus der primären Rolle den Kern entfernen, weil dann der Nerv hoch erregbar ist und die Anwesenheit des Kernes zu große Reizstärken liefert.

Um den Einfluß des Nervus vagus auf die Atmung festzustellen, bedient man sich in erster Linie der reizlosen Ausschaltung. Zu diesem Zwecke stehen zwei verschiedene Verfahren zur Verfügung; entweder legt man unter die beiden Nervi vagi kleine Hohlrinnen aus dünnstem Silber, durch welche man kaltes Wasser durchströmen lassen kann. Auf diese Weise wird durch Kälte der Nerv reizlos ausgeschaltet. Oder man bepinselt die Nerven mit einer 5- bis 10proz. Novocainlösung, was sie auch reizlos ausschaltet. Die Ausschaltung der beiden Nerven tut sich auf der registrierten Kurve durch eine Verlangsamung und Vertiefung der Atmung kund. Wenn die Ausschaltung entweder durch Erwärmung oder durch Abspülen des Giftes beseitigt worden ist, tritt wiederum der frühere Atemtypus ein.

An dieser Stelle kann der Versuch gemacht werden, die Hering-Breuersche Selbststeuerung der Atmung zu beobachten. Man verfährt nach Fuchs auf folgende Weise: Auf das an der Trachealkanüle angebrachte Seitenrohr, welches aus der Wunde hervorragt, wird ein kurzer Gummischlauch aufgeschoben. Die Kanüle ist so gestellt, daß alle drei Wege offen sind, das Tier also durch die Nase atmen kann. Während das Tier ruhig atmet, saugt man plötzlich durch den Gummischlauch Luft aus der Lunge ab; sofort erfolgt eine kräftige Inspiration, auch dann, wenn im Moment des Absaugens eine Exspiration eben erst begonnen hatte, die sofort unterbrochen wird. Bläst man dagegen ohne zu starken Druck Luft durch das Seitenrohr in die Lunge, dann tritt sofort eine starke Exspiration auf, eine begonnene Inspiration wird augenblicklich unterbrochen.

Bei diesem Verfahren ist darauf zu achten, daß nicht rein passiv die Lunge den mechanischen Veränderungen folgt, welche der Experimentator setzt. Reiner wird der Versuch, wenn man nach Heads Verfahren einen Zwerchfellpfeiler seine Kontraktion vermittels eines Hebels aufschreiben läßt.

Nach Abbindung der beiden Nervi vagi fällt die reflektorisch herbeigeführte Selbststeuerung der Atmung weg.

Schließlich werden die beiden Vagi durchschnitten und der zentrale Stumpf gereizt. Man beginnt mit allerschwächsten Reizen und verstärkt diese ganz allmählich. Achte auf den verschiedenen Erfolg den schwächste und etwas stärkere Reizung auf die Art der Atmung hat.

Atmung und respiratorischer Stoffwechsel. 75

78. Die chemische Regulation der Atmung des Menschen durch CO_2.

Aufgabe: Vermehrte CO_2-Spannung in den Alveolen ruft größere Ventilationen der Atmung hervor. Es ist dem Menschen eine Luft mit abnorm großem CO_2-Gehalt zur Einatmung darzubieten und mit Hilfe einer Gasuhr die Ventilationsgröße vor und nach der Einatmung der CO_2-haltigen Luft zu bestimmen.

Gebraucht werden: Großer Gasometer von mindestens 100 l Gehalt, Gummimundstück mit Einatmungs- und Ausatmungsventil, Schläuche, große Gasuhr, Kippscher Apparat für Entwicklung von CO_2, große geteilte Bürette, 1 l fassend, zur Aufnahme der mit Hilfe des Kippschen Apparates entwickelten CO_2 (dieselbe wird vorher gefüllt).

Ausführung: Die Versuchsperson nimmt das Gummimundstück in den Mund zwischen Zähne und Lippen. Das Gummimundstück wird mit Hilfe eines Gabelrohres mit dem Einatmungs- und Ausatmungsventil verbunden. Die Versuchsperson übt sich in der ruhigen Ein- und Ausatmung ein, wobei die Nase durch eine gefütterte Klemme geschlossen wird. Nachdem die Versuchsperson sich eingeübt hat, wird das Einatmungsventil mit dem großen Gasometer, welches mit reiner Luft gefüllt ist, und das Ausatmungsventil mit der Gasuhr verbunden. Die Verbindungsschläuche müssen sehr weit und nicht länger als unbedingt nötig sein. Darauf atmet die Versuchsperson aus dem großen Gasometer ein und durch die Gasuhr aus. Die Versuchsperiode kann 3 bis 5 Minuten dauern, die Zeit wird dabei genau notiert. Auf der Gasuhr wird der Stand der Zeiger am Beginn der Atmung und am Ende der Atmungsperiode abgelesen, die Differenz gibt die Größe der Ventilation in Litern Ausatmungsluft. Nach Schluß dieser Periode wird der Gasometer mit 1 l reiner CO_2 gefüllt. Je nach der Größe des Gasometers kann natürlich die zugesetzte Menge von CO_2 variieren. Durch Hin- und Herbewegen der Glocke des Gasometers wird die CO_2 mit der übrigen Luft vermengt. Die Versuchsperson nimmt jetzt wieder das Mundstück in den Mund, verschließt die Nase und atmet in der vorher angegebenen Weise. Man überzeugt sich, daß die ausgeatmete Luftvolumina größer geworden sind, wodurch bewiesen wird, daß durch die Vermehrung der CO_2 in den Alveolen (man beachte, was das für weitere Folgen hat) die Ventilation der Atmung steigt.

Beobachtungsaufgabe: Es kann mit Hilfe der beschriebenen Anordnung außerdem noch der Einfluß der Muskeltätigkeit auf die Ventilationsgröße beobachtet werden. Zu diesem Zwecke führt die Versuchsperson, nachdem ihre Ruheatmung bestimmt worden ist, eine stärkere Muskeltätigkeit aus, etwa, daß sie ein paarmal rasch Treppen auf- und abläuft. Nachdem dies geschehen ist, wird in der oben beschriebenen Weise der Atemversuch angestellt. Eine längere Dauer als 3 Minuten ist zu diesem Versuch nicht angebracht. Man beobachtet eine sehr starke Steigerung der Ventilation.

79. Die Regulation der Atmung durch CO_2-Überschuß und O_2-Mangel.

Aufgabe: Es ist durch eine Anordnung, bei welcher der Mensch einmal aus einem Raum atmet, in welchem der Sauerstoff ab, die Kohlensäure zunimmt, das andere Mal aber die gebildete Kohlensäure absorbiert wird, der Unterschied zu beobachten, welcher zwischen reinem Sauerstoffmangel und Kohlensäureanhäufung besteht.

Gebraucht werden: Mittelgroßes Spirometer, große Vorlageflasche, Gummimundstück, Nasenklemme, Kalihydrat, weite Schläuche.

Ausführung: Die Versuchsperson nimmt das Gummimundstück in den Mund und verbindet dasselbe durch einen weiten Schlauch mit der großen Vorlageflasche. Das zweite Rohr der Vorlageflasche wird mit dem genau äquilibrierten Spirometer verbunden. Nachdem die Versuchsperson die Nase mit der Nasenklemme verschlossen hat, atmet sie in dem System hin und her. Am Spirometer wird die allmähliche Veränderung der Atmung erkenntlich, außerdem wird die Gesichtsfarbe beobachtet, und die Versuchsperson hat selbst auf das eigene subjektive Empfinden zu achten. Der Versuch wird abgebrochen, ehe für die Versuchsperson die Beschwerden zu groß werden.

Im zweiten Teil des Versuches werden zur Absorption der Kohlensäure angefeuchtete Kalihydratstangen in die Vorlageflasche gebracht. Im übrigen gestaltet sich die Ausführung des Versuches wie im voraufgehenden Teil. Die Unterschiede, qualitative und zeitliche, in den Ergebnissen sind zu beachten.

Der zweite Teil des Versuches ist gleichzeitig eine Prüfungsmethode der Widerstandsfähigkeit gegen Sauerstoffmangel.

80. Bestimmung des Kohlensäuregehaltes der Luft.

Gebrauchte Lösung: Oxalsäurelösung: 2,8636 g, reinste krystallisierte Oxalsäure zum Liter gelöst, 1 ccm = 0,001 g CO_2.

Bariumhydroxydlösung: Etwa 7 g krystallisiertes Bariumhydroxyd im Liter enthalten. 1 ccm etwa gleich 0,001 g Kohlensäure. Vor Kohlensäure geschützt aufzubewahren.

Will man eine Bestimmung von Kohlensäure ausführen, so fülle man eine trockene, mit eingeriebenem Glasstöpsel versehene Flasche von bekanntem Inhalt (4—6 l durch Ausmessen mit Wasser zu ermitteln) mittels eines Blasebalges oder eines Aspirators mit der zu prüfenden Luft an, gebe 50 ccm der Barytlösung hinein, schüttle wiederholt und lasse $^1/_2$ Stunde stehen, daß die Kohlensäure vollständig absorbiert werde. Nun lasse man die durch Bariumcarbonat getrübte

Atmung und respiratorischer Stoffwechsel. 77

Barytlösung in ein etwa 50 ccm fassendes Fläschchen fließen und stelle dieses gut verschlossen zum Absetzen des $BaCO_3$ beiseite. Hat sich die Flüssigkeit geklärt, so hebe man 25 ccm davon ab und lasse Oxalsäurelösung zufließen, bis 1 Tropfen der Flüssigkeit, auf empfindliches Curcumapapier gebracht, keinen bräunlichen Rand mehr erscheinen läßt.

Mittlerweile hat man ermittelt, wie viele Kubikzentimeter der Oxalsäurelösung zur Neutralisation von 50 ccm der Barytlösung erforderlich sind.

Verdoppelt man die zur Neutralisation obiger 25 ccm verbrauchten Kubikzentimeter Oxalsäurelösung und subtrahiert diese Zahl von den zur Neutralisation der 50 ccm Barytlösung gebrauchten Kubikzentimeter Oxalsäurelösung, so gibt die Differenz direkt die Milligramme Kohlensäure an, die in dem gegebenen Luftvolum enthalten sind.

Das Volum der Luft ist abhängig von Druck und Temperatur; dasselbe ist daher auf 0° und 760 mm Barometerstand zu reduzieren.

Die Ausdehnung der Luft durch Erhöhung der Temperatur beträgt für 1° C $1/273$ des Volums. — Das Volum ist dem Druck umgekehrt proportional.

Man hätte also bei der Berechnung einer Analyse nach folgendem Beispiel zu verfahren.

Es waren zur Neutralisation der 25 ccm Barytlösung aus der Flasche erforderlich 23,9 ccm Oxalsäurelösung, zur Neutralisation von 50 ccm der ursprünglichen Barytlösung 50,7 ccm. Es sind sohin in dem gegebenen Luftvolumen enthalten 50,7 bis 48,7, d. h. 2,9 mg CO_2.

Die Flasche enthält 5415 ccm; für das Volum der zugegebenen Barytlösung sind zu subtrahieren 50 ccm; das Volum der Luft beträgt somit 5365 ccm, worin diese 2,9 mg CO_2 enthalten sind.

Beobachteter Barometerstand: 753 mm.
Beobachtete Temperatur: 15° C.

Um zunächst das Luftvolum auf 760 mm Druck zu reduzieren, berechnet man aus der Proportion

$$760 : 753 = 5365 : x,$$

$$x = \frac{753 \cdot 5365}{760}$$

das Volum bei 760 mm Druck zu 5315,6 ccm.

Dieses Volum ist nun aber noch auf die Temperatur 0° umzurechnen. 273 Vol. von 0° sind (s. o.) gleich 273 + 15, d. h. 288 Vol. bei 15°. Wir haben also anzusetzen:

$$288 : 273 = 5315,6 : x,$$

$$x = \frac{273 \cdot 5315,6}{288}.$$

Das Volum auf 760 mm und 0° reduziert, ist sonach 5038,7 ccm.
5038,7 ccm Luft enthalten 2,9 mg CO_2,
10 000 ,, ,, ,, 5,75 ,, ,,
Da 1 mg CO_2 (bei 0° und 760 mm D.) = 0,508 ccm ist, so sind enthalten in

5038,7 ccm Luft bei 760 mm und 0°C 1,47 ccm CO_2,
10 000 ,, ,, ,, 760 ,, ,, 0°C 2,92 ,, ,,

81. Analyse von Kohlensäure und Sauerstoff mit Hilfe der Bunte-Bürette.

Die Einrichtung der Bürette wird vom Lehrpersonal beschrieben und ebenso die nachfolgenden Buchstabenbezeichnungen erklärt.

Um die Bürette mit dem zu untersuchenden Gase zu füllen, läßt man von einer höhergestellten tubulierten Flasche aus mittels eines mit Quetschhahn versehenen Gummischlauches Wasser durch e in die Röhre fließen, bis es durch f austritt. Dann schließt man d, entfernt den Gummischlauch von e und verbindet f mit der zur Entnahmestelle des Gases führenden Leitung. Als solcher Raum dient ein Spirometer, welches vorher mit Ausatmungsluft gefüllt worden ist. Oder es wird, wenn es sich nur um Sauerstoffbestimmung handelt, einfach Zimmerluft aspiriert. Wird nun d geöffnet, so fließt das Wasser aus und saugt das Gas an. Man füllt so viel desselben ein, daß der Abfluß bis ungefähr 4 ccm unter der Nullmarke stattgefunden hat. Jetzt schließt man den Hahn d, sodann b und füllt den Trichter bis zur Marke mit Wasser.

Um nun genau 100 ccm in der Bürette zu haben, nimmt man eine zu ³/₄ mit Wasser gefüllte Waschflasche in die Hand und bläst, nachdem man den Schlauch derselben mit e verbunden hat und d unter Blasen geöffnet hat, die Flüssigkeit im Meßrohr nach oben und komprimiert das Gas bis ungefähr 95 ccm. Darauf wird d geschlossen und die Flasche entfernt.

Nunmehr öffnet man langsam d, um so viel Wasser aus e abfließen zu lassen, daß das Flüssigkeitsniveau genau auf 0 steht. In diesem Moment wird d ausgeschlossen. Das Gas in der Meßröhre steht nun noch immer unter Überdruck, da man ja mehr als 100 ccm eingesaugt hatte. Dieser wird dadurch aufgehoben, daß man den Hahn bei b einen Augenblick nach oben öffnet, wobei der Überschuß des Gases durch das im Trichter befindliche Wasser entweicht.

Dieser Zustand, wo das genau 100 ccm betragende Volum unter dem Drucke dieser Wassersäule steht, ist bei jeder Absorption wiederherzustellen.

Absorption der Einzelbestandteile. Zur Einführung der betreffenden Absorptionsflüssigkeit in die Bürette stellt man in der-

Atmung und respiratorischer Stoffwechsel. 79

selben eine Luftverdünnung her, dadurch, daß man eine evakuierte Flasche mit e verbindet, zunächst den Hahn derselben, sodann d vorsichtig öffnet und so viel Flüssigkeit aus dem Meßrohr absaugt, daß nur noch etwas Wasser über dem Hahn d steht. Darauf schließt man d, sodann den Hahn der Flasche, welche man entfernt. Jetzt wird ein tiefes Porzellanschälchen, welches ein Absorptionsmittel enthält, unter die Öffnung e der Bürette gebracht, e recht tief in die Flüssigkeit eingetaucht, d geöffnet, worauf die Absorptionsflüssigkeit in das Meßrohr eintritt. Wenn kein weiteres Aufsteigen stattfindet, schließt man d und entfernt das Schälchen.

Man nimmt nun die Bürette in der Bürettenklemme vom Stativ, schließt darauf mit dem Ballen der Hand den oberen Trichterhals und bewegt die Bürette einige Minuten lang in horizontaler Lage, sodann taucht man, ohne die Bürette wieder einzuklemmen, e von neuem in die Absorptionsflüssigkeit. Hierbei findet infolge des verminderten Gasvolumens wieder ein Ansteigen derselben statt. Es wird nun wieder geschüttelt und die Operation so oft wiederholt, bis kein Ansteigen mehr stattfindet.

Um das Gas wieder unter den richtigen Druck zu bringen, stellt man den Hahn d auf Verbindung mit a und c und läßt nun, indem man gleichzeitig den Trichter bis zur Marke mit Wasser gefüllt hat, so viel Wasser nach c eintreten, als freiwillig einfließt. Jetzt schließt man b und notiert den Flüssigkeitsstand.

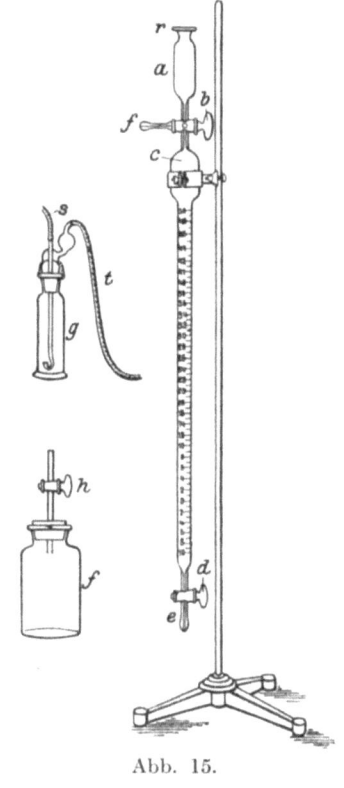

Abb. 15.

Um die verschiedene Tension und das verschiedene Adhäsionsvermögen der Absorptionsmittel gegenüber Wasser zu beseitigen, entfernt man dieselben und ersetzt durch Wasser. Zu diesem Zwecke füllt man den Trichter ganz mit Wasser und öffnet b sowie d. Jetzt findet ein Ausfließen aus e statt. Während desselben hält man konstant oben den Trichter gefüllt und gibt so lange Wasser nach, bis die ursprüngliche Reaktion der auslaufenden Lösung verschwunden ist. Darauf schließt man d, füllt im Trichter wieder zur Marke auf,

80   Übungen zur Physiologie der vegetativen Funktionen.

schließt auch b und notiert nunmehr die Niveaudifferenz, womit das Volumen des absorbierten Bestandteiles bestimmt ist.
Zuerst wird die Kohlensäure absorbiert. Absorptionsflüssigkeit 100 g Kalihydrat in 200 ccm Wasser.
Der Sauerstoff wird danach absorbiert mit einer Natriumhydrosulfidlösung der Zusammensetzung 50 g Natriumhydrosulfid, 250 Wasser, 40 ccm Kalilauge (500 Kalihydrat, 700 Wasser).

82. Analyse von Atmungsgasen mit Hilfe des Apparates von Orsat.

Aufgabe: Es ist der Sauerstoffgehalt der eingeatmeten Zimmerluft, der Sauerstoff- und Kohlensäuregehalt der Ausatmungsluft und evtl. der Gasgehalt der Alveolarluft mit Hilfe des Orsatschen Gasanalysenapparates zu bestimmen.

Gebraucht werden: Der Apparat von Orsat, Kalihydratlösung, Natriumhydrosulfidlösung (siehe vorhergehende Aufgabe).

Ausführung: Von den drei Absorptionsbüretten des Orsat-Apparates werden nur zwei Büretten benutzt. Zur Füllung derselben mit den Absorptionsflüssigkeiten hebt man die mit Quecksilber gefüllte Niveauflasche, so daß das Quecksilber die Meßbürette bis zu der oben angebrachten Marke erfüllt. Die Hähne nach den Büretten sind dabei geschlossen, während der Hahn am anderen Ende des Apparates so gestellt ist, daß die Luft aus dem Apparat entweichen kann. Hierauf wird der Hahn, der die Verbindung mit der Außenluft hergestellt hatte, so gedreht, daß Abschluß erreicht wird. (Man kann, wenn es auf geringere Genauigkeit ankommt, die Niveauflasche und die Meßbürette mit Glycerin füllen.) Jetzt eröffnet man den Hahn der ersten Absorptionspipette, die vorher mit der betreffenden Absorptionsflüssigkeit gefüllt worden ist, und senkt das Niveaurohr so lange, bis die Absorptionsflüssigkeit an die obengenannte Marke genau gebracht worden ist. Je mehr die Flüssigkeit in der Pipette steigt, um so langsamer und vorsichtiger muß die Senkung der Niveauflasche geschehen, damit nicht Absorptionsflüssigkeit über die Marke hinaussteigend in den Hahn und andere Teile des Apparates gelangt. Geschieht dies etwa, so ist der Apparat gründlich zu reinigen, ehe man weiterfährt. Hat die Absorptionsflüssigkeit die Marke richtig erreicht, so wird der oberhalb gelegene Hahn geschlossen. Jetzt hebt man das Niveaurohr wieder und öffnet den Hahn nach der Außenluft und verfährt zur Füllung der zweiten Bürette in genau der gleichen Weise, wie vorher beschrieben wurde. Um die zu untersuchende Luft in den Orsat-Apparat hineinzubringen, bringt man den Hahn, der zur Verbindung mit der Außenluft dient, mit demjenigen Raum in Kommunikation, wo die zu analysierende Luft sich befindet. Vorteilhaft ist es, wenn der genannte Hahn eine Geißlersche Zweiwegbohrung besitzt, so daß man den Hahn entweder mit der Öffnung nach der Außenluft oder mit der Öffnung nach dem Behälter, wo die zu untersuchende Luft sich befindet, drehen kann. Das Niveaurohr wird gehoben, bis das Quecksilber wieder die obere Marke der Meßbürette erreicht hat, um die im Apparat befindliche Luft nach außen zu entleeren. Der vorhin genannte Ausgangshahn wird dann in Verbindung mit der zu analysierenden Luft gebracht, und es werden 100 ccm Luft in die Meßbürette eingesaugt. Hierzu verfährt man folgendermaßen: Man saugt Luft bis unter die Nullmarke der Meßbürette, sodann schließt man durch Drehung des Ausgangshahnes vollständig ab und hebt das Niveaurohr genau bis zur Marke 0 und verschließt den am unteren Ende der Meßbürette befindlichen Hahn nach genauer Einstellung auf 0. Jetzt befinden sich 100 ccm Luft unter Überdruck in der Bürette. Diesen Überdruck gleicht man dadurch aus, daß man den Ausgangshahn ganz kurz auf Verbindung mit der Außenluft stellt. Hat man größere Mengen der zu untersuchenden Luft zur Verfügung, so kann man auch erst die toten Räume des Apparates mit einem Teil der zu untersuchenden Luft auswaschen. Nach endgültigem Abschluß des Apparates treibt man zuerst die Luft in die mit konz. Kalilauge gefüllte Absorptionspipette. Die Luft wird mehrfach hin und her getrieben und schließlich in Kalilauge auf die früher genannte Marke eingestellt, worauf der Abschluß der Absorptionspipette erfolgt. Man bringt nun das Quecksilber in der Ablesebürette und in der Niveauflasche auf genau gleiche Höhe und liest das Volumen ab. Um sich zu vergewissern, daß die Absorption der Kohlensäure eine vollständige war, wird nochmals die Absorption in der Kalibürette wiederholt. Ist die Konstanz erreicht, so schreitet man zur Absorption des Sauerstoffes in der zweiten mit Natriumhydrosulfidlösung gefüllten Pipette. Der Vorgang ist der gleiche, wie vorher beschrieben.

83. Bestimmung des CO_2-Gehaltes und der CO_2-Spannung der Alveolarluft (nach Haldane und Henderson).

Aufgabe: Es ist in der Alveolarluft des Menschen der CO_2-Gehalt zu bestimmen und daraus die CO_2-Spannung desselben zu berechnen.

Gebraucht werden: Apparat nach Haldane-Henderson, $1/_{40}$ n-Barytlösung, Thermometer, $1/_{40}$ n-Salzsäurelösung, Klemme, kleine Flaschen mit Stopfen.

Ausführung: Die aus drei Kugelröhren bestehende Bürette wird aus dem Gummirohr entfernt. Der Gummischlauch wird am Ende der Flasche mit Barytwasser gesetzt und die Bürette bis an ihr oberes Ende mit Barytlösung vollgesaugt. Dicht am Ende der Bürette wird der Schlauch mit einer Klemme abgeklemmt. Das obere Ende der Bürette wird in den Schlauch eingefügt und der Wassermantel

Gewicht von 1 ccm CO_2.

1 ccm CO_2 bei 0° und 760 mm Barometerstand = 1,96633 mg.

mm Hg	10°	11°	12°	13°	14°	15°	16°	17°	18°	19°	20°	21°	22°	23°	24°	25°
700	1,724	1,717	1,709	1,701	1,693	1,685	1,678	1,670	1,662	1,654	1,645	1,637	1,629	1,620	1,612	1,603
702	1,729	1,722	1,714	1,706	1,698	1,690	1,683	1,675	1,666	1,658	1,650	1,642	1,634	1,625	1,617	1,608
704	1,734	1,727	1,719	1,711	1,703	1,695	1,687	1,679	1,671	1,663	1,655	1,647	1,638	1,630	1,621	1,613
706	1,739	1,732	1,724	1,716	1,708	1,700	1,692	1,684	1,676	1,668	1,660	1,652	1,643	1,635	1,626	1,617
708	1,744	1,737	1,729	1,721	1,713	1,705	1,697	1,689	1,681	1,673	1,665	1,656	1,648	1,639	1,631	1,622
710	1,749	1,742	1,734	1,726	1,718	1,710	1,702	1,694	1,686	1,678	1,669	1,661	1,653	1,644	1,636	1,627
712	1,754	1,747	1,739	1,731	1,723	1,715	1,707	1,699	1,691	1,683	1,674	1,666	1,657	1,649	1,640	1,632
714	1,759	1,752	1,744	1,736	1,728	1,720	1,712	1,704	1,696	1,688	1,679	1,671	1,662	1,654	1,645	1,636
716	1,764	1,757	1,749	1,741	1,733	1,725	1,717	1,709	1,701	1,692	1,684	1,676	1,667	1,659	1,650	1,641
718	1,769	1,762	1,754	1,746	1,838	1,730	1,722	1,714	1,706	1,697	1,689	1,681	1,672	1,664	1,655	1,645
720	1,774	1,767	1,759	1,751	1,743	1,735	1,727	1,719	1,711	1,702	1,694	1,686	1,677	1,669	1,660	1,651
722	1,779	1,772	1,764	1,756	1,748	1,740	1,732	1,724	1,716	1,707	1,699	1,691	1,682	1,673	1,665	1,656
724	1,784	1,777	1,769	1,761	1,753	1,745	1,737	1,729	1,720	1,712	1,704	1,695	1,687	1,678	1,669	1,660
726	1,789	1,782	1,774	1,766	1,758	1,750	1,742	1,734	1,725	1,717	1,709	1,700	1,692	1,683	1,674	1,665
728	1,794	1,787	1,779	1,771	1,763	1,755	1,747	1,738	1,730	1,722	1,713	1,705	1,697	1,688	1,679	1,670

[Die am Barometer abgelesene Zahl ist für Temperaturen von 10 bis 12° C um 1 mm, für Temperaturen von 13 bis 19° um 2 mm und für 20 bis 25° um 3 mm zu vermindern. (Reduktion der Ablesung auf 0° C.]

1° C = 0,2 mm Hg Unterschied in CO_2-Spannung.

Atmung und respiratorischer Stoffwechsel.

um die Bürette mit Wasser von Zimmertemperatur gefüllt. Die Versuchsperson, welche möglichst normal atmet, macht eine tiefe Ausatmung durch den Schlauch und verschließt das Mundstück desselben mit der Zunge. Während das Rohr so verschlossen bleibt, werden durch Öffnung der Klemme die zwei oberen Kugeln der Bürette entleert. Der Ausfluß wird unterbrochen, sowie die obere Marke der unteren Kugel erreicht ist. Man wartet 20 Sekunden, bis die Luft in den beiden oberen Kugeln die Temperatur des Wassers im Wassermantel angenommen hat. Die Temperatur wird notiert. Darauf wird das obere Ende der Bürette aus dem Schlauch entfernt und sofort mit dem Finger verschlossen. Man stülpt um, wobei das Wasser aus dem Mantel ausfließt, und schüttelt die Luft in den beiden oberen Kugeln gut mit der Barytlösung 1 Minute lang um. Die CO_2 der Luft gibt mit dem Barythydrat einen Niederschlag von Bariumcarbonat. Man stellt unter die Bürette eine trockene Flasche, zieht den Schlauch ohne Lüftung der Klemme ab und läßt die Lösung in die trockene Flasche ausfließen. Dieselbe wird sofort verschlossen und bleibt bis 2 Stunden stehen. Eine zweite Bestimmung wird genau in der gleichen Weise ausgeführt, nur wird die Ausatmung nicht am Schlusse einer natürlichen Inspiration, sondern nach einer natürlichen Exspiration als Zusatzausatmung bewerkstelligt.

Berechnung: Volum der beiden oberen Kugeln 117 ccm. Volum der unteren Kugel 61,5 ccm.

1 ccm der Barytlösung entspricht 0,0005 g CO_2.

10 ccm der Barytlösung werden in ein kleines Erlenmeyer-Kölbchen abpipettiert und mit einer genau $1/_{40}$ n-Oxalsäure oder Salzsäurelösung titriert. Die Barytlösung muß vorher mit Hilfe der Säurelösung genau eingestellt werden. Als Indicator dient Phenolphthaleinlösung. Ist die durch CO_2 in Beschlag genommene Barytlösungsmenge = d ccm, so ist die Gewichtsmenge CO_2 in 117 ccm Alveolarluft = $0{,}0005 \cdot 6{,}15 \cdot d$; in 1 ccm Alveolarluft

$$\frac{0{,}0005 \cdot 6{,}15 \cdot d}{117} \text{ g } CO_2 = a.$$

Das Gewicht von 1 ccm reiner CO_2 bei der beobachteten Temperatur und dem beobachteten Barometerstand minus der Spannung des Wasserdampfes bei der Beobachtungstemperatur sei $= b$.

Dann ist $\frac{a}{b}$ = Prozentgehalt der CO_2 in der trockenen Alveolarluft der Lunge.

Dieser so gefundene Prozentgehalt $\frac{a}{b}$, multipliziert mit dem barometrischen Druck minus 47 mm (Wasserspannung in den Lungen bei Körpertemperatur), gibt die Partiarspannung der CO_2 in mm Quecksilber in der Alveolarluft.

Übungen zur Physiologie der vegetativen Funktionen.

84. Gasanalyse mit dem Apparat von Winterstein.

Gebraucht werden: Apparat von Winterstein (derselbe wird vom Lehrpersonal erklärt), Blut von einem Kaninchen (dasselbe wird während des Versuches mit einer genau kalibrierten Pipette aus einer Arterie entnommen). Ammoniaklösung (4 ccm konz. NH_3 auf 1 l Wasser), konz. Ferricyankaliumlösung, konz. Weinsäurelösung. Saponin als Zusatzmittel für die Ammoniaklösung.

Ausführung: Um die Bedingungen möglichst gleich zu gestalten, werden beide Fläschchen des Apparates mit genau 0,4 ccm Ammoniaklösung gefüllt. Dann werden mittels einer in Kubikmillimeter geteilten Pipette möglichst langsam und sorgfältig 50 bis 150 cmm genau abgemessenes Blut unter die Ammoniaklösung der Analysenflasche geschichtet. Hierauf werden gleichzeitig auf beide Fläschchen die eingeschliffenen Glasstopfen aufgesetzt, an denen die Schälchen angeschmolzen sind, in welche man Ferricyankaliumlösung eingebracht hat. Durch leichtes Neigen des Apparates bei mit der Außenluft kommunizierenden Hähnen wird der Indextropfen an die gewünschte Stelle der Skala gebracht; hierauf wird der ganze Apparat bis unter die Höhe der Hähne in das Wasserbad versenkt. Dann werden die Hähne so gestellt, daß die Fläschchen nunmehr mit der Indexcapillare und dem Hg-Manometer kommunizieren. Jetzt erfolgt durch Drehung der am Schlauch angebrachten Schraubenklemme die genaue Einstellung des Indextropfens auf eine Stelle der Skala so, daß der Meniscus des einen Tropfenrandes gerade einen bestimmten Teilstrich berührt; dann wird die Stellung des Hg in der Manometercapillare abgelesen. Die Ablesungen geschehen mit einer Lupe. Die Teilung der Manometerskala in Kubikmillimeter gestattet noch eine Schätzung von 0,1 cmm. Vor jeder Ablesung muß der Indextropfen durch entsprechende Schraubendrehung genau in die Anfangsstellung zurückgebracht werden. Jetzt wird völliger Ausgleich der Druck- und Temperaturverhältnisse abgewartet. Er ist erfolgt, wenn zwei in einem Intervall von 3 bis 5 Minuten vorgenommene Ablesungen den gleichen oder höchstens einen um 0,1 cmm verschiedenen Wert ergeben. Dann werden beide Hähne schräggestellt, so daß sie sämtliche Teile des Apparates gegeneinander abschließen; der Apparat wird aus dem Wasser abgehoben, von dem Stativ abgenommen und geschüttelt. Nach sorgfältigem Lackfarbenmachen des Blutes wird durch Neigen des Apparates die in den Schälchen beider Apparate enthaltene Ferricyankalilösung eingegossen und dann durch 3 bis 5 Minuten kräftig weitergeschüttelt. Ebensolange erfolgt das Schütteln bei der Absorptionsanalyse, bei der die Schälchen selbstredend leer bleiben. Dann wird der Apparat wieder in das Wasserbad versenkt und zunächst bloß der Hahn des Analysenfläschchens in die frühere Stellung gebracht, in welcher dieses mit Manometer- und Indexcapillare kommu-

Atmung und respiratorischer Stoffwechsel. 85

niziert. Bei gleichzeitiger Öffnung beider Hähne könnte bei größeren Volumveränderungen der Indextropfen leicht platzen. Es muß daher zunächst das Quecksilber durch entsprechende Schraubendrehung auf den Stand gebracht werden, der dem jetzt zu erwartenden Volumen beiläufig entspricht, und dann erst wird auch der Hahn des Kompensationsgefäßes geöffnet. Die noch eintretende Indexverschiebung wird wieder korrigiert und nun wiederum in Abständen von 3 bis 5 Minuten so lange abgelesen, bis der Stand des Quecksilbers konstant geblieben ist (bei richtigem Funktionieren des Apparates pflegt dies in 10 bis längstens 20 Minuten der Fall zu sein). Die Differenz der Ablesungen vor und nach erfolgter Sauerstoffentwicklung bzw. -absorption ergibt direkt die eingetretene Sauerstoffabgabe bzw. -aufnahme.

85. Gasanalyse des Blutes mit Barcrofts Blutgasapparat.

Aufgabe: Die Sauerstoffkapazität und der Gasgehalt des Blutes sind zu bestimmen.

Gebraucht werden: Barcrofts Apparat, Blut, Nelkenöl, Ammoniaklösung (4 ccm konz. NH_3 auf 1 l Wasser), konz. Ferricyankaliumlösung, konz. Weinsäurelösung, Vaseline, großes Wasserbad, Pipetten, Thermometer.

Ausführung: 1. Bestimmung der Sauerstoffkapazität. 2 ccm der Ammoniaklösung werden in eine der Flaschen gebracht, und es wird 1 ccm defibriniertes Blut hinzugefügt. Das Blut wird durch Schütteln gründlich lackfarbig gemacht. Vaseline wird an die großen und kleinen Stopfen angebracht. Es werden 0,2 ccm einer gesättigten Lösung von Ferricyankalium vermittels einer Pipette in die kleine Röhre, welche sich im Stopfen der mit Blut gefüllten Flasche befindet, eingeführt. Ebenso wird die kleine Röhre des anderen Stopfens gefüllt. Die kleinen Stopfen werden geschlossen. Der Apparat wird an den Rand des Wasserbades (Akkumulatorengefäß) so aufgehängt, daß die beiden birnenförmigen Gefäße eintauchen, wobei beide Hähne noch offen sein sollen. In etwa 5 Minuten sollen die Hähne geschlossen werden. Man dreht die Flasche im Stopfen, so daß das Ferricyankalium in das lackfarbige Blut herabrinnt. Schüttle ordentlich durch, hänge wieder in das Bad und wiederhole beides, bis eine konstante Differenz des Niveaus in beiden Manometerschenkeln erreicht ist. Es sei dieser Unterschied $= y$ mm; p sei der Barometerdruck in Millimeter Nelkenöl (p werde $= 10\,000$ mm gesetzt), x das Volumen des abgegebenen Sauerstoffes in Kubikmillimeter; dann ist $x = y\left(\dfrac{v}{p} + a\right)$. $\dfrac{v}{p} + a$ ist eine Konstante C, welche am Institutsapparat bestimmt ist. $x = y \cdot C$. Der Wert von x muß auf $0°$ und 760 mm Barometerdruck korrigiert werden. Es gebe die 1-ccm-Pipette nur 0,96 ccm Blut ab, es sei die Temperatur 15°, der Druck 755 mm, dann ist x reduziert $= x$ gefunden $\cdot \dfrac{273}{288} \cdot \dfrac{755}{760} \cdot \dfrac{1}{0,96}$.

2. **Bestimmung des Gasgehaltes des Blutes.** 1 ccm Blut — am besten frisch aus einem Gefäß — wird sorgfältig und rasch unter die Ammoniaklösung gebracht, um nicht mit der Luft in Berührung zu kommen. Der Stopfen wird dann in die Flasche eingesetzt, der Apparat in das Wasserbad eingesetzt, die beiden Hähne bleiben offen, bis die Temperatur konstant geworden ist. Der Hahn wird dann geschlossen und die Höhe der Nelkenölsäule notiert. Durch Rotation des Apparates wird das Blut lackfarbig gemacht, und nachdem 5 Minuten Zeit zum vollständigen Lackfarbigwerden gelassen worden sind, wird das Ferricyankalium zugegeben. Die übrige Bestimmung geschieht wie zuvor.

3. **Bestimmung der Differenz des Sauerstoffgehaltes im arteriellen und venösen Blute.** Zu dieser Bestimmung wird in jede Glasbirne des Barcroft-Apparates unter genau gleichen Bedingungen eine abgemessene Menge von Blut unter die Ammoniaklösung so unterschichtet, daß keine Berührung des Blutes mit der Luft stattfindet. In die eine Birne kommt arterielles, in die andere Birne kommt venöses Blut. Man verfährt im übrigen wie vorher beschrieben, nur mit dem Unterschied, daß ein Zusatz von Ferricyankalium unterbleibt. Beim Schütteln des Apparates in der vorher beschriebenen Weise nimmt das venöse Blut aus dem Luftraum mehr Sauerstoff auf als das arterielle, so daß das Manometer auf der Seite der Birne, welche das venöse Blut enthält, steigt. Die abgelesene Steighöhe multipliziert mit der Apparatenkonstante gibt den Unterschied an Sauerstoff zwischen arteriellem und venösem Blute. Die Entnahme von arteriellem und venösem Blut vom Tier geschieht in der Weise, daß aus einer passenden Arterie und Vene mit einer genau kalibrierten Spritze Blut entnommen wird. Zur Verhütung der Blutgerinnung kommen in die Spritze ein paar Körnchen pulverisiertes Kaliumoxalat.

Eichung des Apparates (Methode von Münzer und Neumann). An den einen Schenkel der U-förmig gebogenen Capillare wird unter Zwischenschaltung eines capillären T-Rohres eine Meßpipette von 1 ccm Größe, die in $^1/_{100}$ geteilt ist und durch Auswägung kontrolliert wurde, angeschlossen. Die Verbindungen werden vermittels Druckschlauches gemacht. Mit dem unteren Ende der Pipette wird vermittels Druckschlauches eine zweite Meßpipette als Niveaurohr angeschlossen. Das ganze System wird in das Wasserbad versenkt, als Sperrflüssigkeit dient Wasser. Zuerst werden die beiden Hähne oberhalb der Manometerröhren geöffnet, ebenso das nach außen führende Rohr des zwischengeschalteten T-Stückes. Das Niveaurohr wird so weit gesenkt, daß die Flüssigkeit im unteren Teile der Meßpipette steht. Nach dem sich im ganzen Apparat Atmosphärendruck eingestellt hat, wird der Hahn des T-Stückes und der Hahn der Manometerröhre, welche nicht in Verbindung mit dem Eichapparat steht, geschlossen. Das Niveaurohr wird gehoben, bis eine gewünschte Niveaudifferenz im Manometer eingetreten ist, und hierauf der Hahn des Manometerrohres auf der Seite der Meßpipette gleichfalls geschlossen, worauf das Niveaurohr so weit gesenkt wird, daß in ihm und der Meßpipette der Wasserstand gleich hoch ist. Die Differenz der beiden Pipettenablesungen vor und nach dem Versuch gibt das Volumen des eingepreßten Gases unter den herrschenden Druck und Temperaturverhältnissen, und diese Größe dividiert durch den Niveauunterschied im Manometer (evtl. korrigiert für eine anfangs bereits vorhandene geringfügige Höhendifferenz) liefert die Konstante.

86. Bestimmung der Alkalireserven (der Kohlensäurekapazität) des Blutes nach van Slyke.

Aufgabe: Es ist aus einer Blutprobe, die vorher mit Luft von bekannter Kohlensäurespannung gesättigt worden ist, die Kohlensäuremenge zu bestimmen, die durch ein teilweises Vakuum aus dem Blute freigemacht wird, unter Zusatz von Säure. Die freigemachte Kohlensäure wird dann auf Atmosphärendruck gebracht, das Volumen gemessen und mit Hilfe einer von van Slyke aufgestellten Tabelle das 100 ccm entsprechende Plasma ermittelt.

Gebraucht werden: Apparat nach van Slyke zur Bestimmung der Kohlensäurekapazität; Druckschlauch von etwa 1,5 m Länge, Quecksilber, 1 proz. carbonatfreies Ammoniak (gewöhnliches 1 proz. Ammoniak wird mit wenig gesättigter Bariumhydratlösung versetzt; das Bariumcarbonat wird abfiltriert und im Filtrat das überschüssige Barium durch Zusatz von wenig Ammonsulfat entfernt), 10 proz. Schwefelsäure, Caprylalkohol, Scheidetrichter als Tonometer zur Sättigung mit Kohlensäure, Flasche mit Glaskugeln, evtl. van Slykesches Reagensglas mit Nadel zum Einstich in eine Vene. (Soll von Menschen Blut gewonnen werden, so wird folgendermaßen verfahren: Ein trockenes Reagensrohr, etwa 20 ccm fassend, wird mit einem fest verschließenden, doppelt durchbohrten Stopfen verschlossen. In dieses Reagensrohr bringt man 20 mg fein gepulvertes Kalium oder Natriumoxalat, was zur Gerinnungsverhütung von 10 ccm Blut genügt. Über das Oxalat wird Paraffinöl geschichtet. Durch die eine Bohrung des Stopfens geht ein Glasrohr, welches bis an das Oxalat reicht. Oben ist das Glasrohr mit einem Schlauch versehen, der mit einer Nadel endet, welche zur Einführung in eine Vene des Menschen dient. Durch die andere Bohrung des Stopfens kommt ein kurzes

88 Übungen zur Physiologie der vegetativen Funktionen.

Glasrohr, welches dicht unter dem Stopfen endet, an das andere Ende kommt ein Schlauch in Verbindung mit einer Spritze, die zum Ansaugen des Blutes aus der Vene dient. Das entnommene Blut wird mit dem Oxalat vermengt und das Röhrchen zentrifugiert, um Plasma zu gewinnen.)

Ausführung: Nach Gewinnung des Plasmas bringe man 3 ccm in den Scheidetrichter, der etwa 300 ccm Rauminhalt hat. Das schmale Ende des Scheidetrichters wird durch einen Gummischlauch mit einer Glasflasche verbunden, die angefeuchtete Glasperlen enthält. Die Glasflasche ist mit einem doppelt durchbohrten Stopfen verbunden. In die beiden Öffnungen kommen zwei Glasröhren, von denen die eine bis fast an den Boden der Glasflasche reicht und außen mit einem Mundstück versehen ist. Durch diese Glasflasche atmet ein Mensch Alveolarluft, um bei deren Kohlensäurespannung das Plasma im Scheidetrichter zu sättigen. Die atmende Person macht, ohne tiefer als normal einzuatmen, so rasche und vollständige Ausatmungen wie möglich durch die Glasperlen und den Scheidetrichter. Gerade am Ende der Ausatmung wird der Scheidetrichter auf beiden Seiten verschlossen. Der Trichter wird gedreht, um das Plasma vollständig mit Kohlensäure bei der Spannung in der Alveolarluft zu sättigen.

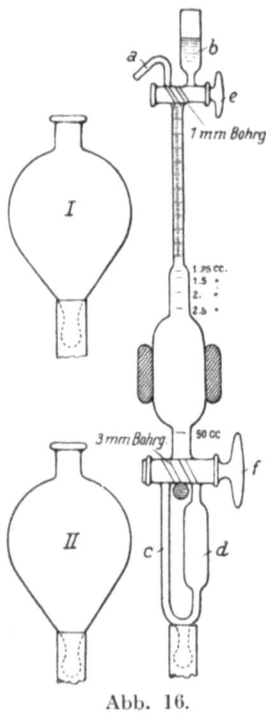

Abb. 16.

Der van Slykesche Apparat ist inzwischen gesichert aufgestellt worden, er bedarf besonderer Befestigungen, da er mit Quecksilber gefüllt ist. Die Hähne werden mit Vaseline gedichtet und mit Bindfaden befestigt, damit sie durch den Druck des Quecksilbers nicht gelockert werden. Man hebt die als Niveaugefäß dienende Füllkugel so hoch hinauf, daß die ganze Bürette und die Capillaren am oberen Ende mit Quecksilber gefüllt sind. Um zu prüfen, daß die Bürette luftfrei ist, dreht man den oberen Hahn so, daß daselbst Abschluß erreicht ist, und senkt die Niveaukugel bis 80 cm unter den unteren Hahn. Hierdurch wird ein Toricellisches Vakuum erreicht. Beim Wiederheben des Niveaugefäßes auf die ursprüngliche Höhe muß das Quecksilber mit einem deutlichen Klappen an den oberen Hahn anschlagen. Wenn das nicht der Fall ist, treibt man die letzte Spur

Atmung und respiratorischer Stoffwechsel. 89

von Luft zu der oberen gebogenen Capillare unter Auffangen des abfließenden Quecksilbers heraus. Die letzten Spuren von Luft sind wegen Adhärieren derselben an den Glaswänden schwierig zu entfernen. Tritt immer wieder Luft von neuem ein, so müssen die Hähne gedichtet werden. Hat man die Bürette luftfrei bekommen, so füllt man den über dem oberen Hahn befindlichen kleinen Aufsatz mit kohlensäurefreiem Ammoniak, um sämtliche Säurespuren zu entfernen. Der Ammoniak wird sodann mit einer feinen Pipette abpipettiert und der kleine Aufsatz mit hydrophiler Watte getrocknet.

Mit einer genau kalibrierten 1-ccm-Pipette entnimmt man rasch 1 ccm Plasma aus dem Scheidetrichter und überträgt dasselbe in das kleine obere Ansatzstück der van-Slyke-Bürette. Die Pipette soll während der Entleerung immer unter dem Flüssigkeitsniveau liegen, um die Berührung des Plasmas mit der Luft zur Verhütung von Verlust von Kohlensäure zu verhindern. Man öffnet jetzt den oberen Hahn und läßt das Plasma durch Senken der Niveaukugel in die Bürette eintreten, wobei der Eintritt von Luft verhütet werden muß. Jetzt wird zweimal der kleine Aufsatz mit etwa 0,5 ccm Wasser ausgewaschen, die hintereinander vorsichtig gleichfalls in die Bürette eingesaugt werden. Dann fügt man einen kleinen Tropfen Caprylalkohol hinzu, den man in die obere Capillare eintreten läßt. Schließlich bringt man 0,5 ccm 5 proz. Schwefelsäure in den Ansatz und saugt alles in die Bürette. Es ist nicht erforderlich, daß genau 1 ccm Wasser und 0,5 ccm Schwefelsäure eingesaugt werden. Aber im ganzen muß Plasma, Wasser und Schwefelsäure so viel vorhanden sein, daß das gesamte Volumen der in die Bürette aufgenommenen Flüssigkeit genau bis zur Marke 2,5 ccm des Apparates reicht, wenn man sich der nachfolgenden Tabelle zur Berechnung bedienen will.

Reicht das Flüssigkeitsvolumen nicht, so ist etwas Wasser nachzusaugen. Man verschließt den oberen Ansatz mit einem Tröpfchen Quecksilber und wäscht etwa übriggebliebene Schwefelsäure ab. Man senkt jetzt die Niveaukugel etwa 80 ccm unter den unteren Hahn der Bürette, um das Quecksilber genau bis zu der 50-ccm-Marke dicht oberhalb des unteren Hahnes zu bringen, worauf derselbe verschlossen wird. Die Flüssigkeit steht dabei etwas oberhalb des Quecksilberniveaus. Die Niveaukugel wird jetzt bis auf die Höhe des unteren Hahnes gehoben. Hierauf nimmt man vorsichtig die Bürette aus dem Stativ und dreht sie etwa 15 mal von oben nach unten, um Gleichgewicht der Kohlensäure, die in das Vakuum ausgetreten ist, zwischen den 2,5 ccm wässeriger Lösung und den 47,5 ccm betragenden freien Raum des Apparates zu erreichen. Hierauf wird die Bürette wieder im Stativ befestigt. Man saugt setzt die wässrige Lösung nach Eröffnung des unteren Hahnes in den rechts befindlichen unteren Bürettenraum unter peinlicher Vermeidung des Nachfolgens von Gas. Die Niveaukugel wird mit der linken Hand gehoben,

Übungen zur Physiologie der vegetativen Funktionen.

Tabelle zur Berechnung des CO_2-Bindungsvermögens des Plasmas.
(v = abgelesene ccm-CO_2. p = abgelesener Barometerstand)

$v \cdot \dfrac{p}{760}$	ccm CO_2, auf 0° und 760 mm reduziert, als Bicarbonat in 100 ccm Plasma gebunden				$v \cdot \dfrac{p}{760}$	ccm CO_2, auf 0° und 760 mm reduziert, als Bicarbonat in 100 ccm Plasma gebunden			
	15	20	25	30		15	20	25	30
0,20	9,1	9,9	10,7	11,8	0,60	47,7	47,1	48,5	48,6
0,21	10,1	10,9	11,7	12,6	0,61	48,7	49,0	49,4	49,5
0,22	11,0	11,8	12,6	13,5	0,62	49,7	50,0	50,4	50,4
0,23	12,0	12,8	13,6	14,3	0,63	50,7	51,0	51,3	51,4
0,24	13,0	13,7	14,5	15,2	0,64	51,6	51,9	52,2	52,3
0,25	13,9	14,7	15,5	16,1	0,65	52,6	52,8	53,2	53,2
0,26	14,9	15,7	16,4	17,0	0,66	53,6	53,8	54,1	54,1
0,27	15,9	16,6	17,4	18,0	0,67	54,5	54,8	55,1	55,1
0,28	16,8	17,6	18,3	18,9	0,68	55,5	55,7	56,0	56,0
0,29	17,8	18,5	19,2	19,8	0,69	56,5	56,7	57,0	56,9
0,30	18,8	19,5	20,2	20,8	0,70	57,4	57,6	57,9	57,9
0,31	19,7	20,4	21,1	21,7	0,71	58,4	58,6	58,9	58,8
0,32	20,7	21,4	22,1	22,6	0,72	59,4	59,5	59,8	59,7
0,33	21,7	22,3	23,0	23,5	0,73	60,3	60,5	60,7	60,6
0,34	22,6	23,3	24,0	24,5	0,74	61,3	61,4	61,7	61,6
0,35	22,6	24,2	24,9	25,4	0,75	62,3	62,4	62,6	62,5
0,36	24,6	25,2	25,8	26,3	0,76	63,2	63,3	63,6	63,4
0,37	25,5	26,2	26,8	27,3	0,77	64,2	64,3	64,5	64,3
0,38	26,5	27,1	27,7	28,2	0,78	65,2	65,3	65,5	65,3
0,39	27,5	28,1	28,7	29,1	0,79	66,1	66,2	66,4	66,2
0,40	28,4	29,0	29,6	30,0	0,80	67,1	67,2	67,3	67,1
0,41	29,4	30,0	30,5	31,0	0,81	68,1	68,1	68,3	68,0
0,42	30,3	30,9	31,5	31,9	0,82	69,0	69,1	69,2	69,0
0,43	31,2	31,9	32,4	32,8	0,83	70,0	70,0	70,2	69,9
0,44	32,3	32,8	33,4	33,8	0,84	71,0	71,0	71,1	70,8
0,45	33,2	33,8	34,3	34,7	0,85	71,9	72,0	72,1	71,8
0,46	34,2	34,7	35,3	35,6	0,86	72,9	72,9	73,0	72,7
0,47	35,2	35,7	36,2	36,5	0,87	73,9	73,9	74,0	73,6
0,48	36,1	36,6	37,2	37,4	0,88	74,8	74,8	74,9	74,5
0,49	37,1	37,6	38,1	38,4	0,89	75,8	75,8	75,8	75,4
0,50	38,1	38,5	39,0	39,3	0,90	76,8	76,7	76,8	76,4
0,51	39,1	39,5	40,0	40,3	0,91	77,8	77,7	77,7	77,3
0,52	40,0	40,4	40,9	41,2	0,92	78,7	78,6	78,7	78,2
0,53	41,0	41,4	41,9	42,1	0,93	79,7	79,6	79,6	79,2
0,54	42,0	42,4	42,8	43,0	0,94	80,7	80,5	80,6	80,1
0,55	42,9	43,3	43,8	43,9	0,95	81,6	81,5	81,5	81,0
0,56	43,9	44,3	44,7	44,9	0,96	82,6	82,5	82,4	82,0
0,57	44,9	45,3	45,7	45,8	0,97	83,6	83,4	83,4	82,9
0,58	45,8	46,2	46,6	46,7	0,98	84,5	84,4	84,3	83,8
0,59	46,8	47,1	47,5	47,6	0,99	85,5	85,3	85,2	84,8
0,60	47,7	48,1	48,5	48,6	1,00	86,5	86,2	86,2	85,7

während die rechte Hand den unteren Hahn so stellt, daß der links gelegene Raum unter dem unteren Hahn mit dem Bürettenraum verbunden wird. Das einfließende Quecksilber erfüllt die Bürette bis oben hinauf in den engen genau kalibrierten Teil, in welchen sich die aus der Lösung entwickelte Kohlensäure befindet. Die geringe Menge von Flüssigkeit, welche nicht vollständig abgesaugt werden konnte, schwimmt oben über dem Quecksilber, aber der durch Readsorption von Kohlensäure in dieses kleine Wasservolumen entstehende Fehler ist zu vernachlässigen, falls die Ablesung rasch geschieht. Die Quecksilberkugel wird, um Atmosphärendruck in der Bürette zu erhalten, so hoch gehoben, daß das Quecksilberniveau in beiden gleich hoch steht.

Zur Berechnung der von 100 ccm Plasma chemisch gebundenen Menge von Kohlensäure dient die nachfolgende Tabelle. Das abgelesene Gasvolumen wird durch Multiplikation mit dem Verhältnis Barometerstand zu 760 korrigiert.

87. Nachweis der inneren Atmung am Froschherzen.

Aufgabe: Durch spektroskopische Untersuchungen des das Froschherz durchströmenden Blutes wird die Umwandlung von Oxyhämoglobin zu reduziertem Hämoglobin nachgewiesen.

Gebraucht werden: Handler-Kroneckersche Doppelwegkanüle, Spektroskop à vision directe, Froschherzmanometer, Auer-Lampe, frische Blutlösung, Induktionsapparat mit Zubehör.

Ausführung: In bekannter Weise wird in das Froschherz die Handler-Kroneckersche Doppelwegkanüle eingebunden und dann mit dem Froschherzmanometer verbunden. Man läßt nun Blut aus der Bürette durch die Doppelwegkanüle in das Herz eintreten, bis es zum Abflußrohr abfließt. Man stellt nun den Auer-Brenner hinter die Spektroskopkammer und das Spektroskop so ein, daß man in beiden Kammern scharf die Spektra des Oxyhämoglobins mit ihren zugehörigen Absorptionsstreifen sieht. Jetzt versetzt man das Herz am besten durch Reizung mit Induktionsströmen in verstärkte Tätigkeit. Man sieht dann bei nicht zu rascher Durchströmung mit Blut, daß die Absorptionsstreifen des Oxyhämoglobins in der Abflußkammer sich in diejenigen des reduzierten Hämoglobins umwandeln. Noch rascher geht diese Umwandlung, und zwar in beiden Kammern, vor sich, wenn man das Durchströmen mit Blut überhaupt abstellt und das Blut im Herzen stagnieren läßt.

88. Quantitative Bestimmung der inneren Atmung am Froschherzen.

Aufgabe: Es ist der Sauerstoffverbrauch des arbeitenden Froschherzens durch Bestimmung der Sauerstoffdifferenz zwischen dem

Blut aus dem arbeitenden Froschherzen und dem Blute, welches, ohne im Herzen verweilt zu haben, zur Speisung des Herzens diente, festzustellen.

Gebraucht werden: Straubsche Kanüle, Bad fürs Herz, Blut, reinstes Paraffinöl, Barcroftscher Gasanalysenapparat, kleiner Typus.

Ausführung: Das Froschherz wird mit einer Straub-Kanüle in der früher beschriebenen Weise versehen. Das Herz wird in ein mit ausgekochter Ringerlösung versehenes Bad versenkt. In die Straub-Kanüle wird eine genau abgemessene Menge Blut gebracht. Über das Blut wird eine Schicht Paraffinöl gebracht, welche zur Verhinderung des Gasaustausches zwischen Blut und Außenluft dient. Auch die Badflüssigkeit wird mit Paraffinöl überschichtet. Man läßt das Herz $1/2$ Stunde lang tätig sein und entnimmt dann mit einer feinen Capillarspitze, durch die Paraffinschicht hindurchgehend, aus der Straub-Kanüle genau 0,1 ccm Blut zur Füllung in die eine Birne des Barcroftschen Gasanalysenapparates. In die andere Birne kommt die gleiche Menge von Blut, welches nicht im Herzen war. Die Sauerstoffdifferenz der beiden Blutarten wird, wie in der Aufgabe Blutgasanalyse mit dem Apparat von Barcroft unter 3. beschrieben wurde, bestimmt.

89. Bestimmung des respiratorischen Stoffwechsels kleiner Tiere.

Aufgabe: Es ist durch einen Respirationskasten, in dem sich ein kleines Tier, z. B. eine Ratte, befindet, Luft durchzusaugen,

Fig. 17. Zur Bestimmung des respiratorischen Stoffwechsels kleiner Tiere.

welche durch vorgelegte Schwefelsäure und vorgelegten Natronkalk wasser- und kohlensäurefrei gemacht worden ist. Die Luft passiert dann vorgelegte Flaschen, in denen sich Schwefelsäure bzw. Natronkalk befindet. Aus der Wägung des Kastens und der vorgelegten Flaschen hinter dem Respirationskasten vor und nach dem Versuch ergibt sich die gebildete Kohlensäure und der verbrauchte Sauerstoff.

Gebraucht werden: Respirationskammer nach Asher (Gewicht 775 g) oder Glaskammer wie in der Abbildung, Waschflaschen am

Atmung und respiratorischer Stoffwechsel.

besten nach Fischer und zweifach tubulierte Woulffsche Flaschen, großes Puffergefäß, Saugpumpe, evtl. Gasuhr oder Fleischlsches Spirometer, Wage, 2 kg genau auf 1 cg wägen.

Ausführung: Waschflaschen und Woulffsche Flaschen sind mit konzentrierter Schwefelsäure bzw. fein granuliertem Natronkalk zu füllen, alle Verschlüsse müssen luftdicht sein, evtl. durch Siegellack oder Pixein zu dichten. Die Kammer ist vor dem Gebrauch auf Dichtigkeit zu prüfen, was in der Weise geschieht, daß man dieselbe wie im Versuch verschließt, unter Wasser bringt und durch eine einzige offen bleibende Öffnung Luft bläst. Zu Beginn des Versuches wird die vorher gewogene Ratte in die Respirationskammer gebracht, diese verschlossen und Kasten mit Tier gewogen. Hierauf wird

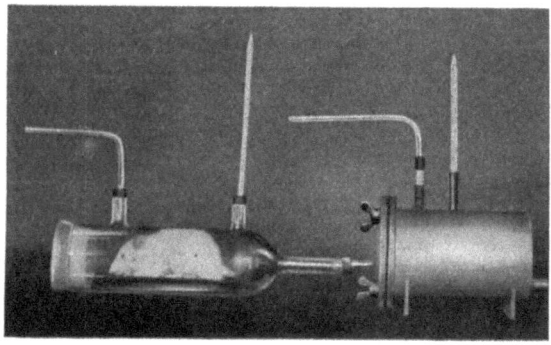

Abb. 17a. Respirationskammer.

der Respirationskasten in das System der Absorptionsflaschen eingeschaltet. Vor den Kasten kommt ein Gefäß mit Schwefelsäure, eines mit Natronkalk und eines mit Schwefelsäure. Hinter die Respirationskammer kommt eine Flasche für Schwefelsäure, eine oder zwei Flaschen mit Natronkalk und eine Flasche mit Schwefelsäure. Die letztgenannten drei bzw. vier Flaschen müssen gleichfalls vor dem Versuch sorgfältig gewogen werden. Die letzte Flasche wird mit einer großen Pufferflasche, evtl. unter Zwischenschaltung einer Gasuhr, verbunden. An die Pufferflasche wird die Wassersaugpumpe angeschlossen. Die Saugpumpe wird jetzt in Gang gesetzt und hierdurch das ganze System ventiliert. Bei Anwendung von Ratten soll die Ventilationsstärke nicht unter 3 l und nicht über 15 l pro Stunde betragen. Die Dauer des Versuches hängt von den Versuchszwecken ab und variiert zwischen 1 bis 4 Stunden. Bei Abschluß des Versuches muß die Verbindung zwischen der Saugpumpe und den Vorlegeflaschen derart gelöst werden, daß an keiner

Stelle infolge Unterdruckes eine Zurücksaugung von Flüssigkeit stattfindet. Die Respirationskammer mit dem Tier und die zur Aufnahme von Wasser und Kohlensäure vorgelegten Absorptionsflaschen werden wiederum auf 1 cg genau gewogen, woraus sich die vom Tier abgegebenen Mengen von Kohlensäure und Wasser ergeben. Die etwaige Differenz zwischen der Gewichtszunahme in den Vorlegeflaschen und der Gewichtsabnahme der Respirationskammer mit Tier ergibt den Sauerstoffverbrauch.

Ausführung der Berechnung:

$$\begin{aligned}\text{Abgegebener Wasserdampf} &\ldots\ldots\ldots \text{a g}\\ \text{,,} \quad CO_2 &\ldots\ldots\ldots\ldots \text{b ,,}\\ \hline \text{Summe der Ausgaben} & \quad \text{a} + \text{b}\end{aligned}$$

Gewichtsverlust des Kastens + Tier   c gr.
Differenz = Sauerstoffaufnahme . . . (a + b) − c

$$\frac{b}{\text{Gewicht des Tieres}} = CO_2 \text{ pro kg (pro Stunde)},$$

$$\frac{(a+b)-c}{\text{Gewicht des Tieres}} = O_2\text{-Verbrauch pro kg (pro Stunde)}.$$

Berechnung des respiratorischen Quotienten $\dfrac{CO_2}{O_2}$ in Volumina

1 gr. CO_2 bei 0° und 760 Druck = 508,5 ccm,
1 ,, O_2 ,, 0° ,. 760 ,, = 700 ,,

demnach
$$\frac{b \text{ g} \cdot 508{,}5 \ CO_2}{(a+b)-c \cdot 700 \ O_2}.$$

Soll der Grundumsatz des Tieres bestimmt werden, so darf das Tier 18 Stunden vor dem Versuch keine Nahrung erhalten. Im allgemeinen läßt sich der richtige Wert für den Grundumsatz nur an Tieren gewinnen, welche vorher an den Apparat angewöhnt worden sind. Ferner müssen Bewegungen des Tieres während des Versuches ausgeschlossen sein. Um das Tier nicht durch Benässung mit dem eigenen Harn unruhig zu machen, muß auf den Boden des Kastens eine durchlöcherte Platte oder ein Drahtnetz aufgelagert werden, auf welchem das Tier sitzt. Der unterhalb abfließende Harn läßt sich später zur etwaigen Analyse sammeln.

Wird der Einfluß irgendeines Eingriffes auf den Grundumsatz durch die Methode geprüft, so läßt sich eine erhöhte Genauigkeit durch ein differentielles Verfahren erzielen, indem eine zweite Respirationskammer mit einem System von Absorptionsflaschen parallel gelagert wird. In diese zweite Respirationskammer kommt ein normales, unbeeinflußtes Tier, dessen Grundumsatz bekannt sein muß.

Atmung und respiratorischer Stoffwechsel. 95

Aufgaben: 1. 1 bis 2 Stunden vor dem Versuch wird eine Ratte mit Rohrzucker gefüttert. Der durch den Versuch gefundene Respirationsquotient nähert sich der Einheit als Ausdruck einer überwiegenden Zuckerverbrennung.
2. Ein mit Schilddrüsenpräparat mehrere Tage vorher gefüttertes Tier, dessen normaler Grundumsatz bekannt ist, wird in die Respirationskammer gebracht. Das Ergebnis ist ein um den Normalwert erhöhter respiratorischer Stoffwechsel.

Indirekte Calorimetrie. Da 1 g O_2 bei Kohlenhydratverbrennung 3,53 Calorien, bei Fettverbrennung 3,28 Calorien, bei Eiweißverbrennung 3,14 Calorien entspricht, läßt sich aus dem O_2-Verbrauch, unter Berücksichtigung des respiratorischen Quotienten, die umgesetzte Energie, ausgedrückt in Calorien, finden.

90. Untersuchung der Schilddrüsenfunktion vermittels der Prüfung der Sauerstoffmangelempfindlichkeit nach der Methode von Asher.

Aufgabe: Es ist durch gleichzeitige Prüfung einer normalen und einer mit Schilddrüsenstoff gefütterten Ratte in einer Kammer, in welcher Unterdruck und Sauerstoffmangel hergestellt werden kann, die erhöhte Empfindlichkeit der mit Schilddrüse gefütterten Ratte gegen Sauerstoffmangel nachzuweisen.

Gebraucht werden: Glasglocke mit geschliffenem Rand, die auf den Glasteller des Rezipienten, einer Luftpumpe oder auf einer sonstigen geschliffenen Fläche aufgesetzt werden kann, Verbindungsstücke der so geschaffenen Kammer mit einer Saugpumpe unter Zwischenschaltung eines Barometerrohres zur Ablesung des jeweiligen Unterdruckes in der Kammer, Saugpumpe, flaches Gefäß, 3 proz. Kalilauge enthaltend. mit Drahtnetz gedeckt, normale Ratte, Ratte, die 6 Tage lang mit einem wirksamen Schilddrüsenpräparat gefüttert worden ist (s. Abb. 18).

Ausführung: Man bringe die beiden Ratten in die Kammer, dieselben auf das Drahtnetz setzend, in welchem sich die Kalilauge zur Absorption der Kohlensäure der Ausatmungsluft befindet. Die Glocke muß luftdicht geschlossen werden, wenn erforderlich, mit Vaseline oder einer Gashahnschmiere gedichtet werden. Nach Verschluß der Kammer wird die Saugpumpe in Tätigkeit gesetzt und ganz allmählich unter beständiger Ablesung des Barometerstandes der Druck erniedrigt. Man achtet auf die Atmung und das sonstige Verhalten der beiden Tiere. Wenn man in die Nähe etwas über 300 mm des Barometerstandes gekommen ist, befindet sich meist das mit Schilddrüsenpräparat gefütterte Tier im Zustande starker Dyspnöe und zeigt auch sonst den Zustand von starker Beeinträchtigung infolge des Sauerstoffmangels. Sobald die Symptome bedrohlich werden, muß man mit der weiteren Evakuierung aufhören, weil sonst das mit Schilddrüse gefütterte Tier leicht zugrunde geht. Durch sehr vorsichtiges und langsames Wiedereinlassen von Luft wird der Atmosphärendruck wiederhergestellt. Man achte auf die Wiederherstellung der beiden Tiere, welche sehr viel langsamer bei dem mit Schilddrüsenpräparat gefütterten Tier vonstatten geht.

Andere Art der Ausführung: Man kann auch den Versuch so anstellen, daß die zu vergleichenden Tiere dem Einflusse des reinen Sauerstoffmangels ohne Unterdruck ausgesetzt werden. Zu diesem Zwecke erfährt die Versuchskammer zwei Zuleitungen, eine nach einem druckmessenden, mit Wasser gefüllten Manometer, eine nach einem Kippschen Apparat zur Erzeugung von reinem Sauerstoff aus Salzsäure und reinem Zink, unter Zwischenschaltung einer Waschflasche mit Wasser und einer Waschflasche mit übermangansaurem Kalium. Die Tiere in der Kammer entziehen der Kammer Sauerstoff und die gebildete Kohlensäure wird von der Kalilauge aufgenommen. Hierdurch entsteht Sauerstoffmangel und Unterdruck; der Unterdruck wird jedoch durch Zuleitung von reinem Wasserstoff bis zum Normaldruck ausgeglichen.

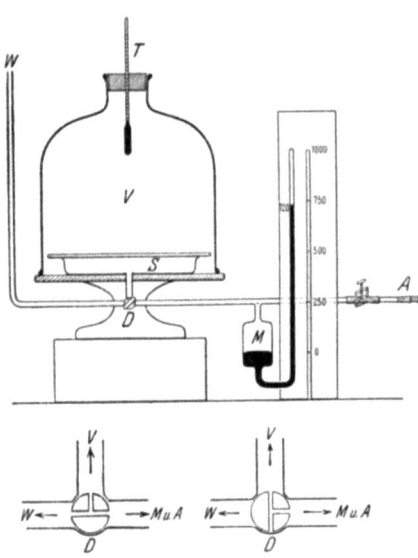

Abb. 18. Untersuchung der Schilddrüsenfunktion.

91. Respiratorischer Stoffwechsel des Menschen bei Ruhe und bei Muskelarbeit.

Aufgabe: Es ist in einem kurzdauernden Versuch die Kohlensäurebildung und der Sauerstoffverbrauch des Menschen nach der Methode von Gordon Douglas in Ruhe und während der Muskeltätigkeit zu untersuchen:

Gebraucht werden: Großer Gummisack nach Gordon Douglas oder Roy Gentry Pearce (letztere von der Goodrich Rubber Company, Akron, Ohio, U. St. A.), Ein- und Ausatmungsventil, Nasenklemme, Gasanalysenapparat nach Orsat (s. Aufgabe 82) oder

Atmung und respiratorischer Stoffwechsel. 97

für genauere Versuche Gasanalysenapparat nach Haldane, genaue Gasuhr, Schlauchverbindung.

Ausführung: Die Versuchsperson wird in bequeme Lagerung gebracht. Das Ein- und Ausatmungsventil wird so vor der Versuchsperson aufgehangen, daß das Mundstück bequem in den Mund genommen werden kann. Die Ausatmungsseite des Ventils wird durch einen Gummischlauch mit dem 60 l haltenden Gummibeutel verbunden. Der Gummibeutel ist gleichfalls an einem Gestell aufgehängt. Der capillare Schlauch, von dem später Probeluft aus dem Gummibeutel entnommen wird, ist zunächst durch eine Klemme verschlossen. Die Versuchsperson setzt die Nasenklemme auf und atmet genau 3 Minuten in den Sack. Hierauf wird dicht am Ausgang des Sackes kurz vor dem capillaren Rohre zur Probeentnahme die Schlauchleitung zugeklemmt und die Verbindung des Gummibeutels mit dem übrigen System unterbrochen. Der Ausführungsschlauch des Gummibeutels wird rasch mit der Gasuhr verbunden. Hierbei soll jeder Druck auf den Gummibeutel vermieden werden. Der capillare Schlauch zur Entnahme einer Gasprobe wird entweder direkt mit dem Orsatschen Gasanalysenapparat oder mit einem mit Quecksilber gefüllten, unten mit einer feinen Spitze versehenen Sammelgefäß verbunden. Sowohl die Klemme nach der Gasuhr wie die Klemme nach dem Sammelgefäß oder dem Orsatschen Gasanalysenapparat werden geöffnet. Die im Gummibeutel befindliche Gasmischung beginnt nach der Gasuhr auszuströmen, und man fördert dieses Gasausströmen durch ganz leichte Bewegungen auf den Gummibeutel. Aus dem Sammelgefäß läßt man ganz langsam Quecksilber ausfließen, oder man läßt durch ganz allmähliches Senken des Niveaugefäßes Gas in den Orsat-Apparat übertreten. Auf diese Weise gewinnt man gleichzeitig mit dem Ausströmen der Hauptmasse stetig einen Teil als Probe zur Gasanalyse. Der Gummibeutel wird zur weiteren Entleerung stärker komprimiert, und schließlich wird er vollständig wie ein Mantel zusammengerollt, um möglichst die letzten Teile des Inhaltes durch die Gasuhr zu treiben. Der Gesamtinhalt, die Luftmenge darstellend, die in 3 Minuten ausgeatmet wurde, ist jetzt durch die Gasuhr gemessen, und die besonders aufgefangene Probe dient zur Gasanalyse, um Kohlensäure und Sauerstoffgehalt der ausgeatmeten Luft zu bestimmen. Wenn nicht aus Straßenluft eingeatmet wird, muß Sauerstoff und Kohlensäuregehalt der eingeatmeten Luft bekannt sein.

Um den Gaswechsel bei der Muskeltätigkeit zu ermitteln, trägt die Versuchsperson den Gummisack wie ein Tornister auf dem Rücken. Mit den Händen oder den Füßen wird je nach den vorhandenen Geräten Arbeit geleistet. Das Atmungsventil wird mit Hilfe einer Spange am Kopfe befestigt. Im übrigen verläuft der Versuch sowohl in seinem ersten wie in seinem zweiten Teil genau wie vorher, nur daß der Versuch nicht länger als 1 Minute dauern kann.

Für sehr genaue Versuche sollte der schädliche Raum mit Hilfe von eingeführtem Wasserstoff bestimmt werden.

Die Berechnungen erfolgen ähnlich wie in Aufgabe 83, nur mit dem Unterschiede, daß die Gasanalyse unmittelbar die in Betracht kommenden Gase in Volumina angibt.

Verdauung.

92. Nachweis von Traubenzucker.

Aufgabe: Es ist durch Reaktionen das Vorhandensein von Traubenzucker in einer Lösung nachzuweisen.

1. Trommersche Probe: Man versetzt die zu untersuchende Lösung mit dem gleichen Volumen Natronlauge und fügt vorsichtig ein paar Tropfen 10proz. (evtl. 2proz.) Kupfersulfatlösung zu. Solange sich das Kupferoxydhydrat schön blau löst, fährt man mit dem Zusatz fort, bis gerade etwas ungelöst bleibt. Dann erhitzt man das Reagensrohr zum Sieden und beobachtet das Eintreten der Gelbfärbung, Rotfärbung und schließlich das Absetzen eines roten Niederschlages von Kupferoxydul.

2. Mooresche oder Hellersche Probe: Eine nicht zu verdünnte Lösung von Traubenzucker färbt sich beim Kochen mit Natronlauge gelb bis braun.

3. Phenylhydrazinprobe: Man versetzt 5 ccm der zu untersuchenden Lösung mit 5 Tropfen reinem Phenylhydrazin und 10 Tropfen Eisessig, mischt gut durch und stellt das Reagensglas 1 Stunde lang in ein kochendes Wasserbad. Nach dem Erkalten untersucht man den Niederschlag von Phenylglucosazon unter dem Mikroskop und findet charakteristische, zu Büscheln vereinigte Krystalle von zeisiggelber Farbe.

Vereinfachung dieser Probe: Man versetzt 5 ccm der zu untersuchenden Lösung mit einer mit Natriumacetat gesättigten 30proz. Essigsäure, fügt 2 Tropfen reines Phenylhydrazin hinzu und kocht auf 3 ccm ein. Nach dem Erkalten erhält man schöne Krystalle von Phenylglucosazon.

4. Böttger - Nylander - Alménsche Probe: Das Böttger-Nylandersche Reagens besteht aus einer Auflösung von 2 g basischem Wismutnitrat, 4 g Seignettesalz (weinsaures Kalium-Natrium) in 100 ccm 8proz. Natronlauge. Davon nimmt man 1 ccm verdünnt mit 3 ccm Wasser und setzt 1 ccm Zuckerlösung hinzu. Dann erhitzt man im Wasserbade $1/_2$ Stunde lang. Bei Anwesenheit von Zucker tritt Schwarzfärbung (Abscheidung von metallischem Wismut) ein.

Gärungsprobe: Ein Gärungsröhrchen wird völlig mit der zu untersuchenden Lösung gefüllt und darauf ein Stück gewaschene

Verdauung. 99

Preßhefe durch Schütteln unter Vermeidung von Luftzutritt verteilt. Außerdem werden folgende Kontrollproben angestellt:
1. Es wird in der gleichen Weise ein anderes Gärungsröhrchen mit Kochsalzlösung und Hefe versetzt. 2. Es wird ein weiteres Gärungsröhrchen mit der zu untersuchenden Lösung und ein Stück gekochter Hefe versetzt. In den beiden Kontrollproben darf keine Gasentwicklung stattfinden. Die in der ersten Probe nach einiger Zeit beobachtete Gasmenge ist dann mit Sicherheit als aus Zucker entstandene Kohlensäure anzusprechen, wenn die nachherige Absorption durch Kalilauge dieselbe zum Verschwinden bringt. Die Gärung geht rascher vor sich, wenn die Röhrchen bei Körpertemperatur angebracht werden.

Wenn die zu untersuchende Lösung Eiweiß enthält, müssen die obengenannten Reaktionen, außer der letzten, erst angestellt werden, wenn vorher das Eiweiß ausgefällt wurde.

93. Bestimmung von Traubenzucker durch Polarisation mit Hilfe des Lippichschen Halbschattenapparates.

Aufgabe: Es ist die Drehung der Polarisationsebene des Lichtes durch Traubenzucker im Polarisationsapparat zu beobachten und eine quantitative Bestimmung des Zuckers durch Polarisation zu machen.

Gebraucht werden: Großer Polarisationsapparat, Lampe für monochromatisches Licht, Kochsalz, Traubenzuckerlösung.

Ausführung: Die Lampe für monochromatisches Licht wird in die für den betreffenden Apparat vorgeschriebene Entfernung eingestellt. Der Platinring des Brenners wird mit Kochsalz beschickt und dann in die brennende Flamme eingebracht. Es muß dafür gesorgt werden, daß er so steht, daß jedenfalls die dem Apparat zugekehrte Seite der Flamme rein monochromatisches Licht, von Natrium herrührend, darbietet. Das Okular des Polarisationsapparates wird scharf auf die vertikale Trennungslinie eingestellt. Die beiden Halbfelder sollen gleich halbhell erscheinen. Falls dieser Zustand gleichen Halbschattens, der als Nullage dient, nicht besteht, muß dieser Zustand durch Drehen an der feinen Schraube, welche den vorderen Nicol und die damit verbundene große Scheibe, welche die Kreisteilung trägt, hergestellt werden. Hierauf schreitet man zur Ablesung. Die an der großen Kreisscheibe befindliche Teilung enthält die ganzen Grade in vier Teile geteilt, so daß jeder Teilstrich $0{,}25$ entspricht. Dem innen liegenden drehbaren Kreis liegt außen ein in 25 Teilstriche geteilter Nonius an. Die Art der Ablesung wird durch folgendes Beispiel klargemacht: Der Nullstrich des Nonius liege zwischen den Teilstrichen $13{,}50$ und $13{,}75$ des inneren Teilkreises; der Noniusstrich $0{,}16$ falle mit einem Strich des Kreises zusammen, also ist abzulesen
$$13{,}50 + 0{,}16 = 13{,}66°.$$

Zur genaueren Ablesung dient eine Lupe. Wenn es auf große Genauigkeit ankommt, wird mit Hilfe der beiden um 180° auseinanderstehenden Nonius und Lupen abgelesen. Da vielfach die Anfangsnullstellung gleichen Halbschattens mit dem Null der großen Teilung nicht zusammenfällt, muß der wirklich abgelesene Wert als Nullwert benutzt werden. In das Beobachtungsrohr ist eine 1- oder 2proz. Traubenzuckerlösung luftfrei eingebracht worden, worauf dasselbe in den Polarisationsapparat eingelegt wird. Das eine Halbfeld ist jetzt dunkel, das andere hell geworden; man hat daher durch Drehen an der Stellschraube erneut Gleichheit der beiden Halbfelder einzustellen. Ist diese Gleichheit erreicht, so wird die Stellung, wie oben beschrieben, abgelesen. Die Differenz zwischen dem jetzt und früher erhaltenen Wert gibt die Größe der Drehung in Winkelgraden.

Bei den Versuchen, Gleichheit der beiden Halbfelder zu erzielen, verfährt man am besten derart, daß man anfänglich bald rechts, bald links zu große Dunkelheit erzielt und dann von beiden Seiten her sich der Gleichheit nähert. Die Umänderungen müssen mit einer gewissen Geschwindigkeit erfolgen, damit das Auge nicht für geringe Helligkeitsunterschiede abgestumpft wird.

Die Berechnung gründet sich auf die Beziehung, welche zwischen der Konzentration der Zuckerlösung, dem abgelesenen Drehungswinkel, der spezifischen Drehung der betreffenden Zuckerart und der Länge des Beobachtungsrohres besteht. Die spezifische Drehung ist definiert durch nachfolgende Ausdrücke:

$$[\alpha] = \frac{100\,\alpha}{1\,c}, \tag{1}$$

$$[\alpha] = \frac{100\,\alpha}{1\,p\,d}. \tag{2}$$

Es bedeutet c die Konzentration, d. h. die Anzahl Gramme aktiver Substanz in 100 ccm Lösung, p den Prozentgehalt der Lösung, d. h. die Anzahl Gramme aktiver Substanz in 100 g der Lösung, d das spezifische Gewicht der Lösung.

Für Traubenzucker ist
$$[\alpha]\frac{20}{D} = 52{,}8°;$$

damit folgt aus 1
$$c = 1{,}894\,\frac{a}{1}$$

oder bei Anwendung eines Rohres, dessen Länge 1 bis 2 dm ist,
$$c = 0{,}947\,\alpha.$$

Gewöhnlich verwendet man für diese Bestimmung Röhren von 189,4 bzw. 94,7 mm Länge. Dann wird einfach
$$c = \alpha \quad \text{bzw.} \quad c = 2\,\alpha.$$

Die spezifische Drehung von Rohrzucker ist 66,5°.

Verdauung. 101

94. Quantitative Bestimmung des Traubenzuckers nach Bertrand.

Aufgabe: Es ist Traubenzucker mit Hilfe der Bertrandschen Methode zu bestimmen, welche darauf beruht, daß das durch die Zuckerreduktion gebildete Kupferoxydul in einer Lösung von Ferrisalz in Schwefelsäure gelöst und das gebildete Ferrosalz mit einer auf Ammoniumoxalat eingestellten Kaliumpermanganatlösung titriert wird.

Der Methode liegen folgende Gleichungen zugrunde:

I. $Cu_2O + Fe_2(SO_4)_3 + H_2SO_4 = 2 CuSO_4 + 2 FeSO_4 + H_2O$.

II. $10 FeSO_4 + 2 KMnO_4 + 8 H_2SO_4 = 5 [Fe_2(SO_4)_3] + K_2SO_4 + 2 MnSO_4$,

III. $5 C_2H_2O_4 + 2 KMnO_4 + 3 H_2SO_4 = 10 CO_2 + 2 MnSO_4 + K_2SO_4 + 8 H_2O$.

Hieraus geht hervor, daß 1 Mol. Ammoniumoxalat (bzw. Oxalsäure) 2 Mol. Fe. und diese sind nach der Gleichung äquivalent 2 Cu.

Gebraucht werden die nachfolgenden Lösungen: Lösung 1 = reines krystallisiertes Kupfersulfat 40 g, destilliertes Wasser zu 1 l. Lösung 2 = reines Seignettesalz 200 g, Natriumhydroxyd in Stangen 150 g, destilliertes Wasser zu 1 l. Lösung 3 = Ferrisulfat (rein) 40 g, Schwefelsäure konz. (rein) 200 ccm, destilliertes Wasser zu 1 Liter. Lösung 4 = Kaliumpermanganat (rein) 5 g, destilliertes Wasser zu 1 l.

Ausführung: Von der filtrierten Zuckerlösung, deren Zuckergehalt bestimmt werden soll, werden 20 ccm in ein nicht zu kleines Erlenmeyer-Kölbchen gebracht, dazu je 20 ccm der Kupfersulfat- und Seignettesalzlösung. Die Mischung wird über einer mäßig starken Flamme erhitzt und vom Moment an, da die ersten Gasblasen aufsteigen, während 3 Minuten vorsichtig gekocht. Dabei wird durch den vorhandenen Zucker eine bestimmte Menge Kupfersulfat zu rotem Kupferoxydul reduziert. Es ist darauf zu achten, daß die zu untersuchende Zuckerlösung nicht zu konzentriert ist und auf keinen Fall mehr als 100 mg Zucker auf 20 ccm enthält, da sonst alles Kupfersulfat reduziert wird und ein Teil des Zuckers seine reduzierende Wirkung nicht entfalten kann. Die Lösung muß also nach dem Kochen noch überschüssiges Kupfersulfat enthalten, d. h. sie muß noch blau sein.

Sobald der rote Niederschlag von Kupferoxydul sich gesetzt hat, was nach wenigen Minuten der Fall ist, wird die Flüssigkeit durch ein Asbestfilterröhrchen abfiltriert. Der Oxydulniederschlag wird mit destilliertem Wasser gut gewaschen, und auch das Waschwasser wird durch das Filterröhrchen durchgesaugt. Dabei soll möglichst wenig von dem Niederschlag auf das Filter kommen, was man durch ganz vorsichtiges Abgießen der Flüssigkeit erreicht. Durch Zusatz von 20 ccm der Ferrisulfatlösung wird der rote Niederschlag im Erlenmeyer-Kolben gelöst. Aus der Saugflasche wird die abfiltrierte blaue Flüssigkeit weggegossen, die Flasche wird reingespült und das Filterröhrchen wieder aufgesetzt. Unterdessen hat sich das Kupferoxydul in der Ferrisulfatlösung gelöst, wobei es einen Teil des Ferrisulfates zu

Zucker in mg	Cu in mg	Zucker in mg	Cu in mg	Zucker in mg	Cu in mg	Zucker in mg	Cu in mg
0,5	1,1	19	38,1	47	90,0	75	137,9
1,0	2,2	20	40,1	48	91,8	76	139,6
1,5	3,3	21	42,0	49	93,6	77	141,2
2,0	4,4	22	43,9	50	95,4	78	142,8
2,5	5,5	23	45,8	51	97,1	79	144,5
3,0	6,5	24	47,7	52	98,9	80	146,1
3,5	7,5	25	49,6	53	100,6	81	147,7
4,0	8,5	26	51,5	54	102,3	82	149,3
4,5	9,5	27	53,4	55	104,1	83	150,9
5,0	10,5	28	55,3	56	105,8	84	152,5
5,5	11,5	29	57,2	57	107,6	85	154,0
6,0	12,5	30	59,1	58	109,3	86	155,6
6,5	13,5	31	60,9	59	111,1	87	157,2
7,0	14,5	32	62,8	60	112,8	88	158,8
7,5	15,5	33	64,6	61	114,5	89	160,4
8,0	16,5	34	66,5	62	116,2	90	162,0
8,5	17,5	35	68,3	63	117,9	91	163,6
9,0	18,5	36	70,1	64	119,6	92	165,2
9,5	19,5	37	72,0	65	121,3	93	166,7
10,0	20,5	38	73,8	66	123,0	94	168,3
11	22,4	39	75,7	67	124,7	95	169,9
12	24,3	40	77,5	68	126,4	96	171,4
13	26,3	41	79,3	69	128,1	97	173,1
14	28,3	42	81,1	70	129,8	98	174,6
15	30,2	43	82,9	71	131,4	99	176,2
16	32,2	44	84,7	72	133,1	100	177,8
17	34,2	45	86,4	73	134,7		
18	36,2	46	88,2	74	136,3		

Ferrosulfat reduziert hat. Die Lösung zeigt jetzt infolgedessen eine schöne grüne Färbung. Sie wird langsam durch das Filterröhrchen gesaugt, wobei auch der Oxydulniederschlag, der sich in diesem befindet, in Lösung geht. Bleibt noch ein Teil des Niederschlages ungelöst auf dem Filter zurück, so gießt man noch einige Kubikzentimeter der Ferrisulfatlösung nach. Aus der Saugflasche bringt man die Lösung in ein Becherglas, und aus dem Erlenmeyer-Kolben, aus der Saugflasche und vom Filterröhrchen wird jede Spur derselben ins nämliche Glas gespült.

Verdauung. 103

Berechnung der Analyse: Zuerst stellt man den Titer der verwendeten Kaliumpermanganatlösung dar. Das geschieht in folgender Weise: 0,25 g Ammoniumoxalat werden in 100 ccm Wasser gelöst, mit 2 ccm konz. Schwefelsäure versetzt und auf 60—80° erwärmt. Man läßt aus einer Bürette von der Kaliumpermanganatlösung zulaufen, bis Rosafärbung eintritt. Damit bestimmt man das Verhältnis der Kaliumpermanganatlösung zur Ammoniumoxalatlösung. Sagen wir, das Verhältnis der Kaliumpermanganatlösung zur Oxalsäurelösung ist wie 100:20, oder, was dasselbe ist, 5 ccm Permanganat entsprechen 1 ccm Oxalat.

Nehmen wir an, wir hätten bei der Titration der Kupferlösung 20 ccm Permanganat verbraucht. Diese 20 ccm Permanganat würden 4 ccm Oxalatlösung entsprechen. Da die Oxalatlösung 0,0025 g Oxalat in 1 ccm enthält, so enthalten 5 ccm 0,0025 · 5 = 0,0125 g Oxalat. Multipliziert man diese Zahl mit dem Faktor $\left(\dfrac{63,6 \cdot 2}{142,1}\right)$ = 0,8951, so erhält man die Kupfermenge, welche der bis zur Rosafärbung gebrauchten Kaliumpermanganatlösung entspricht. Die Bestimmung der Zuckermenge (Glykose) aus dem Kupfer geschieht auf Grund vorstehender Tabelle von Bertrand[1]).

95. Nachweis der Stärkespaltung durch Speichel.

Aufgabe: Nachzuweisen, daß Stärke durch Speichel verdaut wird.

Gebraucht werden: Stärkelösung (1 g Stärke wird mit 100 ccm Wasser gekocht und filtriert), Jodjodkaliumlösung, Kupfersulfatlösung, konz. Kaliumlösung, Wasserbad, Thermometer, Kölbchen.

Ausführung: Bereite folgende Reagensgläser: 1 ccm Speichel mit 10 ccm Stärkekleister, 1 ccm Speichel plus 10 ccm Stärkekleister plus 1 Tropfen Jodjodkaliumlösung, 1 ccm gekochten Speichels plus 10 ccm Stärkekleister plus 1 Tropfen Jodjodkaliumlösung, mehrere Reagensgläser mit je 1 ccm Speichel plus 10 ccm Stärkekleister; stelle alle Reagensgläser in das Wasserbad bei 39° Temperatur.

Beobachtungsaufgabe: 1. Stärkekleister ohne Speichel mit Jodjodkaliumlösung versetzt gibt blaue Farbe (Stärkereaktion). 2. Bei den mit Speichel versetzten Röhren verschwindet die blaue Farbe, geht allmählich in Rot über (Erythrodextrinreaktion), schließlich in Farblosigkeit (Achroodextrin). 3. In den Röhren mit gekochtem Speichel bleibt die Blaufärbung unverändert. 4. Stärkelösung ohne Speichel wird mit konz. Kalilauge und ein paar Tropfen Kupfersulfatlösung versetzt und gekocht. Es tritt keine Veränderung der leichten blauen Farbe ein. In den mit Speichel

---

[1]) Die Zahlen von 0,5 bis 10 mg Zucker sind der Arbeit von Moeckel und Frank entnommen.

versetzten Röhren wandelt sich die Farbe allmählich in Gelb und schließlich in Rot um (Zuckerreaktion).

96. Quantitative Bestimmung der diastatischen Kraft des Fermentes im Speichel nach Wohlgemuth.

Aufgabe: Es ist quantitativ die diastatische Kraft verschieden verdünnter Speichellösungen zu bestimmen.

Gebraucht werden: 1 proz. Stärkelösung, $^1/_{10}$ n-Jodlösung, Eiswasser, Speichel, Reagensgläser.

Ausführung: Man beschickt eine Reihe Reagensgläser mit absteigenden Mengen der zu untersuchenden Enzymlösung, fügt zu jedem Röhrchen 5 ccm einer 1 proz. Stärkelösung und stellt sofort jedes Röhrchen in ein Gefäß mit Eiswasser, in dem sich ein Drahtkorb bzw. Becherglas zur Aufnahme der Gläschen befindet. Die Anwendung des Eiswassers hat den Zweck, jede Enzymwirkung zunächst vollständig auszuschließen. Wenn dann alle Gläschen in dieser Weise vorbereitet sind, wird das Becherglas mit sämtlichen Gläschen in ein Wasserbad von 40° übertragen; dadurch wird erreicht, daß die Wirkung des Enzyms in allen Portionen zu genau dem gleichen Zeitpunkt einsetzt. Bei dieser Temperatur bleibt das Becherglas 30 bis 60 Minuten, je nachdem man den Versuch ausdehnen will, und wird nach Ablauf der entsprechenden Frist wieder in das Gefäß mit Eiswasser übertragen und kurze Zeit darin belassen, auf diese Weise wird die Enzymwirkung wiederum in sämtlichen Portionen zu genau der gleichen Zeit unterbrochen. Damit ist die eigentliche Ausführung des Versuches beendet.

Um nun die Stärke der Enzymwirkung festzustellen, wird folgendermaßen verfahren:

Sämtliche Reagensgläser werden etwa bis fingerbreit vom Rande mit Wasser aufgefüllt, zu jedem Gläschen je 1 Tropfen einer $^1/_{10}$ n-Jodlösung zugesetzt und umgeschüttelt. Dabei beobachtet man verschiedene Färbungen, wie dunkelblau, blauviolett, rotgelb und gelb. Diejenigen Gläschen, die eine gelbe bis rotgelbe Farbe aufweisen, enthalten — wenn wir von einem weiteren Abbau der Stärke zu Maltose resp. Isomaltose und Traubenzucker absehen — nur noch Achroodextrin resp. Erythrodextrin, die blauviolett gefärbten enthalten ein Gemisch von Erythrodextrin einerseits und Stärke andererseits und endlich die mit einer dunkelblauen Färbung vorwiegend unveränderte Stärke. Als unterste Grenze der Wirksamkeit (limes) bezeichnet man dasjenige Gläschen, in dem zum ersten Male die blaue Farbe unverkennbar auftritt, das ist also dasjenige Gläschen, das die violette Farbe zeigt. Danach ist in dem vorhergehenden Gläschen sämtliche Stärke mindestens zum Dextrin abgebaut. Aus ihm berechnet sich die Enzymmenge in der Weise, daß die Anzahl Kubik-

Verdauung. 105

zentimeter einer 1 proz. Stärkelösung bestimmt wird, die durch 1,0 ccm der Enzymlösung in der für den Versuch angewandten Zeit bis zum Dextrin total abgebaut wird.

Das eben farblos gewordene Gläschen enthalte beispielsweise 0,02 ccm Speichel; es wären dann 0,02 ccm Speichel imstande, innerhalb 30 Minuten 3 ccm 1 proz. Stärkelösung in Dextrin umzuwandeln, mithin 1,0 ccm Speichel gleich 250 ccm 1 proz. Stärkelösung. Die diastatische Kraft für 1 ccm der Enzymlösung bezeichnet man in der Abkürzung des Wortes Diastase mit D und ist bei jedem Versuch gleichzeitig Temperatur und Zeit anzugeben, mit denen gearbeitet wurde.

97. Nachweis von Rhodanwasserstoffsäure im Speichel.

Eine Probe mit Salpetersäure angesäuerten Speichels wird mit wenigen Tropfen sehr verdünnter Eisenchloridlösung versetzt. Rotfärbung zeigt die Anwesenheit von Rhodanwasserstoffsäure an.

98. Nachweis und Schätzung der Pepsinmenge mit Mettschen Röhrchen.

Aufgabe: Es ist zu untersuchen, daß Eiweiß in Magensaft bzw. Pepsinlösungen gespalten wird. Die Größe der Spaltung ist quantitativ zu bestimmen.

Gebraucht werden: 1. Magensaft (Zubereitung: Von einem frischen Schweinemagen wird die Schleimhaut abpräpariert und mit Salzsäurelösung von 0,4% extrahiert und dann filtriert). 2. Mettsche Röhrchen. Zubereitung: In kleinen Glasröhrchen von 1 bis 2 mm Durchmesser wird Hühnereiweiß aufgesogen und dann in heißem Wasser von 95° C zur Gerinnung gebracht. Von diesen Röhren schneidet man etwa 1 cm lange Stücke ab. 3. Brutofen. 4. Lupe und Millimetermaßstab. 5. Bechergläschen.

Ausführung: Bringe 1 cm lange Mettsche Röhren in ein Bechergläschen und fülle dasselbe mit einer abgemessenen Menge Magensaft. Mehrere andere Gläschen werden mit den gleichen Mengen verschieden verdünnten Magensaftes gefüllt. Bringe sämtliche Gläser in den Brutofen und lasse sie bei 39° stehen. Es ist festzustellen, wieviel Millimeter Eiweiß in den Röhrchen verdaut worden sind. Die Anzahl Millimeter Eiweiß, welche gelöst worden sind, dienen als Maß für die Verdauungskraft bzw. für die Pepsinmengen. Beachte, daß die beobachtete Verdauungskraft verschieden ist, je nach der Eiweißart in den Röhren, z. B. Hühnereiweiß und Gelatine.

Übungen zur Physiologie der vegetativen Funktionen.

99. Untersuchung der peptischen Verdauungsprodukte[1]).

Gebraucht werden: Künstlicher Magensaft, Fibrin, Brutofen, Ammoniumsulfat, Kupfersulfatlösung, Natronlaugelösung, konz. verdünnte Sodalösung, Lackmuspapier, Kochsalz, Essigsäure, Salpetersäure, Kaliumferrocyanat, Reagensgläser, Trichter, Filtrierpapier.

Ausführung: a) Man läßt 100 ccm künstlichen Magensaft auf 100 g feuchtes Fibrin bei 37 bis 40° einwirken, bis vollständige Lösung eingetreten ist, und neutralisiert dann mit verdünnter Sodalösung bis zur deutlichen Flockenbildung (Neutralisationspräcipitat, Acidalbumin). Man kocht auf und filtriert. Die Flüssigkeit gibt starke Biuretreaktion. Beim Sättigen mit festem Ammonsulfat fällt ein Teil der Verdauunsgprodukte aus (Albumosen). Das Filtrat gibt auf Zusatz von viel Natronlauge mit wenig Kupfersulfatlösung noch Biuretreaktion (Peptone). b) 50 ccm einer 10 proz. „Wittepepton"-Lösung (peptische Verdauungsprodukte von Fibrin) werden mit 50 ccm gesättigter Ammonsulfatlösung versetzt, der Niederschlag enthält Proto- und Heteroalbumose; das Filtrat wird mit Schwefelsäure angesäuert und mit Ammonsulfat gesättigt, der neuerdings entstehende Niederschlag enthält Glykoalbumose und sekundäre Albumosen (Thio-, C-Albumose u. a.), das davon getrennte Filtrat die Peptone, Peptoide und Endprodukte.

	Fällbarkeit durch Ammonsulfat	Fällbarkeit durch Kochsalz plus Essigsäure	Salpetersäure	Kaliumferrocyanid plus Essigsäure	Biuretreaktion
Proto- und Heteroalbumose („primäre Albumosen")	Fällbar bei Halbsättigung	Beim Aussalzen der essigsauren Lösung starke Fällung	Fällung, die sich in der Wärme löst, beim Erkalten wieder erscheint	Fällung in der Wärme löslich, beim Erkalten wieder auftretend	Vorhanden
Glykoalbumose und sekundäre Albumosen	Fällbar bei Ganzsättigung aus angesäuerter Lösung	Beim Aussalzen in essigsaurer Lösung nur zum Teil fällbar	Trübung	Nicht fällbar	Vorhanden
Peptone	Nicht fällbar	Nicht fällbar	Nicht fällbar	Nicht fällbar	Vorhanden
Peptoide und Endprodukte	Nicht fällbar	Nicht fällbar	Nicht fällbar	Nicht fällbar	Fehlt

[1]) Nach Hofmeister.

Verdauung. 107

100. Umwandlung des Eiweißes durch die Verdauung in dialysable Produkte.

Aufgabe: Zu zeigen, daß durch peptische Verdauung aus dem Eiweiß Produkte entstehen, welche durch Pergament diffundieren.

Gebraucht werden: Magensaft, Fibrin, Pergamentschläuche, Gefäße, Kupfersulfatlösung, konz. Kalilauge, Reagensgläser.

Ausführung: Fibrin wird mit Magensaft verdaut. Nach einiger Zeit Verdauung wird die Lösung in Pergamentschläuche (Dialysierhülsen) gebracht. Die Schläuche werden im Gefäß mit destilliertem Wasser zum Dialysieren eingesetzt. Nach einiger Zeit werden Proben der Außenflüssigkeit genommen und damit die Biuretreaktion angestellt (Nachweis von diffusionsfähigen Albumosen und Peptonen).

101. Nachweis und Schätzung der Verdauungskraft eiweißspaltender Fermente mit Hilfe von Grützners Carminmethode.

Aufgabe: Zu zeigen, daß durch die Verdauung von mit Carmin gefärbtem Fibrin das Carmin freigemacht wird. Aus der Färbung der filtrierten Lösung kann die Verdauungskraft beurteilt werden.

Gebraucht werden: Fibrin mit Carmin gefärbt. (Zu diesem Zweck wird das Fibrin zuerst mit großen Mengen Wasser gewaschen, bis jede Spur vom Blut verschwunden und das Fibrin ganz farblos ist; dann kommt es während 24 bis 28 Stunden in eine ziemlich starke Lösung von ammoniakalischem Carmin. Darauf wieder Waschen mit großen Mengen Wasser, bis das Waschwasser ganz farblos abfließt. Das gefärbte Fibrin wird in Glycerin aufbewahrt.) Magensaft, Reagensgläser.

Ausführung: Fibrin mit Carmin gefärbt läßt man zunächst in $1^0/_{00}$ Salzsäure quellen, dann werden in Reagensgläser vom gleichen Durchmesser möglichst gleiche Mengen des gequollenen Carminfibrins verteilt. Es wird die zu prüfende Magensaftlösung in verschiedenen abgemessenen Mengen zugesetzt. Die Reagensgläser kommen in den Verdauungsofen. Nach 1 Stunde werden alle Reagensgläser aus dem Brutofen entfernt, und es wird die Verdauungskraft des Magensaftes aus der Rotfärbung der filtrierten Lösungen beurteilt. Hierzu dient der Vergleich mit Carminlösungen bekannter Konzentration.

102. Methode von Groß zur Bestimmung der Wirksamkeit von Pepsin.

Aufgabe: Es ist zu bestimmen, welche Verdünnung von wirksamem Magensaft in einer gegebenen Zeit eine gegebene Menge von Casein vollständig zu Caseosen spaltet.

Gebraucht werden: Casein, konz. Natriumacetatlösung.

Ausführung: 1 prom. Lösung von Casein puriss. Grübler (nach Hammarsten) muß so viel freie HCl enthalten wie zum Optimum der Verdauung nötig. (1 g Casein mit 18 ccm einer 25 proz. HCl-Lösung [spez. Gewicht 1,124] wird in 1 l Wasser auf dem Wasserbad gelöst.) Je 10 cmm dieser auf 39 bis 40° vorgewärmten Flüssigkeit kommen in eine Reihe von Reagensgläsern, die mit steigenden Mengen des zu untersuchenden Magensaftes beschickt werden. Nach einem viertelstündigen Verweilen im Thermostaten werden einem jeden Gläschen 1 Tropfen einer konz. Lösung von essigsaurem Natron zugesetzt. Das unverdaute Casein fällt dabei aus, im Gegensatz zu den Caseosen. Dabei setzt sich natürlich die Salzsäure und das essigsaure Natrium in Kochsalz und Essigsäure um. So erkennt man die geringste Menge von Magensaft, die in 15 Minuten alles Casein verdaut hat.

103. Bestimmung der Verdauungskraft von Pepsin mittels der Methode von Volhard.

Aufgabe: Es ist durch Titration des Filtrates einer durch Natriumsulfat gefällten, mit Magensaft verdauten Caseinlösung die Zunahme der Acidität gegenüber der unverdauten Caseinlösung festzustellen. Die Zunahme beruht darauf, daß die durch das Natriumsulfat nicht mehr fällbaren salzsauren Peptone das Filter passieren.

Gebraucht werden: Caseinlösung (100 g Casein gelöst in 138 ccm $^1/_1$ HCl), 20 proz. Natriumsulfatlösung, Magensaftlösung, Meßzylinder, Trichter, Filter, Brutofen.

Ausführung: 15 ccm Caseinlösung mit 17 ccm Wasser vorgewärmt werden mit 0,1, 0,4, 0,9 ccm Magensaft 1 Stunde lang digeriert. Danach wird im Meßzylinder auf 30 ccm aufgefüllt und mit 10 ccm 20 proz. Natriumsulfatlösung das Casein gefällt. 20 ccm Filtrat der ohne Magensaftzusatz gefällten Stammlösung werden bei Anwendung von Phenolphthalein mit $^1/_{10}$ n-Natronlauge titriert und dadurch die Anfangsacidität bestimmt. Von den drei mit verschiedenen Mengen Magensaft behandelten Caseinlösungen werden je 20 ccm mit $^1/_{10}$ n-Natronlauge titriert. Die Differenz gegenüber der unverdauten Lösung gibt den Aciditätszuwachs.

Besondere Aufgabe: Die Caseinniederschläge werden auf gewogene Filter gesammelt und ausgewaschen, nach vollständiger Trocknung noch einmal gewaschen und bis zur Gewichtskonstanz getrocknet.

104. Untersuchung der Schluckbewegung und deren Innervation.

Aufgabe: Es sind die Schluckbewegungen an dem Oesophagus und der Cardia des Kaninchens und ihre Innervationen durch den Nervus laryngeus superior zu beobachten.

Verdauung. 109

Gebraucht werden: Kaninchen, Operationsinstrumente, Schlittenapparat, Guttaperchapapierelektroden, Element, Pipette.

Ausführung: Das mit Urethan narkotisierte Kaninchen wird in Rückenlage aufgebunden. In der Mittellinie des Halses wird ein Schnitt gelegt, der von der Unterkiefergegend bis zum Sternum reicht. Nach Durchschneidung der Haut und der oberflächlichen Fascien wird stumpf auf der linken Seite in seiner ganzen Länge der Oesophagus freigelegt, wobei Verletzungen seiner Umgebung vermieden werden müssen. In früher beschriebener Weise werden die Nervi laryngei sup. freigelegt und mit Elektroden versehen. Am unteren Ende des Sternums wird in der Mittellinie des Bauches ein kleiner Schnitt zur Eröffnung desselben gemacht, so daß der Magen freiliegt. Mit Watte und Gaze wird die Öffnung und der Magen abgedeckt und nur die Cardia zur Beobachtung frei gelassen. Darauf reizt man mit den schwächsten eben wirksamen Induktionsströmen den Nervus laryngeus, um den Schluckakt auszulösen. Um sicher zu sein, daß der Schluckakt richtig abläuft, empfiehlt es sich, mit einer Pipette eine kleine Menge von Wasser in die Mundhöhle zu bringen. Reizt man ganz kurzdauernd, so beobachtet man nur einen einzigen Schluckakt. Man achte auf die Bewegung des Kehlkopfes, auf die Welle, welche den Oesophagus entlang läuft, und auf die nach einer gewissen Latenz auftretende Bewegung der Cardiagegend. Man bestimme durch Beobachtung an der Uhr das Intervall zwischen der Bewegung des Oesophagus und der Cardia. Reizt man den Nervus laryngeus eine gewisse Zeit lang, so treten nur die Schluckbewegungen in der Mundhöhle auf. Hingegen tritt nach der ersten Welle keine weitere Bewegung im Oesophagus auf — also Hemmung. Erst nach Schluß der Reizung folgt wiederum die peristaltische Bewegung der tieferen Teile.

105. Abhängigkeit der Pepsinverdauung vom Säuregrad.

Aufgabe: Es ist zu untersuchen, in welcher Weise die Pepsinverdauung von der Konzentration der Salzsäurelösung abhängt.

Gebraucht werden: Ricinlösung (am besten 4proz. Lösung). (Herstellung der Lösung: Man gebe 2 g dieses Pulvers in 50 ccm 3proz. NaCl-Lösung, schüttle einige Minuten stark durch, stelle das Gemisch auf 1 Stunde in ein lauwarmes Wasserbad von ca. 40° und filtriere dann ab. Von dem völlig klaren Filtrat wird je 1 Volumteil mit $1/3$ bis $1/2$ Volumteil $1/10$ n-HCl-Lösung versetzt. Es entsteht eine Trübung, die nach einiger Zeit zur Bildung sehr feiner Flocken führt. Man gebe die Salzsäure in Portionen hinzu, so lange, bis eine kräftige Trübung entsteht. Im Überschuß der Säure löst sich die Trübung wieder.) Künstlicher Magensaft, 1proz. Salzsäure, Meßzylinder, Pipetten.

Übungen zur Physiologie der vegetativen Funktionen.

Ausführung: Man stellt sich sechs verschiedene Konzentrationen von Salzsäurelösung her; nämlich 0,05, 0,1, 0,3, 0,5, 0,7 und 1 proz. Man beschicke 6 Reagensgläschen mit genau der gleichen Menge Ricinlösung und setze je die gleiche Menge der verschiedenen Salzsäurelösungen zu. Die Reagensgläschen kommen dann in den Brutofen, und man stellt fest, indem man von Zeit zu Zeit dieselben herausnimmt, welches die Reihenfolge der Aufklärung der Ricinlösung ist. Dort, wo der Säuregrad der günstigste ist, tritt die Aufhellung zuerst ein.

106. Nachweis der Salzsäure und Unterscheidung derselben von organischen Säuren.

Gebraucht werden: Günzburgsches Reagens (1 g Vanillin plus 2 g Phloroglucin plus 100 ccm Alkohol). 0,2 proz. Salzsäure, 0,5 proz. Milchsäure, 2 proz. Albumoselösung. Deckel von Porzellantiegeln.

Ausführung: Wenige Tropfen Magensaft auf einer Porzellanschale mit Günzburgschem Reagens (1 Tropfen) versetzt, unter Vermeidung zu starker Erhitzung zur Trockne verdampft; bei Anwesenheit von freier Salzsäure färbt sich der Rückstand purpurrot. Pepton stört die Günzburgsche Reaktion nicht. Milchsäure gibt die Reaktion nicht.

Die Reaktionen sind zu prüfen:

Mit 0,2 proz. Salzsäure; mit 0,2 proz. Salzsäure plus dem gleichen Volum einer 2 proz. Albumoselösung; mit 0,5 proz. Milchsäure; mit 0,2 proz. HCl plus Milchsäure 0,5%.

107. Bestimmung a) der Gesamtacidität und b) der an organische Stoffe gebundenen Salzsäure.

a) Man bestimmt den Äquivalenzwert von HCl, organisch gebundener HCl und freier anorganischer Säure, indem man mit $^1/_{10}$ n-Natronlauge unter Benutzung von Phenolphthalein als Indicator titriert.

Zur Ausführung schüttelt man den Magensaft kräftig um, mißt dann 20 ccm des unfiltrierten Saftes in einem Meßzylinder ab, verdünnt in einem anderen Meßzylinder auf 300 (bei stark gefärbtem Magensaft auf 500 ccm) und bringt je eine Hälfte in ein Becherglas; dann setzt man zu beiden je 3 Tropfen einer 1 proz. alkoholischen Phenolphthaleinlösung und titriert mit $^1/_{10}$ n-Natronlauge, bis der Umschlag nach Rot eingetreten ist. Zur Kontrolle verwendet man das nicht titrierte zweite Glas, um den Farbenumschlag besser sehen zu können. Die zweite Portion wird dann ebenfalls titriert.

Verdauung. 111

b) Man titriert wie bei der Bestimmung der Gesamtacidität, nur verwendet man als Indicator nicht Phenolphthalein, sondern Dimethylaminoazobenzol (0,5 g in 100 ccm 95 proz. Alkohol), das sich schon orangegelb färbt, wenn nur die Affinität der freien Salzsäure durch Alkali gesättigt ist, während Phenolphthalein erst dann rot wird, wenn auch die gebundene Salzsäure und die organischen Säuren neutralisiert sind. Die Differenz beider Bestimmungen entspricht der sog. gebundenen, d. h. an organische Stoffe gebundenen Salzsäure.

108. Bestimmung der aktuellen Acidität des Magensaftes nach der Titrationsmethode von Sahli.

Aufgabe: Die Wasserstoffionenkonzentration bzw. der Wasserstoffexponent des Magensaftes sind dadurch zu bestimmen, daß mit Methylviolett versetztes reines destilliertes Wasser so lange mit verdünnter Salzsäure versetzt wird, bis derselbe Farbenton erreicht wird, wie ihn mit Methylviolett versetzter Magensaft zeigt.

Gebraucht werden: Methylviolett, gleich kalibrierte Reagensgläschen, Komparator nach Walpole, Magensaft, $1/100$ und $1/10$ n-Salzsäure, Bürette.

Ausführung: Von zwei möglichst gleich kalibrierten Reagensgläschen wird das eine mit 10 ccm filtrierten Magensaftes, das andere mit 10 ccm destillierten Wassers versetzt. In beide Röhrchen kommen die gleichen Mengen wässriger Methylviolettlösung, z. B. 0,5 ccm. Beide Röhrchen kommen nebeneinander in den Komparator. Ein Röhrchen mit bloßem Magensaft kommt vor die Indicatorlösung. Man titriert nun, indem man zu dem Röhrchen mit destilliertem Wasser so lange $1/10$ bzw. $1/100$ n-Lösung zufließen läßt, bis die gleiche Farbe mit dem Magensaftrohr erreicht worden ist. Aus der Menge zugesetzter Salzsäure und der Flüssigkeitsmenge in dem betreffenden Reagensgläschen läßt sich die Wasserstoffionenkonzentration in dem Moment der Gleichheit berechnen.

109. Nachweis der Eiweißspaltungsprodukte, welche durch Verdauung mit Trypsin entstehen.

Aufgabe: Es sind Eiweißkörper durch Trypsin zu verdauen und das Entstehen von Albumosen und Aminosäuren nachzuweisen.

Gebraucht werden: Trypsinlösung oder Pankreasextrakte (fein zerhacktes Pankreas entweder mit 1 proz. Sodalösung oder mit Glycerin extrahiert), Toluol, Fibrin, Casein, evtl. Wittepepton und andere Eiweißkörper, 1 proz. Sodalösung, Brutofen, Reagensgläser, Bromwasser, Millons Reagens (Quecksilber 10,0, Salpetersäure [spez. Gewicht 1,4] 20,0; kalt schütteln, erwärmen, nach völliger Lösung Aq. dest. 40,0, 3 Stunden stehen lassen, filtrieren).

112 Übungen zur Physiologie der vegetativen Funktionen.

Ausführung: a) Fein zerhacktes Pankreas wird unter Toluol mit Sodalösung übergossen und ein paar Stunden sich selbst überlassen. Nachdem es so im Brutofen verweilt hat, wird abfiltiriert, und im Filtrat werden die höheren Eiweißspaltprodukte und Aminosäuren nachgewiesen. Das Filtrat gibt eine sehr starke purpurrote Biuretreaktion (Pepton). Eine Portion des Filtrates wird im Reagensglas mit Bromwasser übergossen, nachdem man es vorher mit Essigsäure schwach angesäuert hat. Es entsteht eine violettrote Färbung, die sich allmählich als Niederschlag absetzt. Nachweis von Tryptophan, Indol-α-aminopropionsäure. Eine andere Probe wird mit Ammoniumsulfat in Substanz versetzt und vom Niederschlag abfiltriert. Zusatz von Millons Reagens und starkes Kochen gibt im Filtrat eine fleischrote Farbe des Niederschlages (Nachweis von Tyrosin [p-Oxyphenyl-α-aminoproprionsäure]). Eine kleine Portion des klaren Filtrates der ursprünglichen Lösung wird auf ein Uhrschälchen gebracht und das Uhrschälchen auf dem Wasserbade vorsichtig abgedampft, es scheiden sich die charakteristischen Krystalle von Leucin (α-Aminoisobutylessigsäure) in Form von wenig lichtbrechenden Kugeln und das Tyrosin in Form von feinen Nädelchen aus. b) Fibrinfasern werden mit Pankreasextrakt im Brutofen verdaut. Beachte, wie das Fibrin allmählich kleiner und kleiner wird (Gegensatz zur peptischen Verdauung, wo das Fibrin quillt). In der Verdauungsflüssigkeit werden mit den früher geübten Methoden Albumosen, Peptone und Aminosäure nachgewiesen. c) Caseinverdauung. 10 g Casein werden mit 100 ccm Wasser und entweder 1 g käuflichem Pankreatin oder sonst Trypsinlösung versetzt und so viel Sodalösung zugesetzt, daß die Lösung gerade alkalisch reagiert. Die Lösung kommt in einem verschlossenen Kölbchen mit Toluol versetzt mehrere Stunden in den Brutofen. Es scheiden sich weiße Punkte ab, welche unter dem Mikroskop als Krystalle sich erweisen. Sie geben mit Millons Reagens Rotfärbung, Tyrosinnachweis.

In der filtrierten Lösung weise man wie oben mit Bromwasser Tryptophan nach.

110. Nachweis der diastatischen Wirkung von Pankreas.

Ausführung: Man verreibt etwa 10 g frisches Rinderpankreas unter Zusatz von Thymol mit Sand und rührt mit 20 ccm 0,9 proz. Kochsalzlösung zu einer gleichmäßigen Emulsion an. 1 ccm davon mischt man mit dickem Stärkekleister (1 g Stärke auf 30 ccm Wasser), läßt eine Viertelstunde bei 37 bis 40° stehen und prüft dann einige Tropfen der Flüssigkeit mit Fehlingscher Lösung. Kräftige Reduktion.

Verdauung. 113

111. Nachweis der Fettspaltung durch die Lipase des Pankreas.

Aufgabe: Es ist zu zeigen, daß im Pankreassaft ein Ferment vorhanden ist, welches aus neutralen Fetten oder Fettsäureestern Fettsäure abspaltet, was durch Auftreten der sauren Reaktion nachgewiesen wird.

Ausführung: Man verreibt etwa 10 g frisches Rinderpankreas unter Zusatz von Thymol mit Sand, schüttelt mit 100 ccm Wasser anhaltend durch und koliert. Von der trüben Flüssigkeit versetzt man 5 ccm mit Lackmuslösung, neutralisiert (wenn nötig) mit sehr verdünnter Natronlauge bis zur schwach alkalischen Reaktion, versetzt mit 12 Tropfen Äthylbutyrat, schüttelt gut um und bringt in ein auf 37 bis 40° erwärmtes Wasserbad: Rasch zunehmende saure Reaktion infolge der Abspaltung von Buttersäure.

112. Quantitative Bestimmung der Fettspaltung durch die Lipase des Pankreas.

Gebraucht werden: Frisches Pankreas oder frisches Glyçerinextrakt der Pankreasdrüse, Butter, Rosolsäurelösung, alkoholische $1/_{10}$ n-Natronlauge und Brutofen, Büretten, Alkohol.

Ausführung: Etwa 5 g Butter werden mit Kochsalzlösung versetzt und umgeschüttelt, darauf wird etwa 2 g Pankreasgewebe zugesetzt. Nach der Vermengung wird sofort mit einer etwas größeren Menge von Alkohol ausgeschüttelt und filtriert. Das Filtrat wird mit Rosolsäure versetzt. Falls die Farbe gelb ist, was schon saure Lösung anzeigen würde, d. h. Vorhandensein von Fettsäuren in der Butter, so wird mit der alkoholischen Natronlauge titriert und die Acidität der Lösung festgestellt. Ein paar Röhrchen werden in der gleichen Weise mit Butter, Kochsalzlösung und Pankreasextrakt beschickt und in den Brutofen gebracht, nach einiger Zeit werden sie entnommen und auf genau die gleiche Weise wie vorher mit Alkohol ausgeschüttelt und ein paar Tröpfchen Rosolsäure versetzt. Man titriert die gleichen Mengen des Alkoholextraktes mit der Natronlauge bis zur Rotfärbung. Die Menge verbrauchter Lauge mißt die Menge der entstandenen Fettsäure.

113. Untersuchung der Labwirkung von Magen- und Pankreassaft.

Aufgabe: Zu zeigen, daß im Magensaft und evtl. im Pankreassaft ein Ferment vorhanden ist, welches Milch zur Gerinnung bringt.

Gebraucht werden: Extrakt aus Kälbermagen, Extrakt aus Pankreas, Reagensgläser, 1 proz. Natriumcarbonatlösung, Lackmuspapier, Brutofen.

Asher, Physiologie. 2. Aufl. 8

Ausführung: Man neutralisiert den durch Extrahieren aus der Schleimhaut des Kälbermagens gewonnenen künstlichen Magensaft vorsichtig mit Natriumcarbonat unter Benutzung von Lackmuspapier. Darauf versetzt man 5 ccm Milch mit 5 ccm künstlichem Magensaft und bringt das Reagensrohr in den Brutofen. In der gleichen Weise verfährt man mit einer Kontrollprobe, nur daß man vorher den künstlichen Magensaft kocht. Meist ist nach wenigen Minuten die mit ungekochtem Magensaft versetzte Probe geronnen (Caseingerinnung der Milch).

Man nehme Extrakt der Pankreasdrüse mit ganz schwacher Sodalösung und versetze denselben mit Milch in derselben Weise, wie beim Magensaft beschrieben. Wenn im Pankreasextrakt Labferment vorhanden ist, tritt gleichfalls Gerinnung der Milch ein.

114. Nachweis des Antifermentes gegen Trypsin im Blutserum.

Aufgabe: Nachzuweisen, daß im Blutserum ein Körper vorhanden ist, welcher die Eiweißverdauung durch Trypsin hemmt. Die Hemmung wird quantitativ nachgewiesen durch Anwendung der Großschen Methode (s. frühere Aufgabe).

Gebraucht werden: Pankreasextrakt, Blutserum, Caseinlösung 1 prom. nach Groß dargestellt aber bei alkalischer Reaktion, Reagensröhrchen, Brutofen, Reagenzien zur Großschen Methode.

Ausführung: Die Ausführung ist die gleiche wie bei der früher geübten Großschen Methode, aber anstatt Natriumacetat nimmt man verdünnte Essigsäure als Fällungsmittel. Es werden Doppelreihen von Verdauungsproben angesetzt, die eine mit Caseinlösung und zunehmenden Mengen von Pankreasextrakt, die andere mit genau den gleichen Mengen unter Zusatz von je 1 ccm Blutserum. Der Blutserumzusatz muß so geschehen, daß die Flüssigkeitsmengen in allen Röhren beider Reihen gleich groß sind. Also setzt man zur ersten Reihe genau so viel Kochsalzlösung zu, wie man der zweiten Reihe Blutserum zugesetzt hat. Der Nachweis, daß im Blutserum ein antitryptisches Ferment vorhanden ist, wird so geführt, daß man feststellt, daß in der mit Blutserum beschickten Reihe von Reagensröhren erst bei einer stärkeren Konzentration an Pankreassaft die vollständige Verdauung eintritt.

115. Emulgierung von Fetten.

Aufgabe: Zu zeigen, daß Pankreassaft plus Galle neutrale Fette fein emulgiert.

Gebraucht werden: Ein neutrales Fett, 1 proz. Sodalösung, Kochsalzlösung, Pankreasextrakt oder Pankreassaft, Galle.

Ausführung: Man bereite folgende Reagensröhrchen. 1. Kochsalzlösung mit ein wenig neutralem Öl oder Fett. 2. Sodalösung plus

Öl oder Fett. 3. Sodalösung plus ein paar Tropfen Pankreasextrakt plus Fett. 4. Sodalösung, ein paar Tropfen Pankreasextrakt plus ein paar Tropfen Galle plus Fett oder Öl. Man schüttle alle gut durch, stelle sie einige Augenblicke in den Brutofen und beachte die Verschiedenheit der Emulgierung.

116. Nachweis der totalen Aufspaltung von Fleisch durch die Verdauungssäfte des Magens, Pankreas und Darmes.

Aufgabe: Nachzuweisen, daß durch die totale Aufspaltung von Fleisch ein Produkt entstanden ist, welches die Biuretreaktion nicht mehr gibt.

Gebraucht werden: Erepton (käufliches Präparat, gewonnen aus Fleisch, welches mit Pepsin, Trypsin und Erepsin verdaut worden ist), Kupfersulfat, Kalilauge.

Ausführung: Man löse eine kleine Spur des Präparates im Wasser auf. Dasselbe ist namentlich beim Erwärmen völlig wasserlöslich. In der Lösung stelle man die Biuretprobe an, welche negativ ausfällt.

117. Nachweis der Verdauungswirkung durch Erepsin.

Aufgabe: Es ist nachzuweisen, daß das aus Darmschleimhaut gewonnene Ferment Erepsin Eiweißspaltungsprodukte von der Art der Albumosen und Peptone weiter spaltet bis zu Produkten, welche nicht mehr die Biuretreaktion geben.

Darstellung des Erepsins: Die durch einen Wasserstrom gut gereinigte Darmschleimhaut eines frischen Schlachttieres wird abgeschabt und während mehrerer Stunden in eine durch Natriumcarbonatzusatz leicht alkalisch gemachte 9 prom. NaCl-Lösung gebracht oder wiederholt mit Wasser ausgezogen. Die so erzielte Flüssigkeit wird filtriert. Zu 2 Teilen des Filtrates setzt man 3 Teile einer wässrigen gesättigten Ammonsulfatlösung, wodurch das Erepsin gefällt wird. Dieser Niederschlag wird abfiltriert, in destilliertem Wasser aufgeschwemmt und unter Zusatz von Toluol oder Chloroform durch Dialyse von Ammonsulfat befreit. Während der Dialyse löst sich der Niederschlag fast völlig wieder auf. Diese Lösung wird filtriert. Sie enthält viel Erepsin, nur wenig gerinnbare Proteine und keine dialysierbare Körper, dabei entstehen aber starke Fermentverluste. Um das Erepsin zu reinigen, setzt man 3 Teile gesättigter Ammonsulfatlösung zu 2 Teilen der wässrigen Erepsinlösung und unterwirft den Niederschlag der Dialyse; diese Prozedur wird mehrmals wiederholt.

Gebraucht werden: Obige Fermentlösung, mit Pepsin vorverdautes Eiweiß, am besten aber Seidenpepton, Reagenzien zur Biuretreaktion, Reagensgläser, Brutofen.

Ausführung: Man beschicke Reagensgläser mit der Eiweißverdauungslösung. Zu einigen derselben setzt man die Erepsinlösung hinzu, die andere läßt man als Kontrollproben. Die Reagensröhren kommen in den Brutofen. Nach 1 oder 2 Stunden, evtl. nach längerer Zeit, werden die Reagensröhren aus dem Brutofen genommen und in denselben die Biuretreaktion angestellt. Die Kontrollröhren geben die unveränderte Biuretreaktion, während sie in den Röhren mit Erepsin entweder abgeschwächt oder verschwunden ist.

118. Reaktionen der wichtigsten Gallenbestandteile.

Aufgabe: Es sind durch Reaktionen a) das Vorhandensein von Gallensäuren, b) von Gallenfarbstoffen nachzuweisen.

Gebraucht werden: Galle, Rohrzuckerlösung, Schwefelsäure, konz. Salpetersäure, Hammarstens Reagens (eine beim Stehen gelb gewordene Mischung von 1 Teil 25proz. Salpetersäure und 10 Teilen 25proz. Salzsäure). Vor der Verwendung wird das Reagens mit dem vierfachen Volumen Alkohol verdünnt, Reagensgläser.

a) Ausführung: Pettenkofersche Gallenprobe auf Gallensäuren. Einige Kubikzentimeter verdünnte Galle werden im Reagensglas mit 5 Tropfen einer 10proz. Rohrzuckerlösung versetzt. Man unterschichte langsam mit dem halben Volumen konz. Schwefelsäure. Während des Eingießens der Schwefelsäure kühlt man am besten durch Halten des Reagensrohres unter den Hahn der Wasserleitung und Auslaufen von Wasser auf das Rohr. Bei vorsichtigem Mischen unter Abkühlung tritt eine tief purpurne Farbe der Lösung ein. Wenn man die farbige Flüssigkeit mit Alkohol verdünnt und die Lösung mit dem Spektralapparat untersucht, tritt ein Absorptionsstreifen zwischen D und E und ein zweiter vor der Linie F auf.

b) Gmelinsche Probe auf Gallenfarbstoff.

Ausführung: Ein Reagensglas wird im Stativ schräg aufgestellt. Es werden einige Kubikzentimeter Salpetersäure, welche salpetrige Säure enthält, auf den Boden des Reagensglases gebracht. Darauf wird vorsichtig die zu untersuchende Gallenlösung mit einer Pipette aufgeschichtet. An der Berührungsstelle tritt ein Farbenring auf, und zwar von oben nach unten grün, blau, violett, rot. Diese Farben rühren von dem Auftreten der verschiedenen Oxydationsprodukte des Bilirubins her. Eine andere Modifikation dieser Probe besteht darin, daß man die nach Hammarsten bereitete Mischung tropfenweise unter stetem Umschütteln in das Reagensrohr einträgt. Die genannten Farben treten dann nacheinander auf.

119. Nachweis von Cholesterin.

Ausführung: Die Gallenlösung wird etwas mit Wasser verdünnt, darauf wird die wässrige Lösung mit Chloroform ausgeschüttelt. Die

Verdauung. 117

Chloroformlösung wird dann mit konz. Schwefelsäure unterschichtet. Es tritt eine blutrote bis kirschrote Färbung ein (Probe von Salkowski für Cholesterin).

120. Untersuchung der Milch.

1. Reaktion: Prüfe mit rotem und mit blauem Lackmuspapier. Man überzeugt sich, daß frische Milch beide Papiere umfärbt, die Reaktion ist also amphoter.

2. Verhalten der Eiweißkörper: a) Erhitze zum Sieden, frische Milch gerinnt nicht, bildet aber ein Häutchen. b) Bei Zusatz von Säure gerinnt die Milch. c) Man versetzt 10 bis 20 ccm Milch tropfenweise mit Essigsäure bis zur Flockenbildung. Es fällt Casein, welches Milchfett mit sich reißt. Filtriere vom Niederschlag ab. Im Filtrat vom Niederschlag stelle man Eiweiß- und Zuckerreaktion an. Den Zucker weise man mit Hilfe der Trommerschen Probe nach. Das Eiweiß weise man mit Hilfe der Hellerschen Ringprobe nach. Dieselbe stelle man in folgender Weise an. Bringe in ein trockenes Reagensglas 5 ccm konz. Salpetersäure, darauf schichte man vorsichtig mit Hilfe einer Pipette die zu prüfende Lösung über die Salpetersäure. Evtl. verdünne man vorher etwas. Ferner kann man mit der Lösung entweder die Biuretprobe oder die Millonsche Reaktion anstellen. Durch diese Proben wird das Lactalbumin nachgewiesen. Ein Teil des Filtrates werde gekocht und vom Niederschlag abfiltriert. Zum Filtrat setzt man Oxalsäure, es entsteht ein Niederschlag von Calciumoxalat. Der Kalk stammt vom Calciumphosphat der Milch. d) Milch wird im Reagensglas mit dem gleichen Volumen Äther geschüttelt. Nach dem Absitzen des Äthers ist das Aussehen der Milch nur wenig verändert. Man setzt in einem anderen Reagensglas zu der gleichen Menge Milch ein paar Tropfen Natronlauge hinzu und schüttelt wiederum vorsichtig mit Äther. Jetzt setzt sich die Milch als fast völlig durchsichtige Schicht ab, das Fett der Milch ist in den Äther übergegangen. e) Nachweis von Phosphor im Casein. Hierzu dient Casein in Substanz. Die trockene Substanz wird in einer Nickelschale mit der doppelten Menge von Natriumcarbonat und Natriumnitrat verrieben. Hierauf erhitzt man, bis alle Kohle verschwunden ist, das Casein ist dann verascht. Die Asche löst man mit verdünnter Salpetersäure und filtriert. Man versetzt das Filtrat mit einer Lösung von Ammoniummolybdat in Salpetersäure erwärmt, es entsteht ein Niederschlag von Ammoniummetaphosphomolybdat. f) Fettbestimmung mit Hilfe des Galaktometers. Die Milch wird vorher einige Stunden vor dem Kurs in die Röhre des Galaktometers eingefüllt und dort stehengelassen. Der Fettgehalt der Milch wird an der Skala abgelesen.

Übungen zur Physiologie der vegetativen Funktionen.

121. Darstellung von Glykogen aus der Leber.

Aufgabe: Es ist aus der Kaninchenleber Glykogen darzustellen und durch die Reaktion nachzuweisen.

Gebraucht werden: Kaninchen, Brückes Reagens (Zubereitung: 5- bis 10 proz. Jodkaliumlösung wird unter fortwährendem Umrühren so lange mit Quecksilberjodid versetzt, bis ein Teil des letzteren ungelöst bleibt. Man läßt erkalten und filtriert, dann fügt man noch einige Krystalle Jodkalium hinzu), Salzsäure, 90 proz. Alkohol, Äther, Porzellanschalen, Trichter, Filter, Wasserbad, Reibschale, Jodjodkaliumlösung.

Ausführung: Ein Kaninchen wird sehr rasch getötet und sofort die Leber aus der Bauchhöhle entfernt. Sie wird mit der Hackmaschine rasch kleingehackt und wenn möglich durch eine Fleischhackmaschine fein zerrieben. Vorher hat man in einem Rundkolben Wasser kochend heiß gemacht. Man trägt den Leberbrei in das kochend heiße Wasser, säuert ganz schwach mit Essigsäure an und hält den Rundkolben einige Zeit lang in dem vorher zum Sieden gebrachten Wasserbade. Nach einiger Zeit Kochen wird entweder durch Koliertuch oder durch Glaswolle von dem gefällten Eiweiß abfiltriert. Der Filterrückstand wird gut abgepreßt, ein paarmal in einer Reibschale mit heißem Wasser nochmals verrieben und dann wieder filtriert. Die gesamten Filtrate werden auf dem Wasserbade in einer Porzellanschale auf etwa 100 ccm eingeengt. Nun fügt man Salzsäure und das Brückesche Reagens so lange zu, bis keine Eiweißfällung mehr auftritt. Darauf wird abfiltriert und auf dem Filter mit angesäuertem Wasser gewaschen. Die filtrierte Lösung wird mit dem doppelten Volumen 90 proz. Alkohols gefällt. Nach Absitzen des Niederschlages gießt man die obenstehende klare Flüssigkeit ab und filtriert den Niederschlag durch ein Filter. Der Niederschlag auf dem Filter, welcher Glykogen ist, wird auf dem Filter mit Alkohol und Äther gewaschen. Dann löst man das Glykogen durch Aufgießen von kochend heißem Wasser; in dem opaleszierenden Filtrat weist man mit der Jodjodkaliumlösung das Vorhandensein des Glykogens nach. Es ist gut, vorher etwas Kochsalz zuzusetzen, wodurch die mahagonirote Färbung der Glykogenreaktion deutlicher wird.

122. Quantitative Bestimmung des Glykogens (nach Pflüger).

Aufgabe: Es ist entweder aus der Leber oder aus der Muskulatur das Glykogen darzustellen und nach Umwandlung in Zucker als Zucker zu bestimmen.

Gebraucht werden: 60 proz. Kalilauge, 96 proz. Alkohol, 66 proz. Alkohol (dem 1 ccm gesättigte Kochsalzlösung pro 1 l beigemischt ist), resistentes Filterpapier, Wasserbad.

Verdauung. 119

Ausführung: Das zu untersuchende Organ wird lebendfrisch aus dem Körper entnommen, wird rasch zu einem Brei zerkleinert und die zur Analyse erforderliche Menge abgewogen. Wird später zur Zuckerbestimmung eine Mikromethode benutzt, so bedarf es nur 1 g Substanz. Dementsprechend sind auch die nachfolgenden Zahlenangaben zu modifizieren. Stehen 100 g Brei zur Verfügung, so werden dieselben in ein Becherglas, welches 100 ccm 60 proz. Kalilauge enthält, gebracht, und das Becherglas wird in ein vorher zum Kochen gebrachtes Wasserbad fast vollständig eingesenkt und mit einem Uhrglas, mit der konvexen Seite nach unten, zugedeckt. 2 bis 3 Stunden wird im starken Kochen erhalten. Wenn nach dieser Zeit der Organbrei vollständig gelöst worden ist, wird die Flüssigkeit nach dem Abkühlen mit Wasser auf 400 ccm aufgefüllt und mit 800 ccm 96 proz. Alkohol zum Fällen des Glykogens versetzt. Nach 12 Stunden wird die über dem Glykogenniederschlag stehende Flüssigkeit durch ein Filter dekantiert, das am Boden des Becherglases befindliche Glykogen wird wiederholt mit 66 proz. Alkohol gewaschen und die Waschflüssigkeit immer durch dasselbe Filter gegossen. Der Niederschlag wird hierauf mit absolutem Alkohol und Äther gewaschen und schließlich sowohl das auf dem Filter befindliche wie auch das im Becherglas verbliebene Glykogen in heißem Wasser gelöst.

Zum Hydrolysieren der Glykogenlösung werden je 10 ccm der Lösung 10 Tropfen konz. Salzsäure zugefügt und 10 Minuten lang gekocht. Nach dem Abkühlen wird mit Natronlauge genau neutralisiert und das Glykogen nach der Bertrandschen Methode oder, wenn erforderlich, mit einer Mikromethode bestimmt.

123. Untersuchung der Darmbewegung beim Kaninchen.

Aufgabe: Es sind die Bewegungen eines ausgeschnittenen Stückchen Darmes zu untersuchen.

Gebraucht werden: Kleines Kaninchen (dasselbe, welches zur Glykogendarstellung dient), Wasserbad, Glasgefäß zum Einbringen des Darmes nebst Zubehör, Hebel, Sauerstoff, Kymographion, Lösungen von Pilocarpin und Adrenalin, Tyrodelösung. (Zusammensetzung der Tyrodelösung: Sie enthält in 1 l 8,0 g NaCl, 0,2 g KCl, 0,2 g $CaCl_2$, 0,1 g $MgCl_2$, 1,0 g $NaHCO_3$, 0,05 NaH_2PO_4, 1,0 g Traubenzucker. Man hat zwei Stammlösungen zur Verfügung.

Lösung I: 20% NaCl, 0,5% KCl, 0,5% $CaCl_2$, 0,25% $MgCl_2$.
Lösung II: 5% $NaHCO_3$, 0,25% NaH_2PO_4.)

Um sich z. B. 2 l Tyrodelösung zu machen, verdünnt man 80 ccm der Lösung I und 40 ccm der Lösung II auf je 1 l und gießt diese beiden Liter nach Zusatz von 2 g Traubenzucker (unter Umschütteln zusammen), Seide, Nadeln, Thermometer, Besteck,

Ausführung: Kleine Darmstückchen von etwa 2 cm Länge werden aus dem Kaninchendarme des vorher rasch getöteten Kaninchens herausgeschnitten und sofort in einem Glase mit warmer Tyrodelösung eingebracht. Das Glas kommt in das auf auf 39° gehaltene Wasserbad, ein Stückchen Darm wird in eine flache Schale gebracht, in welcher sich vorgewärmte Tyrodelösung befindet. Es wird mit einer feinen Nadel ein feiner Seidenfaden durch das eine Ende des Darmes hindurchgeführt und die Seide dort angeknotet. Der Inhalt des Darmstückes wird vorsichtig ausgespritzt. Dann wird der Seidenfaden um das Glasrohr gebunden, welches zum Halten des Darmstückchens dient und welches Öffnungen besitzt, aus denen nachher der Sauerstoff austritt. Durch das Anbinden wird der feste Punkt für die Darmbewegungen gewonnen. Am entgegengesetzten Ende des Darmes wird eine feine Serre fine befestigt, an dem sich ein langer Faden befindet. Das Glasrohr mit dem Darmstück wird in das mit Tyrodelösung gefüllte Glasgefäß, welches sich schon vorher im Wasserbade befindet, hineingebracht und darauf der Faden mit dem Schreibhebel verbunden. Es ist hierzu meist noch eine Übertragung um ein Rad notwendig. Das Glasrohr wird mit dem Behälter verbunden, welcher Sauerstoff enthält. Man läßt den Sauerstoff durchperlen, und bald beginnen die rhythmischen Bewegungen des Darmstückchens, welche durch den Hebel auf dem Kymographion registriert werden. Die Temperatur des Wasserbades muß sorgfältig auf 39° reguliert werden.

Beobachtungsaufgabe: 1. Beobachte den Rhythmus der Darmbewegungen und die Änderungen desselben bei Steigen und Fallen der Temperatur.

2. Bringe in das Gefäß mit einer Pipette eine kleine Menge von der verdünnten bereitgestellten Pilocarpinlösung. Beobachte, daß die Intensität der Darmbewegungen sich erhöht.

3. Nach Abklingen der Pilocarpinwirkung ist 1 Tropfen der bereitgestellten Adrenalinlösung zuzusetzen. Beobachte, daß eine Hemmung der Darmbewegungen eintritt. Falls diese Hemmung nicht von selbst verschwindet, ist durch Absaugen die Tyrodelösung aus dem Gefäß zu entfernen und neue Tyrodelösung einzubringen.

124. Untersuchung der Dünndarmperistaltik.

Aufgabe: Es sind die Pendelbewegungen der Längsmuskulatur und die peristaltischen Bewegungen der Ring- und Längsmuskulatur des Darmes zu registrieren und die Abhängigkeit derselben von mechanischen Faktoren festzustellen.

Gebraucht werden: Zylindrisches Gefäß zur Aufnahme des Dünndarmstückes mit unterem Verschlußstopfen mit zweifacher bzw. dreifacher Durchbohrung, Druckflasche auf Kurbelstativ, Suspensions-

Verdauung. 121

hebel, Ashers Volumenrekorder, Stativ für die genannten graphischen Apparate, Kymographion, Wasserbad, Sauerstoffbombe.

Ausführung: Einem jungen mit Urethan narkotisierten Meerschweinchen oder Kaninchen wird die Bauchhöhle eröffnet und ein etwa 7 bis 10 cm langes Dünndarmstück ausgeschnitten. Der Darm kommt sofort in eine mit Tyrodelösung von 38 bis 39° gefüllte Schale und wird hier unter möglichster Vermeidung vor Berührung mit Luft mit dem cöcalen Ende auf ein mit Tyrodelösung gefülltes Glasrohr aufgebunden. Um sicher zu sein, das cöcale Ende zu finden, verfährt man so, daß man das in der Schale liegende Darmstück auf die Glasröhre, ohne vorläufig anzubinden, aufsetzt und die Glasröhre mittels Gummischlauch mit einer Mariotteschen Flasche verbindet. Durch Zuklemmen des freien Darmendes mit den Fingern und leichte Hebung der Mariotteschen Flasche kann man Peristaltik erzeugen und die Richtung der entleerenden Welle auffinden. Das stomachale Ende des Darmes wird mit einem langen Faden abgeschnürt. Das Darmstück mit dem Glasrohr kommt dann in ein vorgewärmtes Tyrodebad, in welches Sauerstoff eingeleitet wird. Der Sauerstoff soll in einzelnen kleinen Bläschen in das Bad einperlen, ohne dabei mechanisch das Darmstück zu beeinflussen. Der Faden des stomachalen Darmendes wird mit einem leichten Hebel verbunden. Das Glasrohr, auf dem das Darmstück sitzt, wird luftfrei mit Hilfe einer Glasrohrleitung mit dem unteren Tubus in einer ebenfalls mit warmer Tyrodelösung gefüllten Flasche in Verbindung gesetzt. In den Hals der Flasche kommt ein durchbohrter Gummistopfen, durch den ein Glasrohr geht, das zu einem Aserschen Volumenrekorder führt. Die Flasche befindet sich auf einem Kurbelstativ und kann in jede beliebige Höhe gebracht werden. Die erzeugte Druckerhöhung wird an einem in Millimeter eingestellten Stativ abgelesen. Das zylindrische Gefäß, welches den Darm enthält, kommt in ein Wasserbad, dessen Temperatur auf die gewünschte Höhe einreguliert wird.

Solange der Wasserspiegel in der tubulierten Flasche und der Wasserspiegel des Tyrodegefäßes, in dem sich der Darm befindet, auf gleicher Höhe bleiben, wird in den Darm nichts einfließen. Sobald aber die Flasche durch Aufschrauben höher gestellt wird, beginnt sich der Darm zu füllen. Sobald der auf dem Darm lastende hydrostatische Druck eine bestimmte Höhe erreicht hat, beginnt der Darm von oben nach unten sich kräftig zuzuschnüren und seinen Inhalt auszutreiben. Hierdurch wird der Volumenrekorder in Spiel gesetzt, während der austreibenden Phase tritt Flüssigkeit aus dem Darm in die Druckflasche über. Das obere Luftvolumen der Flasche wird kleiner, und der Hebel des Volumenrekorders geht nach unten. Bei der darauffolgenden Darmerschlaffung tritt das Umgekehrte ein; infolge des Wasserdruckes tritt wieder Füllung des Darmes ein, der Hebel geht dann, infolge der Raumverdünnung, nach der umgekehrten

122 Übungen zur Physiologie der vegetativen Funktionen.

Richtung. Der Suspensionshebel am oberen Ende registriert die Längenveränderungen des Darmstückes.

Der Zusammenhang zwischen Darmtonus und Darmfüllung, der Einfluß des raschen oder langsamen Druckanstieges auf den Einfluß der Peristaltik, die Erscheinungen der elastischen Nachdehnung des Darmmuskels sind zu untersuchen.

125. Beobachtung der Bewegungen des Froschmagens.

Gebraucht werden: Gut gefütterter Frosch, Glasrohr, Mareysche Kapsel, Schlauch, Glasstopfen, Kymographion, Glasgefäße.

Ausführung: Ein vorher gut gefütterter Frosch wird getötet. Der Magen desselben wird aus dem Körper entfernt, sodann wird am oberen und unteren Ende des Magens eine Glaskanüle eingeführt und darauf der Magen ausgespritzt. Das eine Ende wird durch einen Glasstopfen verschlossen, so daß der Magen eine mittlere Anfüllung mit Flüssigkeit hat, das andere Ende wird mit dem Steigrohr verbunden. Das Steigrohr wird mit einem Schlauch mit der Mareyschen Kapsel in Verbindung gesetzt. Das Präparat befindet sich in einem Glasgefäß mit oder ohne Füllung mit Ringerlösung.

Beobachtungsaufgabe: Beobachte die automatischen Bewegungen des Magens, welche durch die Mareysche Kapsel auf dem Kymographion registriert werden. Beobachte ferner den Erfolg von mechanischen und elektrischen Reizen des Magens.

126. Beobachtung der Darmbewegung mit Hilfe des Bergmannschen Fensters.

Aufgabe: Durch Anbringung eines durchsichtigen Fensters sind die Darmbewegungen des Kaninchens in einem möglichst unversehrten Zustande zu beobachten.

Gebraucht werden: Kaninchen, Operationsinstrumente, Celluloidplatte, Venenkanüle mit der zugehörigen Spritze, Pilocarpinlösung, Adrenalinlösung, evtl. Vorrichtungen zur Reizung des Nervus splanchnicus.

Ausführung: Das mit Urethan narkotisierte Kaninchen wird in Rückenlage aufgebunden. In der Mittellinie des Bauches wird in der ganzen Länge ein Schnitt durch die Haut geführt und die Haut zu beiden Seiten abpräpariert, sodann wird der Schnitt durch die Linea alba geführt bis zur Eröffnung der Bauchhöhle. Zwischen die Haut und die tieferen Lagen der Bauchdecke wird die Celluloidplatte eingeschoben. Am unteren und oberen Ende kann mit Hilfe von Löchern, die in die Celluloidplatte eingebohrt sind, dieselbe festgenäht werden. Jetzt liegt der Inhalt der Bauchhöhle dem Beobachter sichtbar, aber ohne Berührung mit der Außenluft zutage. Durch über das Tier gestellte Glühlampen wird für Erhaltung der Körperwärme gesorgt. Man sieht die Bewegungen des Dünndarms, des Dickdarms, evtl. solche des Magens und der Blase. Achte auf die verschiedenen Bewegungen, die Rollbewegungen, Pendelbewegungen und peristaltischen Bewegungen. Man injiziert jetzt in die Vene eine kleine Quantität von Pilocarpinlösung, etwa $1/2$ bis 1 mg; es treten heftige Darmbewegungen auf. Darauf injiziert man 1 ccm einer Adrenalinlösung 0,1 auf .20; es tritt Hemmung der Darmbewegungen auf.

Evtl. kann vom Lehrpersonal vor Beginn des Versuches in der früher beschriebenen Weise der Nervus splanchnicus von hinten her extraperitoneal präpariert und auf Elektroden gelagert sein. Man demonstriert dann, wie durch Reizung des Nervus splanchnicus die Darmbewegungen gehemmt werden.

Harn, allgemeiner und intermediärer Stoffwechsel.

127. Stickstoffbestimmung im Harn nach Kjeldahl nach dem Mikroverfahren von Abderhalden.

Aufgabe: Die organische Substanz wird in schwefelsaurer Lösung durch Oxydation zerstört, aller Stickstoff wird dabei in Ammoniumsulfat übergeführt. Das durch Übersättigung mit Alkali

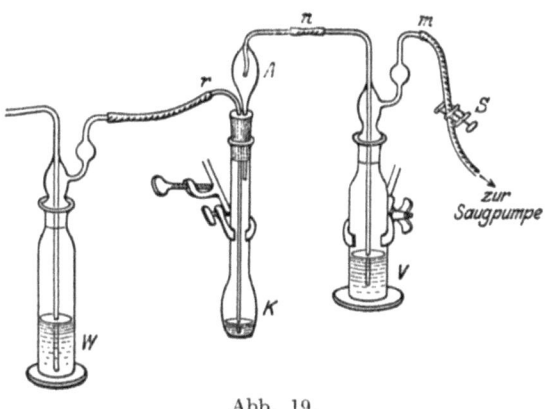

Abb. 19.

freigemachte Ammoniak wird in $1/10$ n-Schwefelsäure überdestilliert und mit $1/10$ n-Natronlauge titriert.

Gebraucht werden: Mikrokjeldahlapparatur nach Abderhalden (s. Abb. 19), Hopkinsscher Aufsatz, evtl., falls drei Analysen gleichzeitig nebeneinander angestellt werden, Glasstück mit drei Ansätzen zur Vereinigung unter Parallelschaltung der drei Apparate, konz. stickstofffreie Schwefelsäure, 10 proz. Kupfersulfatlösung, Kalisulfat, Talk, alles stickstofffrei, $^1/_{10}$ n-Schwefelsäure, $^1/_{10}$ n-Natronlauge, Methylorange oder Cochenilletinktur als Indicator.

Ausführung: Mit einer genauen Pipette werden 1 oder 2 ccm des gutgemischten Gesamtharnes aus einer Tages- oder Versuchsperiode in den Kochkolben des Kjeldahl-Apparates gebracht. Hierzu kommen 2 ccm konz. Schwefelsäure, 5 bis 6 Tropfen Kupfersulfatlösung, Kryställchen Kaliumsulfat und eine Spatenspitze Talk. Auf den Kochkolben kommt ein Hopkinsscher Aufsatz, der mit der Saugpumpe in Verbindung gesetzt wird. Der Kolben wird durch Drahtnetz geschützt, mit einer Gasflamme allmählich erhitzt. Die Saugpumpe wird in Gang gesetzt, wodurch bei richtig sitzendem Hopkinsschen Aufsatz die für die Atmungsorgane lästigen Schwefelsäuredämpfe, ohne daß eine Kapelle nötig ist, durch Absaugen entfernt werden. Wenn die Lösung ganz klar, leicht hellgelb geworden ist, ist die Verbrennung beendet. Man läßt erkalten und setzt danach 1 bis 2 ccm Wasser hinzu. Die hierdurch erwärmte Lösung nimmt eine grünlich-blaue Farbe an. Man läßt erkalten. Während dieser Zeit bringt man in die Vorlageflasche V 20 ccm $^1/_{10}$ n-Schwefelsäure. Ferner füllt man die Waschflasche W mit konz. Schwefelsäure; diese dient dazu, um die durchzusaugende Luft frei von Ammoniak zu halten.

Sobald man den Kolben mit der Vorlage in Verbindung gebracht hat, setzt man die Wasserstrahlpumpe in Gang und saugt unter sorgfältiger Regulierung so viel Luft durch den Apparat, daß man jede einzelne Luftblase, die durch die Flüssigkeit steigt, eben noch wahrnehmen kann. Während dieses Luftdurchleitens wird aus einer spitz auslaufenden Pipette, die man bei R an das rechtwinklig gebogene Glasrohr hält, vorsichtig 33 proz. Kjeldahl-Natronlauge in den Apparat gesaugt. Man läßt die aus der Spitze der Pipette sehr langsam ausfließende Lauge an der Röhrenwand hinunterfließen und achtet darauf, daß man die Öffnung bei R mit der Pipette nicht verstopft, um keinen Unterdruck im Kolben, der von zu stürmischem Einsaugen der Lauge gefolgt wäre, zu erzeugen. Sobald die ausreichende Laugenmenge zugeflossen ist, was man an der bläulich-schwarzen Verfärbung der Lösung erkennt, hört man mit dem Alkalizusatz auf und verbindet bei R mit der mit Schwefelsäure gefüllten Waschflasche. Unter fortgesetzter Luftdurchsaugung wird der Kolben mit einem Brenner erhitzt. Sobald die Flüssigkeit im Kolben so weit eingeengt ist, daß Salzausscheidung und demzufolge ein Stoßen beim Erwärmen auftritt, wird das weitere Erwärmen abgebrochen und die Luftdurchleitung bis zur Abkühlung des Kolbens fortgesetzt. 20 Minuten genügt meist für den ganzen Vorgang der Überdestillation. Man löst die Schlauchverbindungen erst zwischen Vorlageflasche und Kjeldahl-

Kolben, dann erst zwischen Vorlageflasche und Saugpumpe. Nach Abkühlung spült man innen und außen den Einsatz der Vorlageflasche mit destilliertem Wasser aus und fügt Indicator dem Inhalt der Vorlageflasche zu. Man titriert jetzt mit $^1/_{10}$ n-Natronlauge. Die Anzahl Kubikzentimeter, die man weniger braucht als der Zahl vorgelegter Kubikzentimeter $^1/_{10}$ n-Säure entsprachen, sind vom Ammoniak in Beschlag genommen. Jeder Kubikzentimeter entspricht 0,0014 g Stickstoff. Berechne hieraus den Stickstoffgehalt des Gesamtharnes.

Die Methode läßt sich auch für Kot, Nahrungsmittel u. a. anwenden.

128. Versuch über Harnabsonderung und Plethysmographie der Niere.

Aufgabe: Es ist die Harnabsonderung am Kaninchen mit Hilfe von Ureterenfisteln unter dem Einflusse von diuretischen Substanzen zu untersuchen. Ferner sind die Volumschwankungen der Kaninchenniere im Nierenonkometer zu registrieren.

Gebraucht werden: Kaninchen, Operationsinstrumente, lange feine Glaskanülen für die Ureteren des Kaninchens, Maßzylinder, Stative, Glühlampen zum Erwärmen des Tieres, Onkometer für die Kaninchenniere (am besten die Brodieschen Onkometer aus vulkanisiertem Gummi für Luftfüllung), Glasplatte oder Holzplatte zum Decken des Onkometers, Schläuche, T-Röhren, Klemmen, Volumrekorder, Vorrichtung zur Blutdruckaufschreibung.

Ausführung: 1. Versuch über Harnabsonderung: Das mit Urethan narkotisierte Kaninchen wird in Rückenlage aufgebunden. Die Arteria carotis wird in bekannter Weise zum Blutdruckversuch vorbereitet, in die Vena jugularis kommt eine Kanüle zur späteren Injektion. Am untersten Ende der Mittellinie des Bauches wird ein 2 bis 3 Finger breiter Schnitt durch die Haut gelegt und sodann durch die Linea alba, bis die Harnblase hervorschimmert, das umgebende Gewebe wird mit der Pinzette sorgfältig entfernt, worauf durch einen leichten Fingerdruck die Harnblase aus der Bauchhöhle vorgestülpt wird. Die Öffnung wird sodann mit warmer Gaze gedeckt, und der Austritt irgendeines anderen Eingeweides verhindert. Ehe man jetzt zur Präparation der Ureteren schreitet, ist es vorteilhaft, zur besseren Füllung derselben eine vorläufige Diurese hervorzurufen, indem man etwa 2 bis 3 ccm einer 5 proz. NaCl intravenös injiziert. Nach ein paar Minuten legt man stumpf am Fundus der Harnblase die Ureteren frei, bringt unter dieselben je zwei Baumwollfäden und bindet die Ureteren nach der Blase zu ab. Mit feinen Pinzetten werden die Ureteren von dem umhüllenden Gewebe vollständig freigemacht; dieses muß geschehen, damit nach Anschneidung der Ureteren kein falscher Weg für die Kanülen vorhanden ist. Mit einer feinen Schere macht man einen Einschnitt in den Ureter und schiebt die feine, lange Glaskanüle einige Zentimeter weit in den Ureter hinein. Mit dem oberen Baumwollfaden wird die Glaskanüle im Ureter festgebunden.

Jetzt handelt es sich darum, die Glaskanülen so zu lagern, daß keine Abknickung der Ureteren eintritt. Zu diesem Zwecke unterstützt man die Glaskanüle mit untergeschobener Watte so lange, bis der Harn aus den Ureterkanülen ganz spontan herausträufelt. Es empfiehlt sich auch, an dem unteren Haltefaden des Ureters eine leichte Klemme anzulegen, damit man erforderlichenfalls einen leichten Zug auf den Ureter ausüben kann, der manchmal nötig wird, um eine Knickung auszugleichen.

Nachdem noch die Registrierung des Blutdruckes in Gang gesetzt worden ist, kann der eigentliche Versuch beginnen. Zum guten Gelingen desselben gehört ein Blutdruck zwischen 70 bis 100 mm Hg. Je ein Maßzylinder wird in einem Stativ gefaßt und an die Mündung der Ureterenkanülen angeschoben, um den ausfließenden Harn aufzufangen. Jetzt wird der Einfluß von salinischen Mitteln zur Förderung der Diurese geprüft. Zu diesem Zwecke injiziert man 5 ccm einer 5 proz. NaCl oder 5 ccm einer 5- bis 10 proz. Natriumsulfatlösung in die Vene. Es tritt eine sehr starke Vermehrung der Harnabsonderung auf. Wenn diese Steigerung der Diurese abgeklungen ist, geht man zur Untersuchung eines spezifischen Diureticums über. Hierzu eignet sich beispielsweise eine Lösung von 0,15 g Theophyllin in 30 ccm physiologischer NaCl. Man injiziert langsam 5 bis 10 ccm dieser Lösung in die Vene. Wiederum tritt eine starke, etwas andauernde Steigerung der Harnabsonderung auf.

2. Untersuchung der Volumschwankungen der Niere im Onkograph. Nachdem der Diureseversuch abgeschlossen ist, kann man dazu übergehen, die Niere in den Onkographen zu lagern. Zu diesem Zweck wird, am Processus xyphoideus beginnend, ein Schnitt in die Mittellinie der Bauchhöhle gelegt und bis zur Linea alba durchgeführt. Der Schnitt kann dreifingerbreit lang sein. Nach Eröffnung der Bauchhöhle verfährt man weiter, wie in der Aufgabe „Übung über den Nervus depressor und den Nervus splanchnicus" S. 55—56 beschrieben worden ist. Man deckt alles ab, wie dort beschrieben wurde, mit Ausnahme der linken Niere. Die Operation wird auf der linken Seite gemacht, weil sich die linke Niere leichter in einen Onkometer einschließen läßt. Mit den Fingern macht man sorgfältig die Niere von ihrer Umgebung frei, so daß die Niere und der Hilus derselben vollständig isoliert sind. Bei dieser Präparation soll man vermeiden, eine Zerrung am Hilus auszuüben, weil eine auch nur kurzdauernde Hemmung des Kreislaufes die Niere schädigt. Nachdem man die Freilegung beendet hat, legt man die Niere in den Onkographen. Die Gefäße und der Ureter werden in den dazu bestimmten Einschnitt des Onkographen gelagert und der Einschnitt mit dicker, gelber Vaseline

Harn, allgemeiner und intermediärer Stoffwechsel. 127

überdies aufgefüllt. Die Vaseline dient zum luftdichten Verschluß ohne Kompression der Gefäße. Der Rand des Onkographen wird gleichfalls mit Vaseline bestrichen und hierauf die Glasplatte daraufgedeckt. Wenn die Niere sehr klein ist, kann es manchmal erforderlich sein, ehe man sie in den Onkographen lagert, zuerst ein kleines Wattepolster zur Unterstützung einzulegen. Nachdem der Onkometer mit der Glasplatte verschlossen worden ist, wird dieselbe mit zwei starken federnden Klemmen an den Rand des Onkometers festgeklemmt. Nun muß das Onkometer in der Bauchhöhle durch Unterlagerung von Watte und Gaze so gelagert werden, daß es gestützt ist, und nicht durch seine Schwere die Gefäße abknickt. Das Glasrohr, welches aus dem Onkometer hervorragt, wird mit Hilfe eines Gummischlauches mit dem Volumrekorder verbunden; man schaltet in diese Leitung ein T-Rohr ein. Dieses T-Rohr dient dazu, um bei zu starker Ausdehnung der Niere etwas Luft aus dem System abzulassen oder bei zu starker Schrumpfung der Niere Luft in das System einzuführen, bzw. dient es zur Regulierung des Volumschreibers. Während der Registrierung muß das T-Rohr nach außen hin abgeschlossen sein.

Der Volumschreiber (entweder nach Asher oder nach Brodie oder ein Pistonrekorder) wird an das Kymographion angelegt. Die Kurve der Volumschwankungen wird über oder unter der Blutdruckkurve aufgezeichnet. Man sieht an dieser Kurve die Volumveränderung, die durch jeden Herzschlag hervorgerufen wird, die Volumveränderung infolge der Atmung und die Volumveränderung von längerer Dauer infolge periodischer Veränderungen der Gefäßweite. Man kann die vorhin angewandten Diuretica intravenös injizieren, um zu beobachten, was meistens der Fall ist, daß eine Ausdehnung der Niere stattfindet.

129. Bestimmung des Harnstoffes nach Knop-Hüfner.

Prinzip der Methode: Harnstoff wird durch eine Lösung von unterbromigsaurem Natron in überschüssiger Natronlauge zersetzt zu Kohlensäure, Wasser und Stickstoff. Die freiwerdende Kohlensäure wird durch die Lauge absorbiert, der freigemachte Stickstoff wird in einem Eudiometerrohr aufgefangen und gemessen.

Gebraucht werden: Bromlösung, Harn, Bromlauge.

Ausführung: Man füllt zunächst mittels eines langen Trichterrohres, während der ganze Apparat leer ist, das unterste Gefäß mit dem zu untersuchenden Harn, der, wenn er nicht sehr verdünnt ist, vorher in passender Weise mit Wasser verdünnt werden muß. Auch die Hahnbohrung muß mit dem Harn gefüllt werden. Der Inhalt des unteren Gefäßes und der Hahnbohrung muß durch Kalibrieren bekannt sein. Der Hahn wird geschlossen, und der überstehende Teil des Apparates von etwa zurückgebliebenen Harnresten durch Wasser gereinigt. Jetzt füllt man die oberen Teile des Apparates fast ganz mit der unterbromigsauren Natronlauge, ebenso das Eudiometerrohr. Darauf stülpt man das vollständig gefüllte Eudiometerrohr unter die Flüssigkeit des oberen Teiles des Apparates und befestigt das Eudiometer in vertikaler Richtung an einem Stativ. Sodann öffnet man rasch den unteren Hahn, es beginnt eine stürmische Gasentwicklung, die sich bald verlangsamt und nach 20 bis 30 Minuten aufhört. Man zieht dann das Rohr etwas in die Höhe und überträgt es, ohne es zu entleeren, verschlossen in einen Zylinder, der mit destilliertem Wasser gefüllt ist. Man stellt es senkrecht so auf, daß das innere Niveau mit dem äußeren zusammenfällt, liest nach halbstündigem Stehen bei gleichmäßiger Temperatur das Volumen des gesammelten Gases ab, bestimmt ferner die Temperatur der Luft über dem Wasser, notiert den Barometerstand und berechnet den Prozentgehalt P des Harnes an Harnstoff nach folgender Formel:

$$p = \frac{100 \, v \, (b_1 - b_2)}{760 \cdot 354{,}33 \cdot a \, (1 + 0{,}003\,665 \cdot t)}.$$

p Gewicht des Harnstoffes für 100 ccm Harn, a angewandte Harnmenge, t Temperatur, v abgelesenes Volumen Stickstoff, b_1 Barometerstand, b_2 Spannung des Wasserdampfes für die abgelesene Temperatur. 1 g Harnstoff liefert bei 0° und 760 mm Druck 354,33 ccm Stickstoff.

130. Harnstoffbestimmung mit Gerrards Ureometer.

In die große Flasche werden 25 ccm unterbromigsaures Natron gebracht und 5 ccm Harn in das kleine Kölbchen innerhalb der Flasche. Die beiden durch Schlauch verbundenen Büretten werden mit Wasser gefüllt. Das Wasser muß an der Marke 0 eingestellt werden. Wenn dies der Fall ist, wird die graduierte Bürette verschlossen und durch Umstülpen der Flasche der Harn in die Bromlauge eingebracht, worauf die Zersetzung eintritt. Nach Vollendung der Reaktion wird die Flasche zum Abkühlen des entwickelten Gases einige Minuten in kaltes Wasser getaucht. Schließlich verschiebt man die nicht graduierte Bürette, bis in beiden Büretten das Wasserniveau gleich hoch steht, wodurch der Druck ausgeglichen wird. Die Teilung gibt die Prozente Harnstoff.

131. Nachweis der Sulfate im Harn.

Man versetze Harn mit einer konz. Lösung von Chlorbarium. Es fällt ein weißlicher Niederschlag. Nach Zusatz von Salzsäure löst sich ein großer Teil des Niederschlages. Der sich lösende Teil besteht aus Phosphaten und Carbonaten, der sich nicht lösende Teil ist Bariumsulfat.

Harn, allgemeiner und intermediärer Stoffwechsel.

132. Nachweis der Hippursäure.

Gebraucht werden: Pferdeharn, gesättigte Ammoniumsulfatlösung, konz. Schwefelsäure, Tierkohle, Schalen, Mikroskop.

Ausführung: Man bringe 500 ccm Pferde- oder Kuhharn (oder auch weniger) in eine Schale und versetze mit dem gleichen Volumen gesättigte Ammoniumsulfatlösung oder mit 125 g festem Ammoniumsulfat und 7,5 ccm konz. Schwefelsäure. Man läßt die Mischung 24 Stunden stehen und entfernt die Krystalle der Hippursäure vermittels Filtration. Man wäscht die gebildeten Krystalle mit ganz wenig kaltem Wasser, entferne die Krystalle vom Filtrierpapier, löse sie in einer sehr kleinen Menge von heißem Wasser und perkoliere die heiße Lösung durch gehörig gewaschene Tierkohle. Man filtriere und konzentriere das Filtrat auf ein kleines Volumen in einer Schale, worin die Krystallisation stattfinden kann. Die gebildeten Krystalle werden unter dem Mikroskop untersucht.

133. Nachweis von Indican.

Gebraucht werden: Pferdeharn, Chlorkalklösung, Chloroform.

Ausführung: Man versetze ein Reagensrohr mit einer Mischung gleicher Teile Harn und konz. Salzsäure zur Spaltung der Indoxylschwefelsäure. Man versetzt zur Oxydation mit einigen Tropfen Chlorkalklösung, hierauf wird Chloroform zugesetzt und umgeschüttelt. Das gebildete Indigoblau färbt das Chloroform blau.

$$\text{Indoxyl} \rightarrow + O_2$$

$$\text{Indigoblau} + 2H_2O$$

134. Nachweis von Phenol im Harn $C_6H_5 \cdot OH$.

Gebraucht werden: Pferdeharn, konz. Salzsäure, Bromwasser, Natriumcarbonat, Kühler.

Ausführung: Zu 200 ccm Harn gibt man zur Spaltung des gepaarten Phenols 50 ccm konz. Salzsäure und destilliert dann unter Anwendung eines schräggestellten Kühlers so lange, bis eine Probe des Destillates nach Zusatz von Bromwasser keine Trübung mehr zeigt. Dies ist meist der Fall, wenn etwa 50—80 ccm abdestilliert sind. Das Destillat wird nun mit Natriumcarbonat bis zur alkalischen Reaktion versetzt und wiederum destilliert. Nachdem etwa 50 ccm übergegangen sind, führt man Proben auf Phenol und Kresol aus. Gibt man zu einer Probe des Destillates Millons Reagens, dann erhält man Rotfärbung, oder auch einen roten Niederschlag, wenn größere Mengen von Phenol oder Kresol vorhanden sind. Fügt man zu einer Probe Bromwasser im Überschuß, dann fällt ein gelber bis bräunlich gefärbter krystallinischer Niederschlag aus. Er besteht zum allergrößten Teil aus Tribromphenol. Setzt man verdünnte Eisenchloridlösung hinzu, dann tritt Violett- bis Blaufärbung ein.

135. Nachweis von Urobilin (nach Schlesinger).

Aufgabe: Es ist das Vorhandensein von Urobilin im Harn nachzuweisen.

Gebraucht werden: 10proz. alkoholische Zinkacetatlösung, Konvexlinse, evtl. Amylalkohol, Filtrierpapier.

Ausführung: Harn (evtl. mit Ammoniak versetzt) wird mit dem gleichen Volumen einer 10proz. Zinkacetatlösung versetzt, geschüttelt und dann filtriert. Beleuchtet man das Filtrat mit einer Konvexlinse, so zeigt das Auftreten von Fluorescenz das Vorhandensein von Urobilin an. Falls der Harn sehr wenig Urobilin enthält, muß man den Harn mit Salzsäure ansäuern und mit Amylalkohol extrahieren (50 ccm Harn werden mit einigen Tropfen Salzsäure angesäuert und mit 25 ccm Amylalkohol extrahiert). Das Filtrat wird mit der alkoholischen Zinkacetatlösung zersetzt und auf Urobilin mit Hilfe der Fluorescenzprobe geprüft. Die amylalkoholische Schicht kann auch spektroskopisch untersucht werden.

136. Chlorbestimmung im Harn nach Volhard.

Prinzip: Es wird die Chloridlösung mit Silberlösung von bekanntem Gehalt ausgefällt und das überschüssig zugesetzte Silber mit einer Rhodansalzlösung zurücktitriert. Silber läßt sich in saurer Lösung in der Weise bestimmen, daß man derselben zuerst ein chlorfreies Eisenoxydsalz und darauf so viel von der Lösung eines Rhodansalzes von bekanntem Gehalt zufügt, bis die Lösung dauernd rot wird.

Gebraucht werden: Eine Silbernitratlösung, welche im Liter 29,042 g Silbernitrat enthält, 1 ccm der Lösung = 10 mg, Chlornatrium, Eisenoxydlösung, gesättigte Lösung von Eisenammonalaun, Chlor- und salpetrigsäurefreie Salpetersäure, Lösung von Rhodanammon im Liter 12,984 g (muß vorher eingestellt sein).

Ausführung: Man bringt in ein auf 100 ccm geeichtes Kölbchen 10 ccm Harn, setzt 20 bis 30 Tropfen Salpetersäure, dann 2 ccm Eisen-

Harn, allgemeiner und intermediärer Stoffwechsel. 131

ammonalaun sowie, wenn nötig, tropfenweise eine 8- bis 10 proz. Permanganatlösung zu, bis die Farbe derselben nicht mehr schnell verschwindet und der Harn hellweingelb geworden ist. Man läßt dann unter Umschwenken so lange aus einer Bürette von der Silberlösung zufließen, bis man sicher ist, daß kein Niederschlag mehr entsteht, füllt bis zur Marke mit Wasser auf, filtriert nach dem Umschütteln durch ein trockenes Faltenfilter und verwendet 50 ccm vom Filtrat zur Titrierung mit Rhodanammon bis zur bleibenden Rotfärbung der Flüssigkeit. Das verbrauchte Volumen Rhodanammonlösung wird von dem Volumen der zugesetzten Silberlösung abgezogen und für jeden Kubikzentimeter des Restes 10 mg NaCl in Rechnung gebracht.

Sollte der Harn Eiweiß enthalten, so muß er vorher verascht und im Extrakt der Asche das Chlor bestimmt werden.

137. Bestimmung des spezifischen Gewichtes des Harnes.

Aufgabe: Es ist mit Hilfe von Aerometern oder Pyknometern die Dichte des Harnes zu bestimmen.

Gebraucht werden: Aerometer, Pyknometer, zylindrische Gefäße, Harn.

Ausführung: a) Mit dem Aerometer. Der Harn wird in ein Zylindergefäß von passender Tiefe gefüllt. Darauf wird das Aerometer in den Harn versenkt und die Stelle abgelesen, wo der Flüssigkeitsspiegel die Aerometerskala schneidet. Die dort angegebene Zahl wird abgelesen und gibt die Dichte des Harnes. Man sorge dafür, daß das Aerometer frei schwebt. b) Bestimmung mit dem Pyknometer. Zuerst wird das Pyknometer auf einer genauen Wage vollständig rein und trocken gewogen, darauf wird das Pyknometer mit destilliertem Wasser vollständig gefüllt und verschlossen gewogen. Die Differenz der beiden Gewichte ergibt das Gewicht des Volumens der Flüssigkeit im Pyknometer. Sodann wird das Pyknometer entleert und mit Harn gefüllt, hierauf verschlossen gewogen. Die Differenz dieses Gewichtes vom Leergewicht ergibt das Gewicht des gleichen Volumens Harn, wie diejenige des Wassers. Das Verhältnis der Gewichte des Harnes zum Gewicht des Wassers ergibt das spezifische Gewicht des Harnes.

138. Bestimmung der Gesamtacidität des Harnes nach Folin.

Aufgabe: Es ist die Gesamtacidität des Harnes durch Titration mit $^1/_{10}$ n-Natronlauge zu titrieren unter Vermeidung der Bildung basischer Kalkphosphate und der Störung des richtigen Farbenumschlages von Phenolphthalein bei Gegenwart von Ammoniaksalzen durch Zusatz von Kaliumoxalat.

Gebraucht werden: $^1/_{10}$ n-Natronlauge, Kaliumoxalat, 1 proz. Phenolphthaleinlösung.

132   Übungen zur Physiologie der vegetativen Funktionen.

Ausführung: 25 ccm Urin werden mittels einer Pipette in einen Erlenmeyer-Kolben von 200 ccm gebracht. Man fügt 25 ccm destillierten Wassers, 2 Tropfen 1 proz. Phenolphthaleinlösung und 15 bis 20 g fein gepulverten Kaliumoxalates hinzu. Man schüttelt den Inhalt der Flasche 2 Minuten tüchtig und titriert sofort mit der $^1/_{10}$ n-Lauge bis zur schwachen, aber deutlichen Rosafärbung. Berechne die Acidität des Harnes, der in 24 Stunden ausgeschieden worden ist, nach der Formel

$$25 : y \text{ wie } y' : x,$$

wo x die Acidität der 24 stündigen Harnmenge ausgedrückt in Kubikzentimeter $^1/_{10}$ n-Natriumhydrates ist, y die gebrauchte Anzahl Kubikzentimeter $^1/_{10}$ n-Natronlauge und y' die Gesamtmenge Harn von 24 Stunden bedeutet. Jeder Kubikzentimeter $^1/_{10}$ n-Natronlauge enthält 0,004 g Natriumhydroxyd, äquivalent 0,0063 g Oxalsäure. Zieht man von der so gefundenen Gesamtacidität den Wert ab, den man bei der Titration der gesamten Phosphate erhalten hat, so wird hierdurch mit einer für praktische Zwecke hinreichenden Genauigkeit der Gehalt des Harnes an organischen Säuren gefunden.

139. Bestimmung der Gesamtphosphate im Harn.

Aufgabe: Es ist durch Titrierung mit essigsaurem Uran, wobei die Phosphate als unlösliches phosphorsaures Uranyloxyd gefällt werden, die Menge an Gesamtphosphaten im Harn zu bestimmen. Als Indicator dient eine Cochenillelösung, welche eine grüne Farbenreaktion liefert, sobald ein Überschuß an Uransalzen eintritt.

Gebraucht werden: Natriumacetatlösung; Herstellung: 100 g Natriumacetat werden in 800 ccm destillierten Wassers aufgelöst, und nach Zusatz von 100 ccm einer 30 proz. Essigsäure wird auf 1 l mit Wasser aufgefüllt. Uranacetatlösung; Herstellung: annähernd 35 g von Uranacetat werden in der Wärme und nach Zusatz von 3 bis 4 ccm Eisessig in 1 l Wasser aufgelöst. Die Lösung muß ein paar Tage stehen, wird dann filtriert. Der Titer wird gegen eine Phosphatlösung eingestellt, welche in 1 ccm 0,005 g P_2O_5 enthält. Zu diesem Zwecke löse man 14,72 g reinen lufttrockenen Ammoniumsulfates ($NaNH_4HPO_4 - 4 H_2O$) in Wasser zu 1 l. Zu 20 ccm dieser Phosphatlösung werden in einem Becherglas von 200 ccm Inhalt 30 ccm Wasser und 5 ccm Natriumacetatlösung hinzugefügt und bis zur richtigen Endreaktion mit der Uranlösung titriert. Wenn genau 20 ccm Uranlösung hierzu erforderlich sind, ist 1 ccm der Lösung äquivalent 0,005 g Phosphorsäure. Wenn sie stärker ist, muß sie entsprechend verdünnt werden. 10 proz. Lösung von Kaliumferrocyanid.

Ausführung: Zu 50 ccm Harn werden 5 ccm der Natriumacetatlösung und 2 bis 3 ccm Cochenille hinzugefügt und die Mischung durch Kochen erwärmt. Aus einer Bürette läßt man Tropfen für

Tropfen in die heiße Mischung die Normaluranacetatlösung einfließen, bis kein Niederschlag mehr entsteht und bis eine grüne Farbe infolge Umschlag des Cochenilleindicators eintritt.

Berechnung: Multipliziere die Anzahl Kubikzentimeter Uranacetat mit 0,005, um die Anzahl Gramm P_2O_5 in den 50 ccm Harn zu erhalten. Berechne daraus die Tagesmenge der Phosphate.

140. Ammoniakbestimmung nach Folin-Spiro.

Aufgabe: Es ist der Ammoniakgehalt des Harnes zu bestimmen.

Gebraucht werden: Lange Röhre mit doppelt durchbohrtem Stopfen, Waschflaschen mit Schwefelsäure, $^1/_{10}$ n-Schwefelsäure, Saugpumpe, Vorlageflasche, Toluol.

Ausführung: In die lange Röhre werden 25 ccm Harn gebracht und darüber etwas Toluol geschichtet. Man versetzt den Harn mit $1^1/_2$ g Baryt. Die Röhre wird mit dem Stopfen verschlossen, es wird Luft durchgesaugt. Die Luft streicht, um von ihrem Ammoniakgehalt befreit zu werden, zuerst durch eine Waschflasche mit Schwefelsäure. Das durch Baryt freigemachte Ammoniak wird in vorgelegter n-Schwefelsäure aufgefangen. Nach etwa 1 stündiger Luftdurchsaugung wird die $^1/_{10}$ n-Schwefelsäure mit $^1/_{10}$ n-Kalilauge titriert.

141. Bestimmung der anorganischen und Äthersulfate nach der Titrationsmethode von Rosenheim und Drummond.

Aufgabe: Es sind die Sulfate des Harnes dadurch zu bestimmen, daß dieselben mit Hilfe von Benzidinlösung als Benzidinsulfat gefällt werden, worauf im Benzidinsulfatniederschlag die wegen der geringen Basizität des Benzidins leicht abspaltbare Schwefelsäure mit $^1/_{10}$ n-Kaliumhydrat titriert werden.

Gebraucht werden: Benzidinlösung (Herstellung derselben: 4 g Benzidin Kahlbaum werden mit etwa 10 ccm Wasser zu einer feinen Paste verrieben und mit Hilfe von etwa 500 ccm Wasser in einen 2-l-Kolben gebracht; nach Zufügen von 5 ccm konz. Salzsäure wird mit destilliertem Wasser auf 2 l aufgefüllt; 150 ccm dieser gut haltbaren Lösung reichen hin, um 0,1 g H_2SO_4 zu fällen), $^1/_{10}$ n-KOH-Lösung, Kongorotpapier, Phenolphthaleinlösung.

Ausführung: 25 ccm Harn werden in einem 250-ccm-Erlenmeyer-Kolben abgemessen und mit verdünnter Salzsäure (1:4), bis die Reaktion deutlich sauer auf Kongorotpapier reagiert, angesäuert. Gewöhnlich werden 1 bis 2 ccm der verdünnten Säure gebraucht. 100 ccm Benzidinlösung werden zugesetzt, und man läßt den sich bald bildenden Niederschlag 10 Minuten lang sich setzen. Hierauf wird der Niederschlag abfiltriert, wobei man dafür sorgen muß, daß der Niederschlag in feiner Verteilung bleibt. Der Niederschlag wird mit

134 Übungen zur Physiologie der vegetativen Funktionen.

10 bis 20 ccm mit Benzidinsulfat gesättigten Wassers gewaschen. Man überträgt den Niederschlag und das Filtrierpapier in den ursprünglichen Kolben mit Hilfe von 50 ccm Wasser und sorgt durch Rühren mit einem Glasstab für gute Verteilung. Nach Zusatz einiger Tropfen konz. alkoholischer Lösung von Phenolphthalein titriert man mit der $^1/_{10}$ n-KOH-Lösung.

Die Ausrechnung dieser Bestimmungsmethode, welche die anorganischen Sulfate liefert, geschieht, da 1 ccm $^1/_{10}$ n-Kaliumhydrat 4,9 mg H_2SO_4 entspricht, durch Multiplikation der verbrauchten Menge Lauge mit 4,9. Schließlich wird auf die Tagesmenge Harn umgerechnet.

Bestimmung der Gesamtsulfate: 25 ccm Harn werden in einem Erlenmeyer-Kolben abgemessen und 2 bis 2,5 ccm verdünnter Salzsäure 1:4 und 20 ccm Wasser zugefügt, worauf 15 bis 20 Minuten gekocht wird. Die Äthersulfate werden hierdurch hydrolysiert. Nach dem Abkühlen wird die Schwefelsäure nach der soeben beschriebenen Benzidinmethode bestimmt und berechnet. Zieht man von dem so erhaltenen Wert den vorher gefundenen Wert der anorganischen Sulfate ab, so ergibt sich der Wert der Ätherschwefelsäure.

142. Bestimmung der Harnsäure nach Folin-Shaffer.

Aufgabe: Es ist die Harnsäuremenge im Harn zu bestimmen durch Fällung desselben als Ammoniumorat vermittels Ammoniaks und durch Titrierung der Harnsäuremenge im Niederschlag mit einer Kaliumpermanganatlösung. Phosphate und einige organische Substanzen müssen vorher durch eine Lösung von Uraniumacetat und Ammoniumsulfat gefällt werden.

Gebrauchte Lösungen: Folin-Shaffers Reagens, Herstellung: 500 g Ammoniumsulfat, 5 g Uraniumacetat und 60 ccm einer 10 proz. Essigsäurelösung in 650 ccm destillierten Wassers, konz. Ammoniaklösung, 10 proz. Ammonsulfatlösung, konz. Schwefelsäure, $^1/_{20}$ n-Kaliumpermanganatlösung, äquivalent 3,75 mg Harnsäure.

Ausführung: Zu 100 ccm Harn in einem Erlenmeyer-Kolben werden 25 ccm des Folin-Shaffer-Reagens' zugefügt und nach Schütteln des Kolbens zur gehörigen Mischung der Flüssigkeiten läßt man die Mischung stehen, bis sich der Niederschlag gesetzt hat, was in 5 bis 10 Minuten geschieht. Filtriere und bringe 100 ccm des Filtrates in einen 200-ccm-Erlenmeyer-Kolben, füge 5 ccm konz. Ammoniaklösung zu und lasse die Mischung 24 Stunden stehen. Man bringe den Ammoniumoratniederschlag quantitativ entweder auf ein Filterpapier (gehärtetes Schleicher & Schüll-Filterpapier) oder mit Asbest beschickten Gooch-Tiegel, wobei man sich 10 proz. Ammoniumsulfatlösung bedient, um die letzten Spuren der Harnsäure aus dem Kolben

Harn, allgemeiner und intermediärer Stoffwechsel. 135

zu entfernen. Man wäscht den Niederschlag durch 10 proz. Ammoniumsulfatlösung chlorfrei. Jetzt bringt man mit Hilfe von heißem Wasser aus dem eröffneten Filter den Niederschlag durch den Trichter wieder in den ursprünglichen Kolben, in den die Harnsäure gefällt wurde, zurück, oder bei Benutzung des Gooch-Tiegels bringe man Asbest und Niederschlag in den Kolben zurück. Das Volumen der Flüssigkeit sollte jetzt annähernd 100 ccm sein. Man kühle die Lösung auf Zimmertemperatur, füge 15 ccm konz. Schwefelsäure zu und titriere sofort mit der $1/_{20}$ n-Kaliumpermanganatlösung. Die Endreaktion besteht darin, daß unter kräftigem Rühren ein rosa Ton nach Zufügen von 2 Tropfen Kaliumpermanganat 10 Sekunden lang erhalten bleibt.

Berechnung: Die 100 ccm, in denen der Ammoniumoratniederschlag erzeugt worden war, sind äquivalent $4/_5$ von 100 ccm des ursprünglich genommenen Harnes, deshalb müssen die Ablesungen an der Bürette mit $5/_4$ multipliziert werden, um die erforderliche Anzahl Kubikzentimeter Permanganatlösung zur Titration von 100 ccm des ursprünglichen Harnes bis zum Endpunkte zu erhalten. Wenn y die derart errechnete Zahl Kubikzentimeter der erforderlichen Permanganatlösung ist, so beträgt $y \cdot 0{,}00375 = g$ Harnsäure in 100 ccm Harn. Hierzu kommen noch 3 mg Harnsäure wegen der Löslichkeit des Ammoniumurates.

143. Kreatininbestimmung nach Folin.

Aufgabe: Es ist die im Harn vorhandene Menge von Kreatinin nach Folin colorimetrisch mit Jaffés Reagens zu bestimmen.

Gebraucht werden: Colorimeter, Autenrieth oder Dubosq (für Kurszwecke reicht das Authenriethsche Colorimeter hin), 10 proz. Natronlauge, 1,2 proz. Pikrinsäurelösung, halbnormale (24,54 g in 1 l), Kaliumbichromatlösung. Diese Kaliumbichromatlösung entspricht annähernd einem Gehalt von 1 mg Kreatinin in 50 ccm Lösung. Eichtabelle für das Colorimeter. Die Eichtabelle wird so gewonnen, daß man mit Hilfe einer Lösung reinen Kreatinins von bekannter Konzentration die Skalenteile des Colorimeters auswertet.

Ausführung: 10 ccm Harn werden in einem 500-ccm-Meßkolben abgemessen, 5 ccm 10 proz. Natronlauge und 15 ccm 1,2 proz. Pikrinsäurelösung hinzugefügt und nach Umschütteln 5 Minuten stehengelassen. Dann wird mit destilliertem Wasser bis zur Marke aufgefüllt. Man füllt in den Trog des Colorimeters die gefärbte Harnlösung, während man in den Keil des Autenriethschen Colorimeters die Kaliumbichromatlösung einbringt. Der Keil wird so lange verschoben, bis Farbengleichheit auf beiden Seiten eingetreten ist. Auf der Eichtabelle liest man ab, wieviel Milligramm Kreatinin dem betreffenden Teilstrich entspricht.

Man rechnet zum Schluß auf die Tagesmenge Harn aus.

144. Bestimmung der H-Ionenkonzentration des Harnes mit Hilfe der Gaskette.

Prinzip: In einer Gaskette, in welcher auf der einen Seite sich $1/_{100}$n-Salzsäure, auf der anderen Seite der zu untersuchende Harn befindet, wird mit Hilfe der Kompensationsmethode die elektromotorische Kraft P des Gaselementes bestimmt. Es berechnet sich die Konzentration des Harnes an H-Ionen durch folgende Formel:

$$p = \frac{0{,}0002}{n} \cdot T \log \frac{C_2}{C_1},$$

wo C_1 die H-Ionenkonzentration des Harnes bedeutet, die zu suchen ist, C_2 die bekannte Konzentration der Salzsäure, T die absolute Temperatur, n die Valenz des zu messenden Ions H = 1 und p die gemessene elektromotorische Kraft des Gaselementes.

Gebraucht werden: Ein Akkumulator, eine Meßbrücke, eine Wippe, eine Gaskette, deren elektromotorische Kraft gemessen werden soll, ein Normalelement von bekannter elektromotorischer Kraft (im Kurs dient hierzu ein Daniell-Element), ein Capillarelektrometer oder ein kleines Saitengalvanometer, ein Stromtaster, ein Widerstandssatz, Harn.

Ausführung: Die zu benutzende Gaskette wird vor dem Versuch vorbereitet, es werden die Platinelektroden gut platiniert in die Gaskette eingesetzt und beide mit Wasserstoff beladen. In den einen Schenkel der Gaskette kommt die $1/_{100}$n-Salzsäure, in den anderen Schenkel der zu untersuchende Harn. Das Verbindungsrohr der beiden Schenkel der Gaskette wird mit $1/_{100}$n-Salzsäure, in welcher 0,2 Normalkochsalz gelöst sind, und mit Baumwolle gefüllt und dadurch die beiden Schenkel verbunden. Der Akkumulator wird mit der Meßbrücke verbunden unter Vorschaltung eines Quecksilberschlüssels und einer Wippe. Von dem einen Ende des Meßdrahtes wird abgezweigt zu einem Zweige, welcher enthält: 1. die Wippe, 2. die Gaskette, 3. das Capillarelektrometer oder Saitengalvanometer, 4. einen großen Widerstand, 5. den Stromtaster. Von da wird zurückgeleitet nach der verschiebbaren Kontaktstelle des Meßdrahtes. Die Wippe im Seitenzweige wird so geschaltet, daß das Gaselement ausgeschaltet werden kann und anstatt dessen das Daniell-Element eingeschaltet werden kann. Zuerst wird durch Verschieben der beweglichen Kontaktstelle des Meßdrahtes diejenige Stellung aufgesucht, wobei im Capillarelektrometer gerade kein Strom angezeigt wird. Dann ist die elektromotorische Kraft der Gaskette gerade durch einen Bruchteil der elektromotorischen Kraft des Akkumulators kompensiert. Es berechnet sich die elektromotorische Kraft nach folgender Formel:

$$p = E_A \cdot \frac{Ax}{AB},$$

Harn, allgemeiner und intermediärer Stoffwechsel. 137

wo E_A die elektromotorische Kraft des Akkumulators, Ax die Länge des Meßdrahtes vom Anfang bis zur ableitenden Kontaktstelle, AB die ganze Länge des Meßdrahtes ist. Bei diesen Versuchen darf der Stromkreis nur ganz kurz durch den Stromtaster geschlossen werden. In beiden Zweigen muß die Richtung der Ströme entgegengesetzt sein, es ist daher durch die Wippe im Hauptkreis dafür zu sorgen, daß die Ströme im Haupt- und Seitenzweig entgegengesetzt gerichtet sind. Solange noch nicht annähernd die Kompensation eingetreten ist, daran erkenntlich, daß das Capillarelektrometer keinen Ausschlag gibt, muß im Seitenzweig ein großer Widerstand eingeschaltet sein. Erst wenn annähernd die Nullstellung erreicht ist, wird der große Widerstand ausgeschaltet und ohne denselben die genaue Endablesung gemacht.

Bei genauerer Messung muß ein normales Cadmiumelement von großer Konstanz der elektromotorischen Kraft angewandt werden. Im Kurs bedient man sich eines Daniell-Elementes von der elektromotorischen Kraft 1,08 bis 1,12 Volt. Das in obiger Formel stehende E_A, die elektromotorische Kraft des Akkumulators, wird ausgedrückt durch die elektromotorische Kraft des angewandten Daniell-Elementes durch die Formel

$$E_A = \frac{E_D \cdot AB}{Ax_1},$$

dieser Wert in die vorige Gleichung eingesetzt, ergibt

$$p = \frac{E_D \cdot AB}{Ax_1} \cdot \frac{Ax}{AB}, \qquad p = \frac{E_D \cdot Ax}{Ax_1}.$$

Versuchsbeispiel zur Berechnung:

$$p = 0{,}0002 \cdot (273 + 22) \log \frac{C_2}{C_1},$$

$$p = 0{,}0590 \log \frac{C_2}{C_1},$$

$$0{,}4049 = 0{,}0590 \log \frac{C_2}{C_1},$$

$$\log \frac{C_2}{C_1} = \frac{0{,}4049}{0{,}0590},$$

$$\log C_2 - \log C_1 = \frac{0{,}4049}{0{,}059},$$

$$\log C_1 = \log C_2 - \frac{0{,}4049}{0{,}059} = \log 0{,}01 - \frac{0{,}4049}{0{,}059},$$

$$\log C_1 = -2 - \frac{0{,}4049}{0{,}059} = -8{,}86283,$$

Übungen zur Physiologie der vegetativen Funktionen.

$$\log C_1 = 0,13717 - 9,$$
$$C_1 = 1,371 \cdot 10^{-9}.$$

Die Konzentration der H-Ionen des Harnes, C_{H_1} betrug somit $1,371 \cdot 10^{-9}$.

145. Bestimmung der Wasserstoffionenkonzentration des Blutes.

Aufgabe: Es ist nach der Methode von Michaelis die Wasserstoffionenkonzentration des Blutes vermittels einer Konzentrationskette zu messen, deren eine Elektrode eine in das Blut tauchende, mit Wasserstoff geladene Platinelektrode ist, deren andere die gesättigte Kalomelelektrode ist. Da die Wasserstoffionenkonzentration der einen Elektrode bekannt ist, die elektromotorische Kraft der Kette gemessen wird, läßt sich wegen der durch die Theorie festgelegten Beziehung zwischen der elektromotorischen Kraft der Konzentrationskette und der Wasserstoffionenkonzentration der beiden Elektroden die Konzentration der Wasserstoffionen in dem Blute berechnen.

Gebraucht werden: Akkumulator, Saitengalvanometer nebst Batterie zur Speisung des Saitengalvanometerelektromagneten (falls das kleine oder mittlere Edelmannsche Saitengalvanometer nicht vorhanden ist, statt dessen das Capillarelektrometer), Meßtisch, Wippen, großer Widerstand (mehrere 100000 Ohm), Tasterschlüssel, Normalelement, Gaskette, gut isolierte Drähte von kleinem Widerstand.

Ausführung: Vorbereitungen: 1. Normalelement. Sowohl das Cadmiumnormalelement wie das normale Weston-Element sind käuflich. Für die eigene Herstellung eines Cadmiumnormalelementes vgl. L. Michaelis: Die Wasserstoffionenkonzentration, S. 137, Berlin: J. Springer 1917 oder Ostwald - Luther: Physiko-chemische Messungen.

2. Herstellung einer gesättigten Kalomelelektrode. Man bereitet eine in Siedehitze gesättigte Lösung von reinstem KCl, läßt auf Zimmertemperatur abkühlen und hebt von dem abgeschiedenen KCl Krystalle ab. Auf den Boden des Gefäßes der Kalomelelektrode füllt man eine Schicht reinsten Quecksilbers. Darauf schichtet man etwa eine Messerspitze Kalomel und etwas gesättigte KCl-Lösung von Zimmertemperatur, schüttle heftig durch, lasse das Kalomel absetzen und wiederhole das Waschen des Kalomels mit der KCl-Lösung etwa dreimal. Nach dem letzten Absetzen fülle man das Gefäß mit der gesättigten Kaliumchloridlösung zu ewa $^2/_3$ seines Inhaltes auf. Sodann läßt man durch das seitenständige Rohr mit Glashahn so ausfließen, daß der ganze Weg luftblasenfrei gefüllt ist, worauf der Hahn geschlossen wird. Die Ausflußöffnung muß immer

Harn, allgemeiner und intermediärer Stoffwechsel. 139

unter gesättigter KCl-Lösung gehalten werden, damit keine Luftblase mehr eintreten kann. Hierauf füllt man gesättigte Kaliumchloridlösung nach und darüber bis fast zur Höhe des Verschlußstopfens festes Kaliumchlorid. Das die metallische Ableitung und Klemmschraube tragende Glasrohr wird mit Gummistopfen fest eingesetzt. Der aus dem Glasrohr hervorragende Platindraht muß unter die Oberfläche des Quecksilbers tauchen.

3. Platinierung der Elektrode der Wasserstoffelektrode. Eintauchen des Platindrahtes für $1/_4$ Stunde in konz. Schwefelsäure, dann sorgfältiges Abspülen mit destilliertem Wasser. In ein Becherglas passender Größe fülle man eine Lösung, bestehend aus 1 g Platinchlorid, eine Spur Bleiacetat in 30 ccm destilliertes Wasser. Ein kleines Platinblech dient als positive Elektrode, der Elektrodendraht der Wasserstoffelektrode als negative Elektrode. Der positive Pol einer 2 bis 4 Volt starken Akkumulatorenbatterie wird mit dem Platinblech, der negative mit dem Elektrodendraht verbunden. Nach $1/_2$ bis 2 Minuten, wenn die Schwärzung gleichmäßig geworden ist, ist die Platinierung beendet. Sorgfältiges Abspülen mit destilliertem Wasser. Hierauf werden bei genau gleicher Anordnung die beiden Elektroden in ein Gefäß mit verdünnter Schwefelsäure übertragen und 1 bis 2 Minuten lang bei lebhafter Gasentwicklung Strom durchgeschickt. Hat man aus Versehen die Wasserstoffelektrode unrichtig mit dem positiven Pol verbunden, so muß man nachträglich den Fehler durch längere kathodische Polarisation verbessern. Nach längerem Ausspülen mit destilliertem Wasser wird der Glasschliff des Stopfens der Elektrode gut mit Fließpapier getrocknet. Der Glasschliff wird mit ganz wenig Wachs umgeben und dann in die leicht vorgewärmte Öffnung der Wasserstoffelektrode eingesetzt. Es darf nur so viel Wachsschicht vorhanden sein, als zur vollständigen Dichtung erforderlich ist, und das Wachs darf nicht überquellen. Bis zum Gebrauch wird die Elektrode mit destilliertem Wasser gefüllt.

Der Aufbau der Versuchsanordnung ist aus der Abbildung 20 ersichtlich.

Nach erledigtem Aufbau der apparatellen Anordnung beginnt der eigentliche Versuch mit der Herrichtung der aus einem U-förmig gebogenen Rohr bestehenden Gaselektrode. Für die Messung von Blut bringe man eine kohlensäurefreie, 0,85 proz. Kochsalzlösung in die Elektrode. Erst wird sie mit dieser gewaschen, dann wird der den Platindraht enthaltende Schenkel luftblasenfrei mit der Flüssigkeit gefüllt, während der offene Schenkel etwa zu $4/_5$ leer bleibt. Der Wasserstoff, den man zur Einleitung in die Elektrode braucht, wird in einem Kippschen Apparat aus reinem, arsenfreien Zink und verdünnter Schwefelsäure entwickelt und derselbe durch vorgelegte 2 proz. Permanganatlösung und gesättigte Sublimatlösung gewaschen. An die letzte Waschflasche kommt ein Gummischlauch, der mit einem capillar ausgezogenen, leicht gebogenen Glasrohr endet. Man entwickelt Wasserstoff, um das ganze System nach völliger Verdrängung der Luft mit Wasserstoff zu füllen. Ist dies erreicht, so schließt man die Wasserstoffzuleitung durch Kompression des Gummischlauches dicht oberhalb der ausleitenden Glascapillare mit dem Finger zu. Man nehme nun die Wasserstoffelektrode zur Hand, lasse aus der Capillare wieder Wasserstoff strömen, um abermals die Luft zu verdrängen, tauche die Capillare unter die Oberfläche der zu messenden Flüssigkeit in dem offenen Elektrodenschenkel; verschließe dann erst, aber unmittelbar nach dem Untertauchen, die Wasserstoffzuleitung durch Fingerkompression des zuleitenden Gummirohres. Dann bringe

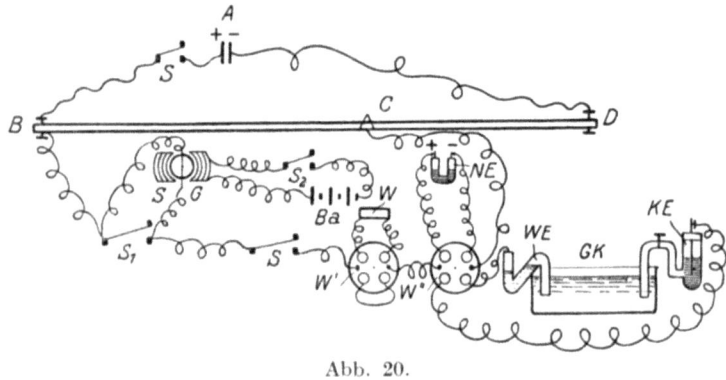

Abb. 20.

man die Spitze der Glascapillare in die Tiefe des U-Rohres und lasse durch vorsichtige Freigabe des Gummischlauches Wasserstoffbläschen in den geschlossenen Schenkel der Elektrode aufsteigen, und zwar so viel, daß der Platindraht ganz knapp noch eben in die Flüssigkeit eintaucht. Dann verschließe man die H_2-Zuleitung wieder und ziehe die Glascapillare heraus. Steht Hirudin zur Verfügung, so bringt man einige Körnchen hiervon in den offenen Schenkel. Ist dies nicht der Fall, so muß man sich mit einigen Körnchen Kaliumoxalat behelfen. Ganz frisch durch eine Spritze aus einem Gefäß gewonnenes Blut füllt man in den leergebliebenen Teil des U-Rohres völlig auf, verschließt luftblasenfrei mit dem Glasstopfen. Die verschlossene Elektrode wird jetzt etwa 50mal hin und her gewippt. Die Verbindung der Elektrode mit der Gasblase wiederum auf der Seite des Platindrahtes zu einer Konzentrationskette, deren andere Elektrode die Kalomelelektrode ist, geschieht durch ein Agarstück, welches in eine mit gesättigter KCl-Lösung gefüllte Wanne taucht, in deren andere Seite die Kalomelelektrode taucht. Zur Herstellung

Harn, allgemeiner und intermediärer Stoffwechsel. 141

des Verbindungsstückes wird ein kleines, stark gebogenes Glasrohr, das an einem Ende zu einer kurzen, feinen Spitze ausgezogen ist, luftblasenfrei mit einer noch warmen Lösung von 3 g Agar plus 40 g KCl in 100 g Wasser (längere Zeit im Wasserbad gekocht) gefüllt. Der Agar erstarrt in dem Rohr bald. Das mit Agar gefüllte Rohr wird aus der gesättigten KCl-Lösung, in welcher es bei Nichtgebrauch aufbewahrt wird, herausgenommen, abgetrocknet und so befestigt, daß die Spitze gerade in die Elektrodenflüssigkeit und das andere Ende in die mit gesättigter KCl-Lösung eintaucht.

Jetzt schreitet man zur Bestimmung der elektromotorischen Kraft der Konzentrationskette, welche aus der mit Blut-Kochsalzlösung gefüllten Wasserstoffelektrode, der mit gesättigtem KCl-Chlorid gefüllten Wanne und der gesättigten Kalomelelektrode besteht. Durch Schließung des betreffenden Schlüssels wird der Elektromagnet des kleinen Saitengalvanometers unter Strom gesetzt und das Bild der Saite im Mikroskop scharf eingestellt. Der Vorreiberschlüssel zur Saite ist kurz geschlossen. Die erste Wippe ist so gestellt, daß der Weg zur Konzentrationskette über den großen Widerstand führt. (Praktisch brauchbare und dauernd haltbare große Widerstände kann man sich selbst auf folgende Weise herstellen. Auf einem Glasstreifen macht man einen Graphitstrich von einem Ende zum anderen. An diese Enden kommen Klemmen mit Drähten. Das ganze Glasstück einschließlich der Klemmen wird mit mehrfachen Lagen Isolierband umwickelt. Das Ganze wird dann in ein Glasrohr so eingeführt, daß nur die Drähte durch zwei Korke, welche das Rohr verschließen, herausragen. Ehe man den zweiten Kork verschließt, wird das ganze Rohr mit Paraffin, welches gerade über seinen Schmelzpunkt erwärmt worden ist, angefüllt. Die Röhre bleibt liegen, bis das Paraffin völlig erstarrt ist. Den Widerstand eicht man. Ein solcher Widerstand bleibt bei richtiger Behandlung jahrelang praktisch konstant.) Die zweite Wippe wird auf Verbindung mit der Konzentrationskette gestellt. Die Nebenschließung zum Saitengalvanometer wird geöffnet, und nun wird durch Verschieben des Gleitkontaktes auf dem Meßdraht BD derjenige Punkt aufgesucht, bei dem die entgegengesetzt zu dem im Hauptstromkreis ABCD befindlichen Akkumulator geschaltete elektromotorische Kraft E der im Nebenstromkreis stehenden Konzentrationskette gleich groß wird wie die Potentialdifferenz zwischen B und C im Hauptstromkreis. Der Hauptstromkreis wird immer nur momentan durch den Tasterschlüssel geschlossen. Sobald die Stellung gefunden worden ist, wo die Saite nicht mehr weder nach der einen oder der anderen Seite ausschlägt (der Vorreiberschlüssel soll immer nur während der Beobachtung geöffnet sein), wird die erste Wippe umgelegt, so daß an Stelle des großen Widerstandes der Kurzschlußdraht eingeschaltet ist, um die genauere Ablesung in der Gegend des vorher angenähert festgestellten Wertes zu finden. Da man am Meßdraht (derselbe muß kalibriert sein; s. Lehrbücher der physik. Methodik) Millimeter direkt ablesen, Zehntel schätzen kann, so kann man bei Verwendung eines Akkumulators 2 Millivolt direkt ablesen, 0,2 Millivolt schätzen. Jetzt wird die erste Wippe wieder auf den großen Widerstand umgeschaltet, die zweite Wippe auf das Normalelement. Wie vorher wird durch Ablesung mit und ohne Widerstand die elektromotorische Kraft des Normalelementes durch diejenige des Akkumulators ausgedrückt.

Die Berechnung ist:

$$E_{Gaskette} = E_{Akk.} \frac{BC_1}{BD} \; ; \quad E_{normal} = E_{Akk.} \frac{BC_2}{BD} \; ;$$

$$E_{Gaskette} = E_{normal} \frac{BC_1}{BC_2}.$$

Das Potential stellt sich schnell zur Konstanz ein. Man wiederhole die Messungen alle 5 Minuten, bis konstante Ablesungen erreicht werden.

Bildung von Gerinnsel am Platindraht verhindert die Erreichung eines konstanten Wertes. Die Probe muß verworfen werden. Ebenso, wenn lange Zeit eine stete Änderung des Potentials eintritt.

Berechnung: Nach der Nernstschen Theorie ist

$$E = 0{,}0001983 \, T \log \frac{c_0}{c} \text{ Volt},$$

wo c die unbekannte Wasserstoffionenkonzentration, c_0 diejenige der Normalelektrode ist. Wählt man als Normalelektrode eine solche, deren Wasserstoffionenkonzentration $= 1$ ist, so wird

$$E = 0{,}0001983 \, T \log \frac{1}{c} \text{ Volt},$$

$$E = -0{,}0001983 \, T \log c \text{ Volt},$$

$$\log c = -\frac{E}{0{,}0001983 \, T}.$$

Nach Sörensen bezeichnen wir $-\log c$ mit p_H, also

$$p_H {}_{\substack{\text{Wasserstoff-} \\ \text{exponent}}} = -\log c = \frac{E}{0{,}0001983 \, T}.$$

Die obige Messung wurde aber nicht mit der Normalwasserstoffelektrode, sondern mit der gesättigten Kalomelelektrode durchgeführt. Deshalb muß die dort gefundene elektromotorische Kraft in die auf die Normalwasserstoffelektrode reduzierte elektromotorische Kraft umgerechnet werden. Es gilt

$$E_{reduziert} = E_{gemessen} - F.$$

F in Millivolt für die gesättigte Kalomelelektrode bei 18° 250,3, bei 20° 248,8, bei 37° 235,5.

Harn, allgemeiner und intermediärer Stoffwechsel. 143

Es bedarf der Sicherheit, daß die gesättigte Kalomelelektrode den theoretisch zutreffenden Wert besitzt. Hierzu ist eine gelegentliche Eichung nötig, die durch Messung von Flüssigkeiten von genau bekannter Zusammensetzung und bekannter elektromotorischer Kraft bewerkstelligt wird. Nach Michaelis eignet sich hierzu das „Standardacetatgemisch"

n-NaOH 50
n-Essigsäure 100
destilliertes Wasser . . 350

Eine Konzentrationskette, deren eine Elektrode dieses Gemisch enthält, deren andere die gesättigte Kalomelelektrode ist, soll bei 18° eine elektromotorische Kraft von 517 Millivolt zeigen.

Die auf die Normalwasserstoffelektrode reduzierte elektromotorische Kraft wird in die oben entwickelte Formel eingesetzt, um daraus die Wasserstoffionenkonzentration bzw. das p_H zu berechnen.

Die geschilderte Methode läßt sich in entsprechender Weise für Serum, Harn usw. anwenden.

146. Gewinnung eines eiweißfreien Filtrates aus Blut für nachfolgende quantitative Mikrobestimmungen.

Aufgabe: Es ist Blut durch die quantitative Entfernung des Eiweißes so vorzubereiten, daß die wichtigsten Bestandteile des Plasmas einer quantitativen Mikroanalyse unterworfen werden können.

1. Methode Folin. Gebraucht werden: 10 proz. Lösung von wolframsaurem Natrium (Na_2WoO_4, $2 H_2O$), $^2/_3$ n-Schwefelsäure (33,70 g Schwefelsäure = 18,47 ccm Schwefelsäure, spez. Gew. 1,840), 2 n-Schwefelsäure im Tropfgläschen.

Gewinnung von Blut: Je nachdem, ob man vom Menschen oder vom Tier Blut entnehmen will, wird die Technik etwas zu variieren sein; vom Menschen entnimmt man der Vena cubitalis, vom Tier je nach den Versuchszwecken aus einer Arterie oder einer peripheren Vene; auch aus dem Herzen der Tiere kann durch Punktion Blut zu der Analyse gewonnen werden. Ein trockenes Reagensglas oder ein kleines 20 ccm fassendes Fläschchen, welches mit einem gut schließenden Korkstopfen versehen ist, werden mit 20 mg fein pulverisiertem Kalium oder Natriumoxalat gefüllt. Letzteres dient zur Fällung des Calciums und Verhinderung der Blutgerinnung. Diese Oxalatmenge genügt für 10 ccm Blut. Es empfiehlt sich, das Innere der Spritze mit 2 oder 3 Tropfen einer 20 proz. Kaliumoxalatlösung zu benetzen. Vom Menschen muß man für die Analyse sämtlicher in Betracht kommenden Blutbestandteile (Reststickstoff, Harnstoff, Harnsäure, Kreatinin, Traubenzucker und Chloride) 7 bis 10 ccm Blut mit Hilfe einer sterilen Spritze entziehen. Für Einzelanalysen bedarf es nur geringerer Mengen. Das entnommene Blut wird so schnell wie möglich in das mit Oxalat beschickte Gefäß übertragen und das Gefäß zum guten Durchmischen und zur wirksamen Verhinderung der Gerinnung ein- bis zweimal umgekehrt. Im Eisschrank ist das so vorbereitete Blut zwar einige Tage haltbar, doch empfiehlt es sich, die Analysen sofort auszuführen.

Ausführung: 5 ccm des Oxalatblutes (entsprechend weniger, wenn eine geringere Blutmenge entnommen wurde) werden mit einer Ostwaldschen Pipette genau gemessen und in ein 100 ccm haltendes Gefäß auslaufen gelassen. Die letzten Anteile des Blutes entfernt man durch sanftes Blasen aus der Pipette. Aus einer Bürette läßt man 35 ccm destillierten Wassers in das Gefäß fließen und mischt es gut mit dem Blute. Hierdurch wird das Blut lackfarben gemacht und der Austritt von Aminosäuren, Zucker, Salzen, Harnstoff und anderen Bestandteilen aus den Blutkörperchen veranlaßt. Mit einer anderen Pipette werden genau 5 ccm der 10 proz. Lösung von wolframsaurem Natrium zu der Mischung hinzugesetzt und mit noch einer anderen 5-ccm-Pipette 5 ccm $^2/_3$ n-Schwefelsäure. Bei diesem letzteren Zusatz wird das Kölbchen leicht geschüttelt. Nun wird das Kölbchen mit einem gutschließenden, sauberen Gummi- oder Korkstopfen verschlossen und ein paarmal kräftig hin und her geschüttelt. Die richtige Fällung zeigt sich dadurch, daß das Blut nicht schäumt, höchstens einige Luftbläschen auftreten, und daß die Farbe des Niederschlages allmählich von Rot in Braun übergeht. Ist letzteres nicht der Fall, so war nicht hinreichend Säure zugetan worden, und man muß daher unter kräftigem Schütteln 2 Tropfen $^1/_2$ n-Schwefelsäure zusetzen. Nach Zusatz jeden Tropfens wartet man und fährt evtl. so fort, bis die Fällung vollständig und die Farbe braun geworden ist. Die Menge der Säure soll gerade ausreichen, um die Wolframsäure aus ihrem Natriumsalz in Freiheit zu setzen. Ein Überschuß an Säure ist zu vermeiden; das Filtrat darf nur neutral oder ganz schwach sauer auf Kongo reagieren. Das Blut ist jetzt von 5 auf 50 ccm, also zehnfach verdünnt.

Für die Filtration wird ein Trichter mit trockenem Faltenfilter hergerichtet, groß genug, um die gesamten 50 ccm auf einmal zu fassen, wozu ein Faltenfilter von 12 cm Durchmesser genügt. Das Filter wird nicht mit Wasser, sondern mit einigen Tropfen der klaren über dem Niederschlag stehenden Flüssigkeit aus dem Gefäß angefeuchtet. Schon die ersten Tropfen Filtrat sollen wasserklar ablaufen, wenn das nicht der Fall ist, gieße man das Filtrat wieder auf das Filter.

Das Filtrat sollte annähernd neutral sein.

2. Methode Greenwald. Gebraucht werden: 2,5 proz. Trichloressigsäure, Kaolin, Zentrifuge.

Harn, allgemeiner und intermediärer Stoffwechsel. 145

Ausführung: 5 ccm des Oxalatblutes werden mit einer Ostwald-Pipette genau in einen 50-ccm-Maßkolben abgemessen und bis zur Marke mit 2,5 proz. Trichloressigsäure aufgefüllt. Man läßt 30 Minuten stehen und zentrifugiert dann; hierauf wird durch ein trockenes Faltenfilter filtriert. Falls noch größere Genauigkeit gewünscht wird, wird das Filtrat nochmals mit einer kleinen Menge Kaolin, 4 mg auf 100 ccm, geschüttelt und abermals filtriert. Hierdurch wird eine kleine Menge kolloidalen Stickstoffs entfernt. Die Unterlassung letzteren Verfahrens bedingt keinen größeren Fehler als höchstens 2 mg Stickstoff pro 100 ccm.

3. Methode Lewis - Benedict. Gebraucht werden: Reinste Pikrinsäure (falls dieselbe unrein ist, muß sie nochmals aus heißem Wasser umkrystallisiert werden), die Pikrinsäure muß vor Licht bewahrt werden und darf nicht in einem Mörser pulverisiert werden.

Ausführung: Man füge 5 ccm des Oxalatblutes zu einem 50 ccm fassenden Zentrifugenzylinder, welcher 20 ccm destillierten Wassers enthält. Man rühre mit einem kleinen Glasstab, bis das Blut vollständig lackfarben geworden ist. Dann füge man 1 g trockene, reine Pikrinsäure zu. Die Mischung wird dann mehrere Minuten gerührt, bis die Eiweißkörper gefällt worden sind und die Flüssigkeit gleichförmig gelb und mit Pikrinsäure gesättigt worden ist. Mit Intervallen wird 20—30 Minuten lang gerührt, um sicher zu sein, daß die Fällung und Sättigung eine vollständige sei. Letzteres ist sehr wichtig. Man zentrifugiere, bis eine vollständige Trennung eingetreten ist, dekantiere die überstehende Flüssigkeit durch ein trockenes Faltenfilter und bringe schließlich den gesamten Niederschlag auf das Filtrierpapier.

147. Bestimmung des Harnstoffes nach der Ureasemethode.

Aufgabe: Es ist der Harnstoff des Harnes durch das spezifisch-harnstoffspaltende Ferment Urease zu spalten, das hierdurch frei-werdende Ammoniak in $^1/_{50}$ n-Säure überzutreiben und schließlich durch Titration mit $^1/_{50}$ n-Lauge zu bestimmen.

Gebraucht werden: Ureaseenzym (Herstellung nach van Slyke und Cullen: 1 Teil Sojabohnenmehl werden mit 5 Teilen Wasser bei Zimmertemperatur unter gelegentlichem Rühren 1 Stunde lang digeriert. Die Lösung wird durch Filtration oder Zentrifugieren geklärt. Man gießt den Extrakt langsam unter Rühren in mindestens das zehnfache Volumen Aceton, das Aceton dehydriert das Enzympräparat. Man filtriert, trocknet im Vakuum und pulverisiert. Die Wirksamkeit dieses Präparates, welches nicht vollständig in Wasser löslich ist, hält sich lange Zeit. Es empfiehlt sich, das Enzympräparat mit einer 3 proz. Harnstofflösung auszuwerten.) Es lassen sich auch

146   Übungen zur Physiologie der vegetativen Funktionen.

im Handel erhältliche Ureasepräparate benutzen. Caprylalkohol, $1/_{50}$ n-Schwefelsäure und Lauge, hohe zylindrische Gefäße mit doppelt durchbohrtem Stopfen zum Luftdurchsaugen (die in die Flüssigkeit eintauchenden Röhren tragen unten eine vielfache Durchbohrung zum Zwecke der besseren Durchlüftung).

Ausführung: Die beiden Durchlüftungsgefäße werden miteinander verbunden und in einem Gestell aufgestellt. Das vordere wird mit einer Flasche verbunden, die Schwefelsäure enthält, um die eingesaugte Luft ammoniakfrei zu machen. Die hintere Flasche wird mit einer Saugpumpe verbunden. In die vordere Flasche kommen 5 ccm eines verdünnten Harnes (5 ccm Harn mit ammoniakfreiem Wasser auf 50 ccm verdünnt), 1 Tropfen Caprylalkohol und 1 ccm Enzymlösung. Die Enzymlösung wird so hergestellt, daß 2 g des Enzympräparates 0,6 g sekundäres Kaliumphosphat und 0,4 g primäres Kaliumphosphat in 10 ccm Wasser aufgelöst werden. Die Lösung, welche leicht opalesciert, wird vor dem Gebrauch mit einem Glasstab gerührt. Die vordere Flasche wird verschlossen, und man läßt die Röhre 15 Minuten lang stehen, um das Enzym wirken zu lassen. In die hintere Flasche kommen 25 ccm $1/_{50}$ n-Säure. Hierzu kommen noch 1 Tropfen Caprylalkohol und 1 Tropfen Methylrot als Indicator. Jetzt werden die beiden Flaschen miteinander verbunden, und nach etwa 15 Minuten saugt man $1/_2$ Minute lang, um das Ammoniak zu entfernen, welches etwa im freien Zustande in der vorderen Flasche sein könnte. Nach dieser Durchlüftung wird die vordere Flasche geöffnet, und es werden 5 ccm gesättigten Kaliumcarbonates zugefügt. Nach raschem Schluß der Flasche wird Luft durchgesaugt, bis alles Ammoniak in die vorgelegte Säure übergeführt worden ist. Hierauf wird die Saugpumpe abgeschaltet, wobei verhütet werden muß, daß durch Unterdruck Zurücksaugung stattfindet.

Die Anzahl zur Neutralisation verbrauchter Kubikzentimeter $1/_{50}$ n-Säure, multipliziert mit dem Faktor 0,056, gibt die Anzahl Gramm von Harnstoff plus Ammoniakstickstoff in 100 ccm Urin. Der Ammoniakgehalt allein kann parallel mit der Harnstoffbestimmung dadurch ermittelt werden, daß man dieselbe Methode anwendet mit dem Unterschiede, daß man 5 ccm unverdünnten Harnes ohne Ureasezusatz gebraucht und mit dem Faktor 0,0056 multipliziert.

148. Mikrobestimmung des Reststickstoffes im Blute nach Bang.

Aufgabe: Es ist der Reststickstoff des Blutes nach exakter Trennung desselben von den Eiweißkörpern des Blutes dadurch zu bestimmen, daß man die Extraktlösung im Bangschen Apparat für Mikro-Kjeldahl verascht und nach Überdestillieren des Ammoniaks in vorgelegte $1/_{200}$ n-Schwefelsäure die jodometrische Stickstoffbestimmung nach Bang ausführt.

Harn, allgemeiner und intermediärer Stoffwechsel.

Das Prinzip der jodometrischen Stickstoffbestimmung beruht darauf, daß durch Schwefelsäure aus einer Jodlösung eine bestimmte Menge von Jod nach der Gleichung

$$5 \text{ KJ} + \text{KJO}_3 + 6 \text{ HCl} = 6 \text{ KCl} + 3 \text{ H}_2\text{O} + 6 \text{ J}$$

freigemacht wird. Das freigemachte Jod wird durch Titration mit Thiosulfatlösung ermittelt. Die Lösungen sind so eingestellt, daß durch $^1/_{200}$ n-Schwefelsäure so viel Jod in Freiheit gesetzt wird, als 1 ccm $^1/_{200}$ n-Jodlösung entspricht. 1 ccm der zum Titrieren des freigemachten Jodes benutzten $^1/_{200}$ n-Thiosulfatlösung entspricht 1 ccm $^1/_{200}$ n-Jodlösung, demnach auch 1 ccm $^1/_{200}$ n-Schwefelsäure.

Gebraucht werden: Reine trockene Proberöhrchen, Papierblättchen aus Filtrierpapier nach Bang (dieselben müssen stickstofffrei sein und dürfen an Wasser kein mit Nesslers Reagens nachweisbares Ammoniak abgeben), Extraktionsflüssigkeit (5 g Phosphormolybdänsäure, 15 g Schwefelsäure, 5 g Natriumsulfat und 0,25 g Dextrose auf 1 l gebracht), konz. reinste, stickstofffreie Schwefelsäure, Methylrotlösung, 33proz. Natronlauge, Titriersäure mit Jodatzusatz (Herstellung: 5 ccm $^1/_{10}$ n-H$_2$SO$_4$ und 20 ccm $^1/_{10}$ n-KJO$_3$ in ein 100-ccm-Meßkolben und mit Wasser bis zur Marke auffüllen; das zugesetzte Jodat muß vollständig neutral reagieren), 5proz. Kaliumjodidlösung, $^1/_{200}$ n-Thiosulfatlösung (eine bequeme Herstellung derselben, mindestens 3 Tage unverändert haltbar, ist aus $^1/_{10}$ n-Thiosulfatlösung mit Hilfe von kohlensäurefreiem Wasser, letzteres gewinnt man dadurch, daß man destilliertes Wasser $^1/_2$ Stunde auskocht und den Kolben sofort mit einem Stopfen, der ein Natronkalkrohr und eine Hebervorrichtung trägt, verschließt), 1 proz. Stärkelösung, Mikrodestillationsapparat nach Bang, Mikrowage, Mikrobürette nach Bang.

Ausführung: 100 bis 120 mg Blut werden in ein Papierstückchen von bekanntem Gewicht eingesaugt und gewogen. Dann läßt man das Papier etwa 5 Minuten an der Luft trocknen, bringt es in ein reines trockenes Proberöhrchen und setzt so viel von der Phosphormolybdänlösung zu, daß dieselbe 3 bis 4 mm über dem Papier steht. Zur Extraktion bedarf es mindestens 1 Stunde, worauf die Lösung in den Kjeldahl-Kolben übergeführt wird. 24stündiges Warten schadet nichts. Wenn sich Eiweißpartikelchen von dem Papier während des Dekantierens lostrennen, muß man filtrieren. Nach dem Abgießen der Lösung gießt man die gleiche Menge destillierten Wassers zu dem Papier und bringt dieses, wenn erforderlich durch Filtration, in den Kjeldahl-Kolben. Nach Zusatz von 1 ccm konz. Schwefelsäure schüttelt man um und erhitzt zunächst mit kleiner Flamme, bis alles Wasser verjagt ist, und darauf etwas stärker. Wenn vollständige Entfärbung eingetreten ist, läßt man abkühlen und setzt etwa 10 ccm destilliertes Wasser hinzu.

Hierauf beginnt die Destillation mit dem Bangschen Apparat, der aus einer Kochflasche zur Entwicklung von Wasserdampf von 200 bis 300 ccm Inhalt, dem Kjeldahl-Kolben, der mit einem Stopfen mit doppelter Durchbohrung verschlossen wird (in die eine Durchbohrung kommt ein Glasrohr, welches bis fast an den Boden reicht und zur Einleitung von Wasserdampf aus der Kochflasche dient; in die Leitung zwischen Kochflasche und Kjeldahl-Kolben ist ein Trichterchen eingeschaltet, welches zum Eingießen von Kalilauge benutzt wird; das Trichterrohr muß unten abschließbar sein; durch die andere Durchbohrung wird ein Hopkinsscher Aufsatz zur Verhütung des Überspritzens von Lauge eingeführt), Kühler, durch welchen ein Silberrohr geht, das mit dem Hopkinsschen Aufsatz verbunden ist, Spitzglas, etwa 20 ccm fassend, in welches Säure vorgelegt wird, und das Silberrohr eintaucht.

Der Kjeldahl-Kolben wird mit dem Destillationsapparat verbunden und das mit vorgelegter Säure versetzte Spitzglas durch eine bewegliche Stativplatte so weit gehoben, daß das Silberrohr in die Flüssigkeit eintaucht. Nun wird Natronlauge (3 ccm genügen) durch den Trichter einlaufen gelassen und die Verbindung des Kjeldahl-Kolbens mit dem vorher erhitzten Kochkolben, der mit destilliertem angesäuerten Wasser $^3/_4$ voll gefüllt ist, hergestellt. Ein paar Siedesteine sind gleichfalls vorher in den Kochkolben eingeworfen worden. Auf Zusatz von Lauge zur Flüssigkeit im Kjeldahl-Kolben soll dessen Inhalt vorübergehend gelb und später farblos werden. Bleibt die Gelbfärbung bestehen, so ist zu wenig Lauge zugesetzt worden. Die Wasserleitung zu dem kleinen Kühler wird vorher geöffnet und möglichst stark gekühlt. Jetzt wird der Brenner unter den Kochkolben gestellt und der Inhalt desselben bis zu lebhaftem Sieden erhitzt. Sobald Tropfen übergehen, kann das Spitzgefäß etwas gesenkt werden, so daß das kühle Rohr nicht mehr eintaucht. Nach Übergang von etwa 20 Tropfen prüft man mit Lackmuspapier, ob kein Ammoniak mehr übergeht als Zeichen der vollständigen Austreibung.

Zum Destillat setzt man 2 ccm 5 proz. Kaliumjodidlösung, evtl. 0,1 proz. Kaliumjodidlösung und 5 Minuten später 2 bis 3 Tropfen der Stärkelösung zu. Man titriert jetzt mit der $^1/_{200}$ n-Thiosulfatlösung, wobei der Farbenumschlag nicht von Blau in farblos, sondern in Gelb übergeht. Die verbrauchte Menge der Thiosulfatlösung gibt die Menge der freigebliebenen, nicht durch Ammoniak neutralisierten Schwefelsäure an. Die Differenz zwischen der vorgelegten Menge Schwefelsäure und der zuletzt genannten gibt die Menge der durch Ammoniak gebundenen an. Durch Multiplikation dieser Zahl mit 0,14 erhält man die Menge Milligramm Rest-N in der angewandten Flüssigkeitsmenge, welche noch zu korrigieren ist durch den im blinden Versuch in Papier und Lösungen gefundenen Gesamtstickstoff.

149. Mikrobestimmung des Traubenzuckers nach Folin und Wu.

Aufgabe: Der Blutzucker ist in einem eiweißfreien Blutfiltrat dadurch zu bestimmen, daß er durch Vergleich mit einer Zuckerlösung genau bekannten Zuckergehaltes colorimetrisch ermittelt wird. Das Blutfiltrat wird gleichzeitig mit der Vergleichszuckerlösung mit schwach alkalischer Kupfertartratlösung gekocht. Dann wird Phosphormolybdänlösung zugesetzt. Diese löst das ausgeschiedene Kupferoxydul auf, während die Phosphormolybdänsäure unter Bildung einer blauen Farbe reduziert wird. Diese blaue Farbe der zu untersuchenden Lösung wird mit der der Vergleichslösung colorimetrisch verglichen.

Gebraucht werden: Vergleichszuckerlösung; Herstellung: 1 g reinen, wasserfreien Traubenzuckers wird in Wasser aufgelöst und auf ein Volumen von 100 ccm gebracht unter Zusatz von 3 bis 4 Tropfen Toluol. Die Lösung wird in gut verschlossener Flasche an einem kühlen Orte aufbewahrt. 5 ccm dieser Lösung werden, mit Wasser auf 500 ccm verdünnt, mit etwas Toluol versetzt: 1 mg Traubenzucker in 10 ccm; 5 ccm der gleichen 1 proz. Traubenzuckerlösung werden auf 250 ccm mit Wasser gebracht: 2 mg Traubenzucker in 10 ccm. Auch diese Lösungen müssen gut verschlossen an kühlem Orte aufbewahrt werden. Der Sicherheit halber kann man aber auch die beiden verdünnten Lösungen jeweils frisch zum Versuch herstellen und die Stammlösung von Zeit zu Zeit entweder polarimetrisch oder durch die Bertrand-Methode kontrollieren. Alkalische Kupfertartratlösung; Herstellung: 40 g wasserfreies Na_2CO_3 werden in 400 ccm Wasser gelöst und in den 1-l-Meßkolben gebracht. Dann setze man 7,5 g Weinsäure und 4,5 g krystallisiertes Kupfersulfat ($CuSO_4$, 5 H_2O) hinzu, löse und fülle auf 1 l auf. Sollte sich ein Sediment bilden, so ist von demselben abzudekantieren. Phosphormolybdänsäurelösung; Herstellung: 35 g Molybdänsäure werden in einem Becherglas von etwa 1 l Inhalt mit 5 g wolframsaurem Natrium, 200 ccm 10 proz. Natronlauge und 200 ccm Wasser versetzt und 30 Minuten lang stark gekocht, um etwaige kleine Mengen von Ammoniak zu vertreiben. Nach dem Abkühlen wird die Lösung auf etwa 350 ccm gebracht, mit 125 ccm konz. (85 proz.) Phosphorsäure (spez. Gew. 1,71) versetzt und auf 500 ccm aufgefüllt, Folinsche Zuckerreagensgläser (s. Abb. 21), Colorimeter nach Dubosq.

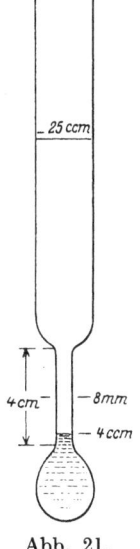

Abb. 21.
Folinsches Rohr zur Anstellung der Zuckerreaktion.

Ausführung: 2 ccm eiweißfreien Blutfiltrates, gewonnen aus

5 ccm Oxalatblut, entsprechend dem Verdünnungsgrade nach 0,2 ccm Blut, werden in ein Folinsches Zuckerreagensglas pipettiert; in ein zweites kommen 2 ccm der Vergleichslösung 1 mg Traubenzucker in 10 ccm = 0,2 mg Zucker, in ein drittes 2 ccm der Vergleichslösung 2 mg Zucker in 10 ccm = 0,4 mg Zucker. In jedes Glas bringt man ferner 2 ccm alkalische Kupferlösung. Jedes Reagensglas muß jetzt so gefüllt sein, daß die Oberfläche der Flüssigkeit in dem verengten Halse liegt. Wenn das kugelförmige Ende des Tubus zu groß ist, darf man ein wenig, aber nicht mehr als 0,5 ccm der alkalischen Tartratlösung, verdünnt 1:1, hinzufügen, um die Lösung in den verengten Hals hineinzubringen. Röhren, die bis über den Hals sich füllen, sind zu verwerfen. Alle drei Gläser werden gleichzeitig in ein schon vorher kochendes Wasserbad versenkt und dort 6 Minuten lang behalten. Darauf kommen sie 3 Minuten in kaltes Wasser unter Vermeidung von jedem unnötigen Schütteln. Zu jedem Glase werden darauf 2 ccm Phosphormolybdänsäurelösung hinzugegeben. Wenn das Kupferoxydul gelöst ist, was in 2 Minuten geschieht, füllt man auf 25 ccm auf, schließt die Gläser mit einem sauberen Stopfen, schüttelt gut um und wählt zum colorimetrischen Vergleich nach voller Entwicklung der blauen Farbe, frühestens nach 5 Minuten, spätestens nach 1 Stunde, das der zu bestimmenden Lösung im Farbenton am nächsten stehende Reagensglas. Die beiden Vergleichslösungen erstrecken sich über einen Spielraum von 70 bis fast 400 mg Traubenzucker in 100 ccm Blut.

Berechnung: Ist die Vergleichslösung auf den Skalenteil 20 eingestellt worden und hat man, um Farbengleichheit in den beiden Feldern des Colorimeters zu erzielen, auf der Seite, wo die auf ihren Zuckergehalt zu prüfende Blutlösung sich befindet, auf den Skalenteil y einstellen müssen, und war zum Vergleich das 0,2 mg Traubenzucker enthaltende Röhrchen genommen worden, so ist

$$\frac{20}{y} \cdot 100 = \text{mg Traubenzucker in 100 ccm Blut.}$$

Es ist mit 2 zu multiplizieren, wenn 0,4 mg Zucker in der Vergleichslösung war.

150. Mikrobestimmung der Chloride im Blut.

Aufgabe: Es ist die Chloridmenge im Blut durch Titration eines alkoholischen Extraktes des Blutes mit $^1/_{100}$ n-Silberlösung und Kaliumchromat als Indicator zu bestimmen.

Gebraucht werden: 92 proz. Alkohol, $^1/_{100}$ n-Silberlösung, 7 proz. Lösung von Kaliumchromat, Bangsche Mikrowage, Bangsche Mikrobürette, Papierblättchen nach Bang, kleines Spitzglas.

Harn, allgemeiner und intermediärer Stoffwechsel. 151

Ausführung: Die Blutentnahme und Aufsaugen des Blutes in das Papier und die Wägung geschieht, wie in der Aufgabe „Bestimmung des Reststickstoffes nach Bang" beschrieben worden ist. 5 Minuten nach der Wägung wird das Papier in ein Proberöhrchen übergeführt und mit so viel 92proz. Alkohol versetzt, daß die Flüssigkeit etwa 4 bis 5 mm über dem Papier steht. Nach wenigstens 5 Stunden wird der Alkohol in ein kleines Spitzglas übergeführt und das Papier mit etwa 5 ccm Alkohol nachgewaschen. Mit einem Glasstabe fügt man nun zu der alkoholischen Lösung 1 Tropfen 7proz. Kaliumchromatlösung als Indicator hinzu. Man titriert nun aus der Mikrobürette (Bürettenhähne dürfen nicht gefettet werden, vorherige Reinigung der Bürette mit Chromsäure-Schwefelsäuremischung) mit $^1/_{100}$ n-Silberlösung, indem man vorsichtig die ganze Zeit mit einem dünnen, etwa 2 mm starken Glasstabe umrührt, bis ein Umschlag in Lichtbraun eintritt, welcher nach Zusatz von 1 Tropfen der Titerflüssigkeit im Überschuß scharf zu erkennen ist. Für gute Beleuchtung, am besten Tageslicht, ist zu sorgen, damit nicht etwa die allmählich eintretende gelbe Farbe des wässerigen Alkohols mit der lichtbraunen Färbung des Umschlagepunktes verwechselt wird.

Von den verbrauchten Kubikzentimetern zieht man so viel ab, als von der Maßflüssigkeit für den blinden Versuch, welcher immer angestellt werden muß, verbraucht wurde. Die Differenz mit 0,585 multipliziert, entspricht der Menge des in der angewandten Substanz vorhandenen Kochsalzes in Milligramm.

151. Bestimmung des Kaliums im Serum nach Kramer.

Aufgabe: Es ist der Gehalt des Plasmas bzw. des Serums evtl. des Blutes durch Fällen als Kobaldi-Kalium-Nitritverbindung und Titration dieser Verbindung durch $^1/_{100}$ n-Kaliumpermanganat zu ermitteln.

Gebraucht werden: 1. 50 g Kobaltnitratkrystalle werden in 100 ccm Wasser aufgelöst und dieser Lösung 25 ccm Eisessig zugegeben. 2. 50 g kaliumfreies Natriumhydrat werden in 100 ccm Wasser aufgelöst. 6 Volumen der Lösung I und 10 Volumen der Lösung II werden vermischt und durch die Lösung so lange Luft durchgeleitet, bis keine Stickoxydgase mehr entweichen. Die Lösung soll mindestens 24 Stunden in der Kälte stehen. Sie wird vor dem Gebrauch filtriert und hält sich im Eisschrank mindestens 1 Monat. Für Mengen von 1 bis 3 mg Kalium sind 1 ccm des Reagens erforderlich, für kleinere Mengen nur 0,5 ccm. 3. 25proz. Schwefelsäure. 4. $^1/_{100}$ n-Kaliumpermanganatlösung. 5. $^1/_{100}$ n-Oxalsäurelösung.

Ausführung: Für Serum oder Plasma. In ein Zentrifugenglas wird 1 ccm Serum einpipettiert und 1 ccm (evtl. mehr) Kobaltreagens tropfenweise zugegeben. Nach $^3/_4$ Stunden werden ungefähr 2 ccm

152   Übungen zur Physiologie der vegetativen Funktionen.

Wasser zugefügt und stark abzentrifugiert. In das Zentrifugengefäß hat man von Anfang an einen doppelt durchbohrten Stopfen eingeführt, durch dessen eine Bohrung ein unten leicht umgebogenes Glasrohr bis fast an den Boden geht, während durch die andere Bohrung ein Glasrohr eingeführt wird, welches kurz unterhalb des dicht schließenden Stopfens reicht (s. Abb. 22). Das Zentrifugenglas endigt unten mit einem konischen Boden, in dessen Höhlung sich der Niederschlag fest abgesetzt haben muß. Man bläst kräftig, aber vorsichtig durch das kürzere Rohr Luft, wodurch die über dem Niederschlag stehende Flüssigkeit durch das bis fast an den Boden reichende Rohr abgeblasen wird. Zum Rückstand werden etwa 6 ccm Wasser zugegeben, ohne aufzurühren wieder zentrifugiert, die über dem Niederschlag stehende Flüssigkeit wieder abgeblasen und dieses Verfahren so oft wiederholt, bis die überstehende Flüssigkeit ganz farblos geworden ist. Nachdem nunmehr das Wasser in derselben Weise entfernt worden ist, wird zum Rückstand ein Überschuß der Kaliumpermanganatlösung, etwa 5 ccm, genau abgemessen, und 1 ccm Schwefelsäure zugefügt, mit einem dünnen Glasstäbchen aufgerührt und $1^{1}/_{2}$ Minuten in ein mit siedendem Wasser gefülltes kleines Becherglas gestellt, wobei die rote Farbe nicht vollständig verschwinden soll, falls dies aber doch eintritt, muß noch Permanganat zugegeben und $^{1}/_{2}$ Minute erhitzt werden. Nach Entnahme des Gefäßes aus dem Wasserbad werden 2 bis 3 ccm Oxalsäurelösung hinzugefügt, so daß die Flüssigkeit farblos wird. Jetzt gibt man wieder so lange Permanganatlösung zu, bis gerade eine rötliche, 1 Minute lang stehenbleibende Färbung auftritt.

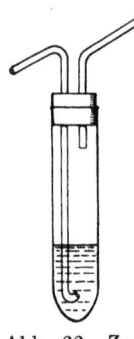

Abb. 22. Zur Bestimmung des Kaliums im Serum nach Kramer. Vorrichtung zum Auswaschen des Niederschlags.

Die Grundlage der Berechnung ist die nachfolgende: 1 ccm $^{1}/_{100}$ n-Kaliumpermanganat oxydiert so viel Kalium-Kobaltnitrit wie 0,071 mg Kalium entspricht. Die Gesamtmenge Kubikzentimeter Kaliumpermanganatlösung, welche man hinzugefügt hat, vermindert um die Zahl der Kubikzentimeter $^{1}/_{100}$ n-Oxalsäure, wird mit 0,071 multipliziert, woraus man in Milligramm die Menge Kalium in der analysierten Flüssigkeit erhält. Man berechnet daraus den Kaliumgehalt in 100 ccm Plasma oder Serum.

Dieselbe Methode läßt sich auch anwenden, um Änderungen im Kaliumgehalt einer durch Organe perfundierten Salzlösung zu bestimmen.

Bei der Analyse muß dafür gesorgt werden, daß keine Ammoniakdämpfe im Versuchsraum sind.

Harn, allgemeiner und intermediärer Stoffwechsel. 153

152. Bestimmung des Calciums im Blut oder Blutplasma nach Kramer und Tisdall.

Aufgabe: Im enteiweißten Blut ist Calcium als Oxalat zu fällen und die der Calciummenge entsprechende Oxalsäuremenge durch Permanganat zu titrieren.

Gebraucht werden: 12 proz. Trichloressigsäure, $^1/_{100}$ n-Kaliumpermanganatlösung, $^1/_{100}$ n-Oxalsäure, 2 proz. Ammoniaklösung, gut gereinigte Zentrifugengläser, Glasvorrichtung zum Waschen eines Niederschlages, wie in der Aufgabe „Bestimmung des Kaliums" beschrieben, gesättigte Ammoniumoxalatlösung, gesättigte filtrierte Lösung von Natriumacetat.

Ausführung: 5 ccm Citratplasma (um Citratplasma zu erhalten, bedarf es auf 100 ccm Blut 5 bis 10 ccm einer 2,5 proz. Natriumcitratlösung in 0,9 proz. Kochsalz) oder Gesamtblut werden mit einer Pipette genau in 15 ccm einer 12 proz. Trichloressigsäurelösung eingefüllt in ein 25 oder 50 ccm haltendes Maßkölbchen. Die Flasche wird zugestopft und gehörig geschüttelt, um die Niederschlagsbildung zu beschleunigen; sie bleibt dann mindestens 30 Minuten lang stehen, worauf dann durch ein trockenes, aschefreies Filter filtriert wird. 10 ccm Filtrat, entsprechend 2,5 ccm Blut, dienen zur Calciumbestimmung. Sie kommen in das gut gereinigte Zentrifugenglas unter Zusatz von 1 ccm Ammoniumoxalatlösung und 2 ccm Natriumacetatlösung. Man läßt 1 Stunde stehen, füllt mit Wasser auf ungefähr das doppelte Volumen und zentrifugiert nach Mischung scharf ab. Mit der obengenannten Vorrichtung wird die Hauptmenge der überstehenden Lösung entfernt, der Rückstand durch leichtes Bewegen mit dem Rest der Flüssigkeit verteilt, und man gibt dann einige Kubikzentimeter 2 proz. Ammoniaklösung so zu, daß an den Wänden kein Oxalat hängen bleibt. Man zentrifugiert wieder, entfernt die überstehende Flüssigkeit, wiederholt die Zugabe von Ammoniak, zentrifugiert, entfernt dann das Wasser, mischt darauf durch leichtes Neigen den Niederschlag mit dem Flüssigkeitsrest und fügt 2 ccm einer Normalschwefelsäure zu. Man erwärmt das Zentrifugenröhrchen 3 Minuten lang in einem mit kochendem Wasser gefüllten Becherglas und titriert heiß mit $^1/_{100}$ n-Permanganatlösung, bis eine rosa Färbung 1 Minute lang bestehen bleibt.

Jeder Kubikzentimeter $^1/_{100}$ n-Permanganatlösung, der verbraucht wurde, entspricht 0,2 mg Calcium. Berechne die Calciummenge auf 100 ccm Blut.

153. Bestimmung des Eiweißgehaltes und des Extraktivstickstoffgehaltes des Fleisches.

Aufgabe: Es ist der Gesamtstickstoffgehalt des Fleisches zu bestimmen; durch Ermittlung des Stickstoffgehaltes eines eiweißfrei gemachten Extraktes ist der aus nicht eiweißartigen Extraktivstoffen stammende Stickstoff des Fleisches zu bestimmen.

Gebraucht werden: Kleine Kjeldahl-Kolben mit Hopkinsschem Aufsatz, Aufsätze nach Abderhalden zur Mikro-Kjeldahl-Bestimmung, Absaugvorrichtung, Mehrwegglasstücke, geschlossene Waschflaschen zum Vorlegen, $^1/_{10}$ n-Schwefelsäure, $^1/_{10}$ n-Natronlauge, konz. Kalilauge, Kaliumsulfat, Kupfersulfat.

Ausführung: Eine abgewogene Fleischmenge wird im Trockenschranke getrocknet. Das getrocknete Fleisch wird pulverisiert und davon je 0,1 g zur Stickstoffbestimmung benutzt. Die Einzelheiten der Stickstoffbestimmung s. Aufgabe 127 „Stickstoffbestimmung im Harn".

Multiplikation der gefundenen Stickstoffzahl mit 6,25 gibt unter Vernachlässigung, daß ein Teil des Stickstoffes aus Extraktivstoffen kommt, annähernd den Eiweißgehalt des Muskels.

Zur Bestimmung des Extraktivstoffes wird eine größere Menge Fleisch abgewogen, fein zerhackt und mit kaltem Wasser extrahiert. Man filtriert, wenn nötig mehrfach, preßt aus und bringt das Filtrat auf ein bekanntes Volumen. Ein bekannter Bruchteil desselben wird enteiweißt durch Kochen mit verdünnter Essigsäure oder noch besser durch Fällung mit Trichloressigsäure (s. Aufgabe 146). Im Filtrat hiervon wird der Stickstoff bestimmt, dessen Wert den Extraktivstoff gibt. Zieht man diesen Wert von dem früher ermittelten Wert des Gesamtstickstoffes ab, so erhält man den korrigierten Wert für den Eiweißstickstoff.

154. Bestimmung der Rohfaser nach Henneberg-Stohmann.

3 g Futtersubstanz zuerst in 200 ccm 1,25 proz. H_2SO_4 $^1/_2$ Stunde kochen, dekantieren, zweimal mit 200 ccm 1,25 proz. Kalilauge $^1/_2$ Stunde kochen. Dann mit Alkohol und Äther waschen und trocknen. Vom Gewicht ist das Gewicht der Asche abzuziehen.

Wärme.

155. Untersuchung der Thermometer.

1. Aufgabe: Vergleichung eines Thermometers mit einem Normalthermometer. In ein Wasserbad kommt ein Becherglas, das Becherglas wird mit Wasser gefüllt, in das Becherglas hänge man ein Normalthermometer und das zu prüfende Thermometer. Man erteile dem Wasser im Becherglas verschiedene Temperaturen und vergleiche und notiere den Stand der beiden Thermometer. Man kann sich hieraus eine Korrekturtabelle entwerfen.

Wärme. 155

2. Aufgabe: Bestimmung des wahren Nullpunktes.

Man zerschlägt oder schabt reines Eis, wartet dann entweder, bis so viel davon geschmolzen ist, daß die Zwischenräume zwischen den Eisstückchen vollständig mit Schmelzwasser angefüllt sind, oder man gießt Wasser in hinreichender Menge hinzu, um diese Lücken auszufüllen, und läßt das Gemisch eine stationäre Temperatur annehmen. Darauf steckt man das Thermometer so tief in das Gemisch ein, daß gerade noch der Nullpunkt oben herausragt, und liest, wenn der Stand des Thermometers konstant geworden ist, ab. Hierbei darf vor allen Dingen nicht das unterste Ende des Thermometers in Schmelzwasser tauchen, das nicht reichlich mehr mit Eisstücken versehen ist. Die Parallaxe vermeidet man durch einen Spiegel, der an das Thermometer angedrückt wird. Bei Thermometern aus den meisten Glassorten ist der Eispunkt abhängig von dem Alter des Instrumentes sowie besonders von der Behandlung, d. h. der Häufigkeit und Dauer von Erhitzungen, welche es erfahren hat.

3. Aufgabe: Bestimmung des Siedepunktes.

Das zu prüfende Thermometer kommt in einen Siedemantel, in welchem es vollkommen umgeben ist von den Dämpfen stark siedenden Wassers. Das Thermometer soll sich möglichst bis zu dem Teilstriche 100 in den Dämpfen befinden. Man liest den Stand ab, wenn er konstant geworden ist, natürlich wie immer mit Vermeidung der Parallaxe durch einen angelegten Spiegel.

Da der Siedepunkt des Wassers abhängig vom Barometerstande ist, so muß auch dieser bestimmt werden. Der Siedepunkt t_b bei dem Barometerstand b berechnet sich zu

$$t_b = 100° + 0{,}0375 (b - 760)°$$

Die Differenz zwischen dem berechneten und dem gefundenen Wert für t_b ist zwar, genau genommen, gleich dem Fehler bei der Temperatur t_b, wir können sie aber auch als den Fehler bei 100 betrachten. Denn innerhalb weniger Grade, und t_b liegt jedenfalls in der Nähe von 100°, ändert sich die Thermometerkorrektion nicht merklich.

156. Calorimetrie am Tier.

Aufgabe: Es ist die Wärmebildung am Kaninchen in einem Differentialcalorimeter zu bestimmen. Die Bestimmung geschieht dadurch, daß das Tier einen Luftraum erwärmt, dessen Ausdehnung auf ein Petroleummanometer übertragen wird. Aus der Größe der Veränderung im Manometer wird auf Grund einer Eichung die gebildete Wärmemenge bestimmt.

Gebraucht werden: Differentialcalorimeter nach d'Arsonval, Kaninchen, Thermometer.

Ausführung: Ein Kaninchen kommt in den einen Raum des Calorimeters, darauf wird der Deckel desselben geschlossen. Der

Gegenraum des Calorimeters wird gleichfalls geschlossen. Die Seitenzweige der Manometerleitung werden in Bechergläser mit Quecksilber gefüllt eingetaucht. Die Seitenöffnungen dienen nur dazu, um in Intervallen des Experimentes übermäßige Volumenveränderungen auszugleichen. In die beiden Räume kommen Thermometer. Man liest den Stand beider Thermometer ab sowie den Stand des Petroleums im Manometer. Das Tier bleibt 1 Stunde oder länger im Calorimeter, so lange etwa, bis der Stand im Manometer sich nicht mehr ändert. Das neue Gleichgewicht ist erreicht, wenn der Apparat genau soviel Wärme durch Strahlung an die Außenluft abgibt, wie das Tier im Innern bildet.

Der Apparat muß geeicht werden. Die Eichung geschieht am einfachsten dadurch, daß ein Platindraht durch einen konstanten Strom erwärmt wird. Kennt man den Widerstand R des Platindrahtes und die Stromstärke i des angewandten Stromes, so ergibt sich die Anzahl Calorien nach dem Gesetz von Joule pro Stunde nach folgender Formel:

$$W = \frac{i^2 R}{9{,}81 \cdot 424} \cdot 3600.$$

II. Übungen zur Physiologie der Bewegung und Empfindung.

Einleitend Physikalisches und Lehre vom Muskel.

157. Qualitative Prüfung des Ohmschen Gesetzes.

Aufgabe: Es ist der Nachweis zu führen, daß die Stromstärke $I = \frac{E}{W}$ ist.

Gebraucht werden: Galvanisches Element, ein Galvanometer, ein Satz Widerstände, ein Quecksilberschlüssel, Verbindungsdrähte.

Ausführung: Setze das Daniellsche Element zusammen, verbinde dasselbe mit dem Quecksilberschlüssel, einem Widerstande und dem Galvanometer zu einem Stromkreise. Beobachte die Größe des Ausschlages, wenn der Quecksilberschlüssel geschlossen wird und kein Widerstand eingeschaltet ist. Notiere die Größe des Ausschlages, darauf schalte den Widerstand ein und beobachte, daß je größer der eingeschaltete Widerstand ist, um so kleiner wird die Größe des Ausschlages der Magnetnadel, womit der Zusammenhang zwischen Größe des Widerstandes und Stromstärke gegeben ist. Notiere die ab-

Einleitend Physikalisches und Lehre vom Muskel. 157

gelesenen Werte, schalte ein zweites galvanisches Element in den Stromkreis ein, und zwar in der Art und Weise, daß die beiden Elemente hintereinander geschaltet sind, d. h. es wird der positive Pol des einen Elementes mit dem negativen Pol des anderen Elementes verbunden. Die freibleibenden positiven und negativen Pole werden mit dem Galvanometerkreis verbunden. Man schließe den Quecksilberschlüssel und überzeuge sich, daß der Ausschlag der Magnetnadel größer ist als der vorhin notierte Ausschlag bei Anwendung von einem einzigen Element. Hiermit ist bewiesen, daß die Stromstärke mit der Größe der elektromotorischen Kraft wächst.

158. Beobachtung der Ampèreschen Regel.

Aufgabe: Einen konstanten Strom in eine Bussole einleiten und die Ablenkung der Magnetnadel feststellen.

Gebraucht werden: Galvanisches Element, Quecksilberschlüssel, Pohlsche Wippe, Drähte, Tangentenbussole.

Ausführung: Man verbinde das Element mit dem Quecksilberschlüssel, den Quecksilberschlüssel mit der einen mittleren Klemme der Pohlschen Wippe. Den anderen Pol des Elementes verbindet man mit der anderen mittleren Klemme der Pohlschen Wippe. Die beiden vorderen Klemmen der Pohlschen Wippe verbindet man mit der Tangentenbussole. Die Pohlsche Wippe muß als Wippe mit Kreuz eingerichtet sein. Man schließe den Quecksilberschlüssel und notiere die Richtung des Ausschlages der Magnetnadel und überzeuge sich, daß der Ausschlag mit der Ampèreschen Regel übereinstimmt. Die Ampèresche Regel lautet: „Man denkt sich selbst in den vom Strom durchflossenen Leiter in der Richtung des Stromes schwimmend, das Gesicht der Nadel zugewandt, so wird der Nordpol nach links, der Südpol nach rechts abgelenkt."

Hierbei kehre man die Wippe um, so daß der Strom in der Tangentenbussole in der umgekehrten Richtung verläuft. Man überzeuge sich, daß der Ausschlag der Magnetnadel wiederum der Ampèreschen Regel entspricht.

159. Beobachtung der Erscheinungen der Stromverzweigung. Kirchhoffsche Regel.

Aufgabe: Es sind zwei Stromzweige herzustellen und zu beobachten, daß die Stromstärke in dem einen Zweige sich ändert, wenn in dem anderen der Widerstand geändert wird.

Gebraucht werden: Galvanisches Element oder Akkumulator, Quecksilberschlüssel, Verbindungsdrähte, Widerstandssatz, Galvanometer.

Ausführung: Verbinde die Enden des Elementes mit dem Quecksilberschlüssel und zwei Klemmen, die als Abzweigungspunkte für

158 Übungen zur Physiologie der Bewegung und Empfindung.

zwei Stromkreise dienen. Von diesen abzweigenden Punkten gehen die beiden Stromzweige ab. Der eine Stromkreis enthält das Galvanometer, der andere Stromkreis enthält den Widerstandssatz. Solange kein Widerstand eingeschaltet ist, beobachtet man im Galvanometer entweder keinen Ausschlag oder nur einen sehr geringen Ausschlag. Sobald Widerstand eingeschaltet wird, wächst der Ausschlag im Galvanometer. Notiere die Größe der eingeschalteten Widerstände und die Größe des abgelesenen Ausschlages der Galvanometernadel. Durch diese Beobachtung wird bewiesen, daß die Intensitäten der zwei Ströme sich umgekehrt wie die Widerstände der Zweige verhalten.

160. Abzweigung sehr kleiner elektromotorischer Kräfte mit Hilfe des Kompensationsdrahtes.

Aufgabe: Es sind von einem kalibrierten Meßdraht durch Verschiebung Bruchteile der elektromotorischen Kräfte eines Elementes abzuzweigen.

Gebraucht werden: Element, Quecksilberschlüssel, Drähte, evtl. Wippe, Meßdraht, Galvanometer.

Ausführung: Verbinde die beiden Enden des Meßdrahtes durch Quecksilberschlüssel und Wippe mit dem Element. Das Anfangsende des Meßdrahtes wird mit dem einen Ende eines Galvanometers verbunden. Das andere Ende des Galvanometers wird mit dem verschiebbaren Kontakt auf dem Meßdrahte verbunden. Solange der verschiebbare Kontakt das Anfangsende des Meßdrahtes berührt, ist kein Strom im Galvanometerzweig zu erkennen. Je mehr die verschiebbare Kontaktstelle vom Anfangsteil entfernt wird, um so größer ist der Ausschlag im Galvanometer. Berechne, ein wie großer Bruchteil der elektromotorischen Kraft des angewendeten Elementes in den Galvanometerzweig abgeleitet wird.

161. Bestimmung von Widerständen mit Hilfe der Wheatstoneschen Brücke.

Gebraucht werden: Element, Quecksilberschlüssel, kalibrierter Meßdraht, Galvanometer, Widerstandskasten, Widerstandssatz, Verbindungsdrähte. An Stelle des Galvanometers evtl. ein Capillarelektrometer oder ein Saitengalvanometer.

Ausführung: Verbinde die beiden Enden des Meßdrahtes mit Hilfe des Quecksilberschlüssels mit dem Element, ferner lege an die Anfangsklemme des Meßdrahtes einen weiteren Draht, welcher mit dem zu messenden Widerstand verbunden wird. Das Ende des zu messenden Widerstandes wird mit dem Widerstandskasten, der die bekannten Widerstände enthält, verbunden. Das andere Ende des Widerstandskastens wird mit dem zweiten Ende des Meßdrahtes

Einleitend Physikalisches und Lehre vom Muskel. 159

verbunden; an der Stelle, wo der bekannte und der unbekannte Widerstand aneinanderstoßen, wird der Brückendraht angelegt. Derselbe wird mit dem Saitengalvanometer oder dem Capillarelektrometer verbunden. Vom Capillarelektrometer geht ein Draht nach der verschiebbaren Kontaktstelle des Meßdrahtes, hiermit endigt der Brückendraht. Der Draht, welcher mit dem verschiebbaren Kontakt auf dem Meßdraht verbunden ist, muß lang und leicht beweglich sein. Vor das Capillarelektrometer wird noch ein Vorreiberschlüssel eingeschaltet. Als zu messender Widerstand wird etwa auf dem Widerstandssatz 400 Ohm eingeschaltet. Man stöpsle im Widerstandskasten 400 Ohm aus und verschiebe auf dem Meßdraht die bewegliche Kontaktstelle so lange, bis im Brückendraht kein Ausschlag mehr sichtbar ist. In diesem Moment verhält sich der erste Teil des Meßdrahtes zum zweiten Teile wie unbekannter zu bekanntem Widerstand. Seien A und B die Teile des Meßdrahtes, sei W der bekannte Widerstand, sei x der zu suchende Widerstand, so gilt die Gleichung $\frac{x}{W} = \frac{A}{B}$. Wäre der zu bestimmende Widerstand wirklich gleich 400 Ohm, so würde gerade bei der Ableitung vom Skalenteil 500 des Meßdrahtes in der Brücke kein Strom sein. Das ist aber nicht der Fall, weil der zu bestimmende Widerstand nicht genau 400 Ohm beträgt. Hat man den verschiebbaren Meßdraht zu weit nach links oder nach rechts verschoben, so gibt es entsprechend im Capillarelektrometer einen umgekehrten Ausschlag.

162. Induktionsapparat und Entstehung von Induktionsströmen.

Aufgabe: Es ist die Entstehung der Öffnungs- und Schließungsinduktionsströme zu beobachten.

Gebraucht werden: Element, Induktionsapparat (Schlittenapparat), Quecksilberschlüssel, Drähte, Saitengalvanometer, Vorreiberschlüssel.

Ausführung: Stelle zunächst den Faden bzw. die Saite des Saitengalvanometers im Mikroskop ein. Die Primärrolle des Induktionsapparates wird mit dem Element unter Einschaltung eines Quecksilberschlüssels geschlossen. Die Klemmen der Sekundärrollen werden mit dem Saitengalvanometer verbunden. Vor Beginn des Versuches wird der Strom, welcher den Elektromagneten des Saitengalvanometers magnetisiert, geschlossen. Beobachte im Saitengalvanometer, daß nur beim Schließen und Öffnen des Stromes in der Primärrolle in der Sekundärrolle ein Induktionsstrom entsteht, während in der Zeit des dauernden Fließens des Stromes keine Induktionswirkung stattfindet. Stelle fest, daß die Richtung des Schließungs- und Öffnungsinduktionsstromes eine entgegengesetzte ist.

160 Übungen zur Physiologie der Bewegung und Empfindung.

163. Das Arbeiten mit dem Schlittenindnktionsapparat.

Aufgabe: Es sind die Einrichtungen des gewöhnlichen Du Bois-Reymondschen Induktionsschlittenapparates durch Schaltungen, wie sie im Betrieb gebraucht werden, zu studieren, namentlich mit Rücksicht auf die Stromverläufe.

Gebraucht werden: Batterie (Akkumulatoren oder sonstige Einzelelemente evtl. Vorschaltwiderstände, um von der Starkstromleitung Strom abzunehmen), Schlüssel, Drähte, Voltmeter.

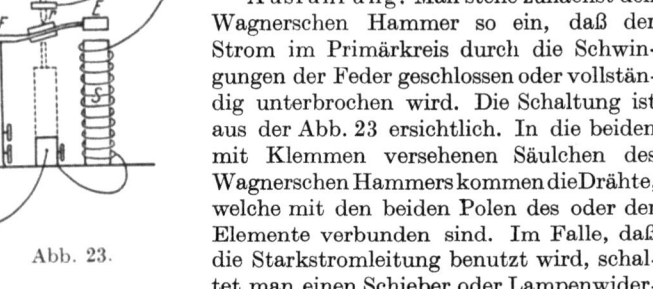

Abb. 23.

Ausführung: Man stelle zunächst den Wagnerschen Hammer so ein, daß der Strom im Primärkreis durch die Schwingungen der Feder geschlossen oder vollständig unterbrochen wird. Die Schaltung ist aus der Abb. 23 ersichtlich. In die beiden mit Klemmen versehenen Säulchen des Wagnerschen Hammers kommen die Drähte, welche mit den beiden Polen des oder der Elemente verbunden sind. Im Falle, daß die Starkstromleitung benutzt wird, schaltet man einen Schieber oder Lampenwiderstand ein, welcher die Spannung auf 2 bis 3 Volt herabsetzt. Zu diesem Zwecke wird in einen Zweig zwischen zuführender und abführender Klemme der primären Rolle ein Voltmeter eingeschaltet.

Der Strom magnetisiert das Eisen des Elektromagneten, die Feder wird angezogen, der Kontakt zwischen verschraubbarem Platinstift und Platinblättchen auf der Feder wird unterbrochen, der primäre Kreis ist völlig stromlos. Die entsprechend ihrer Schwingungszahl in Schwingung versetzte Feder schließt auf dem Rückweg den Strom im Primärkreis wieder. Auf diese Weise findet ein Wechsel zwischen Öffnungen und Schließungen, Öffnungs- und Schließungsinduktionsschlägen statt. Der Verlauf der Schließungs- und Öffnungsinduktionsschläge wird durch Abb. 24 dargestellt.

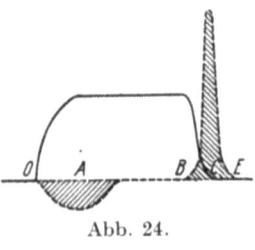

Abb. 24.

Der Anstieg des Stromes im Primärkreis bei Schließung des konstanten Stromes wird infolge des entgegengesetzt gerichteten Extrastromes der Selbstinduktion verzögert (die ausgezogene Kurve). Diese Art des Anstieges sowie der Extrastrom in der sekundären Rolle bedingen den in der gestrichelten Kurve dargestellten Verlauf des Schließungsinduktionsstromes in der Sekundärrolle. Während des konstanten Gleichstromes in der Primärrolle findet keine Induktion

Einleitend Physikalisches und Lehre vom Muskel. 161

statt. Bei der Öffnung wirkt auf die sekundäre Rolle induzierend nicht bloß die plötzliche Unterbrechung des Primärstromes, sondern auch der jetzt gleichgerichtete Öffnungsextrastrom. Die Folge hiervon ist der steil ansteigende Öffnungsinduktionsstrom der sekundären Rolle, der wegen Verschwindens des starken Extrastromes in der Sekundärrolle dann steil abfällt, wie durch die zweite gestrichelte Kurve dargestellt wird. Das wesentliche ist, daß Anstieg und Abfall des Schließungsinduktionsstromes flacher, derjenige des Öffnungsinduktionsstromes steiler ist, die in Bewegung gesetzte Elektrizitätsmenge aber, wie die Schraffierung zeigt, in beiden Fällen gleich groß ist. Der Unterschied im Spannungsverlauf verursacht die verschiedene physiologische Wirksamkeit.

Hierauf wird die Schaltung an der Helmholtzschen Einrichtung des Wagnerschen Hammers hergestellt, welche die Ausgleichung der Unterschiede zwischen Schließungs- und Öffnungsinduktionsstrom bezweckt.

Hierzu wird die Kontaktschraube des mittleren Säulchens der Wagnerschen Hammervorrichtung so eingestellt, daß die Feder bei ihrer Schwingung abwechselnd einen Kurzschluß zwischen dem äußeren und mittleren Säulchen herstellt und diesen Kurzschluß wieder beseitigt, wie Abb. 25 zeigt. Der durch die primäre Rolle und den Elektromagnet gehende Strom wird niemals ganz unterbrochen, sondern nur verstärkt und abgeschwächt.

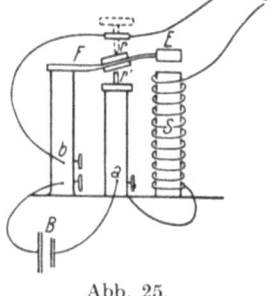

Abb. 25.

Daraus fogt der in Abb. 26 dargestellte Stromverlauf des Schließungs- und Öffnungsinduktionsstromes, welcher annähernd gleich ist.

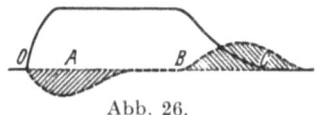

Abb. 26.

Während dieser Versuche muß die sekundäre Rolle durch den Vorreiberschlüssel kurzgeschlossen sein, damit kein die Wicklungen schädigender Ausgleich der hohen Spannungen im Innern der sekundären Rolle stattfindet.

164. Bestimmung der Intensität der Induktionsströme.

Aufgabe: Mit Hilfe des Telephons ist die Abhängigkeit der Stärke des Induktionsstromes von verschiedenen Variablen festzustellen.

Gebraucht werden: Element, Schlittenapparat, Drähte, Telephon.

Ausführung: Verbinde den Schlittenapparat mit dem Element, und zwar schalte den Wagnerschen Hammer ein. Verbinde das Tele-

162 Übungen zur Physiologie der Bewegung und Empfindung.

phon mit den Klemmen des sekundären Elementes. Entferne primäre und sekundäre Rolle weit voneinander, entferne aus der primären Rolle die Eisenstäbe. Schließe den Stromkreis des primären Elementes, die Feder beginnt zu schwingen. Öffne den Schlüssel des sekundären Kreises und höre den Ton im Telephon. Man überzeuge sich 1. daß bei Annäherung der sekundären Rolle an die primäre die Stärke des Tones wächst, 2. daß der Ton stärker wird, wenn man in die primäre Rolle die Eisenstäbe wieder hineinbringt, 3. überzeuge man sich, daß der Ton stärker wird, wenn man anstatt eines Elementes in den Primärkreis mehrere Elemente einschaltet.

Schließlich überzeuge man sich, daß das Telephon die Schwingungszahl der Unterbrechungen der Feder im Primärkreis wiedergibt.

165. Nachweis der Polarisationsströme.

Aufgabe: Die Entstehung von Polarisationsströmen nachzuweisen.

Gebraucht werden: Element, Drähte, Polarisationszelle (Gefäß, gefüllt mit Schwefelsäure, in welches man zwei Platinelektroden tauche), Wippe ohne Kreuz, Galvanometer.

Ausführung: Man verbinde das Element mit der einen Seite der Wippe ohne Kreuz, die Polarisationszelle mit den beiden mittleren Klemmen, das Galvanometer mit den anderen Klemmen der Pohlschen Wippe. Stelle die Wippe so, daß der Strom des Elementes durch die Polarisationszelle hindurchgeht, dann kehre die Wippe um, es entsteht ein Ausschlag im Galvanometer, woraus die Entstehung eines Polarisationsstromes folgt. Beachte, daß die Richtung des Polarisationsstromes die umgekehrte ist.

166. Untersuchung der optischen Polarisation.

Aufgabe: Es sind einige der wesentlichen Erscheinungen der Polarisation zu beobachten.

Gebraucht werden: Zwei Nicolsche Prismen, Glimmer- und Quarzplatten, Muskelfasern.

Ausführung: 1. Am einfachen aus zwei Nicols bestehenden Apparat stelle man den oberen drehbaren Nicol so ein, daß ein Maximum von Helligkeit am Gesichtsfeld ersteht. Darauf drehe man den oberen Nicol und beobachte, daß das Gesichtsfeld allmählich dunkler wird. Wenn man genau um 90° gedreht hat, so entsteht das Minimum von Helligkeit. Man bringt an derjenigen Stellung der beiden Nicols zueinander, wo am Gesichtsfeld ein Minimum von Helligkeit ist, eine Glimmer- oder Quarzplatte dazwischen. Je nach der Orientierung der betreffenden Platte treten Farbenerscheinungen im Gesichtsfeld

Einleitend Physikalisches und Lehre vom Muskel.

auf, welche darauf beruhen, daß die verschiedenen, im weißen Licht enthaltenen Farben wegen ihrer ungleichen Wellenlänge und Fortpflanzungsgeschwindigkeiten ungleich stark auftreten. Falls die Platte nicht senkrecht zur optischen Platte geschnitten ist, finden sich stets zwei um 90° verschiedene Lagen, bei denen das Gesichtsfeld dunkel bleibt.

2. Untersuchung von Muskelfasern im polarisierten Licht. Man benutze die möglichst isolierten Muskelfasern von den Beinen der Fliegen oder Maikäfer, auch Muskelfasern dünner Froschschenkel, z. B. des Pectineus. Man bringt den Objektträger mit den Muskelfasern zwischen die beiden Nicols, welche man so gestellt hat, daß das Gesichtsfeld dunkel ist. Der quergestreifte Teil der Muskelfaser erscheint hell, der andere dunkel. Als Demonstrationsobjekt wird ein Muskelfaserpräparat des Institutes auf eine zwischen die beiden Nicols eingeschaltete Glimmerplatte gebracht, um die komplementäre Färbung der doppelbrechenden Teile des Muskels zu zeigen.

3. Demonstration der Doppelbrechung mit Hilfe eines Kalkspatprismas.

167. Untersuchung der Elastizität.

Aufgabe: Es ist die Dehnung von Gummischläuchen und Spiralfedern durch angehängte Gewichte zu untersuchen.

Gebraucht werden: Gummischlauch, Spiralfeder, Maßstäbe, Zeiger, Gewichte, Kathetometer.

Ausführung: Stelle das Kathetometer scharf auf den Zeiger ein, welcher an dem Gummischlauch bzw. an der Spiralfeder angebracht ist. Lies den Teilstrich auf dem Skalenteil ab, auf welchem der Zeiger einsteht. Notiere den Stand des Zeigers, darauf werde der Gummischlauch bzw. die Spiralfeder mit einem Gewicht belastet; dieselben dehnen sich aus. Beobachte mit Hilfe des Kathetometers die Änderung des Zeigerstandes am Maßstab. Notiere die Veränderung. Belaste allmählich mit steigenden Gewichten den Gummischlauch bzw. die Spiralfeder. Notiere jedesmal die erreichte Verlängerung. Man versuche die Beziehung zwischen dem ausgehängten Gewicht und die Veränderung rechnerisch oder durch eine Kurve darzustellen. In der Kurve bedeuten die Abszissen die Gewichte, die Ordinaten die dem betreffenden Gewicht entsprechende Länge des gedehnten Körpers.

Die Dehnung y eines Drahtes ist direkt proportional dem wirkenden Gewicht P, der Länge des Drahtes L, umgekehrt proportional dem Querschnitt Q. Also ist

$$y = e \frac{PL}{Q}.$$

164 Übungen zur Physiologie der Bewegung und Empfindung.

Hier ist e eine Konstante, der Elastizitätskoeffizient, der von Körper zu Körper sich ändert. Ist das wirkende Gewicht, die Länge und der Querschnitt des Drahtes gleich 1, d. h.:

so ist
$$P = 1, \quad L = 1, \quad Q = 1,$$
$$y = e.$$

Statt des Elastizitätskoeffizienten e führt man auch den Elastizitätsmodul E ein:

$$E = \frac{1}{e}, \quad \text{also} \quad E = \frac{PL}{Qy}.$$

Ist
$$L = 1, \quad Q = 1, \quad y = 1,$$

so ist E = P, d. h. der Elastizitätsmodul ist das Gewicht, welches einen Draht von der Länge 1 und dem Querschnitt 1 um die Länge 1 dehnen würde. Als Einheit des Gewichtes dient hier das Kilogramm, als Einheit der Länge das Millimeter, als Einheit des Querschnittes das Quadratmillimeter, oder man legt das C.-G.-S.-System zugrunde.

168. Untersuchung der Elastizität der Biegung.

Eichung der Spannungs- (isometrischen) Hebel.

Aufgabe: Es ist die Feder der Spannungshebel mit Gewichten zu belasten und die Biegung derselben vergrößert mit dem mit der Feder verbundenen Schreibhebel zu registrieren, woraus man in Längseinheiten die durch Gewichte ausgedrückten Spannungswerte der Feder erhält.

Gebraucht werden: Spannungs- (isometrische) Hebel (z. B. von Schenck, von Grützner), Gewichte, Kymographion.

Ausführung: Stelle die Spitze der Schreibhebel an die Schreibfläche des Kymographions an. Hierauf hängt man an diejenige Stelle der Feder bzw. des Hebels, welcher mit dem als Angriffspunkt des Muskels dienenden Haken versehen ist, ein Gewicht an. Dasselbe erteilt der Feder eine Durchbiegung (beim Grütznerschen Hebel eine Verlängerung), welche durch den Schreibhebel vergrößert aufgeschrieben wird. Nacheinander registriert man die Ausschläge des Hebels mit steigenden Gewichten bei ruhender Schreibfläche. Vor Anbringung eines neuen Gewichtes verschiebt man die Schreibfläche. Nach Fixierung der Kurve mißt man mit dem Millimetermaßstab die jedem Gewicht entsprechende Länge der durch den Schreibhebel aufgeschriebenen Linie und hat auf diese Weise in Millimeterlänge die der Feder erteilte Spannung ermittelt.

Elastizität der Biegung: Hängen wir an einen in horizontaler Richtung befestigten Stab von rechteckigem Querschnitt von der

Einleitend Physikalisches und Lehre vom Muskel. 165

Länge L, der Höhe H, der Breite B ein Gewicht P, so biegt sich der Stab. Die Senkung des Aufhängepunktes des Gewichtes ist:

$$s = k\,\varepsilon\,\frac{PL^3}{BH^3} \quad \text{oder} \quad E = \frac{1}{\varepsilon} = \frac{k\,PL^3}{s\,BH^3},$$

d. h. sie ist proportional dem Gewicht, der dritten Potenz der Länge, umgekehrt proportional der Breite und der dritten Potenz der Höhe. Um den Elastizitätsmodul E zu bestimmen, hat man die Senkung zu messen, welche das Gewicht P am Aufhängepunkt der Feder erzeugt. k ist = 4, wenn das eine Ende frei ist, = 1/16, wenn beide Enden fest sind.

169. Elastizität der Biegung.

Aufgabe: Die Durchbiegung einer gebogenen Plattfeder durch Gewichte zu untersuchen.

Gebraucht werden: Apparat zur Untersuchung der Durchbiegung von Plattfedern, Gewichte.

Ausführung: Belaste die obere Platte des Apparates, welche zur Aufnahme von Gewichten dient, mit Gewichten und lies an dem Zeiger die Größe der Durchbiegung ab. Belaste mit verschiedenen schweren Gewichten. Stelle die Beziehung zwischen der Größe des Gewichtes und der Größe der Biegung zahlenmäßig dar.

170. Herstellung der Muskel- und Nervenmuskelpräparate vom Frosch[1]).

Muskelpräparate. Gastrocnemius in Verbindung mit dem Femur. Man faßt den Frosch vom Rücken her zwischen Daumen und Zeigefinger in die Flanke und schlägt ihn in ein Handtuch ein, so daß nur der Kopf aus dem Tuche hervorragt. Dabei darf die Schenkelmuskulatur nicht gedrückt werden, weil sonst leicht Muskelblutungen und -zerreißungen auftreten, die das Präparat zum Versuch unbrauchbar machen. Das spitze Blatt einer starken Schere wird an der Grenze zwischen Kopf und Wirbelsäule dicht unter dieser durchgestoßen und der Hirnschädel des Frosches mit einem Scherenschlage abgetrennt. Das Gehirn wird durch Einführen einer Stricknadel in die Schädelhöhle zerstört. Man kann auch durch Einführen der Stricknadel in den Wirbelkanal das Rückenmark zerstören, wodurch man sich die spätere Präparation erleichtert, weil dadurch das Reflexorgan ausgeschaltet wird. Dann schlägt man das Handtuch so weit zurück, daß es nur die Unterschenkel umhüllt, die zwischen Zeigefinger und Daumen der linken Hand gehalten werden, während der übrige Froschkörper über den Handrücken herabhängt, und trägt

---
[1]) Nach Ewald.

mit einer großen Schere die Haut und Baucheingeweide, von der Symphyse angefangen, gleichzeitig ab. Auf der Wirbelsäule bleiben dann nur noch die Nieren, die großen Gefäße und evtl. die Hoden, im Becken die Reste des Rectums und der Blase zurück. Nun faßt man zwischen je einer Handtuchfalte mit der einen Hand die Wirbelsäule am proximalen Ende, mit der anderen Hand die Haut und zieht beide langsam auseinander, wodurch das Präparat enthäutet wird und legt es auf eine sorgfältig gereinigte Porzellanplatte. Bevor man weiter präpariert, werden die Hände und Schere von dem für Nerv und Muskel schädlichen Hautsekret gereinigt.

Der Oberschenkel der zu präparierenden Seite wird in der Mitte zwischen Zeigefinger und Daumen der linken Hand gefaßt; mit einer Schere trägt man sämtliche am Knie inserierenden Oberschenkelmuskeln ab und präpariert sie so weit gegen das Becken zu vom Femur ab, daß dieses bis zum Hüftgelenk freiliegt, vor dem es mit der Schere durchtrennt wird. (Den anderen Schenkel legt man zunächst in die feuchte Kammer.) Das Präparat besteht nun aus dem von allen anhaftenden Muskeln durch Schaben mit dem Scherenblatt gereinigten Femur und dem intakten Unterschenkel. Nun faßt man zwischen Zeigefinger und Daumen der linken Hand den Fuß des Präparates und legt den Unterschenkel mit seiner ventralen Seite auf die Grundphalange des Zeigefingers, so daß der Gastrocnemius und die Achillessehne frei nach oben liegen. Mit dem spitzen Blatt der Schere bohrt man ein Loch in die Achillessehne, proximal von dem in ihr befindlichen Sesambein. Dann schneidet man die Sehne an ihrem Übergang in die Plantaraponeurose durch und präpariert sie, immer dicht am Knochen schneidend, vollständig von der Unterlage ab. Sobald die Sehne genügend frei präpariert ist, hängt man ein kleines Metall- oder Glashäkchen (zur Verbindung mit dem Myographionhebel) in das Loch ein, an dem man den Muskel vom Knochen abzieht, wobei die dünne Fascie gewöhnlich ohne Verletzung des Muskels einreißt. Bei genaueren Versuchen muß man die Fascie mit der Schere durchschneiden, um eine Verletzung der Muskelfasern mit Sicherheit zu vermeiden. Durch einen genau im Kniegelenk zwischen den Knochen geführten Scherenschnitt wird der Unterschenkel mit der noch anhaftenden Muskulatur abgetrennt.

171. Doppelsemimembranosus und Gracilis (nach Fick).

Man entferne zunächst von der Innenseite beider Oberschenkel die Fetzen des Rectus internus minor, die beim Abreißen der Haut hängengeblieben sind. Dann schneidet man die Fascien an den Außenrändern des Semimembranosus und Gracilis bis zu dem Ansatz der Muskeln am Knie ein, trennt dann Unterschenkel vom Oberschenkel im Knie so, daß die beiden Muskeln mit dem Unterschenkel-

Einleitend Physikalisches und Lehre vom Muskel. 167

knochen in Verbindung bleiben. Zuweilen ist es zweckmäßig, das Kniegelenk zu erhalten, nämlich dann, wenn man durch das mit dem Muskelende in Verbindung bleibende Stück mit einem Haken zur Befestigung an einem Apparate durchgestoßen hat. Der Haken stößt sich leichter durch das Kniegelenk als durch ein Stück Knochen. Man schneidet dann den Oberschenkelknochen dicht über dem Gelenk ab und trennt alle Muskeln, die hier ansetzen, ab bis auf die beiden zu präparierenden. Nun löst man die beiden Muskeln vom übrigen Oberschenkel bis zur Symphyse hin ab. Die beiden Muskeln bleiben in Verbindung mit der Symphyse, dagegen schneidet man alle anderen Muskeln, die hier inserierten, ab und exartikuliert auch den Oberschenkelknochen im Hüftgelenk. Bei dieser Art der Präparation bleibt meist noch der Semitendinosus, der zwischen beiden Muskeln an der dem Knochen zugekehrten Seite liegt, an dem Präparat hängen, und man entferne ihn, indem man seine Insertionen am Unterschenkelknochen und dem Becken, wo er mit zwei Köpfen inseriert, durchschneidet und den Muskel von den beiden anderen löst. Diese Präparation hat an beiden Schenkeln zu erfolgen. Dann wird durch beide Pfannen mit einer Reibahle in der Richtung von einer Seite zur anderen ein Loch gestoßen (zur Aufnahme eines Hakens), die Darmbeinschaufeln werden abgeschnitten. Auch die Unterschenkelknochen schneidet man so ab, daß nur ein Knochenstück mit den unteren Insertionspunkten der Muskeln in Verbindung bleibt.

172. Sartoriuspräparat.

Der Frosch wird in der vorher beschriebenen Weise getötet und enthäutet. Sobald das enthäutete Präparat auf der Porzellanplatte liegt, wird die Symphyse durch Abpräparieren der Bauchmuskelstümpfe (Recti externi und transversi) vollständig freigelegt. Nun wird ein scharfes, nicht zu starkes Skalpell genau in der Mittellinie auf dem Symphysenknorpel aufgesetzt und dieser durch einen senkrechten Druck auf den Skalpellrücken halbiert. Man darf das Messer nicht schräg halten oder schräg drücken, sonst gleitet man vom Symphysenknorpel ab und verletzt den einen Sartorius, der dadurch unbrauchbar wird. Bei richtigem Präparieren müssen beide Sartorien unverletzt sein. (Der eine Schenkel wird bis zur weiteren Verwendung in die feuchte Kammer gelegt.) Man faßt den auf der Porzellanplatte liegenden Unterschenkel fest zwischen Zeigefinger und Daumen der linken Hand und geht mit dem spitzen Scherenblatt einer mittelstarken Schere an der Außenseite der an der Tibia inserierenden Sartoriussehne ein und führt das Scherenblatt flach unter der Sehne hindurch. Dann dreht man die Sehne so, daß die Schneiden der beiden Blätter das Kniegelenk zwischen sich fassen, und durchtrennt es mit einem Schlage zwischen den beiden Knochen. Die an der Tibia ent-

168 Übungen zur Physiologie der Bewegung und Empfindung.

springenden Muskeln werden, mit Ausnahme des Musculus sartorius, mit der Schere abgetragen und die Tibia am distalen Drittel durchschnitten. Man hebt den Tibiastumpf mit der an ihm inserierenden Sartoriussehne ohne zu zerren empor, wodurch sich die dem Sartorius

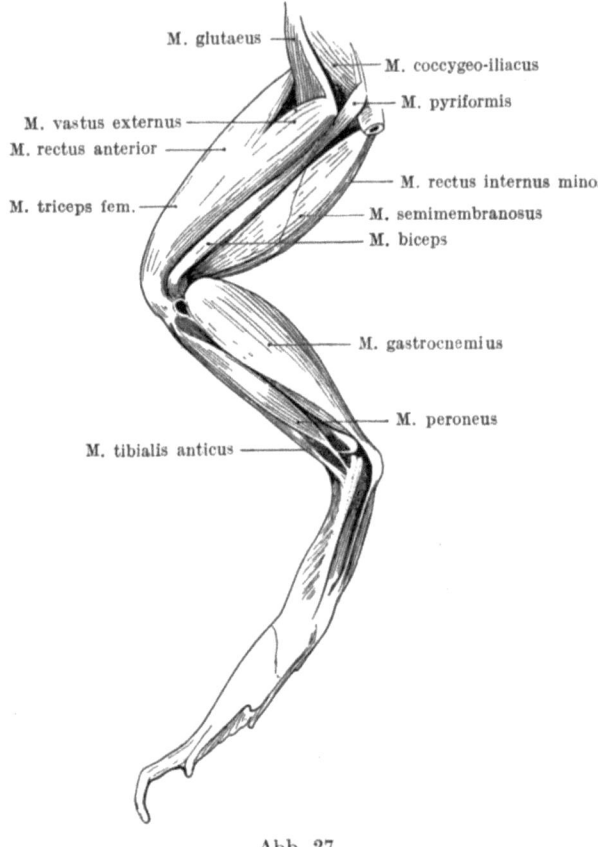

Abb. 27.

anhaftende Fascie anspannt, die beiderseits mit einer feinen Schere durchschnitten wird. Etwa in der Mitte des Oberschenkels tritt in den Sartorius am medialen Muskelrande ein von einer Arterie begleiteter Nervenast ein, der durchschnitten werden muß, wobei der Muskel zuckt. Sonst darf während der ganzen Präparation keine Zuckung des Muskels auftreten, jede andere Zuckung bedeutet eine Verletzung

Einleitend Physikalisches und Lehre vom Muskel.

des zu präparierenden Muskels. In dieser Weise präpariert man den Sartorius bis zu seiner breiten glatten Ursprungssehne am ventralen Umfang der Symphyse, und er wird frei, so daß man ihn vollständig von der darunterliegenden Oberschenkelmuskulatur abheben kann.

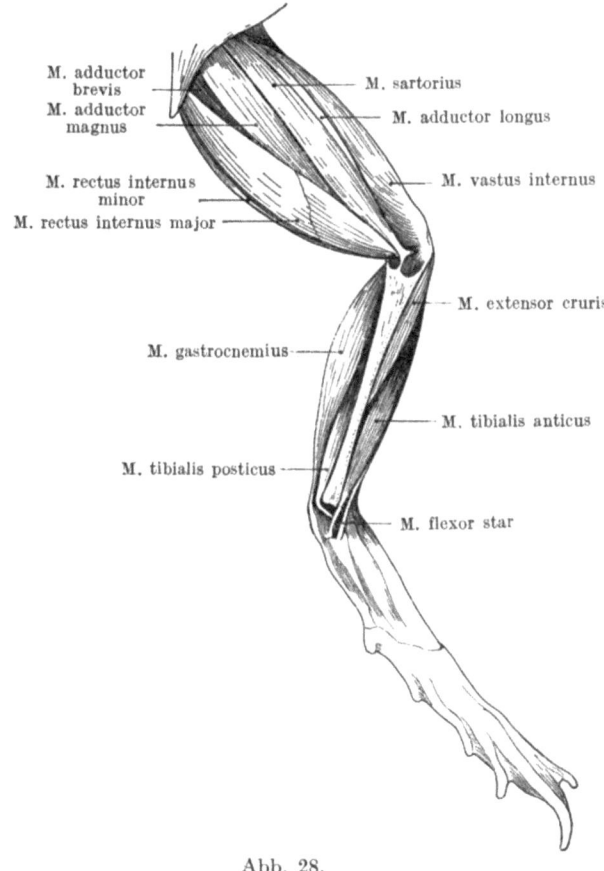

Abb. 28.

Dann faßt man den Oberschenkel und schneidet ihn (Muskel und Knochen) möglichst nahe am Hüftgelenk mit einer starken Schere ab. Nun werden alle am Darmbein und an der Hüftgelenkpfanne entspringenden Muskel mit Ausnahme des Sartorius abgelöst. Der Gelenkkopf des Femurs wird mit einer Schere aus der Gelenkpfanne entfernt und durch diese an der dünnsten Stelle mit einer starken

170 Übungen zur Physiologie der Bewegung und Empfindung.

Nadel ein Loch gebohrt, in das man einen Muskelhaken einhängt. Das fertige Sartoriuspräparat besteht aus den Beckenknochen um das Hüftgelenk, dem Muskel und einem Tibiastück.

173. Untersuchung der Elastizität des Muskels.

Aufgabe: Es ist durch Belasten des Muskels mit Gewichten und Entlasten desselben das Verhalten des Muskels gegen Dehnung zu untersuchen und daraus die Dehnungskurve des Muskels abzuleiten. Es ist die Dehnungskurve sowohl des ruhenden wie des tätigen Muskels zu untersuchen.

Gebraucht werden: Hebel, Muskelhalter, Gewichte, Vorrichtung zum Anbringen der Gewichte an dem Hebel (wenn vorhanden, Blix-Vorrichtung zur Aufzeichnung der Dehnungskurve des Muskels bei kontinuierlicher Belastung), Kymographion oder Myographion, Frosch, Operationsinstrumente, Muskelklemmen.

Ausführung: Zuerst ist das Verhalten des ruhenden Muskels gegen dehnende Gewichte zu untersuchen. Man präpariere einen parallelfaserigen Muskel, am besten den Sartorius, versehe entweder die obere kurze Sehne des Muskels mit einer feinen Muskelklemme, die an den Haken des Schreibhebels angehakt wird, oder mit einem Faden, der dem gleichen Zwecke dient, und klemme den Tibiaknochen, an dem der Muskel inseriert, fest in den Muskelhalter. Die Schreibspitze wird an das berußte Papier des Kymographions angelegt. Ist der benutzte Hebel ein solcher mit seitlicher Schreibung, so ist es meist vorteilhaft, durch einen mit Blei belasteten herabhängenden Faden dafür zu sorgen, daß die Schreibspitze der zur Registrierung dienenden Fläche anliegt. Man bewegt jetzt das Myographion mit der Hand eine kurze Strecke weit und erhält so als Abszisse die Länge des nur mit dem Schreibhebel belasteten Muskels. Sodann legt man das kleinste vorhandene Gewicht, z. B. 5 g, auf die Schale oder eine ähnliche Vorrichtung, die zur Gewichtsaufnahme bestimmt ist, oder hängt dasselbe an einen Haken unter dem Angriffspunkt des Muskels am Hebel. Bei der Anbringung des Gewichtes muß jede Zerrung vermieden werden. Am einfachsten ist es, wenn man, ohne dabei die Lage des Muskels zu ändern, während der Anbringung des Gewichtes mit der unter dem Hebel angebrachten Unterstützungsschraube den Hebel unterstützt und den Hebel wieder durch Herunterschrauben der Unterstützung freigibt. Einige Augenblicke darauf verschiebt man die Schreibfläche um 1 cm und belastet von neuem mit weiteren 5 g, wobei man im übrigen verfährt, wie soeben beschrieben wurde. Man belastet auf diese Weise den Muskel mit einer Anzahl von 5-g-Gewichten. Sodann nimmt man ein 5-g-Stück nach dem andern weg, wobei jedesmal die Schreibfläche um je 1 cm verschoben wird. Verbindet man die jeweilig erreichten Fußpunkte, so erhält

Einleitend Physikalisches und Lehre vom Muskel. 171

man die Dehnungs- und Entlastungskurve des Muskels. Nach der Fixierung mißt man die Länge, welche jeder Belastung und Entlastung entspricht, mit einem Millimeterlineal und gewinnt dadurch zahlenmäßig die Zunahmen und Abnahmen der Länge bei Be- und Entlastung. Achte darauf, ob die Kurve einem regelmäßigen geometrischen Verlauf sich nähert oder nicht. Die zeitlichen Verhältnisse sind zu beachten — Erscheinung der elastischen Nachdehnung; sodann die Tatsache, daß der ausgeschnittene Muskel von einer bestimmten, nicht sehr hohen Belastung an bei Entlastung seine Ausgangslänge nicht mehr erreicht.

Anstatt des Sartorius kann der Gracilis oder M. semimembranosus als annähernd parallelfaseriger Muskel benutzt werden. Sodann wird, um die Dehnungsverhältnisse eines gefiederten Muskels zu beobachten, der gleiche Versuch am M. gastrocnemius wiederholt.

Die Blixsche Vorrichtung dient dazu, den Einfluß kontinuierlich in kurzer Zeit sich ändernder Be- und Entlastung zu beobachten.

174. Untersuchung der Zuckungskurve des Muskels.

Aufgabe: Es ist die isotonische und isometrische Zuckung des Muskels graphisch zu registrieren.

Gebraucht werden: Kymographion bzw. Schußmyographion, isotonischer Hebel, isometrischer Hebel, Schlittenapparat, Quecksilberschlüssel, Element, Gewichte und Frosch.

Ausführung: Isotonische Zuckung: Stelle die Versuchsanordnungen zusammen, den Schlittenapparat zur Reizung mit Öffnungsinduktionsschlägen. Der Öffnungsinduktionsschlag wird am Schußmyographion durch den am Apparat befindlichen Schlüssel hervorgerufen, am Myographion durch eine an der Achse sitzende Vorrichtung. Falls ein anderer Apparat ohne automatischen Kontaktöffner benutzt wird, wird der Öffnungsinduktionsschlag durch Öffnen des Quecksilberschlüssels mit der Hand bewerkstelligt. Präpariere den Musculus gastrocnemius und bringe ihn in Verbindung mit dem isotonischen Hebel. Ein Gewicht wird an der Achse angebracht. Stelle die Spitze des Schreibhebels fein an das Kymographion an, verbinde die beiden Enden des Muskels mit Drähten und diese mit der sekundären Rolle des Schlittenapparates. Schließe den Kontakt im primären Stromkreis, setze das Kymographion in rasche Umdrehung, öffne, falls am Apparat kein Kontaktschlüssel vorhanden ist, mit der Hand im geeigneten Moment der raschen Umdrehung der rotierenden Trommel den Quecksilberschlüssel. Der Muskel wird gereizt und schreibt eine Zuckung auf. Halte nach Beendigung der Zuckung die rotierende Trommel an, schließe den Vorreiberschlüssel der sekundären Rolle des Schlittens, ehe der Quecksilberschlüssel im primären Kreise geschlossen wird. Nimm in der gleichen Weise noch mehrere Zuckungen auf, wobei das an der Achse hängende Gewicht verändert werden kann.

2. Isometrische Zuckung: Zur Aufschreibung der isometrischen Zuckung wird der isometrische Hebel benutzt. Im übrigen ist die Anordnung wie vorher. Das eine Ende des Muskels wird fest eingeklemmt, das andere Ende mit der Feder des isometrischen Hebels verbunden. Die Feder wird durch den an der Zuckung verhinderten Muskel durchgebogen und der Schreibhebel schreibt die veränderte Spannung der Feder und des Muskels auf. Die Spannung der Feder muß, je nach der Muskelart, von Anfang an eine verschiedene sein; dies wird am Institutshebel erreicht durch Änderung der Länge der Spannungsfeder. Die Anfangsspannung des Muskels kann geändert werden.

175. Untersuchung der Einzelheiten im Verlauf der Muskelzuckung.

Aufgabe: Es sind die Latenzdauer, die Zuckungsdauer und die Wendepunkte der Zuckungskurve zu untersuchen.

Gebraucht werden: Schußmyographion, berußte Glasplatte, Schlitten, Element, Reizelektroden, Frosch.

Ausführung: Präpariere die gebräuchlichen Muskeln der unteren Extremität des Frosches für diesen Versuch. Der Muskel wird mit dem Muskelhalter und mit dem Hebel verbunden. Die Reizelektroden werden mit dem unteren und oberen Ende des Muskels in Verbindung gebracht, die Schreibspitze wird zunächst zurückgezogen, damit sie nicht beim Einsetzen die berußte Glasplatte stört. Setze die berußte Glasplatte in den Rahmen des Schußmyographion ein, schiebe den Rahmen mit Platte unter Zusammenpressung der Feder bis an das vordere Ende des Apparates, wo ein Metallstück in eine Nute einspringt und den Rahmen festhält; drehe die am Ende einer Stange sitzende Scheibe zwischen die Zinken der Stimmgabel ein, so daß die Zinken voneinander entfernt werden, und stelle die auf der Stimmgabel aufsitzende Schreibfeder fein auf die Glasplatte ein. Stelle jetzt die Schreibspitze des Muskelhebels ein, nachdem vorher durch ein Gewicht dem Muskel die passende Spannung erteilt worden ist. Jetzt löse man durch Drehung der linksseitig sich befindlichen Kurbel die Schußvorrichtung des Trägers und der Glasplatte und ziehe dadurch zugleich die Scheibe von den Zinken der Stimmgabel weg. Die Stimmgabel beginnt zu schwingen, der Rahmen mit der Platte schießt vorwärts. Um den Schuß zu dämpfen, muß vorher die Auffangvorrichtung vorgeschoben worden sein. Man halte auch zur Sicherung die rechte Hand am rechten Ende des Apparates. Ehe man den Apparat in Gang setzt, hat man den an demselben befindlichen Kontaktschlüssel, der in dem primären Stromkreis enthalten sein muß, zu schließen,

Einleitend Physikalisches und Lehre vom Muskel. 173

und nach Schluß desselben den Vorreiberschlüssel der sekundären Rolle zu öffnen. Beim Vorbeischießen schlägt ein Vorsprung des Rahmens den Schlüssel auf. Der Muskel wird gereizt. Nach Abschluß des Aufschreibens der Zuckungskurve schließe man zuerst den Vorreiberschlüssel der sekundären Rolle des Schlittenapparates. Hierauf führt man die Platte vorsichtig bis an den Anfangsteil des Apparates zurück. Vorher hat man die Schreibspitzen von der Glasplatte zu entfernen. Wenn man an den Anfangsteil angekommen ist, schließt man, nachdem der Rahmen durch die Sperrvorrichtung gesichert worden ist, den Kontaktschlüssel am Apparat und öffnet den Vorreiberschlüssel der sekundären Rollen. Die Spitze des Muskelhebels wird wieder angelegt. Jetzt ist die Einrichtung fertig für die Bestimmung des Reizmomentes. Hierzu wird die Sperrvorrichtung gelöst und mit fester Haltung des Rahmens an der Führungsstange, damit das Schießen verhindert wird, die Platte ganz langsam vorwärtsgeführt bis zu der Stelle, wo der Kontaktschlüssel geöffnet wird. Hierauf zuckt der Muskel, und da die Platte sich nicht bewegt, verzeichnet der Schreibhebel eine gerade Linie, womit das Reizmoment aufgeschrieben ist. Hierauf entfernt man vorsichtig die Platte aus dem Rahmen und fixiert dieselbe.

Beobachtungsaufgaben: Man messe die Länge der Zuckungskurve und beziehe die Länge auf die darunter aufgeschriebene Zeit, woraus sich die Zuckungsdauer ergibt. Man messe die Entfernung vom Reizmoment bis zum Beginn des Abhebens der Kurve von der Abszisse. Diese Länge, ausgedrückt in Zeitwert, gibt die Dauer der latenten Reizung. Schließlich sind noch die Orte der Wendepunkte der Kurve festzustellen.

Es sind die Zuckungskurven verschiedener Muskel auf ihre Besonderheiten hin zu untersuchen.

176. Summation zweier Reize am Muskel.

Aufgabe: Es ist der Einfluß zweier Reize zu untersuchen, welche in einem verschiedenen zeitlichen Intervall aufeinanderfolgen können.

Gebraucht werden: Schußmyographion mit zwei stromunterbrechenden Kontakten, zwei Schlittenapparate oder zwei primäre Spiralen und eine sekundäre, sonst wie bei den übrigen Muskelversuchen.

Ausführung: Richte das Schußmyographion samt Muskelpräparat wie bei der früheren Aufgabe (Untersuchung der Einzelheiten der Muskelzuckung) her. Zunächst stellt man die beiden Kontakte so ein, daß sie gleichzeitig durch die beiden Metallfortsätze des Rahmens am Schußmyographion geöffnet werden. Schalte in den Stromkreis der einen primären Rolle die erste Kontaktstelle, in den Stromkreis der zweiten primären Rolle die zweite Kontaktstelle

174 Übungen zur Physiologie der Bewegung und Empfindung.

ein. Die sekundäre Spirale stehe gleich weit von den beiden primären Rollen in der Mitte derselben und parallel zu ihren Windungen. Prüfe, ob bei Öffnung von jeder einzelnen Kontaktstelle die Reize eine gleich starke Kontraktion bewirken, bzw. verändere die Stellung des Schlittenapparates so lange, bis dieses geschieht. Hierauf lasse zunächst durch Vorbeischießen in der früher beschriebenen Weise allein durch Einwirkung des ersten Reizes bei geöffnetem zweiten Unterbrechungskontakt eine Muskelzuckung aufschreiben; sodann bei ausschließlicher Anwendung des zweiten Reizkontaktes eine zweite Muskelzuckung. Hierauf werden beide Reizkontakte eingestellt und nun die Kurven aufgeschrieben, die durch Einwirkung beider Reize zusammen entstehen.

Beobachtungsaufgaben: 1. Verschiebe allmählich den zweiten Stromunterbrecher, so daß der zweite Reiz nach einer immer längeren Zeit nach dem ersten einwirkt. 2. Bestimme das zeitliche Intervall der beiden Reize, wo die Doppelreize eine maximale Summation erzielen. 3. Erzeuge eine Summation im absteigenden Teile der Zuckungskurve. 4. Untersuche den Einfluß von sehr kleiner und von großer Belastung auf die Summation.

177. Unvollkommener und vollkommener Tetanus.

Aufgabe: Es ist die Entstehung des Tetanus zu untersuchen.

Gebraucht werden: Kymographion, Schlittenapparat, Unterbrecher, Flasche zum Spülen, Elemente, Pfeilsches Signal, Muskelhebel, Gewichte, Frosch.

Ausführung: 1. Genauere Ausführung: Hierzu dient der Stabunterbrecher mit Quecksilberspülkontakt. Stelle ein einfaches Muskelpräparat her, verbinde dasselbe mit dem Schreibhebel, hänge ein nicht zu kleines Gewicht an den Hebel und arbeite mit dem Überlastungsverfahren. Der Muskel wird durch die Reizelektroden mit der sekundären Rolle des Schlittenapparates verbunden. Der Stromkreis zwischen Elementen und primärer Rolle wird mit Hilfe des Stabunterbrechers hergestellt. Stelle diejenige Marke des Stabunterbrechers ein, welche die Schwingungszahl 4 anzeigt und reize den Muskel mit dieser Reizzahl. Es gibt eine summierte Zuckung. Darauf wird in nacheinanderfolgenden Versuchen die Stellung des Stabes des Unterbrechers verändert, so daß eine wachsende Unterbrechungszahl in der primären Rolle entsteht. Mit dem Anwachsen der Reizzahlen geht die summierte Zuckung in den unvollkommenen, dann in den vollkommenen Tetanus über. Um mit höheren Reizzahlen zu reizen, muß der Stab des Unterbrechers mit einer Stimmgabel von der Schwingungszahl 100 vertauscht werden. Achte darauf, daß keine weitere Veränderung in der Form des Tetanus eintritt.

Einleitend Physikalisches und Lehre vom Muskel.

2. **Einfachere Untersuchung:** Zur einfacheren Ausführung des Tetanus benutzt man die Vorrichtung des Wagnerschen Hammers an der primären Rolle des Induktionsapparates. Es entsteht durch die hohe Schwingungszahl des Hammers ein Tetanus. Man bestimme die Schwingungszahl des Hammers, indem man auf der rasch rotierenden Trommel mit Hilfe des Pfeilschen Signales seine Schwingungen aufzeichnet. Darunter verzeichne man die Schwingungen einer Zungenpfeife von 100 Schwingungen.

178. Messung der absoluten Kraft des Muskels.

Aufgabe: Es ist die Größe der Muskelkraft durch dasjenige Gewicht zu ermitteln, welches den Muskel gerade an der Verkürzung hindert, demnach der Muskelkraft gerade das Gleichgewicht hält.

Gebraucht werden: Muskelhebel mit Unterstützungsschraube, Knochenhalter, Kymographion, Schlittenapparat, Element, Nadelelektroden, Quecksilberschlüssel.

Ausführung: Präpariere einen Gastrocnemius und verbinde denselben mit dem Muskelhalter und dem Hebel. An das obere und untere Ende des Muskels kommen die Nadelelektroden. Die Unterstützungsschraube wird so gestellt, daß der Hebel auf derselben aufruht. Man sucht nun dasjenige Gewicht auf, welches der Muskel bei Reizung gerade nicht mehr zu heben vermag. Zu diesem Zwecke beginnt man beispielsweise mit 200 g. Man reizt den Muskel mit einem Öffnungsinduktionsschlag und registriert bei stillstehender Kymographiontrommel die etwaige Überlastungszuckung. Dann legt man 100 oder 50 g zu und fährt mit der Prüfung fort, bis die Überlastung gefunden ist, welche der Muskel nicht mehr zu überwinden vermag. Diese stellt die absolute Muskelkraft bei Zuckung dar.

Beobachtungsaufgaben: Um die absolute Muskelkraft bei Tetanus zu finden, geht man von einer Überlastung von etwa 1 kg aus. Der Induktionsapparat wird so eingeschaltet, daß man mit Hilfe des Wagnerschen Hammers tetanisieren kann. Die Tetani sollen ganz kurz sein, damit der Muskel nicht ermüdet. Ferner kann man die absolute Muskelkraft außer am Gastrocnemius noch bei einem parallelfaserigen Muskel, z. B. dem Gracilis, bestimmen.

179. Einfluß der Temperatur des Muskels auf den Ablauf der Zuckung.

Aufgabe: Zu beobachten, wie der Ablauf der Zuckung mit der Temperatur sich ändert.

Gebraucht werden: Vorrichtung, um die Temperatur des Muskels zu ändern (wenn solche nicht vorhanden, kann der Muskel einfach vor dem Gebrauche eine Zeitlang in eine warme oder kalte

176 Übungen zur Physiologie der Bewegung und Empfindung.

Ringerlösung eingetaucht werden), Federmyographion oder rasches Kymographion, Reizelektroden, Muskelhalter und Hebel, Schlittenapparat, Element, Thermometer, Eis.

Ausführung: Falls die Vorrichtung vorhanden ist, wird der Außenraum derselben entweder mit warmem oder mit kaltem Wasser gefüllt. Ein Muskel des Frosches wird in bekannter Weise präpariert, in den Innenraum der Kammer gebracht und mit dem Hebel und Muskelhalter verbunden. Elektroden werden am oberen und unteren Ende des Muskels eingebracht. Ein Thermometer kommt in den Raum, wo sich der Muskel befindet, oben wird der Raum mit Watte abgedichtet, damit der Innenraum die gewünschte Temperatur festhält. Der Hebel wird an die Schreibfläche des Kymographions angelegt und im übrigen verfahren wie sonst bei den Versuchen, in denen eine Muskelzuckung aufgeschrieben wird. Man beginnt damit, daß man Eiswasser in den Mantelhohlraum bringt und so lange wartet, bis die Temperatur im Innenraum bis auf wenig über 0° gesunken ist. Man liest die Temperatur am Thermometer ab und schreibt die auf Reiz ausgelöste Muskelzuckung auf. Jetzt läßt man etwas von dem Eiswasser ab, und ersetzt es durch wärmeres Wasser. Wenn der Muskel eine etwas höhere Temperatur angenommen hat, schreibt man von neuem eine Muskelzuckung auf. Man fährt mit der Erwärmung fort und verzeichnet so lange die Muskelzuckungen, bis gerade eine Höhe der Temperatur erreicht worden ist, wo keine Zuckung mehr auslösbar ist. Man kann dann, wenn der Muskel nicht durch allzu starke Erwärmung unerregbar geworden ist, wiederum abkühlen. Stelle fest, bei welcher Temperatur die Zuckung eine maximale Höhe besitzt. Ferner beobachte die Änderung der Latenzdauer und der Zuckungsdauer mit der Änderung der Temperatur.

180. Vergleichung der Verkürzung und Spannungsentwicklung des Sartorius mit der des Gastrocnemius.

Anordnung wie im entsprechenden früheren Versuch.

Ausführung: Der Spannungsmesser muß eine stärkere Feder haben, um für den Gastrocnemius auszureichen; für beide Muskeln wird eine Belastung von 20 g an der Achse des isotonischen Hebels verwendet. Die beiden zu vergleichenden Muskeln müssen von demselben Frosch stammen, und zwar wird von dem einen Schenkel ein Sartorius-, von dem anderen ein Gastrocnemiuspräparat angefertigt. Zuerst wird die isotonische und isometrische Zuckung des Sartorius verzeichnet, dann ohne Verschiebung des Myographions diejenige des Gastrocnemius. Man muß darauf achten, daß beide Muskeln die betreffenden Zuckungen von den gleichen Abszissenachsen aus schreiben, was sich leicht durch Einstellung der Hebel beim zweiten Versuch auf die zuerst verzeichneten Abszissen erreichen läßt. Der lange dünne

Einleitend Physikalisches und Lehre vom Muskel. 177

Muskel (Sartorius) zeigt einen großen Hub und geringe Spannung, während der kurze dicke Muskel (Gastrocnemius) einen relativ kleinen Hub und große Spannungsentwicklung aufweist.

181. Abhängigkeit der Muskelkontraktion von der Reizstärke.

Aufgabe: Es ist die schwächste Reizstärke aufzusuchen, welche gerade eine Kontraktion des Muskels hervorruft, sodann das Verhalten der Zuckungshöhe bei Zunahme der Reizstärke festzustellen.

Gebraucht werden: Kymographion, Muskelhebel mit Unterstützung und Muskelhalter, Schlittenapparat, Schlüssel, Nadelelektroden, Element.

Ausführung: Ein Froschmuskel (Gastrocnemius) ist mit dem Muskelhebel zu verbinden. Der Muskelhebel wird unterstützt und mit einem Gewicht von 20—40 g überlastet. Die Schreibspitze wird an das Kymographion angelegt. Der Muskel wird mit Nadelelektroden versehen. Man entfernt die sekundäre Rolle so weit von der primären, daß bei Reizung mit Öffnungsinduktionsschlägen keine Zuckung eintritt. In vorsichtiger Weise nähert man ganz allmählich die sekundäre Rolle an die primäre, bis eine Reizstärke erreicht ist, wo die erste Muskelkontraktion sichtbar wird. Hiermit ist die Schwelle bestimmt. Man verschiebt die Trommel des Kymographions mit der Hand und reizt mit einem etwas stärkeren Reiz und fährt fort, die Reizstärken durch Annäherung der sekundären Rolle an die primäre zu verstärken, bis eine weitere Erhöhung der Kontraktion nicht mehr auftritt (maximale Reizung).

Beobachtungsaufgaben: Prüfe das Verhalten des Muskels, evtl. an einem frischen Muskel, bei Verkleinerung der Reizstärke und der Belastung. Ferner prüfe man das Verhalten des Muskels, wenn man anstatt mit Öffnungsinduktionsschlägen denselben mit Schließungsinduktionsschlägen reizt.

182. Arbeitsgröße bei verschieden großer und verschieden angebrachter Belastung.

Gebraucht werden: Hebel mit Einrichtung für Unterstützung oder Überlastung, Gewichte, sonst wie bei den übrigen Muskelversuchen.

Ausführung: Man reizt den Muskel direkt mit einzelnen maximalen Induktionsschlägen und registriert jede Kontraktion am stillstehenden Zylinder. Nach jeder Kontraktion verschiebt man den Zylinder um 2 bis 4 mm und wechselt die Belastung. Um Schleuderung zu vermeiden, muß das Gewicht nahe an die Achse angebracht werden. Zuerst wird die Unterstützungsschraube entfernt, das Gewicht direkt am Muskel angebracht, der Muskel also frei belastet.

178 Übungen zur Physiologie der Bewegung und Empfindung.

Man fängt mit kleinen Gewichten an und nimmt allmählich immer höhere. Wenn man bis zur höchsten Belastung angekommen ist, macht man die Reihe in umgekehrter Ordnung. Man kann dann den Mittelwert von je zwei zusammengehörenden Kontraktionen berechnen.

Überlastungszuckung: Um diese auszuführen, bringt man unterhalb des Muskelhebels eine Stütze an, welche jede Dehnung des Muskels beim Anhängen der Gewichte verhindert. Nun macht man ganz wie vorher die auf- und absteigende Arbeitsreihe mit Belastung mit verschiedenen Gewichten. Schließlich kann man das Überlastungsverfahren noch so anwenden, daß man den Muskel nur dann die Belastung angreifen läßt, sobald er schon zu einem größeren oder geringeren Grade verkürzt ist. Hierzu muß man durch vorsichtiges Senken der oberen Muskelklemme den Muskel zwingen, sich unbelastet zu kontrahieren, bis er sich so weit verkürzt hat, daß er die Belastung angreifen kann.

183. Untersuchung der Zuckungskurve der roten und weißen Muskeln am Kaninchen.

Aufgabe: Es ist zu zeigen, daß die sog. roten und weißen Muskeln eine verschiedene Zuckungskurve besitzen.

Gebraucht werden: Kaninchen, Operationsinstrumente, Schreibhebel, Gewichte, Kymographion, Induktionsapparat, Nadelelektroden, Element.

Ausführung: Das mit Morphium und Äther narkotisierte Kaninchen wird in Bauchlage aufgebunden. Jetzt schreitet man zuerst zur Durchschneidung des Nervus ischiadicus. Man macht einen Hautschnitt am hinteren Rande des Oberschenkels, von der Kniekehle beginnend gerade aufwärts, 3 cm lang, dann durchschneidet man die Fascie; die V. ischiadica bleibt medianwärts. Nun dringt man mit der Hohlsonde in die Tiefe zwischen den Mm. biceps femoris und semimembranosus ein. Der Nerv wird jetzt sichtbar und kann mit einem Scherenschlag durchschnitten werden.

Jetzt macht man einen Hautschnitt am unteren Ende des Unterschenkels gerade über der leicht fühlbaren Sehne des M. triceps surae. Man legt die Sehne frei, geht mit einer stumpfen Präpariernadel unter die Sehne und bindet dieselbe mit einem festen Faden ab. Ein klein wenig oberhalb dieses Fadens wird ein zweiter Faden gelegt, den man gleichfalls abbindet. Zwischen diesen Abbindungen schneidet man die Sehne durch. Jetzt hat man den weißen, Gastrocnemius med. genannten Teil von dem roten M. soleus genannten Teil zu trennen. Man spaltet mit Vorsicht unter Vermeidung von Blutgefäßen die die Muskelmassen bedeckenden Fascien. Der rote M. soleus, der tiefer liegt als der weiße Muskel, ist an seiner trübroten Farbe er-

Einleitend Physikalisches und Lehre vom Muskel. 179

kennbar. Nach Trennung der beiden Muskelteile voneinander, die so weit durchgeführt wird, daß jeder Muskelabschnitt sein eigenes Stück Sehne hat, bindet man die letztere mit einem Faden, der zur Übertragung nach dem Schreibhebel führt.

Das Kymographion wird horizontal gelagert, damit der Schreibhebel in die Ebene der registrierenden Muskulatur zu liegen kommt. Der Schreibhebel wird passend belastet, beispielsweise der weiße Muskel mit 25 g, der rote Muskel mit 20 g. In die Muskeln kommen am oberen und unteren Ende Nadelelektroden. Zuerst schreibt man die Zuckungskurve des roten Muskels auf, sodann diejenige des weißen. Es empfiehlt sich, Reizstärke und Belastung so zu wählen, daß die Höhen der Zuckungskurve annähernd gleich werden. Achte auf den Unterschied der beiden Zuckungskurven in ihrer Zuckungsdauer und Zuckungsform.

184. Untersuchung der Dickenkurve des Muskels und Bestimmung der Fortpflanzungsgeschwindigkeit der Kontraktionswelle.

Aufgabe: Es ist die Dickenkurve eines Muskels aufzuschreiben und durch gleichzeitige Aufnahme von zwei Dickenkurven die Fortpflanzungsgeschwindigkeit der Kontraktion zu messen.

Gebraucht werden: Aebysches Doppelmyographion, Schlitten, Element, Stromunterbrecher am Kymographion oder Quecksilberschlüssel, Elektrode, Zeitschreiber.

Ausführung: Der Frosch wird zuerst curarisiert. Man präpariere den Musculus semimembranosus oder Musculus gracilis; man lagere zwei möglichst entfernte Stellen des Muskels auf die Stützen der beiden Hebel und spanne den Muskel gut aus mit Hilfe der beiden hierzu bestimmten Klemmen. An einem Ende bringe man die Elektroden am Muskel an. Zunächst lege man nur einen Hebel auf den Muskel und stelle die Schreibspitze an das Kymographion an, setze das Kymographion in Gang, verzeichne eine Dickenkurve, indem man entweder durch das Kymographion oder durch den Quecksilberschlüssel den primären Stromkreis unterbricht. Sodann lege man auch den zweiten Hebel auf und registriere in derselben Weise eine doppelte Verdickungskurve, außerdem muß die Zeit in Hundertstelsekunden aufgezeichnet werden. Miß die Entfernung der beiden Abhebungspunkte der Dickenkurven und berechne mit Hilfe der Zeitkurve den Zeitwert dieser Länge. Dies geschieht auf folgende Weise: Man stelle die beiden Schreibspitzen genau auf die beiden Abhebepunkte der Kurven ein und senke die Kymographiontrommel, bis die hierdurch gezogenen Senkrechten die Zeitkurve schneiden. Man zähle in der hierdurch abgegrenzten Strecke die Zahl der Hundertstelsekunden; mißt man noch die Länge der Muskelstrecke zwischen den beiden Hebeln, so ergibt die Division der Zeit in die gemessene Länge die Fortpflanzungsgeschwindigkeit der Kontraktion.

185. Untersuchung der Zuckungskurve bei Ermüdung.

Aufgabe: Es ist zu untersuchen, wie sich bei Ermüdung die Zuckungskurve ändert.

Gebraucht werden: Du Bois-Reymonds Federmyographion oder ein rasch rotierendes Kymographion, der M. gastrocnemius ohne oder mit Nerv, Elektroden, Schlitten mit Element, Gewichte.

Ausführung: Berußung der Platte des Federmyographions. Verbinde das Element mit der primären Rolle des Schlittenapparates und mit dem am Myographion befindlichen Öffnungskontakt. Präparation des Muskels und Anbringung desselben am Hebel. Verbinde die Elektroden mit der sekundären Rolle und dem Muskel bzw. Nerven. Reizung des frischen Muskels durch Vorbeischießen der Platte des Federmyographions und Aufschreibung der Zuckungskurve. Dann wird der Muskel mehrfach bei stehender Platte gereizt; hierauf wird wieder eine Zuckungskurve aufgenommen.

Beobachtungsaufgabe: Änderung der Form und Dauer der Kurve.

186. Versuch über Ermüdung.

Aufgabe: Es ist zu untersuchen, wie die Zuckungshöhe des Muskels abnimmt, wenn er dauernd in gleichen Intervallen gleich stark gereizt wird.

Gebraucht werden: Kymographion, Induktionsschlitten, Apparat zur Erzeugung von Öffnungsschlägen in stets gleichen Intervallen. Abblender der Schließungsschläge, Element für das Betreiben des Apparates zur Erzeugung der Öffnungsschläge, Element für die primäre Rolle, Elektroden, entweder für den Nerven oder für den Muskel. Froschmuskel, am besten der Triceps, Halter und Hebel für den Muskel, Gewichte.

Ausführung: Verbinde ein Element mit dem Uhrwerk, welches jede 6 oder 4 oder 2 Sekunden das im gleichen Stromkreis befindliche Relais schließt und öffnet; verbinde das zweite Element zu einem Stromkreis, welcher das Element, die primäre Rolle, die Öffnungs- und Schließungsstelle des Relais und den Magnet des Abblenders enthält; verbinde den Kurzschlußteil des Abblenders mit der sekundären Rolle; mit der sekundären Rolle werden auch die Reizelektroden verbunden. Der Abblender muß so eingestellt werden, daß er die sekundäre Rolle für den Reiz geöffnet hat, ehe das Relais den Kreis der primären Rolle unterbricht, und daß er die sekundäre Rolle kurz schließt, ehe das Relais den Kreis des Primärelementes schließt —

Einleitend Physikalisches und Lehre vom Muskel. 181

auf diese Weise kann nur der Öffnungsschlag das Präparat treffen. Das Muskelpräparat ist anzufertigen, die Nerven des Plexus werden auf Elektroden gebracht. Der Muskel wird mit dem Schreibhebel verbunden und überlastet. Bei stetiger Reizung des Muskels und ganz langsamem Trommelgang des Kymographions schreibt der Muskel seine Zuckungen als gerade Striche auf.

Beobachtungsaufgaben: 1. Der geradlinige Abfall der Ermüdungskurve. 2. Bei Belastung mit stärkeren Gewichten ist die Ermüdungskurve eine zwar niedriger liegende, aber parallele Gerade zur Ermüdungskurve bei schwächerer Belastung. 3. Eingeschobene Pausen geben eine gewisse Erholung. 4. Wenn die Reizzahl vermehrt wird, fällt die Ermüdungskurve steiler ab.

II. Derselbe Versuch mit einfacheren Apparaten. In den Kreis der primären Rolle wird nur das Element und ein Metronom eingeschaltet, welches gestattet, z. B. jede 4 Sekunden den primären Kreis zu unterbrechen. Man suche diejenige Stromstärke auf durch Verschieben der sekundären Rolle, bei der nur der Öffnungsschlag wirksam ist. Sonst wie oben.

187. Untersuchungen über Muskelermüdung unter physiologischen Bedingungen nach der Methode von Asher.

Aufgabe: Es ist eine lang andauernde, durch Reizung herbeigeführte Muskeltätigkeit des Frosches unter physiologischen Bedingungen zu untersuchen.

Gebraucht werden: Froschbrett, große indifferente, kleine differente Elektrode, Bowditchsche Uhr, Relais, Abblender der Schließungsschläge und übrige Einrichtungen wie in der voraufgehenden Aufgabe. Nadeln, Korkstücke, Gaze, Kymographion, isometrischer Hebel.

Ausführung: Siehe Abb. 29. Der Frosch wird, wie die Abbildung zeigt, auf einem Froschbrett aufgebunden. Um unter Schmerzlosigkeit zu arbeiten und zentrale Impulse auszuschalten, macht man eine Lokalanästhesie des Ischiadicus durch Injektion von 1 bis 1,5 ccm einer 0,5 proz. Atoxicocainlösung. Nach Ablauf von 10 Minuten ist meist vollkommene Anästhesie eingetreten. Darauf wird die indifferente Elektrode angelegt. Dieselbe ist eine gewöhnliche Plattenelektrode von der Größe, wie Abbildung sie zeigt. Um sie zu vergrößern, wird auf den Rücken des Frosches ein großes Stück zusammengelegter Gaze gebracht, die durch physiologische Kochsalzlösung feuchtgehalten werden muß. Über die Gaze kommt die Elektrode von 10 cm Breite und 6 cm Länge, die durch einen starken Riemen festgehalten wird. Der Gastrocnemius wird durch die Haut hindurch mit einer Muskelklemme gefaßt, die mit dem isometrischen Hebel in Verbindung steht. Der Faden, der Klammer und Hebel verbindet, wird

182 Übungen zur Physiologie der Bewegung und Empfindung.

über eine kleine Metallrolle geführt. Das Bein, welches man der Untersuchung unterwirft, wird am Sprunggelenk durch einen losen Woll-

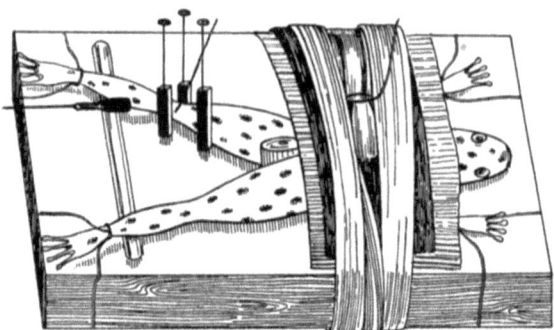

Abb. 29. Untersuchungen über Muskelermüdung nach der Methode Asher. A. Aufbindung des Frosches.

faden am Brett befestigt. Die Gegend des Kniegelenkes wird vermittels Korkstückchen und Stecknadeln dadurch fixiert, daß man

Abb. 30. B) Ganze Versuchsanordnung (ausschließlich Bowditchscher Kontaktuhr) mit Kasten (W. K.) zur Temperaturregulierung.

dieselben median und lateral neben die Extremität so befestigt, daß möglichst nur Bewegungen in der Zugrichtung des Muskels ausgeführt

Einleitend Physikalisches und Lehre vom Muskel. 183

werden können. Auch kommt zur besseren Fixierung des Tieres noch ein festgestecktes Klötzchen in die Aftergegend zwischen die beiden Extremitäten. Um Reibungsmöglichkeiten zu vermeiden, wird zwischen Brett und Bein ein Glasröhrchen von ungefähr 5 mm Durchmesser geschoben. Schließlich sticht man als differente Elektrode eine sehr feine Nadel in die Kniebeuge.

Die Baltzersche Penduluhr wird auf das Intervall eingestellt, mit welchem man reizen will. Man wählt Reize jede 4., jede 3., evtl. jede 2. Sekunde. Am Relais, welches durch die Baltzersche Uhr getrieben wird und den Primärkreis in den gewollten Intervallen unterbricht, muß eine gute Kroneckersche Kontaktspülvorrichtung angebracht sein. Der im Sekundärkreis befindliche Abblender wird so eingestellt, daß die Schließungsinduktionsschläge abgeblendet sind. Man wählt solche Stromstärken, daß die Kontraktionen sich auf die mit dem Hebel verbundenen Extremitäten beschränken. Die aufeinander folgenden Kontraktionen werden auf dem langsam rotierenden Kymographion registriert.

188. Ermüdungsversuche am Menschen.

I. Aufgabe: Die willkürlich und dauernd aufeinanderfolgenden Kontraktionen eines menschlichen Muskels sind zu registrieren.

Gebraucht werden: Mossos Ergograph, Kymographion, Kroneckers Kamograph, Gewichte, Metronom.

Ausführung: Bei dem Ergographen von Mosso wird die Arbeit durch den Flexor digiti III geleistet. Der Arm wird auf eine Unterlage so fest fixiert, daß die übrigen Muskeln der Hand und des Unterarms den ermüdenden Beuger des Mittelfingers nicht unterstützen können. Dies wird durch zwei Holzschienen, welche das Handgelenk von beiden Seiten angreifen, und durch zwei Fingerhülsen, die den II. und IV. Finger fixieren, erreicht. Zur weiteren Sicherung der Lage des Armes dienen ähnliche, unterhalb des Ellbogens angebrachte Holzschienen.

Die Kontraktionen des Mittelfingers werden mittels des aus dem Apparat ersichtlichen Schreibapparates auf einen sehr langsam rotierenden Zylinder registriert. Die Belastung des Mittelfingers bei der Arbeit mittels dieses Ergographen beträgt im allgemeinen etwa 6 kg.

Das Intervall der Kontraktionen wird nach den Schlägen eines Metronoms geregelt.

II. Derselbe Versuch mit Kroneckers Kamographen.

Beobachtungsaufgaben für I und II.

Registriere die aufeinanderfolgenden Kontraktionen. Beachte den Einfluß verschiedener Gewichte, den Einfluß psychischer Umstände, den Einfluß von Zucker, Kaffee usw.

189. Ermüdungsversuch am Froschherzen.

Aufgabe: Zu zeigen, daß das Herz bei mehrfacher Reizung ohne Wechsel der Nährflüssigkeit Ermüdungserscheinungen aufweist.

Gebraucht werden: Froschherzmanometer, Schlittenapparat, Element, Quecksilberschlüssel, Drähte, Doppelwegkanüle, Blut, Kochsalzlösung, Kymographion.

Ausführung: Präpariere ein Froschherz in der vorgeschriebenen Weise. (Siehe Aufgabe über Froschherzpräparation.) Führe in den Ventrikel die Doppelwegkanüle ein, binde an der Grenze von Vorhof und Kammer einen Wollfaden fest um. Sodann wird das Herz aus dem Körper herausgeschnitten, evtl. die Aorta abgebunden. Man verbindet die Doppelwegkanüle mit dem Froschherzmanometer. Das Froschherzmanometer ist gefüllt mit einer Lösung von 1 Teil Blut und 4 Teilen 0,65 proz. Kochsalzlösung. Zuerst wird das Herz mit der Kochsalzlösung durchspült und der Hahn an der Manometerleitung so gestellt, daß die Flüssigkeit abläuft. Das abfließende Blut wird in einem Becherglas aufgefangen. Hierauf stellt man das Froschherzmanometer an das Kymographion an in der Weise, daß der gläserne Schreibhebel des Manometers leicht durch einen Glasfaden an die Rußfläche angedrückt wird. Verbinde das Herz mit den Elektroden. Der eine Draht von der sekundären Rolle des Schlittenapparates wird mit der Klemme verbunden, welche an der Doppelwegkanüle sitzt. Der andere Draht wird in das Quecksilber des Gefäßes versenkt, welches als Bad zum Eintauchen für das Herz dient. Das Bad ist mit Kochsalzlösung gefüllt. Jetzt dreht man den Hahn, welcher die Einlaufsbürette mit der Doppelwegkanüle verbindet, so daß die Verbindung unterbrochen ist. Ferner dreht man den Hahn vor dem Quecksilbermanometer derart, daß die Verbindung mit demselben hergestellt wird. Jetzt registriert das Quecksilbermanometer die Kontraktionen des Herzens. Man reizt in regelmäßigen Intervallen das Herz, was am besten so gelingt, daß ein Metronom den primären Kreis des Schlittenapparates in den betreffenden Intervallen unterbricht. Man beobachtet, daß nach länger andauernder Reizung die Kontraktionen des Herzens kleiner werden; beschleunigt wird die Verkleinerung, wenn man tetanisch reizt. Bei Wechsel der Ernährungsflüssigkeit schwindet die Ermüdung.

190. Thermoelektrische Messung.

Aufgabe: Ermittlung der Ablenkung des Spiegels eines Galvanometers, wenn ein Thermoelement in zwei verschieden temperierte Glasgefäße taucht.

Gebraucht werden: Ein Ficksches Eichthermoelement, ein Galvanometer für Wärmemessung, zwei Bechergläser, ein Quecksilberschlüssel, Fernrohr, Skala, Beleuchtung, Thermometer.

Einleitend Physikalisches und Lehre vom Muskel. 185

Ausführung: Verbinde das Thermoelement durch den Quecksilberschlüssel, der zunächst offen bleibt, mit dem Galvanometer, tauche jede Lötstelle in ein Becherglas mit Wasser, miß die Temperatur beider Bechergläser mit dem Thermometer, schließe den Quecksilberschlüssel, lies die Ablenkung des Spiegels des Galvanometers auf der Skala ab.

Beobachtungsaufgabe: Abhängigkeit der Ablenkung von der Größe der Temperaturdifferenz.

191. Wärmebildung im Muskel des Säugetieres.

Aufgabe: Feststellung der Wärmebildung im kontrahierenden Muskel.

Gebraucht werden: Ein Kaninchen, Kaninchenbrett, ein feines in $1/10°$ geteiltes Thermometer, Induktionsapparat mit Element, Nadelelektroden.

Ausführung: Kaninchen wird aufgebunden, Nadelelektroden werden in die Muskulatur der unteren Extremität eingestochen; nach Anbringung eines feinen Hautschnittes wird das Thermometer unter die Haut geschoben und mit Wattelagen befestigt. Reizung des Muskels mit tetanisierenden Strömen.

Beobachtungsaufgabe: Temperatursteigerung bei der Kontraktion; stärkere Kontraktion, stärkere Wärmebildung; Nachlassen der Temperatursteigerung mit der Zeit.

192. Wärmebildung im Froschmuskel.

Aufgabe: Zu zeigen, daß der Froschmuskel bei der Kontraktion Wärme bildet.

Gebraucht werden: Galvanometer, Fernrohr, Skala oder objektive Beleuchtung mit Lampe und Spalt oder Nernstlicht, durchsichtige Skala, Linse, Thermoelement für Froschmuskeln, feuchte Kammer, Schlittenapparat, Elektroden, Element.

Ausführung: Bei subjektiver Ablesung stelle zuerst das Fernrohr so, daß ein deutliches Skalenbild sichtbar ist. Die Aufstellung zur objektiven Ablesung mit Hilfe von einem Nernst-Licht, einer Linse und einer durchsichtigen Skala erfolgt durch das Lehrpersonal. Sodann wird ein Froschmuskelbad präpariert, welches für das zur Verfügung stehende Thermoelement passend ist, z. B. bei Anwendung eines Hillschen Elementes die beiden Mm. sartorii. Dieselben werden so befestigt, daß sie auf der Thermosäule gut reiten. Außerdem werden sie mit Wollfäden am Ende zusammengebunden, damit die Muskeln nicht von der Thermosäule abgleiten. Die Muskeln müssen mit einem so großen Gewicht belastet werden, daß sie sich kaum verkürzen, oder, was noch besser ist, es müssen die Muskeln an einem isometrischen Hebel angreifen. Reizelektroden werden oben und unten dem Muskel zugeführt und mit dem Schlittenapparat verbunden. Die Muskelkammer ist mit feuchten Wattebäuschen anzufüllen. Die Löcher der Kammer, durch welche die Ableitungsdrähte der Thermosäule und die Drähte der Reizelektroden geführt werden, müssen gleichfalls mit feuchter Watte gedichtet werden. Die von der Thermosäule abgeleiteten Drähte werden unter Einschaltung eines Quecksilberschlüssels mit dem Vorreiberschlüssel verbunden, welcher das Galvanometer kurz schließt. Nachdem alles fertiggestellt ist, wird der Kreis, in dem sich die Thermosäule befindet, vermittels des Quecksilberschlüssels geschlossen. Der Beobachter am Fernrohr öffnet den Vorreiberschlüssel zum Galvanometer. Meist gibt es wegen der Ungleichheit der Temperatur an den beiden Lötstellen der Thermosäule einen großen Ausschlag, da diejenigen Lötstellen, an denen die Muskeln anliegen, meist kälter sind. Es muß abgewartet werden, bis die Temperaturdifferenz so weit ausgeglichen ist, daß eine bestimmte Zahl der Skala sich deutlich ablesen läßt. Dann kann gereizt werden. Man reizt mit einem tetanisierenden Reiz und beobachtet, daß, während der Muskel sich im Tetanus befindet, eine Ablenkung auf dem Skalenbilde sichtbar wird. Diese Ablenkung beweist, daß infolge der Kontraktion des Muskels die Lötstellen der Thermosäule, denen er anliegt, wärmer geworden sind, wodurch ein Thermostrom entstanden ist. Der Versuch kann mehrfach wiederholt werden, aber nicht zu häufig, da die Wärmebildung bald nachläßt.

193. Untersuchung der Reaktion des Muskels.

Aufgabe: Es ist der Nachweis zu führen, daß der ganz frische Muskel alkalisch, der erregt gewesene sauer reagiert.

Gebraucht werden: Streifen von blauem und rotem Lackmuspapier, verdünnte Säurefuchsinlösung, Bretter, Frosch.

Ausführung: Auf einem gefirnißten Brettchen sind mit Reißnägeln abwechselnd blaue und rote Lackmuspapierstreifen befestigt. Jeder Streifen soll den Nachbarstreifen ein wenig bedecken. Man präpariert rasch einen dicken Oberschenkelmuskel, trocknet ihn mit Fließpapier ab und legt einen Querschnitt an, den man so auf die Streifen drückt, daß mindestens ein blauer und ein roter getroffen wird. Meist wird das blaue Papier schwach gerötet, das rote schwach gebläut. Macht man denselben Versuch 1. mit einem Muskel, der vorher sehr stark gereizt worden ist, 2. mit einem Wärmestarremuskel, 3. mit einem in Chloroform starrgemachten Muskel, so tritt in diesen drei Fällen nur die starke Rötung des blauen Papiers ein.

Eine andere Methode des Nachweises der Säuerung des Muskels nach Verworn bei andauernder Tätigkeit ist die folgende: 12 bis 18 Stunden vor dem Versuch werden einem Frosch mittels einer Pravazschen Spritze 3 ccm einer starken Säurefuchsinlösung (Lösung

Einleitend Physikalisches und Lehre vom Muskel. 187

in Wasser) unter die Rückenhaut gespritzt. Der Frosch erträgt die Injektion ohne Schädigung und wird in einem feuchten Glasgefäß aufbewahrt. Zum Versuch stellt man von ihm ein doppeltes Schenkelpräparat her, indem man den Frosch, wie zur Anfertigung eines Nerv-Muskelpräparates dekapitiert, ausweidet, in der Wirbelsäule quer durchschneidet und enthäutet. Nachdem der Ischiadicus der einen Seite hoch oben mit einem Faden angeschlungen und bis in die Tiefe des Beckens frei präpariert ist, hängt man das Präparat mit der Wirbelsäule an einem Muskelhalter auf. Man beobachtet bei der Präparation, daß die Fuchsinlösung vollständig resorbiert und entfärbt ist. Die Substanz der Muskeln hat ihre natürliche Farbe, nur die Sehnen sind etwas rötlich gefärbt. Trotzdem enthält die Muskelsubstanz beträchtliche Mengen von Fuchsin, das aber durch ihre alkalische Reaktion farblos geworden ist. Nunmehr tetanisiert man den einen Schenkel mittels eines Platinelektrodenpaares, indem man die Elektroden mit der Hand hält, mit zahlreich eingestreuten kurzen Pausen während $1/2$ Stunde, und zwar zunächst vom angeschlungenen Nerven aus, dann, wenn die Nervenendapparate beginnen zu ermüden und die Tetani auch bei Verminderung des Rollenabstandes schwächer werden, durch direktes Anhalten an die Muskeln. Dabei ist sorgsam zu verhüten, daß nicht etwa Stromschleifen auf den anderen Schenkel übergehen, so daß er mitgereizt wird. Man kann das verhindern, indem man den ruhenden Schenkel mittels einer Glasplatte seitwärts ablegt. Während der Reizung und je mehr die Arbeitslähmung des Muskels fortschreitet, sieht man einen Farbenunterschied zwischen beiden Schenkeln sich entwickeln, der schließlich sehr stark ausgesprochen ist, namentlich wenn man das Präparat nach Beendigung der Reizung noch 15 bis 30 Minuten ruhig hängen läßt. Der geruhte Schenkel hat seine normale Farbe vollkommen behalten. Der gereizte Schenkel ist intensiv rot geworden. Das in ihm aufgespeicherte und vorher entfärbte Fuchsin hat durch die Säuerung des Muskels seine rote Farbe wieder gewonnen.

194. Untersuchung der Atmung des Muskels.

Aufgabe: Die Reduktion von m-Dinitrobenzol zu m-Nitrophenylhydroxylamin

$$\underset{NO_2}{\underset{|}{\bigcirc}}{}^{NO_2} + 2H_2 \rightarrow \underset{NO_2}{\underset{|}{\bigcirc}}{}^{NH(OH)} + H_2O$$

wird benutzt, um die Atmung von Muskeln, die in diesem Falle in einem Dehydrierungsvorgang besteht, nachzuweisen.

Gebraucht werden: m-Dinitrobenzol, Handwage, Jenaer 25-ccm-Erlenmeyer-Kölbchen, Bikaliumphosphat, ausgekochtes, wenn möglich sauerstofffreies, destilliertes Wasser.

188 Übungen zur Physiologie der Bewegung und Empfindung.

Ausführung: Eine größere Menge Muskulatur von frischen, kühl aufbewahrten Temporarien werden mit der Schere fein zerschnitten und sorgfältig durcheinandergemischt. Portionen von 2 g werden auf der Handwage abgewogen und in die Erlenmeyer-Kölbchen mit 10 ccm destilliertem Wasser gebracht und gemischt. Nach 15 Minuten Zusatz von 0,2 g fein gepulvertem m-Dinitrobenzol. Das Kölbchen wird verkorkt und öfters umgeschüttelt. Nach mehrfachem Umschütteln wird die Flüssigkeit durch ein trockenes Filter gegossen und das Filtrat in ein kleines Reagensglas aufgefangen. Die Lösung ist schwach gelb, während ein Kontrollröhrchen mit Dinitrobenzollösung oder auch mit vorher gekochtem Muskel farblos ist. Auf Zusatz von Dikaliumphosphatlösung schlägt die gelbe Farbe in Rot um. Die Färbung beruht auf der Entstehung von Nitrophenylhydroxylamin.

195. Wärmestarre.

Aufgabe: Es ist das allmähliche Eintreten der Starre des Froschmuskels bei Erwärmung über 40° festzustellen.

Gebraucht werden: Hebel, Gewichte, Muskelbad, Kochgestell, Thermometer, Gasflamme.

Ausführung: Präpariere einen beliebigen Muskel und bringe ihn in Verbindung mit dem Schreibhebel. Tauche ihn dann entweder in das früher gebrauchte Muskelbad oder in ein beliebiges passendes Becherglas. Benutzt man das erstere, so wird es ebenfalls in ein größeres, mit Wasser gefülltes Becherglas getaucht. Stelle in das Muskelbad ein Thermometer. Das äußere Becherglas wird auf einem Drahtnetz auf das Kochgestell gesetzt und mit der Gasflamme vorsichtig und langsam erwärmt. Sobald die Temperatur 40° erreicht hat, beginnt der Muskel sich zu verkürzen. Die Verkürzung nimmt mehr und mehr zu, wenn die Temperatur bis zu 50° steigt. Dann ist der Muskel vollkommen wärmestarr. Unterbricht man bei 40° beim Beginn der Verkürzung die Erwärmung, so kann man durch Abkühlung die Verkürzung wieder rückgängig machen.

196. Abhängigkeit der Muskelkontraktion von den Gasen.

Aufgabe: Es ist festzustellen, daß der Muskel nicht allein in einer sauerstoffhaltigen Atmosphäre, sondern auch in einer Atmosphäre, die reinen Stickstoff oder Wasserstoff enthält, erregbar ist, nicht aber in einer Atmosphäre, deren Kohlensäuregehalt über einen gewissen Grad steigt.

Gebraucht werden: Kammer für den Muskel, um Gase einzuleiten. Muskelhebel, Schlittenapparat, Reizelektroden, Element, Schlüssel, Bombe mit Stickstoff oder Kippscher Apparat für Wasserstoffentwicklung, Kippscher Apparat für Kohlensäureentwicklung.

Einleitend Physikalisches und Lehre vom Muskel. 189

Ausführung: Man präpariert den Muskel des Frosches (Gastrocnemius) oder einen beliebig anderen und bringt denselben in die Muskelkammer. Der Muskel wird mit dem Muskelhebel verbunden. Nadelelektroden werden in denselben eingeführt. Darauf wird der Muskel gereizt und seine Zuckungshöhe am Kymographion verzeichnet. Nachdem dies geschehen ist, leitet man entweder Stickstoff oder Wasserstoff in die Muskelkammer ein. Nach genügender Durchleitung des fremden Gases wird der Muskel wieder gereizt und es werden die erfolgenden Kontraktionen registriert. Darauf wird Kohlensäure eingeleitet. Nach genügender Durchleitung von Kohlensäure wird der Muskel unerregbar. Es kann schließlich der Versuch gemacht werden, die Kohlensäure durch reine Luft oder durch ein indifferentes Gas zu verjagen, um die Erregbarkeit des Muskels wiederherzustellen.

197. Chloroformstarre.

Aufgabe: Zu zeigen, daß Chloroform den Muskel vollkommen starr macht und der Muskel sich maximal verkürzt.

Gebraucht werden: Muskelbad wie vorhin und die übrigen Vorrichtungen außer denen zum Erwärmen, Chloroform.

Ausführung: Richte den Muskel her, wie in der Aufgabe über Wärmestarre, gieße in das Muskelbad Chloroform. Der Muskel verkürzt sich sofort auf das heftigste. Die Verkürzung läßt sich nicht mehr rückgängig machen.

198. Chemische Reizung des Muskels.

Aufgabe: Es ist der Einfluß verschiedener chemischer Stoffe auf die Kontraktion des Muskels zu untersuchen.

Gebraucht werden: Schlittenapparat, Elemente, Elektroden, Kammer für chemische Reizung, Schreibhebel, Kymographion. Folgende Lösungen: 1. Ringerlösung. 2. Physiologische Kochsalzlösung. 3. Eine Lösung, welche enthält im Liter destillierten Wassers 5 g NaCl, 2 g Na_2HPO_4 und 0,4 bis 0,5 g Na_2CO_3. 4. Lösung, enthaltend 1 Teil Veratrin auf 1000 Teile physiologische Kochsalzlösung.

Ausführung: Präpariere einen M. sartorius, hänge ihn in der Kammer, am besten einer Kammer von Keith-Lucas, auf, an das obere und untere Ende des Muskels kommen die Elektroden. Untersuche den Einfluß der unter 1 bis 3 genannten Lösungen auf den Muskel, indem das Verhalten des Muskels gegenüber Reizen verschiedener Stärke vor Einbringung in die Lösungen und während des Aufenthaltes in denselben beobachtet wird. Bei Anwendung der Lösung 3 können spontane rhythmische Kontraktionen auftreten. Schließlich untersucht man den Einfluß der Vergiftung mit Veratrin dadurch, daß man in die Kammer Veratrinlösung bringt, einige Minuten wartet, bis die Giftwirkung eingetreten sein dürfte. Man reizt dann den Muskel und beobachtet die veränderte Zuckungskurve. Vor jeder Reizung ist die Flüssigkeit zu entfernen.

199. Wasserkrämpfe und Wasserstarre.

Aufgabe: Festzustellen, daß durch Injektionen von destilliertem Wasser in die Blutgefäße Krämpfe und Starre des Muskels eintreten.

Gebraucht werden: Frosch, feine Glaskanülen, Fäden, Finder, Spritze, destilliertes Wasser.

Ausführung: Der Frosch wird in der vorgeschriebenen Weise getötet. Der Schnitt durch das Rückenmark erfolge möglichst hoch oben. Nachher werden sorgfältig die Eingeweide entfernt, so daß die Bauchaorta freiliegt. Führe einen Faden unter dieselbe möglichst hoch oben entfernt von der Teilungsstelle derselben in die beiden Iliacae. Bringe einen weiteren Faden zum Einbinden der Kanüle unter das Gefäß. Eröffne die Aorta mit einer feinen Schere und führe eine feine Glaskanüle in das Gefäß ein, evtl. unter Benutzung eines Finders, der dazu dient, das Gefäß offen zu halten, während man die Kanüle einführt. Binde die Kanüle mit dem Unterbindungsfaden fest ein. Fülle die Kanüle mit einer feinen Pipette mit destilliertem Wasser, fülle die Spritze gleichfalls mit destilliertem Wasser. Die Füllung muß so geschehen, daß keine Luft in das Gefäß eintritt. Injiziere jetzt das destillierte Wasser, die unteren Extremitäten fallen zuerst in Krämpfe und werden dann vollständig starr.

200. Beobachtung der Erscheinungen der tierischen Elektrizität, vornehmlich des Muskels.

Aufgabe: Der Ruhestrom und der Aktionsstrom des Muskels sind zu beobachten.

Gebraucht werden: Galvanometer oder kleines Saitengalvanometer oder Capillarelektrometer; Vorreiberschlüssel zum Galvanometer usw., Pohlsche Wippe mit Kreuz zum Wenden des Stromes, Rheochorddraht, Element für den Rheochorddraht, evtl. ein Widerstandskasten, Quecksilberschlüssel, unpolarisierbare Elektroden, konz. Zinksulfat, Ton, physiologische Kochsalzlösung, Vorrichtung zum Lagern und Spannen des Muskels, feine Pinsel, Induktionsschlitten und Element zum Reizen, ein Voltmeter.

Ausführung: Vorübung am Galvanometer: Verbinde das Element durch die Pohlsche Wippe und den Quecksilberschlüssel mit den Enden des Rheochorddrahtes, evtl. unter Einschaltung eines Widerstandes; verbinde das eine Ende des Rheochorddrahtes und das bewegliche Ende, den Schleifkontakt des Rheochorddrahtes (oder des Du Bois-Reymondschen runden Kompensators) unter Einschaltung eines Schlüssels mit dem Galvanometer. Schließe den Strom in der

Einleitend Physikalisches und Lehre vom Muskel.

Hauptleitung des Rheochords; verschiebe den beweglichen Zweig des Rheochords und beobachte, wie die Ablenkung im Galvanometer wächst; wende den Strom durch die Pohlsche Wippe.

Ausführung des Hauptversuches: Rheochord mit Element verbinden. In den beweglichen Zweig des Rheochords kommen die unpolarisierbaren Elektroden, das Muskelpräparat, die Wippe, der sekundäre Schlüssel und das Galvanometer.

Unpolarisierbare Elektroden: Verschließe dieselben vorn mit Kochsalzton, fülle sie mit konz. Zinksulfatlösung, stecke die amalgamierten Zinkpole hinein.

Muskelpräparat: Sorgfältige Enthäutung der unteren Froschhälfte, Freilegung des Gastrocnemius oder des Gracilis, unter dem

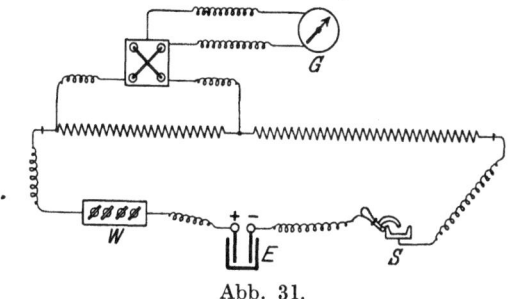

Abb. 31.

Nervenplexus Anbringung von Elektroden, möglichste Befestigung des Präparates. Lege eine Elektrode an die Oberfläche, eine an die Sehne des Gastrocnemius. Verbinde die Nervenelektroden mit der sekundären Rolle.

Beobachtungsaufgaben: 1. Beobachte die etwaige Ablenkung im Galvanometer: Sehne negativ gegen Oberfläche; wenn die Ablenkung zu groß ist, kann sie dadurch kompensiert werden, daß durch Verschieben der Rheochordabzweigung der meßbare Bruchteil eines Akkumulators oder Daniells dem Ruhestrom entgegengesetzt gerichtet zugeleitet wird. Mit Hilfe der Wippe wird die richtige Richtung gefunden. 2. Beobachte die Vergrößerung des Ruhestromes durch Verletzung des Muskels, z. B. Anätzen mit heißem Draht. 3. Beobachte die negative Schwankung; kompensiere, wenn nötig, den Ruhestrom; reize den Nerven, wobei die negative Schwankung des Ruhestromes oder des kompensierten Ruhestromes eintritt.

201. Sekundäre Zuckung und sekundärer Tetanus.

Aufgabe: Durch Reizung eines Nerv-Muskelpräparates ist an einem sekundären Nerv-Muskelpräparat sekundäre Zuckung und sekundärer Tetanus zu erzeugen.

192 Übungen zur Physiologie der Bewegung und Empfindung.

Gebraucht werden: Ein Muskelhalter und ein Muskelspanner für den primären Muskel, ein Elektrodenpaar für den Nerven des primären Muskels nebst Halter dazu, eine Platte oder ein Muskeltelegraph für das sekundäre Nerv-Muskelpräparat, ein Element und Induktionsapparat, Gewichte zum Spannen; ein Quecksilberschlüssel zum Öffnen und Schließen.

Ausführung: Spanne den primären Muskel (Gastrocnemius) in den Muskelhalter ein und spanne ihn aus, evtl. unter Anwendung von Gewichten; lege den Nerven auf Elektroden, die durch einen Halter gehalten werden. Lagere den sekundären Muskel, Gastrocnemius, auf eine Platte oder spanne ihn an einen Muskeltelegraphen an, lege den sekundären Nerven so auf den primären Muskel, daß er Oberfläche und Sehne berührt.

Beobachtungsaufgaben: Erzeuge durch einmalige Öffnung des Quecksilberschlüssels im Induktionsapparat einen Öffnungsschlag und damit Reizung des primären Nerv-Muskelpräparates: achte auf die sekundäre Zuckung. Erzeuge durch rasche Unterbrechung des Wagnerschen Hammers im primären Präparat Tetanus: beobachte den sekundären Tetanus. Falls die sekundäre Wirkung schlecht ist, muß durch Ätzung der Sehne ein künstlicher Querschnitt erzeugt werden.

202. Beobachtung der Aktionsströme des Froschherzens.

Aufgabe: Es sind die Aktionsströme des Froschherzens zu beobachten.

Gebraucht werden: Capillarelektrometer oder Saitengalvanometer, Froschherz, unpolarisierbare Elektroden, evtl. Neusilberelektroden, Vorreiberschlüssel zum Elektrometer oder Saitengalvanometer, Drähte, Pinsel und Kochsalzlösung.

Ausführung: In betreff des Saitengalvanometers und der Schaltung vergleiche die Aufgabe „Beobachtung der tierischen Elektrizität vornehmlich am Skelettmuskel". — Lege das Herz des Frosches nach Köpfung desselben mit möglichst geringem Blutverlust frei; verbinde die Elektroden mit dem Du Bois-Reymondschen Vorreiberschlüssel, der geschlossen sein muß; verbinde die Drähte, welche vom Saitengalvanometer oder vom Capillarelektrometer kommen, mit demselben Vorreiberschlüssel. Lege eine Elektrode an den Vorhof, eine an die Spitze des Herzens, öffne nun kurze Zeit den Vorreiberschlüssel und beobachte die Ausschläge.

Beobachtungsaufgaben: Stelle fest: 1. daß eine Beziehung zwischen der Zahl der Herzschläge und der Zahl der elektrischen Ablenkungen besteht; 2. daß die elektrischen Erscheinungen den mechanischen vorangehen; 3. daß die Ablenkungen komplizierter Natur sind, d. h. jeder Herzkontraktion mehr als ein Ausschlag am

Einleitend Physikalisches und Lehre vom Muskel.

Elektrometer entspricht (Elektrokardiogramm); 4. daß die Ablenkungen verschieden sind, je nach den beiden Stellen, von denen am Herzen abgeleitet wird.

203. Erregung des Muskels durch den eigenen Strom.

Gebraucht werden: Muskelzwinge in Stativ, 0,6 proz. Kochsalzlösung, Uhrschälchen, Präparierbesteck, Korkplatte, Filtrierpapier, Glasschälchen, Pinsel, Glasplatte, Frosch.

Aufgabe: Man fertigt ein Sartoriuspräparat an, durchschneidet aber den Muskel nach Ablösen von der Oberschenkelmuskulatur hart an seinem Ursprung am Becken mit einer scharfen Schere. Um einen glatten Querschnitt zu erhalten, der senkrecht zur Verlaufsrichtung der Muskelfasern gerichtet ist, breitet man den Muskel auf einer Korkplatte aus und führt mit einem scharfen Messer den Schnitt, indem man mit einem plötzlichen Druck den unterliegenden Muskel durchschneidet. Der Tibialisstumpf des Präparates wird in eine an einem Stativ befestigte Muskelzwinge so eingeklemmt, daß der Muskel vertikal herabhängt. Unter dem Muskel wird ein mit 0,6 proz. Kochsalzlösung gefülltes Uhrschälchen auf einem Stativtischchen aufgestellt, dessen Tischplatte in einer Führung gehoben und gesenkt werden kann. Man hebt nun die Tischplatte vorsichtig ohne Erschütterung des Präparates und des Uhrschälchens, bis der ganze Muskelquerschnitt mit einem Male die Kochsalzlösung eben berührt. Sofort tritt eine Zuckung des Muskels ein. Manchmal kann man auch mehrere Zuckungen erhalten.

204. Chemische Reizung des Muskels.

Aufgabe: Durch chemische Mittel den Muskel zu reizen.

Gebraucht werden: Ammoniak in einer kleinen Spritzflasche mit feiner Spitze, reine NaCl-Lösung, Ringerlösung, ein dünner parallelfaseriger Muskel, z. B. der M. sartorius, Bechergläser.

Ausführung: Präpariere den M. sartorius, fasse ihn an seinem unteren Knochenende mit der Pinzette oder einem Halter, tauche ihn in reine NaCl-Lösung, tauche ihn dann in die Ringerlösung. Denselben oder einen anderen Muskel bespritze vermittels der kleinen Spritzflasche mit Luft, die mit NH_3 beladen ist.

Beobachtungsaufgaben: 1. Der Muskel macht in reiner NaCl-Lösung fibrilläre Kontraktionen. 2. Der Muskel beruhigt sich in Ringerlösung. 3. In NH_3 kontrahiert er sich und stirbt dann ab.

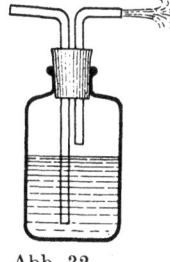

Abb. 32.

194 Übungen zur Physiologie der Bewegung und Empfindung.

Protoplasma, Flimmerbewegung und glatte Muskulatur.

205. Untersuchung der pflanzlichen Protoplasmabewegung.

Gebraucht werden: Blätter von Vallesneria, Rasiermesser, mikroskopische Wärmekammern usw., wie in der Aufgabe über Flimmerbewegung beschrieben.

Ausführung: Es werden mit dem Rasiermesser feine Flachschnitte von Vallesneriablättern gemacht. Die kleinen Stückchen werden in einem Wassertropfen auf den Objektträger gebracht. Im Anfang ist die Protoplasmabewegung durch die Schnittwirkung gehemmt. Nach einiger Zeit tritt sie auf, nun kann die Protoplasmabewegung in derselben Weise untersucht werden, wie in der Aufgabe über Flimmerbewegung, sowohl der Einfluß der Temperatur wie auch der Einfluß der Gase.

206. Untersuchung der tierischen Protoplasmabewegung.

Einem Mehlwurm (Larve von Tenebrio molitor), welcher — wie ja gewöhnlich — mit Gregarinen (Gregarina und andern Arten) infiziert ist, wird mittels einer Schere der Kopf und ein kleines Stück des Hinterendes abgeschnitten, darauf der hervorquellende Darmkanal mit einer Pinzette gefaßt, herausgezogen, vom Fettkörper befreit und auf einem Objektträger mit Nadeln eröffnet. In der heraustretenden Inhaltsflüssigkeit wird auf dem Objektträger ohne Zusatz von Wasser oder physiologischer Kochsalzlösung schnell etwas feste chinesische Tusche zerrieben, indem man den Tuscheblock selbst als Pistill benutzt. Darauf wird mit einem Deckglas bedeckt und bei schwacher Vergrößerung mikroskopisch untersucht: Sind Gregarinen vorhanden, so sucht man, bis man ein stetig und langsam vorwärtsgleitendes Exemplar findet. Sind die Tuschekörnchen gleichmäßig in der Flüssigkeit verteilt, so erkennt man am Hinterende der vorwärtsgleitenden Gregarine einen von Tusche freien Streifen, der die Wegspur der Gregarine bezeichnet. Derselbe bleibt lange bestehen und ist am freien Ende gewöhnlich zugespitzt. Das geringste Hindernis hemmt die Vorwärtsbewegung und veranlaßt die Gregarine zuweilen zu kreisförmiger Bewegung an einer Stelle. Außerdem ist zu achten auf die stark lichtbrechenden Körnchen, die den Gregarinenkörper erfüllen.

207. Untersuchung der amöboiden Bewegung der weißen Blutkörperchen.

Gebraucht werden: Objektträger, heizbarer Objekttisch, feine Pipette, Frosch, Spirituslampe.

Protoplasma, Flimmerbewegung und glatte Muskulatur. 195

Ausführung: Lege nach Erklärung durch das Lehrpersonal das hintere Lymphherz frei. Dasselbe wird angeschnitten und mit der feinen Pipette die Flüssigkeit angesaugt, welche viele weiße Blutkörperchen enthält. Bringe ein Tröpfchen mit Kochsalzlösung auf den Objektträger, bedecke mit Deckglas und beobachte das Präparat auf dem heizbaren Objekttisch. Stelle auf weiße Blutkörperchen ein, beobachte, daß bei Erwärmung das Ausstrecken von Fortsätzen deutlicher wird.

Um weiße Blutkörperchen zu gewinnen, kann man auch das Verfahren von Haberlandt anwenden. In den Rückenlymphsack von Rana fusca oder esculenta wird ungefähr $^1/_2$ ccm einer mäßig dichten Suspension von feinem Kohlenpulver in sterilisierter Ringerlösung eingebracht. Die nach 1 bis 2 Tagen entnommene, noch klare Lymphe erstbehandelter Tiere ist recht leukocytenreich.

Die Beobachtung geschieht in einer 10proz. sterilen Gelatinelösung in Ringerlösung. Zur sterilen Aufbewahrung wird dieselbe 20 Minuten lang in Wasserdampf sterilisiert. Es werden sowohl die Objektträger als auch die Deckgläser mit der sterilen Ringer-Gelatinelösung überzogen und nach Herstellung des Präparates mit Vaseline abgedichtet. Zusatz von sterilem Froschserum, aus dem Herzen gewonnen, fördert die Leukocytenbewegung.

208. Untersuchung der Flimmerbewegung.

Aufgabe: Es sind Präparate von Flimmerzellen zu machen und der Einfluß von Temperatur und Gasen auf die Bewegung zu beobachten.

Gebraucht werden: Mikroskopische Wärmekammern, Gaskammern, heizbarer Objekttisch, Spiritusbrenner, Kochsalzlösung, gestoßenes Eis, Gefäße zum Auslaufen von warmem und kaltem Wasser, Gummischläuche, Objektträger, Deckgläser, Vaseline.

Ausführung: Man tötet einen Frosch durch Durchschneiden der Wirbelsäule an der Grenze zwischen Kopf und Rückenmark und zerstöre das Gehirn und Rückenmark in der vorgeschriebenen Weise; dann legt man den Frosch auf den Rücken und dreht den ganzen Unterkiefer mit der daran haftenden Muskulatur ab. Von der freiliegenden Stelle schneidet man mit der feinen Schere kleine Stückchen ab und bringt dieselben entweder in die mikroskopischen Kammern oder auf den Objektträger. Man bringt noch in den vertieften Raum der mikroskopischen Kammer etwas Kochsalzlösung, um das Präparat feucht zu erhalten. Die Flüssigkeit darf nicht über den Rand der Vertiefung gehen. Der Rand wird mit Vaseline bestrichen und ein Deckgläschen aufgelegt. Die Kammer kommt unter das Mikroskop. Handelt es sich um den Einfluß der Temperatur, so wird die hierzu dienende Kammer mit dem Behälter von warmem und

Eiswasser verbunden. Man leite abwechselnd warmes und kaltes Wasser durch und beobachte die Verlangsamung durch Kälte und die Beschleunigung der Bewegung durch Wärme. Der Wechsel kann mehrfach wiederholt werden. Das abfließende Wasser muß in einem Gefäß aufgefangen werden. Handelt es sich um die Untersuchung des Einflusses der Gase, so nimmt man die Gaskammer. Nachdem man die normale Bewegung beobachtet hat, verbindet man die Gaskammer mit dem Apparat zur Entwicklung von Kohlensäure. Bald nach Einleitung dieses Gases tritt Verlangsamung und dann Stillstand der Bewegung ein. Sofort nach erfolgtem Stillstand leite man Luft oder Sauerstoff durch die Kammer und beobachte das Wiedereintreten der Bewegung. Man kann vorher den Versuch machen, ob die Wiederherstellung der Bewegung durch reinen Wasserstoff gelingt. Man kann auch an einem besonderen Präparat die Flimmerzellenbewegung längere Zeit unter dem Einflusse von reinem Wasserstoff beobachten.

Der Einfluß der Wärme wird auch unter Einfluß des heizbaren Objekttisches untersucht. Hierzu kommt das Flimmerpräparat auf einen einfachen Objektträger. Derselbe wird auf den heizbaren Metalltisch gelegt. Beobachte zuerst die normale Bewegung, dann wird der Objekttisch sorgfältig vom Rande her langsam mit der Spiritusflamme erwärmt. Man lasse die Temperatur nicht viel über 30° steigen. Zur Abkühlung legt man einfach Eisstückchen auf dem metallenen Objekttisch.

209. Bestimmung der Geschwindigkeit und Kraft der Flimmerbewegung.

Gebraucht werden: Der Apparat zur Bestimmung der Geschwindigkeit und Kraft der Flimmerbewegung mit kleinem Korkwagen, Gewichte, Thermometer, Eis, Spiritusflamme, Frosch.

Ausführung: Präpariere den Frosch wie in der anderen Aufgabe über Flimmerbewegung beschrieben. Schneide am unteren Ende der Speiseröhre durch, schiebe die Kupferplatte des Apparates unter die durchschnittene Speiseröhre und unter die Schleimhaut des Rachendaches bis ganz vor an den Rand des Kiefers. Es ist ganz vorn am Knochen etwas abzuschneiden, damit die Platte besser sitzt. Bestreiche die Schleimhaut mit Kochsalzlösung. Befestige die Kupferplatte am Apparat. Der kleine Korkwagen wird an seiner unteren Fläche mit Froschhaut überzogen. Die Froschhaut wird mit der glatten Seite nach unten mit Hilfe von kleinen Stecknadeln festgesteckt. Der kleine Wagen wird jetzt mit der Froschhaut nach unten ganz vorn auf die Rachenschleimhaut aufgesetzt. Auf den Wagen wird der Hebel des Apparates aufgesetzt. Durch die Flimmerzellen wird der kleine Wagen magenwärts vorwärtsgeschoben. Die Ge-

Protoplasma, Flimmerbewegung und glatte Muskulatur. 197

schwindigkeit, mit welcher dies geschieht, wird an der Winkelteilung durch den Hebel angezeigt.

Die Kraft der Flimmerbewegung wird dadurch ermittelt, daß man den kleinen Wagen mit verschiedenen Gewichten belastet. Notiere das schwerste Gewicht, welches noch fortbewegt werden kann.

210. Versuche an glatten Muskeln.

Aufgabe: Es sind die Eigenschaften der glatten Muskulatur an Muskelstreifen glattmuskeliger Organe bzw. Organismen zu untersuchen.

Gebraucht werden: Kymographion, Stöhrersche Reizmaschine, Induktionsapparat, Elemente, Muskelbad, Muskelhebel, kleines Serre fine, Ringerlösung, gebogene Kupferhäkchen als Elektroden, Bariumchloridlösung, Pilocarpinlösung, Physostigminlösung, Badgefäß für den Muskel mit Zuleitung und Ableitung für Flüssigkeiten, Frosch, Blutegel evtl. Mareysche Kapsel, gebogene Glasröhren.

Ausführung: 1. Am Frosch. Ein brauchbares Präparat wird vom Magenring des Frosches gewonnen. Nach Tötung des Frosches wird der Magen ohne Verletzung herausgenommen. Sodann schneidet man etwas unter der Mitte des Magens ein ringförmiges Stück heraus, welches wesentlich aus Ringmuskeln besteht. Dieser Muskelring wird in Ringerlösung gewaschen, sodann bringt man in das Innere des Magenringes zwei häkchenförmig gebogene Kupferdrähtchen, die den Muskelring ausgedehnt erhalten und als Elektroden dienen. An die beiden Kupferhäkchen sind ganz dünne, sorgfältig isolierte Kupferdrähte gelötet. Der eine Kupferdraht wird an das untere Ende des Muskelbades befestigt. Der Befestigungshaken befindet sich an dem die Muskelkammer verschließendem Stopfen, welcher auch zwei Durchbohrungen enthält, in welche das Zuleitungs- und Ableitungsglasrohr hineinpassen. Das obere Kupferhäkchen wird durch einen Faden mit einem leichten Suspensionshebel verbunden. Man beginnt am besten damit, daß man mit Ringerlösung aus einer tubulierten Flasche, welche mit dem einen Zuleitungsrohr verbunden ist, die Muskelkammer füllt und eine Zeitlang das Präparat in Ringerlösung beläßt. Das abführende Rohr ist während dieser Zeit geschlossen. Häufig kann man während dieser Zeit, wenn sich die Frösche in gutem Fütterungszustande befinden, automatische Bewegungen des Muskelringes beobachten. Es kann, um bessere Bedingungen für die Automatie zu schaffen, Druckluft durch die Ringerflüssigkeit durchgeleitet werden. Die automatischen Bewegungen werden mit Hilfe des leichten Suspensionshebels auf dem Kymographion registriert. Zusatz von Pilocarpinlösung 1:1000 vermag die automatischen Bewegungen zu fördern, manchmal dieselben, wenn nicht vorhanden, hervorzurufen. Wenn keine Wirkung des Pilocarpins eintritt, lasse

198 Übungen zur Physiologie der Bewegung und Empfindung.

man die in der Kammer befindliche Lösung abfließen und füllt nach mehrfachem Abwaschen mit frischer Ringerlösung. Der Zusatz von chemischen Stoffen erfolge unter Vermeidung jeglicher mechanischer Reizung vermittels einer Glaspipette, deren umgebogene feine Spitze bis auf den Boden der Muskelkammer reicht. Für die Durchmischung sorgt am besten ein langsam und gleichmäßig durchperlender Luftstrom. Prüfe die erregende Wirkung von Bariumchloridlösungen. Man beginne mit Lösungen 1: 40 000 und 1: 20 000 und steigere die Konzentration nur nach Bedarf. Wenn diese Versuche abgeschlossen sind oder wenn von vornherein keine Automatie vorhanden war, verbinde die dünnen Kupferdrähte mit einer Stöhrerschen Maschine, welche sinussoide Wechselströme liefert, und errege den Muskelring durch rasche Umdrehung der rotierenden Spulen. Achte auf die Latenzdauer der Erregung und auf die lange Nachwirkung der Erregung nach Aufhören der Reizung. Zur Registrierung der Zeit dient eine Jaquetsche Uhr mit der Vorrichtung, die ermöglicht, außer $1/_5$ und 1 Sekunde auch längere Intervalle, z. B. jede 4. und jede 6. Sekunde, zu markieren. Schließlich verbinde man die Kupferdrähte mit dem Induktionsapparat und reize sowohl mit einzelnen Öffnungsinduktionsschlägen sowie mit tetanisierenden Reizen. Einzelreize sind oft völlig unwirksam, tetanisierende erst bei großen Stromstärken. Während der elektrischen Reizungen soll die einen Kurzschluß gebende Flüssigkeit aus der Muskelkammer entfernt werden. In häufigen Intervallen soll frische Ringerlösung wieder eingeführt werden.

2. Am Blutegel. Vom Blut- oder Pferdeegel läßt sich ein nervenzentrenfreies Präparat der glatten Muskulatur nach dem Verfahren von Führner gewinnen. Durch glatten Scherenschlag werden der Kopf und der Bauchsaugnapf eines Blutegels entfernt. Der übrige Körper wird durch quere Schnitte in mehrere Einzelstücke zerlegt, so daß ein solches Teilstück eine Länge von 10 bis 12 Ringel bekommt. Ein Blutegel mittlerer Größe liefert vier solcher Einzelstücke, die sofort in Ringerlösung gebracht werden. Das eine dieser Teilstücke wird der Länge nach von der Bauchseite her mit einer Schere aufgeschnitten, so daß man die beiden Hälften der Bauchfläche auseinanderklappen kann. Dann wird der Darmtraktus sorgfältig abpräpariert und durch Scherenschnitte zuletzt die Bauchstücke abgetrennt. So entsteht ein rechteckiges Präparat, das bloß aus Haut und Muskelschicht der Rückfläche besteht und völlig nervenfrei ist. Das so gewonnene Muskelstück wird in die Apparatur eingefügt, während die übrigen drei Teilstücke in Ringerlösung an kühlem Ort aufbewahrt werden, wo sie 4 bis 5 Tage verwendungsfähig bleiben.

Die Aufhängung des rechteckigen Muskelpräparates erfolgt vermittels einer durchgestochenen Fadenschlinge nach unten stabil an das eine Ende einer S-förmig gekrümmten Glasröhre, nach oben

Allgemeine Nervenphysiologie.

frei beweglich, an den einen Arm des Schreibhebels. Der Hebel überträgt die Kontraktionen auf die berußte Trommel des Kymographions. Das fixierte Präparat hängt in emem tabakpfeifenartig geformten Glasgefäß von ca. 150 ccm Inhalt in Ringerlösung. Um die Badflüssigkeit zu wechseln, wird durch die unten angebrachte Absaugvorrichtung, abgesaugt. Die erforderliche Sauerstoffversorgung erfolgt durch Durchleiten von Luft durch die S-förmig gebogene

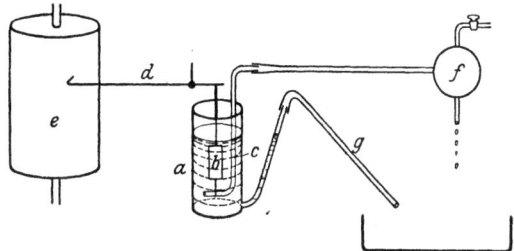

Abb. 33. Versuchsanordnung für glatte Muskulatur.

Aufhängeröhre. Vermittels einer durch Leitungswasser betriebenen Durchlüftungspumpe lassen sich die in der Badflüssigkeit aufsteigenden Luftblasen so einregulieren, daß kein störender Einfluß auf das Muskelpräparat ausgeübt wird.

Das Präparat eignet sich zur Untersuchung des Einflusses von Pilocarpin, von Physostigmin, von Cholin und von Bariumchlorid auf die glatte Muskulatur. Leitet man dem Präparat durch feinste stumpfe Serre fine mit angelöteten dünnen Drähten Einzelinduktionsschläge zu, so kann man das Präparat in Einzelkontraktionen durch tetanisierende Reize zu Dauerkontraktionen veranlassen.

Allgemeine Nervenphysiologie.

211. Messung der Fortpflanzungsgeschwindigkeit der Erregung im Nerven.

Aufgabe: Zu messen ist die Fortpflanzungsgeschwindigkeit der Erregung im Nerven.

Gebraucht werden: Federmyographion oder rasch rotierendes Kymographion, Schläuche, Eis, Becherglas, Induktorium, Wippen ohne Kreuz, Doppelelektroden, Schlüssel, Drähte, Muskelhäkchen, 0,6 proz. Kochsalzlösung, Pinsel, Präparierbesteck, Frosch.

Ausführung: Zu verwenden ist das Myographion oder das schnell rotierende Kymographion. Beim Fortziehen der Glasplatte beginnt die Feder ihre Schwingungen aufzuschreiben und wird der

Stromkreis, der durch die primäre Spirale des Induktoriums geht, unterbrochen. Der Induktionsschlag wird dem Nerven des Nerv-Muskelpräparates zugeleitet. Die Pohlsche Wippe ohne Kreuz gestattet, den Reiz entweder dem einen Drähtepaar der Doppelelektroden zuzuführen oder dem anderen Paar. Wir reizen zuerst den Nerven nahe am Muskel, nehmen eine erste Zuckungskurve auf, reizen nach Umlegung der Wippe entfernt vom Muskel, wobei eine zweite Zuckungskurve aufgenommen wird. Die Nervenstrecke, um welche in diesem letzteren Falle der vom Reiz zu durchlaufende Nerv länger ist (Abstand der beiden Elektrodenpaare voneinander), beträgt a cm. Wir berechnen nun, wieviel Zeit (in Sekunden angegeben) die Differenz der Abhebung der beiden Zuckungskurven von der Abszisse ist. Die Differenz d dieser beiden Zeiten gibt an, wieviel Zeit der Nervenreiz gebraucht hat, um a cm zu durchlaufen, und die Geschwindigkeit v der Nervenleitung (für 1 Sekunde) ist dann

$$v = \frac{a}{d} m$$

Nach Anstellung dieses Versuches mißt man die Fortpflanzungsgeschwindigkeit der Erregung im abgekühlten Nerven. Nachdem alles zur Aufzeichnung der Muskelzuckungen vorbereitet ist, öffnet man den Schraubenquetschhahn der Schlauchleitung und läßt Eiswasser langsam durch die Abkühlungsvorrichtung der Elektrode fließen.

212. Nachweis der doppelsinnigen Leitung durch den Zweizipfelversuch.

Aufgabe: Es ist zu zeigen, daß der Nerv doppelsinnig leitet.

Gebraucht werden: Musculus sartorius des Frosches, Stativ mit zwei leichten Hebeln, Handreizelektrode, Schlittenapparatelement.

Ausführung: Man präpariere sehr sorgfältig einen Musculus sartorius. Der Muskel wird an dem Tibiaende belassen und dieser Knochen hergerichtet, um in der Muskelklemme gehalten zu werden. Das Beckenende des Muskels wird dicht am Knochen an der Sehne durchtrennt. Nachdem das Knochenende des Muskels im Halter befestigt ist, wird das untere Ende des Muskels genau in der Mitte mit der scharfen Schere durchtrennt, so daß zwei Zipfel entstehen. Die Durchtrennung soll nicht weiter reichen, als die Länge des untersten Viertels. Die beiden Zipfel werden mit feinen Häkchen an den beiden leichten Muskelhebeln befestigt. Die beiden Hebel müssen so gestellt werden, daß die beiden Zipfel völlig voneinander getrennt sind. Jetzt reizt man das unterste Ende des einen Zipfels; es wird nur der Hebel in die Höhe gehoben, welcher in Verbindung mit dieser

Allgemeine Nervenphysiologie. 201

Muskelseite steht. Sobald man aber die Reizelektrode etwas mehr nach oben verschiebt, werden beide Hebel gehoben, wodurch bewiesen ist, daß rückläufig die Erregung in Nervenfasern des gereizten Zipfels bis zur Stammfaser geleitet worden ist und von da aus rechtläufig auf die andere Seite gelangt ist.

213. Analyse der Curarevergiftung und Erregbarkeit des Nerven und Muskels (Rosenthals Versuch).

Aufgabe: Zu zeigen, daß der Nerv erregbarer wie der Muskel ist.

Gebraucht werden: Ein Gastrocnemius und Nerv eines uncurarisierten Frosches und ein Gastrocnemius eines curarisierten Frosches, Halter und Muskeltelegraphen oder Hebel für die beiden Muskeln, Element, Schlittenapparat, Nadelelektroden.

Ausführung: Curarisiere einen Frosch. (Derselbe Frosch kann zur Analyse der Curarewirkung dienen; hierzu lege auf einer Seite den Nerven frei und binde unter dem Nerven mit Schonung desselben den Schenkel ab; injiziere zwei Teilstriche einer Spritze von Curare in den Rückenlymphsack.) Von dem curarisierten Frosch nimm den Gastrocnemius und spanne ihn ein. Lege auf diesen Gastrocnemius den Nerven der uncurarisierten Seite und spanne den zugehörigen Gastrocnemius ein. Stich die Elektroden an den beiden Enden des curarisierten Muskels ein.

Beobachtungsaufgabe: Suche den schwächsten Reiz auf, welcher eine Wirkung hat; es wird der uncurarisierte Muskel zucken. Erst bei viel stärkeren Reizen wird der direkt gereizte Muskel zucken.

214. Antagonismus von Nicotin und Curare.

Aufgabe: Es ist zu zeigen, daß die Nicotinwirkung durch Curare aufgehoben wird.

Gebraucht werden: M. rectus abdominis des Frosches. Muskeltrog von Keith Lucas, Nicotinlösung 0,00025 proz., Curarelösung 0,05 proz.

Ausführung: Der M. rectus abdominis, welcher an der ventralen Mittellinie vom Becken aus nach vorn zum Sternum zieht, wird in seiner ganzen Länge freipräpariert. Es werden das untere und obere Ende mit Fäden versehen, die zur Verbindung mit dem festen Halter und dem Hebel des Lucasschen Troges dienen. Nach Befestigung des Muskels wird die Nicotinlösung in den Trog eingegossen und abgewartet, bis eine allmählich sich steigernde tonische Kontraktion des Muskels eintritt. Hierauf wird die Nicotinlösung abgelassen und vorsichtig vom Rande her die Curarelösung in den Trog gebracht. Die Nicotinkontraktion wird aufgehoben.

202 Übungen zur Physiologie der Bewegung und Empfindung.

215. Mechanische Reizung des Nerven.

Aufgabe: Der Nerv ist mechanisch zu reizen.

Gebraucht werden: Nerv-Muskelpräparat, der mechanische Reizapparat, bestehend aus einem durch einen rotierenden Zylinder mit Stiften getriebenen Hämmerchen. Durch Verschieben des Zylinders wird die Stiftzahl, die bei einer Umdrehung des Zylinders durch das Uhrwerk unter dem Hämmerchen passiert, verändert.

Ausführung: Präpariere den Nervus ischiadicus, belasse den Nerven in Verbindung mit der unteren Extremität unterhalb des Kniegelenks. Klemme den Unterschenkel in den Halter des Apparates, lege den Nerven mit Hilfe eines Pinsels unter das Hämmerchen. Setze das Uhrwerk des Apparates in Gang, wodurch vermittels von Stiften das Hämmerchen gehoben wird und fällt und dadurch den Nerven reizt.

Beobachtungsaufgaben: Wird der Nerv nur einmal geschlagen, so gibt es Zuckung, bei mehrfachem Anschlagen summierte Zuckungen und Tetanus, je nach der Reizfrequenz.

216. Chemische Reizung des Nerven.

Aufgabe: Der Nerv ist chemisch zu reizen.

Gebraucht werden: Muskelhalter, Glasplatte für den Nerven, Kochsalzpulver, konz. Glycerin, Nerv-Muskelpräparat.

Ausführung: Präpariere ein Nerv-Muskelpräparat, der Muskel kommt in den Muskelhalter, der Nerv auf eine Glasplatte, bringe auf eine Stelle des Nerven Kochsalzpulver, welches mit einem Tröpfchen Wasser angefeuchtet wird. Entferne nach Erfolg das Kochsalzpulver mit physiologischer Kochsalzlösung und bringe peripher davon auf den Nerven konz. Glycerin, evtl. auf ein neues Präparat.

Beobachtungsaufgabe: Beobachte den Erfolg der chemischen Reizung; meist gibt es unvollkommenen Tetanus.

217. Narkose des Nerven.

Aufgabe: Es ist die Narkose des Nerven und die Beseitigung derselben zu beobachten.

Gebraucht werden: Nerv-Muskelpräparat, Narkoseröhre, Äther, Ätherflaschegebläse, Induktionsapparat, Elektroden, Elemente.

Ausführung: Gastrocnemius mit langem Nerven; der Nerv wird mit seinem zentralen Ende mit einem Seidenfaden angebunden; der Seidenfaden wird durch Wachs gesteift und dann der Faden mit dem Nerven durch das Loch der Narkoseröhre durchgezogen. Das Ende des Nerven, zentral von der Narkoseröhre, kommt auf Elektroden. Reize den Nerven mit schwachen Induktionsströmen. Sodann

Allgemeine Nervenphysiologie. 203

blase mit Hilfe des Gebläses durch die Narkoseröhre Äther. Prüfe durch die Reize, wann die Narkose eintritt. Entferne durch Einblasen von frischer Luft den Äther und beseitige die Narkose. Reize wieder.

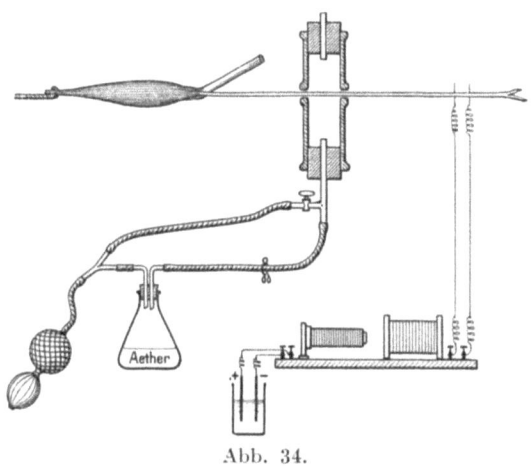

Abb. 34.

Beobachtungsaufgabe: Stelle fest, daß nach eingetretener Narkose der Nerv unerregbar wird und nach Beseitigung der Narkose wieder erregbar.

218. Das Alles- oder Nichts-Gesetz der nervösen Erregung.

Aufgabe: Es ist unter Benutzung einer narkotisierten Nervenstrecke der Beweis zu liefern, daß alle wirksamen Reize maximale sind.

Gebraucht werden: Dieselben Einrichtungen wie in der voraufgehenden Aufgabe „Narkose des Nerven".

Ausführung: Nach Herrichtung des Präparates wie in der voraufgehenden Aufgabe und Prüfung der Erregbarkeit mit Öffnungsinduktionsschlägen wird die in der Kammer liegende Strecke des Nerven eine Zeitlang narkotisiert. Man wendet dann Reize verschiedener Stärke an, welche zu Erregungen führen, die durch die narkotisierte Strecke wandern müssen. Man findet dann, daß der gleiche Grad der Narkose sowohl die Wirkungen der schwachen wie auch diejenige der starken Reize aufhebt, woraus sich ergibt, daß die Impulse infolge verschieden starker Reize von gleicher Intensität gewesen sein müssen. Bei dieser Beweisführung ist daran zu denken, inwiefern die Frage des Dekrementes methodisch zu berücksichtigen ist.

219. Abhängigkeit der Nervenerregung von den zeitlichen Verhältnissen bzw. von der Reizform.

Aufgabe: Es ist durch passende apparatelle Einrichtung, welche die zeitliche Dauer von Reizen oder den zeitlichen Verlauf des Reizes zu variieren gestattet, die Abhängigkeit der Nervenerregung von diesen Faktoren zu beobachten.

Gebraucht werden: Reizpendel von der Art des Ludwigschen, Daniell-Elemente, unpolarisierbare Elektroden, Rheochord- oder Widerstandssatz, Induktionsapparat.

Ausführung: 1. Anwendung des Pendels, welches zwei gegeneinander verstellbare Kontakte, von denen einer ein Schließungs-, der andere ein Öffnungskontakt ist, schließt und öffnet, wodurch die Zeitdauer, während welcher ein zur Reizung dienender galvanischer Strom geschlossen ist, variiert wird. Man verbindet die beiden Kontaktstellen des Pendels mit einem Daniellschen Element und schaltet in den Kreis unpolarisierbare Elektroden und einen Schlüssel ein. Lagere den Nerv des Nerv-Muskelpräparates auf die Elektroden. Der Muskel wird passend an einem Muskeltelegraphen befestigt, um die Kontraktionen anzeigen zu lassen. Durch die feine Schraube am Pendel verstellt man die Zeitdauer vom Moment des Schlusses des Schließungskontaktes bis zum Moment der Öffnung des Öffnungskontaktes durch das fallende Pendel. Während der probeweisen Verstellungen hält man den Schlüssel offen, damit der Nerv nicht unnötigerweise gereizt wird. Das Pendel wird am höchsten Punkt arretiert; bei Lösung der Arretierung schlägt das Pendel erst den Schließungskontakt zu und öffnet dann den Öffnungskontakt. Solange die Dauer des Stromschlusses zu kurz ist, tritt bei Reizung des Nerven keine Erregung ein. Sollte das Nerv-Muskelpräparat so empfindlich sein, daß der Strom eines Daniell eine zu starke Intensität besitzt, so zweigt man einen Teil der elektromotorischen Kraft des Daniell-Elementes durch das Rheochord ab. Man kann dann untersuchen, daß eine Beziehung zwischen der zur Erregung notwendigen Dauer des Stromes und der wechselnden Stärke des Reizstromes besteht. Die Beziehung zum Nernstschen Gesetz $i \cdot \sqrt{t}$ ist zu berücksichtigen.

2. Unterschied in der Reizwirkung eines konstanten Stromes je nach der Art des Anstieges desselben. Ein Strom, der bei Schließung des Stromkreises — die Anordnung ist dieselbe wie vorhin unter Weglassung des Pendels — das Nerv-Muskelpräparat erregt, tut dies nicht mehr, wenn man den Strom ganz langsam einschleichen läßt. Hierzu bedient man sich entweder des Rheochordes und verschiebt ganz langsam und vorsichtig, ohne Lösung des Kontaktes, von der Nullende des Drahtes bis zum anderen Ende des Drahtes. Es tritt keine Erregung auf, während, wenn man jetzt durch Öffnung des

Allgemeine Nervenphysiologie. 205

Schlüssels den Reizkreis unterbricht, eine Kontraktion auftritt, zum Beweis, daß die Stärke des Stromes zur Erregung ausreicht. Man kann auch anstatt des Rheochordes in den Stromkreis einen Stöpselrheostaten oder eine andere Art regulierbaren Widerstandes einschalten und durch allmähliches Ausschalten eines vorher hergestellten großen Widerstandes den auf das Nerv-Muskelpräparat einwirkenden Strom allmählich verstärken. Es tritt keine Erregung auf.

3. Ein sehr einfacher Nachweis der Abhängigkeit der Erregung von dem zeitlichen Verlauf des Stromes gelingt mit dem Induktionsapparat. Das Nerv-Muskelpräparat wird wie früher eingerichtet. Die Elektroden, die auch Metallelektroden sein können, werden mit der sekundären Rolle des Induktionsapparates verbunden. In den Kreis der Primärrolle kommt ein Element und ein Quecksilberschlüssel. Man beginnt mit einer so großen Entfernung der Sekundärrolle von der primären, daß bei Öffnung im Primärkreis noch keine Erregung eintritt. Man nähert ganz allmählich die Sekundärrolle an die primäre heran und notiert entweder die Entfernung in Millimeter oder bei graduierten Schlittenapparaten die Stromstärke, bei welcher zuerst eine Erregung nur durch den Öffnungsinduktionsschlag eintritt. Man nähert dann die sekundäre Rolle weiter, bis auch bei Schließung die Erregung auftritt. Notiere den Stand.

220. Untersuchung der zeitlichen Verhältnisse, unter denen Erregungen des Nerven Summation geben.

Aufgabe: Es ist durch Variierung des Intervalles von Reizen zu zeigen, daß es auf das Intervall ankommt, ob Reize des Nerven Summation am Muskel geben oder nicht.

Gebraucht werden: Klangstabunterbrecher nach Kronecker zur Erzeugung von Reizen verschiedener Frequenz, Pfeilsches Signal, Kymographion, Nerv-Muskelpräparat, Induktionsapparat.

Ausführung: Ein Nerv-Muskelpräparat, bestehend aus Nervus ischiadicus und Musculus gastrocnemius des Frosches, wird in der bekannten Weise präpariert und der Muskel mit einem Hebel zur Registrierung seiner Kontraktionen auf dem Kymographion verbunden. In den Primärkreis des Induktionsapparates wird der Klangstabunterbrecher und ein Pfeilsches Signal eingeschaltet. Die Schreibspitze des Pfeilschen Signals muß genau senkrecht unter der Schreibspitze des Muskelhebels liegen. Zuerst wird durch andauernde tetanisierende Reizung des Nerven ein Zustand herbeigeführt, daß auf ein Einzelreiz keine Kontraktion des Muskels eintritt. Wenn dieser Zustand erreicht ist, wird geprüft, welche Frequenz der Erregungen den Nerven entlang gesandt werden müssen, um zu summieren und Kontraktionen hervorzurufen. Beispielsweise kann gefunden werden, daß bei Reizen, die jede 0,5 Sekunde aufeinanderfolgen, keine Kontraktion erfolgt, wohl aber, daß Kontraktion des Muskels eintritt, wenn das Intervall der Reize 0,1, 0,05 und 0,12 Sekunden beträgt. Es ist darauf zu achten, daß der Eintritt der Kontraktion erst geschieht, wenn mehrere Reize abgelaufen sind. Das Pfeilsche Signal schreibt die Reizzahlen und somit die Intervalle auf.

Der Ausfall des Versuches gibt Veranlassung, die Fragen des Dekrementes, der refraktären Periode und der supranormalen Phase nach Ablauf der relativ refraktären Periode zur Erklärung der Beobachtung heranzuziehen.

221. Wedensky-Phänomen (Hemmung durch frequente Reizung).

Aufgabe: Es ist zu beobachten, daß eine Reizung des Nerven mit geringer Reizfrequenz einen Tetanus des Muskels gibt, hingegen mit größerer Reizfrequenz, falls das Präparat ermüdet, Hemmung.

Gebraucht werden: Unterbrecher mit Stimmgabel 200 Schwingungen, Induktionsapparat mit Unterbrecherstab 10 bis 20 Schwingungen, zwei Quecksilberschlüssel, Elemente, Elektroden, Nerv-Muskelpräparat, Hebel, Halter.

Ausführung: Verbinde ein Paar Elemente mit dem Quecksilberschlüssel und der primären Rolle des Induktionsapparates, unter Einschaltung des Stabunterbrechers mit langsamen Schwingungen und den Unterbrecher mit 200 Schwingungen mit einem andern Paar Elemente, einem Quecksilberschlüssel und den beiden Kontakten der primären Rolle, welche direkt in dasselbe einmünden. Fertige ein Nerv-Muskelpräparat an; der Gastrocnemius wird in üblicher Weise mit Knochenhalter und Hebel verbunden, der Nerv kommt auf Elektroden. Schließe den Schlüssel, welcher die langsame Frequenz einschaltet, öffne den sekundären Schlüssel, so entsteht ein Tetanus; sodann schließe den Schlüssel, welcher die rasche Frequenz einschaltet, und öffne den ersten Quecksilberschlüssel zum Ausschalten der langsamen Frequenz; der Tetanus hört auf — Hemmung. Bei Umschaltung auf die langsame Frequenz entsteht der Tetanus wieder.

Die Erscheinung kann im Anfang nicht eintreten, sondern erst nach einiger Zeit, wo das Präparat ermüdet ist. Man vermeide längere Reizung mit der langsamen Frequenz, da der Tetanus von selber absinkt.

222. Untersuchung der elektrischen Erscheinungen des Nerven.

Aufgabe: Den Ruhestrom des Nerven und die negative Schwankung desselben bei der Tätigkeit zu beobachten.

Gebraucht werden: Empfindliches Galvanometer, unpolarisierbare Elektroden, Schlitten, Element, Wippe, Kochsalzlösung und Pinsel, evtl. Glasstäbchen; feuchte Kammer.

Allgemeine Nervenphysiologie. 207

Ausführung: Nach Einstellung des Galvanometers und des Spiegelbildes der Skala (wird vom Lehrpersonal besorgt) und Herrichtung der unpolarisierbaren Elektroden wird ein langer Nerv vom Frosch präpariert. Hierzu dient der Ischiadicus des Frosches in seiner ganzen Länge vom Kniegelenk bis herauf zum Beckenplexus. Schneide denselben oben und unten ab. Der Nerv wird nur unter Zuhilfenahme von Pinsel und Glasstäbchen auf die Elektroden gelegt. Dies kann auf zwei Weisen geschehen; entweder der eine Querschnitt kommt auf die eine Elektrode, eine Längsstelle des Nerven auf die andere, oder der Nerv wird schleifenförmig umgebogen, und beide Querschnitte kommen auf die eine, zwei Längsstellen auf die andere Elektrode. Elektroden und Nerv kommen in die feuchte Kammer; die Drähte von den Elektroden zum Galvanometer und die Drähte zum Reizen werden nach außen geleitet. Die Reizelektroden werden möglichst entfernt von den unpolarisierbaren Elektroden an den Nerven angelegt. Darauf wird die feuchte Kammer verschlossen.

Jetzt wird im Fernrohr beobachtet. Öffne den Vorreiberschlüssel und beobachte den Ausschlag des Galvanometerspiegels, der vom Ruhestrom herrührt. Darauf reize mit einem möglichst schwachen tetanisierenden Induktionsstrom und beobachte die negative Schwankung des Ruhestromes. Zwischen sekundärer Rolle und Reizelektroden sei eine Wippe eingeschaltet. Wende die Wippe; die Umkehr des Reizstromes hat keine Umkehr der negativen Schwankung zur Folge; dieselbe rührt also nicht vom Reizstrom her.

Bemerkungen: Es kann vorteilhaft sein, anstatt eines Nerven zwei Nerven zu nehmen. Bisweilen empfiehlt es sich, einen künstlichen Querschnitt durch lokales Erhitzen einer Nervenstelle mit einem heißen Glasstab zu machen.

223. Erregung des Nerven durch den eigenen Strom nach Kühne.

Aufgabe: Durch Herstellung einer leitenden Verbindung ohne Metall zwischen Querschnitt und Längsschnitt des Nerven wird sein Muskel zur Zuckung gebracht.

Gebraucht werden: Glasplatte, Stativ, Kochsalzton, Becherglas, 0,6 proz. Kochsalzlösung. Präparierbesteck, Glasschälchen, Pinsel, Frosch.

Ausführung: Auf eine sorgfältig gereinigte, trockene Glasplatte, die in einem Stativ eingespannt ist, werden zwei in physiologischer Kochsalzlösung getränkte Tonblöcke von etwa 1 cm

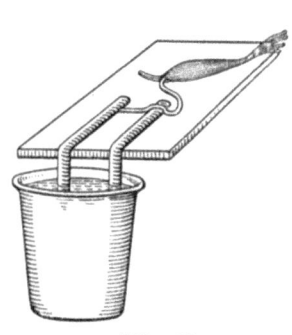

Abb. 35.

208 Übungen zur Physiologie der Bewegung und Empfindung.

Breite und $^1/_2$ cm Höhe und 4 bis 5 cm Länge aufgedrückt, daß ihre Enden über den Rand der Glasplatte etwas hervorragen. Die vorstehenden Enden werden etwas ausgezogen und rechtwinkelig umgebogen. Die beiden Tonblöcke sind etwa 1 cm voneinander entfernt. Als Präparat verwendet man ein Nerv-Muskelpräparat, das auf die Glasplatte gelegt wird. An den Rand des einen Tonblockes wird ein mit einer scharfen Nervenschere geschnittener, frischer glatter Querschnitt des Nervus ischiadicus angelegt, während auf dem zweiten Tonblock eine Stelle des physiologischen Längsschnittes des Nerven aufliegt. Als physiologischer Längsschnitt gilt die ganze äußere Oberfläche des Nerven in seinem Verlauf. Taucht man nun die beiden über den Rand der Glasplatte vorstehenden Enden der Tonblöcke in ein mit 0,6 proz. Kochsalzlösung gefülltes Becherglas, das man von unten her rasch an sie heranbringt, dann zuckt der Muskel. Entfernt man die Kochsalzlösung durch rasches Senken des Becherglases, dann tritt häufig, aber nicht immer eine Zuckung ein.

224. Elektrotonus.

Aufgabe: Es sind die Veränderungen der Erregbarkeit des Nerven durch den konstanten Strom festzustellen.

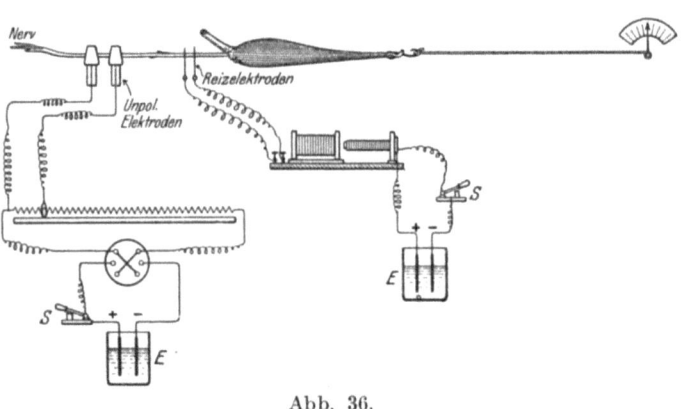

Abb. 36.

Gebraucht werden: Element, Widerstandsdraht oder Rheochord, Schlüssel, Wippe mit Kreuz, unpolarisierbare Elektroden, Schlittenapparat mit Element und Schlüssel, Reizelektroden, Gastrocnemius mit Nerv, Glasplatte oder Muskelhebel mit Zeiger.

Ausführung: Verbinde Element mit Quecksilberschlüssel und Wippe mit Kreuz, die Wippe mit dem Widerstandsdraht oder dem

Allgemeine Nervenphysiologie. 209

Rheochord. Zweige vom Rheochord zu den unpolarisierbaren Elektroden ab. Lege die unpolarisierbaren Elektroden an den Nerven an. Man stelle fest, welches Anode und Kathode sind. Lege peripher von den polarisierenden Elektroden die Reizelektroden an, welche mit dem Schlitten zu verbinden sind. Dieselben müssen aber näher, als in der Figur, an die Unpolarisierbaren Elektroden gelagert werden. In den primären Kreis kommt ein Element und ein Quecksilberschlüssel.

Beobachtungsaufgaben: 1. Aufsuchen des schwächsten Reizes, welcher Zuckung auslöst. 2. Schließe den polarisierenden Strom, dessen Stärke durch den Rheochord abgestuft werden muß. Hierauf wird die Wirkung des vorher ermittelten schwächsten Induktionsreizes bei geschlossenem konstanten Strom geprüft. Durch Lagerung der Wippe wird die obere unpolarisierbare Elektrode Anode oder Kathode. Wenn sie Kathode ist, wird die Zuckung verstärkt, wenn Anode, abgeschwächt bei Prüfung kurz nach Schluß des konstanten Stromes, umgekehrt verhält es sich bei Prüfung sofort nach Öffnung. 3. Wiederhole dieselbe Beobachtung bei schwacher Tetanisierung des Nerv-Muskelpräparates. Hierbei wird aber, anders wie bei 2. zuerst der Tetanus des Muskels herbeigeführt und bei bestehendem Tetanus der konstante Strom geschlossen, der je nach seiner Richtung den Tetanus entweder verstärkt oder aufhebt.

225. Prüfung des Pflügerschen Zuckungsgesetzes.

Aufgabe: Das Pflügersche Zuckungsgesetz ist zu prüfen.

Gebraucht werden: Element, Schlüssel, Wippe, Rheochord oder Widerstandsdraht, unpolarisierbare Elektroden, Nerv-Muskel-

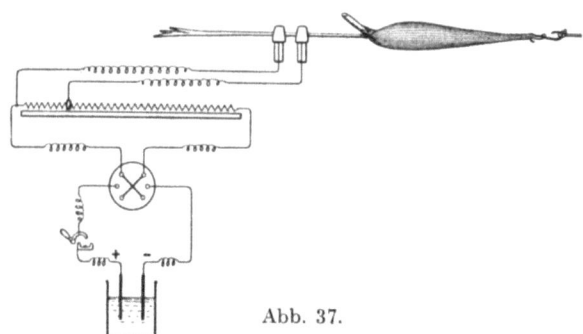

Abb. 37.

präparat, Registrierhebel oder Glasplatte zum Lagern des Nerv-Muskelpräparates: Gastrocnemius mit Nerv.

Anordnung: Siehe Abb. 37.

210 Übungen zur Physiologie der Bewegung und Empfindung.

Ausführung: Stelle Element, Quecksilberschlüssel, Wippe, Rheochord zusammen; zweige vom Rheochord die unpolarisierbaren Elektroden ab. Lege dieselben dem Nerven an. Die Verstärkung des Stromes wird durch Verschiebung am Rheochord bewerkstelligt. Stelle fest, welches die auf- und absteigende Richtung ist; die Wippe wendet die Richtung.

Beobachtungsaufgaben:

	Aufsteigend	Absteigend
Schwacher Strom:		
Schließung:	Zuckung	Zuckung
Öffnung:	Nichts	Nichts
Mittelstarker Strom:		
Schließung: \} Öffnung:	Zuckung	Zuckung
Starke Form:		
Schließung:	Nichts	Starke Zuckung
Öffnung:	Starke Zuckung	Nichts

Zusätze: Beobachte die Zuckung bei Schluß einfacher Metallelemente; falls starke Form bei Rheochord nicht gelingt, benutze ein bzw. zwei Elemente direkt. Beobachte, daß nach Öffnung eines länger dauernden starken Stromes Öffnungstetanus eintritt.

226. Bestimmung der Chronaxie oder Kennzeit eines Muskels.

Aufgabe: Es ist die für die Erregbarkeit des Muskels wie auch anderer erregbarer Gebilde charakteristische Größe der Chronaxie oder Kennzeit zu ermitteln. Hierzu ist erforderlich, daß die Stromstärke bestimmt wird, welche nötig ist, um bei dauerndem Stromschluß die Schwelle der Kontraktion zu erhalten, die sog. Rheobase oder der Grundwert, und den Zeitwert zu bestimmen, welcher die Erregung bei Verdoppelung des Wertes der Rheobase oder des Grundwertes herbeiführt.

Ableitung der genannten Begriffe:

$$q = it = a + bt,$$

$$i = \frac{a}{t} + b,$$

wo q die kleinste zur Erregung notwendige Elektrizitätsmenge, i die entsprechende kleinste Stromstärke, t die hierbei erforderliche Zeit, a eine Konstante, die Elektrizitätsmenge, die zur Erregung bei dem Zeitwert $t = 0$ erforderlich ist, b eine Konstante, die Schwellenintensität, von welcher an die Zeit ohne Einfluß ist.

$$\frac{a}{b} = \frac{\text{Quantität}}{\text{Intensität}} = \text{Zeit} = \text{Chronaxie}.$$

Da a nur eine mathematische Bedeutung hat, ist folgende Umwandlung der Formel praktisch (Bourguignon):

$$\frac{i}{b} = \frac{a}{bt} + \frac{b}{b}. \qquad \frac{a}{b} = \tau,$$

$$i = b\left(\frac{a}{bt} + 1\right),$$

$$i = b\left(\frac{\tau}{t} + 1\right),$$

wenn $t = \tau$ ist, ist
$$i = 2b, \quad b = \text{Rheobase}.$$

Gebraucht werden: Kondensatoren zwischen 0,01 und 2 Mikrofarad, Widerstände im Betrag von mehreren tausend Ohm, Rheochord zum Abzweigen von potentialen Differenzen, Wippe, Kontaktschlüssel für Schließung zweier verschiedener Stromkreise, Umschaltschlüssel, Elemente, Nerv-Muskelpräparat.

Ausführung: Von den Stromquellen, Akkumulatorenbatterien, wird zum Rheostaten abgeleitet, welcher eine bekannte elektromotorische Kraft abzuleiten gestattet. Von den beiden Drähten des Rheostaten geht der eine zunächst zu einem Schlüssel, welcher sowohl der Leitung des konstanten Stromes nach den Elektroden wie auch der Leitung nach den Kondensatoren gemeinsam ist. Von diesem Schlüssel zweigt eine Leitung direkt nach der Wippe, die andere Leitung nach einem Umschaltschlüssel, der entweder den konstanten Strom oder Ladung und Entladung der Kondensatoren einschaltet. Letztere Stelle geht zu den Kondensatoren. Der andere verschiebbare Draht des Rheostaten wird zu einem Verzweigungspunkt geführt, welcher eine Leitung nach den Kondensatoren und eine Leitung nach der Wippe besitzt. Von der Wippe werden ferner zwei Leitungen nach dem zu prüfenden Objekt geführt. Der eine Zweig führt zunächst zu einem Widerstand von 4000 Ohm, dann verzweigt sich die Leitung in zwei Zweige, der eine Zweig führt über 10 000 Ohm Widerstand direkt zurück zur Wippe, der andere Zweig über 11 000 oder 6000 Ohm zur einen Elektrode nach dem Nerven oder dem Muskel oder einer menschlichen Versuchsperson, von da durch die andere Elektrode zurück zur Wippe. (Die Abb. 38 gibt aus praktischen Gründen die für Untersuchung am Menschen geschaffene Methode von Bourguignon.)

Die eingeschalteten Widerstände bezwecken, die etwaige Variierung des Widerstandes des lebendigen Gebildes auf einen zu vernachlässigenden Wert herabzudrücken. Dies ist erforderlich, um die Entladung des Kondensators zur Berechnung der Zeit zu benutzen, wenn eine Kapazität des Kondensators bei der doppelten Voltspannung der Rheobase ermittelt worden ist. Es gilt die Formel

212 Übungen zur Physiologie der Bewegung und Empfindung.

$$E = E_0 e^{-\frac{t}{CR}},$$

woraus folgt, daß die Zeit proportional dem Widerstand und der Kapazität ist. Im Experiment soll aber nur die Kapazität variieren, weshalb der Widerstand konstant gehalten werden muß. Es gilt

$$\tau = RC\tau \text{ Konstante}.$$

Der Wert der Konstante ist gleich 0,37. Die Formel ergibt den Wert der Chronaxie in $1/1000$ Sekunden.

Zuerst wird so geschaltet, daß man mit Hilfe des dauernd geschlossenen konstanten Stromes das Objekt reizt und dabei die minimalste Potentialdifferenz aufsucht, bei welcher gerade Erregung auftritt. Hiermit hat man die Rheobase oder den Grundwert. Sodann werden

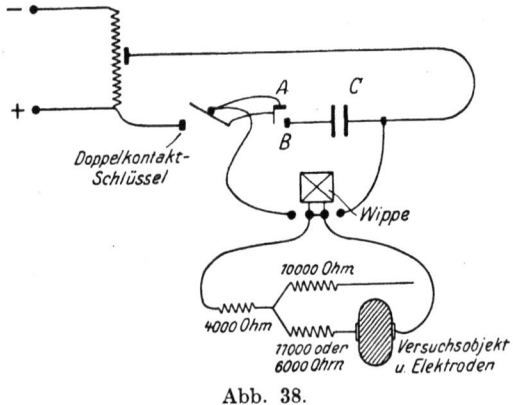

Abb. 38.

die Kondensatoren auf eine bestimmte Potentialdifferenz aufgeladen. Hierauf wird das zu untersuchende Objekt durch Entladung der Kondensatoren erregt. Man sucht diejenige Kapazität auf, bei welcher gerade Erregung eintritt. Die Aufsuchung der erforderlichen Kapazität geschieht entweder durch passende Vereinigung von einzelnen Kondensatoren oder durch Variierung von Drehkondensatoren oder durch eine andere passende Schalteinrichtung. Aus der gefundenen Kapazität, dem praktisch invariablen Widerstand, ergibt sich auf Grund obiger Formel die Chronaxie oder Kennzeit.

227. Untersuchung der Erregbarkeit der motorischen Nerven am Menschen.

Aufgabe: Es ist die Stromintensität und Stromrichtung festzustellen, bei der eine eben merkliche Zuckung der Muskeln hervorgerufen wird, wenn eine differente Elektrode dem Reizpunkte eines motorischen Nerven angelegt wird.

Gebraucht werden: Große plattenförmige, sog. indifferente Elektrode von etwa 50 qcm Oberfläche, kleine, differente Elektrode von 3 qcm Oberfläche, Einrichtungen zur Verwendung des Stromes von Elektrizitätszentralen, speziell von Gleichstrom, Lampenwiderstand und Nebenschlußwiderstand zum Abzweigen einer elektromotorischen Kraft, Milliampèrimeter, anatomische Tafeln, die elektrischen Reizpunkte enthaltend.

Ausführung: Die Gleichstromleitung von 120 Volt wird unter Einschaltung eines Galvanometers mit einem Lampenwiderstand und einem Rheostat, der als Rheochord dient, verbunden. Vom Rheochordrheostat führt ein Draht über einen Milliampèrimeter nach der differenten Elektrode, der verschiebbare Kontakt wird mit der indifferenten Elektrode verbunden. Außerdem kommt in diesen abgezweigten Kreis eine Pohlsche Wippe mit Kreuz zur Änderung der Richtung des Stromes. Man orientiert sich, welche Elektrode jeweilig Kathode oder Anode ist. Die differente Elektrode, welche ebenso wie die indifferente Elektrode gut durchfeuchtet sein muß, wird auf einen Nervenreizpunkt aufgesetzt, z. B. den Reizpunkt des Nervus ulnaris oder des Nervus medianus, während die indifferente Elektrode auf den Rücken aufgelegt wird. Man beginnt vorsichtig mit den schwächsten Strömen und notiert, wenn die erste merkliche Kontraktion in Muskeln der Hand oder der Finger auftritt, die Stromstärke in Milliampère und die Richtung des Stromes. Es zeigt sich bei ganz schwachen Strömen eine schwache Kontraktion bei Stromschluß, wenn die Reizelektrode Kathode ist; bei mittleren Strömen tritt eine kräftige Zuckung bei Schließung, wenn die Reizelektrode Kathode ist, ein; schwache Zuckungen bei Öffnung und Schließung des Stromes, wenn die Reizelektrode Anode ist; bei starken Strömen tritt bei Stromöffnung an der Kathode eine Zuckung auf.

Spezielle Nervenphysiologie.

228. Reflexe am Rückenmarksfrosch.

Aufgaben: a) Beobachtung einfacher Reflexe. b) Summation der Rückenmarksreize. c) Chemische Reize, Türcksche Methode.

Gebraucht werden: Frosch, Haken zum Festklemmen des Froschkopfes. Induktionsapparat, Element, Schlüssel (evtl. Klangstabunterbrecher mit variabler Unterbrechungszahl), Präparierbesteck, Schwefelsäure von 0,1, 0,2, 0,3, 0,4%, Essigsäure, Fließpapier, Metronom, Becher.

Ausführung: Ein Frosch wird geköpft, das Gehirn zerstört; die Blutung kann durch Aufdrücken von Plasticin gestillt werden. Der

Unterkiefer des Frosches wird im Halter befestigt, so daß der Frosch frei nach unten hängt. a) Kneipen des einen und dann des anderen Beines mit einer Pinzette. Anbringen eines kleinen Filtrierpapierquadrates, welches in verdünnte Essigsäure getaucht ist, an verschiedene Stellen der Haut. Jedesmal Abwischen der reizenden Säure durch Wasser. b) In den Fuß, möglichst nur durch die Haut, kommen Elektroden, oder es werden dünne Drähte um die Haut gewickelt. Es wird zuerst mit einmaligen Öffnungsinduktionsschlägen gereizt, dann mit mehrmaligen. c) Setze das Metronom in Gang, so daß es Sekunden angibt. Zähle die einzelnen Metronomschläge, tauche das eine Bein des Frosches in die verdünnte Schwefelsäurelösung und zähle die Zahl der Metronomschläge vom Moment des Eintauchens bis zum Moment, wo durch Reflex das Bein aus der Säure gezogen wird. Darauf tauche das Bein in reines Wasser zum Abspülen. In genau der gleichen Weise werden nachfolgend die konz. Lösungen geprüft.

Beobachtungsaufgaben: a) Beobachte die Art des Reflexes auf mechanischen Reiz. Bei Reizung des zweiten Beines kann das erste gehemmt werden, d. h. aus der vorher angenommenen Beugestellung in die Streckstellung wieder übergehen. Beobachte, daß, wenn Essigsäure angebracht wird, je nach dem Ort des Reizes der Reflex ein anderer ist.

b) Bei einmaligem elektrischen Reiz, selbst wenn er sehr stark ist, gibt es keinen Reflex. Bestimme, welches die Reizzahl und Reizstärke sein muß, um einen Reflex zu geben.

c) Es ist zu beobachten und zu protokollieren, wieviel Zeit vergeht, bis bei Anwendung verschieden starker Säuren der Reflex eintritt.

229. Strychninvergiftung.

Aufgabe: Die Erhöhung der Reflexerregbarkeit durch Strychnin ist zu prüfen.

Gebraucht werden: Frosch, 0,01 proz. Strychninlösung, Pravazspritze, Teller mit Glasglocke, Besteck.

Ausführung: Durchschneide das Großhirn; hierzu wird die Haut in der Höhe des oberen Randes des Trommelfelles durchschnitten, dann mit dem spitzen Messer des Besteckes das Großhirn durchschnitten. Hierauf wird mit der Pravazspritze 0,2 ccm einer 0,1 prom. Strychninlösung in den Rückenlymphsack injiziert. Setze den Frosch unter die Glasglocke.

Beobachtungsaufgaben: Leichte Erschütterungen und sonstige schwache Reize rufen starke Tetanie des Frosches hervor.

230. Nachweis des Bellschen Gesetzes.

Aufgabe: Zu zeigen, daß die hinteren Wurzeln sensibel, die vorderen motorisch sind.

Gebraucht werden: Frosch, Watte, Äther, Präparierbesteck, Schwämmchen, Kochsalzlösung, Knochenzange, eine binokulare Lupe, Draht als Glüheisen, Glasfäden.

Ausführung: 1. Frosch wird vorsichtig mit Äther narkotisiert; dann auf den Bauch aufgebunden, Schnitt in der Mittellinie durch die Haut; Offenhalten der Schnittränder durch zwei kleine Klemmen. Die auf der Wirbelsäule des Lumbalteiles links und rechts liegende Muskulatur wird mit einer Schere abgetragen, Blutungen werden mit Watte oder einem Glüheisen gestillt. Man hebe sich die Wirbelsäule in die Höhe dadurch, daß man mit Zeigefinger und Daumen der linken Hand die Wirbelsäule festhält und hebt. Die Wirbelbogen müssen von anhaftendem Gewebe gereinigt werden. Mit den äußersten Spitzen der Knochenzange bricht man nacheinander die drei letzten Wirbelbogen ab, wobei man den Wirbelbogen möglichst weit lateral faßt. Nach Abhebung der beiderseits durchschnittenen Wirbelbögen entfernt man durch Ziehen mit einer feinen Pinzette die Rückenmarkshüllen und sieht nach Aufträufeln von physiologischer Kochsalzlösung, evtl. unter Zuhilfenahme einer binokularen Lupe, oben beiderseits aufliegend die hinteren Wurzeln. Mit feinsten Glasfäden hebt man die drei sichtbarsten hinteren Wurzeln der einen Seite auf und durchschneidet sie.

2. Will man noch die vorderen Wurzeln der anderen Seite durchschneiden, so hebt man mit feinen Glasfäden die hinteren Wurzeln leicht zur Seite und sieht darunter die vorderen Wurzeln. Diese werden mit einem Glasfaden aufgehoben und durchschnitten. Während der ganzen Zeit macht man sich durch häufiges Aufträufeln von Kochsalzlösung die Wurzeln sichtbar. Die Wunde wird durch Nähte verschlossen.

Beobachtungsaufgabe: 1. Wenn Teil 1 gelungen ist, so hat die eine Seite keine Empfindung (durch Drücken des Fußes zu prüfen), wohl aber Bewegungsfähigkeit, die andere Seite sowohl Sensibilität sowie Motilität. Beobachte, daß auf der einen Seite die Muskeln schlaffer sind.

2. Wenn auch 2. gelungen ist, so ist auf der anderen Seite keine Motilität, wohl aber Sensibilität vorhanden.

231. Analyse der Reflexbewegungen.

Aufgabe: Es ist die Natur der reflektorischen Muskelkontraktionen zu untersuchen und die Kombination von Erregung und Hemmung zu beobachten (Gesetz der reziproken Innervation).

Gebraucht werden: Frosch, Halter, um die vier Extremitäten zu befestigen, Doppelhebel, Kymographion, Gewichte, evtl. Induktionsapparat und Schlitten.

Ausführung: In Äthernarkose Abtrennung und Zerstörung des Großhirns (siehe frühere Aufgabe). Blutstillung. Der Frosch wird am Halter an den vorderen und hinteren Extremitäten befestigt. Die Sehnen der beiderseitigen Mm. gastrocnemii werden möglichst ohne Blutung durch einen kleinen Hautschnitt freigelegt, unterbunden und mit den beiden Hebeln verbunden. Die eine Seite wird leicht mechanisch oder elektrisch gereizt. Die Hebel müssen genügend durch Gewichte belastet werden. Die Kontraktionen werden graphisch registriert.

Beobachtungsaufgaben: 1. Es wird festgestellt, daß die Kontraktionen keine Zuckungen sind, sondern tetanischer Natur. 2. Während die eine Seite Kontraktionen macht, kann die andere gehemmt sein, erkenntlich an einer Erschlaffung. (Satz der reziproken Innervation.)

232. Der Muskeltonus (Brondgeestsches Phänomen).

Aufgabe: Festzustellen, daß nach Durchschneidung des Nerven die betreffende Seite einen geringen Muskeltonus hat.

Gebraucht werden: Frosch, Besteck, ein Faden, Halter für den Kopf.

Ausführung: Köpfe einen Frosch und stille die Blutung mit Plasticin. Lege auf einer Seite den N. ischiadicus frei und ziehe vorsichtig einen Faden unter den Nerven. Hänge den Frosch am Halter auf. Darauf binde den Nerven ab.

Beobachtungsaufgabe: Stelle fest, daß nach der Abbindung des Nerven die Muskulatur schlaffer herabhängt als auf der anderen Seite.

233. Herstellung eines Rückenmarkspräparates vom Säugetier.

Aufgabe: Es wird beim Säugetier nach der Methode von Sherrington das Tier geköpft und auf diese Weise ein Rückenmarkspräparat erhalten, an dem man die Reflexe studieren kann.

Gebraucht werden: Katze, Operationsinstrumente, Äther.

Ausführung: Die Katze wird tief mit Äther oder Äther und Chloroform narkotisiert und in Rückenlage aufgebunden. Zuerst wird die Tracheotomie ausgeführt, sodann werden die beiden Carotiden abgebunden. Hierauf wird das Tier in Bauchlage aufgebunden. Man macht einen queren Schnitt durch die Haut des Occiputs und verlängert denselben bis dicht hinter den Ansatz der Ohren. Die Haut wird zurückgezogen, um die Halsmuskeln in der Höhe der beiden obersten Halswirbel freizulegen. Man tastet die Querfortsätze

Spezielle Nervenphysiologie. 217

des Atlas ab und macht einen tiefen Einschnitt durch die Muskulatur gerade hinter diesen Fortsätzen. Der große Dornfortsatz des Epistropheus wird durch eine Knochenzange mit einer Einkerbung versehen. Mit Hilfe einer passend gebogenen Aneurysmanadel wird ein starker Faden dicht unter den Körper des zweiten Halswirbels geführt und fest in die Furche eingebunden, welche durch den Einschnitt hinter den Querfortsätzen des Atlas und der Einkerbung im Dornfortsatz des zweiten Halswirbels gebildet wird. Diese Abbindung komprimiert die Vertebralarterien, wo sie von den Querfortsätzen des zweiten Halswirbels zu den Querfortsätzen des Atlas durchtreten. Eine zweite starke Ligatur wird dann um den Hals in der Höhe des Ringknorpels geschlungen und wird so gelegt, daß alles gefaßt wird, mit Ausnahme der Trachea. Jetzt wird die Köpfung mit Hilfe eines Amputationsmessers ausgeführt; das Messer wird von der ventralen Seite zur dorsalen Seite im Atlanto-Occipitalgelenk durchgeführt. Im Moment der Köpfung wird die Ligatur um den Hals fest zugezogen. Der abgetrennte Kopf des tief narkotisierten Tieres wird jetzt zerstört. Die Blutung ist sehr gering, sollte es aus dem Wirbelkanal bluten, so kann man durch Heben des Halses über den Körper die Blutung vermindern. Das Präparat wird mit erwärmter Luft künstlich geatmet und durch elektrische Glühlichter warmgehalten. Die Hautlappen an der Amputationsstelle werden zugenäht, um die Wundöffnung zu schließen.

Bei guter Behandlung bleibt dieses Präparat stundenlang in guter Verfassung und läßt sich zu mannigfachen Reflexen anwenden.

234. Das Gesetz der reziproken Innervation.

Aufgabe: Es ist zu zeigen, daß bei Bewegung in einem Gelenk, z. B. bei Beugung im Kniegelenk, die Beugemuskeln im Zustande der Erregung, die Antagonisten aber, die Streckmuskeln, sich in Hemmung befinden.

Gebraucht werden: Katze, Operationsinstrumente, zwei Hebel zur Registrierung von Muskelkontraktionen, Kymographion, Gewichte, Induktionsapparat, Element, Elektroden.

Ausführung: Zuerst wird in der später beschriebenen Weise das tief narkotisierte Tier enthirnt (siehe Aufgabe über „Starre nach Enthirnung usw."). Nachdem die Enthirnung ausgeführt worden ist, wird das Tier in Rückenlage aufgebunden, und man präpariert jetzt je einen Streckmuskel und einen Beugemuskel des Kniegelenks. Als Streckmuskel wird der M. vastocrureus, als Beugemuskel der M. semitendinosus oder Biceps femoris gewählt. Die beiden Muskeln werden unter sorgfältiger Vermeidung von Blutung von ihren Knochenansätzen getrennt. Die Sehnen werden mit Fäden festgeschlungen und zu den Schreibhebeln geleitet. Die Schreibhebel werden mit

218 Übungen zur Physiologie der Bewegung und Empfindung.

Hilfe von passenden Übertragungen so aufgestellt, daß die Kurven der beiden Muskeln übereinanderliegen. Das untere Ende des Femurs wird mit Hilfe einer Stativklemme unverrückbar festgehalten. Die ganze Präparation ist so angeordnet, daß die Kontraktion des einen Muskels nicht mechanisch den anderen Muskel in seinem Zustand beeinflussen kann. Man präpariert schließlich noch einen sensiblen Nerven, z. B. den Nervus popliteus, durchschneidet ihn und legt ihn zentralwärts auf Elektroden.

Falls sich das Präparat in einem guten Zustande befindet, wird der Streckmuskel einen ziemlichen Tonus besitzen, daran erkenntlich, daß der passend belastete Hebel nach oben gezogen ist. Reizt man jetzt den Nervus popliteus, so tritt eine Kontraktion des Beugemuskels auf, gleichzeitig sinkt der Hebel des Streckmuskels, womit bewiesen ist, daß derselbe gehemmt wird, während sein Antagonist sich in Erregung befindet.

235. Einfache Methode zum Nachweis des Gesetzes der reziproken Innervation.

Aufgabe: Es ist an einem Rückenmarksfrosch auf einer Seite ein tonischer Beugereflex hervorzurufen und dieser durch Reizung des kontralateralen Beines zu hemmen und in tonische Extension umzuwandeln.

Gebraucht werden: Reflexfrosch, der 1 bis 2 Tage vor dem Versuch hergerichtet und in der Kühle aufbewahrt wird, Vorrichtung zur Aufhängung des Frosches.

Ausführung: Der Frosch wird an der genannten Vorrichtung in Schwebe gehalten in einer Art, daß keine widerstrebenden Bewegungen geweckt werden. Durch ganz leichten Druck auf die Zehen einer unteren Extremität wird eine dauernde Beugung dieser Extremität herbeigeführt. Sodann wird ein analoger leichter Druck auf die entgegengesetzte Extremität ausgeübt. Diese geht in Beugung über, während auf der anderen Seite der Beugereflex in den Streckreflex umschlägt.

236. Beobachtungen über das Gefäß und Atemzentrum in der Medulla oblongata.

Aufgabe: Durch unblutige, reizlose Ausschaltung von Gefäß- und Atemzentrum in der Medulla oblongata wird gezeigt, daß diese Zentren in der Norm die Atmung und den Tonus der Gefäße beherrschen.

Gebraucht werden: Kaninchen, Operationsinstrumente, Vorrichtungen zur Registrierung des Blutdruckes, Vorrichtung zur

Spezielle Nervenphysiologie. 219

Registrierung der Atmung (siehe die einschlägigen früheren Aufgaben), 10 proz. β-Eucainlösung.

Ausführung: Das mit Urethan narkotisierte Kaninchen wird in Rückenlage aufgebunden. In die Trachea kommt eine Gadsche Trachealkanüle. Dieselbe wird später zur Registrierung der Atembewegungen mit einer großen Vorlageflasche und einem Volumschreiber verbunden. Die Carotis wird mit einer Kanüle versehen. Darauf wird das Tier in Bauchlage umgelegt; der Kopf wird in leicht nach vorn geneigter Haltung festgebunden. An der Protuberantia occipitalis externa beginnend wird ein Schnitt in der Mittellinie geführt, wobei man immer zwischen den Muskeln bleiben muß, um Verletzungen von Gefäßen zu vermeiden. Man geht dann mit einer stumpfen Präpariernadel weiter in die Tiefe bis zum ersten Halswirbel und der Membrana obturatoria zwischen erstem Halswirbel und Hinterhauptsbein. Die Wundöffnung wird mit stumpfen Haken offen gehalten. Man schabt mit einem Knochenschaber die freigelegten Teile des Hinterhauptsbeines ab. Darauf eröffnet man mit einer feinen leicht gekrümmten Schere oder mit einem spitzen Papageienschnabel die Membrana obturatoria. Nach Eröffnung derselben fließt Cerebrospinalflüssigkeit ab, die man mit Watte auftupft. Die Reste der Membran werden abgetragen. Jetzt liegt die Medulla oblongata, und zwar der Boden des vierten Ventrikels, frei zutage. Man trägt noch mit der Knochenzange einen Teil des Hinterhauptsbeines ab, bis das Kleinhirn in das Gesichtsfeld kommt, um sich eine genügende Übersicht zu verschaffen.

Jetzt verbindet man die Arteria carotis mit den Vorrichtungen zur Aufzeichnung des Blutdruckes; damit keine Knickung der Arteria eintritt, befestigt man die Kanüle mit einem breiten Bande an dem Hals des Tieres. Die Aufzeichnung der Atmung wird gleichfalls in Gang gesetzt. Jetzt beobachtet man den Blutdruck und die Atmung. Nach Feststellung der normalen Verhältnisse bepinselt man die freigelegte Medulla oblongata mit der β-Eukainlösung. Nach einiger Zeit (man muß manchmal die Bepinselung mehrfach wiederholen) sinkt der Blutdruck und hört die Atmung auf. Sobald die Atmung aufhört, unterbricht man die Verbindung mit den Registriervorrichtungen und setzt mit der künstlichen Atmung ein. Nach einiger Zeit beobachtet man, daß der Blutdruck wieder steigt und die Atmung von selber wieder einsetzt. Man unterbricht in diesem Momente die künstliche Atmung. Mit Hilfe der beschriebenen Methode kann man beliebig oft das Atem- und Gefäßzentrum ausschalten und seine Wiedereinschaltung durch Aufhören der Narkose beobachten.

237. Zwangsstellung und Zwangsbewegung beim Frosche.

Aufgabe: Die Zwangsbewegungen sind zu beobachten, wenn das Mittelhirn, Lobus opticus (s. Abb. 39) halbseitig durchschnitten wird.

Übungen zur Physiologie der Bewegung und Empfindung.

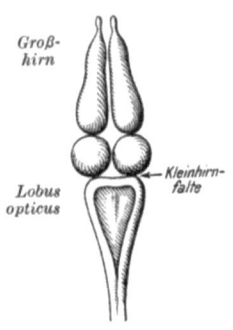

Großhirn

Lobus opticus

Kleinhirnfalte

Abb. 39.

Gebraucht werden: Frosch, Äther, Froschbrett, Fäden, Watte, großes Gefäß zum Schwimmen, Besteck.

Ausführung: Leichte Äthernarkose, Eröffnung der Schädelhöhle wie in der früheren Aufgabe vermittels Trepans, halbseitige Durchtrennung des Mittelhirns, Lobus opticus. Dann wird die Wunde durch Naht geschlossen, der Frosch aus der Narkose gebracht und freigegeben. (Man kann auch ohne Eröffnung der Schädelhöhle mit dem gekrümmten Messer eine halbseitige Durchschneidung machen.)

Beobachtungsaufgaben: 1. In der Ruhe unsymmetrische Körperhaltung. 2. Manegebewegung. 3. Uhrzeigerbewegung. 4. Rollbewegung.

238. Versuche am großhirnlosen Frosch.

Aufgabe: Die Erscheinungen bei Fehlen des Großhirns sind zu beobachten.

Gebraucht werden: Frosch, Froschbrett, Äther, Watte, Besteck, Fäden, kleiner Trepan, evtl. Zange.

Ausführung: Frosch wird in Äthernarkose versetzt, in Bauchlage aufgebunden. Vertikaler Hautschnitt beginnend an der Nasenspitze bis unter die Trommelfelle in der Medianlinie. Ein querer Schnitt tangential zum oberen Trommelfellrand, nicht zu weit seitlich. Abschaben des Knochens, bis er sauber, gute Blutstillung. Der Trepan wird in der Höhe des unteren Randes der Augen aufgesetzt und durch vorsichtiges Rotieren und Drücken ein rundes Stück aus dem Schädeldach entfernt. Knochenblutung durch Plasticin stillen. Dann wird mit dem stumpfen Spatelmesser das sichtbare Großhirn am unteren Rand durchtrennt und entfernt. Durch eine Naht die Wunde schließen.

Beobachtungsaufgaben: 1. Der Frosch sitzt ruhig da. 2. Bei Bedrohung springt er nicht weg. 3. Bei selbst leichten Berührungen hat er starke Reflexe, springt weg. Sprungbewegungen durchaus normal. 4. Einem vorgehaltenen Brett weicht er aus. 5. Auf den Rücken gekehrt nimmt er rasch die Bauchlage an. 6. Eröffnung der Wunde und stumpfe Abtragung der Lobi optici (siehe Präparat). Danach: Keine springende Bewegung, sondern Kriechen, kein Ausweichen bei Hindernissen, aber Umdrehen solange Kleinhirnleiste (siehe Präparat) erhalten.

Spezielle Nervenphysiologie. 221

239. Der Goltzsche Quackfrosch.

Aufgabe: Den Quackreflex und seine Hemmung zu beobachten.
Gebraucht werden: Männlicher Frosch, Froschbrett, Äther, Besteck.

Ausführung: Ganz leichte Äthernarkose; das gekrümmte Messer des Besteckes wird in der Mittellinie in der Höhe des unteren Randes der Augen aufgesetzt und mit leichtem Druck in die Schädelhöhle eingeführt. Das Messer wird zuerst nach der konkaven Seite der Schneide durch das untere Ende der entsprechenden Seite des Großhirns durchgezogen, sodann das Messer von neuem aufgesetzt und nach der anderen Seite durchgezogen. Sodann muß sich der Frosch erholen.

Beobachtungsaufgaben: Wenn gelungen, sitzt der Frosch ruhig da, hat aber lebhafte Reflexe. 1. Beim Streichen des Rückens oder der Flanken mit nassem Finger quakt der Frosch regelmäßig. 2. Druck auf die Hinterpfote hemmt den Reflex.

240. Die Starre nach Enthirnung und Untersuchung von Reflexen nach Enthirnung.

Aufgabe: Die höheren Hirnteile werden nach der Methode von Sherrington entfernt; das Tier gerät in einen Zustand der Starre (namentlich erhöhter Tonus der Streckmuskeln), in welchem die Reflexerregbarkeit sehr erhöht ist. Es lassen sich in diesem Zustand die Extremitätenreflexe sowie der Einfluß von Schaltung der Reflexe durch veränderte Lage der Extremitäten, durch veränderte Spannung der Halsmuskeln und durch veränderte Lage des Kopfes im Raume untersuchen.

Gebraucht werden: Katze oder Kaninchen, Operationsinstrumente, Trepan, Plasticin, stumpfer Spatel.

Ausführung: Eine Katze (Katzen sind ihrer Widerstandsfähigkeit wegen für diesen Versuch vorzuziehen, doch geht es auch mit Kaninchen) wird tief mit Äther narkotisiert und in Rückenlage aufgebunden. Rasch wird die Tracheotomie ausgeführt, eine Trachealkanüle eingebunden und die Narkose auf dem Wege der Trachea weiter fortgesetzt. Die beiden Nervi vagi werden am Halse abgebunden; sodann die beiden Carotiden. Darauf wird das Tier in Bauchlage aufgebunden, der Kopf kommt in einen Kopfhalter, welcher gestattet, denselben in mittelstarker Beugung nach vorn zu halten. In der Mittellinie des Schädeldaches wird die Haut gespalten und zur Seite gezogen. Auf beiden Seiten werden die Ansätze der Muskeln der Scheitelbeine losgetrennt und dann mit dem Knochenschaber die ganze Fläche der Scheitelbeine glattgeschabt. Man sucht die querverlaufende Naht an der Grenze zwischen Stirn- und Scheitelbein auf und macht in einer gewissen Entfernung hinter derselben beiderseits ein Trepanloch. Zuerst wird der Dorn des Trepans etwas vorgeschoben, so daß er aus der Krone des Trepans hervorragt. Der spitze Dorn wird in den Knochen eingesetzt und dient zum Halt bei den ersten bohrenden Bewegungen. Wenn die Krone des Trepans ein wenig in den Knochen eingedrungen ist, zieht man den Dorn zurück, damit er nicht in die Schädelhöhle eindringt. Unter leichtem, bohrendem Druck dreht man den Trepan, bis sich durch das Gefühl kundtut, daß man durch den Knochen durchgedrungen ist. Man nimmt den Trepan weg und hebt mit einer starken Pinzette das ausgebohrte Knochenstück ab. Etwaige Knochenblutungen stillt man dadurch, daß man an den blutenden Knochen fest Plasticin andrückt. Es empfiehlt sich schon vorher, die Zähne der Trepanenkrone mit Plasticin einzureiben. In den beiden Löchern sieht man die Dura mater pulsierend. Um dieselbe zu eröffnen, wird eine feine spitze Nadel flach in dieselbe eingestoßen, die Nadel wird angehoben und man fährt mit einer feinen Schere in die so gemachte Öffnung, um die Dura mater vollständig abzutragen. Man vermeide dabei Gefäße zu verletzten. Jetzt wird die Narkose noch weiter vertieft und der Kopf des Tieres aus dem Kopfhalter herausgenommen. Der Assistent hält den Kopf derart, daß er zwischen Zeigefinger und Daumen die Arteria vertebralis festklemmt. Die Stelle, an welcher dies zu geschehen hat, ist die Gegend zwischen dem ersten und zweiten Halswirbel. Während dies geschieht, führt der Operateur einen stumpfen Spatel mit passender Biegung in das Trepanloch ein und fährt mit demselben nach hinten, bis der Rand des Spatels an das Tentorium anstößt, wobei der Spatel immer entlang der Oberfläche des Gehirns bleibt. Dann wird der Spatel in die Tiefe gesenkt und mit leichtem Zug eine Durchschneidung bewerkstelligt, welche gerade vor das vordere Vierhügelpaar fällt. Dieselbe Prozedur wird auf der anderen Seite ausgeführt. Man muß sich hüten, den Spatel zu steil zu stellen, damit nicht etwa tiefere Teile verletzt werden. Nach Vollendung der Durchtrennung hält der Assistent noch ein paar Minuten die Vertebralarterie geschlossen. Während dieser Zeit räumt der Operateur die vor dem Vierhügel gelegenen vollkommen abgetrennten Hirnteile aus der Schädelhöhle aus. Es kann evtl. nötig werden, die Trepanlöcher mit der Knochenzange zu erweitern. Will man das Schädeldach vollkommen abtragen, so muß man, um eine große Blutung aus dem Sinus longitudinalis zu vermeiden, die mittlere Knochenspange, welche bei der Abtragung des Knochens von den Seiten her übrig bleibt, mit feinem Draht unterlegen und oben und unten den Draht zuknüpfen.

Wenn die Operation gelungen ist, fährt das Tier fort ruhig zu atmen (der Blutdruck, den man nicht registriert, bleibt erfahrungsgemäß in diesem Falle von normaler Höhe). Man setzt die Narkose aus.

Spezielle Nervenphysiologie. 223

Sollte das Tier im Anfang nicht regelmäßig und genügend atmen, so atmet man eine Zeitlang künstlich, was an und für sich vorteilhaft ist, um rascher das Narkoticum aus dem Körper zu entfernen.

Entweder sofort oder nach einiger Zeit tritt eine eigentümliche Starre der vorderen und hinteren Extremitäten ein. Am besten bindet man zur weiteren Beobachtung das Tier vollständig los; auch kann man es in eine Schwebevorrichtung bringen, wo die Extremitäten frei herabhängen.

Beobachtungsaufgaben: Bei dem in der Schwebe hängenden Tiere führt man an der hinteren Extremität Reize aus. Leichter Druck auf die Sohle bewirkt einen Streckreflex, Stich in dieser Gegend bewirkt einen Beugereflex. Man bringe die Katze jetzt in Rückenlage. Ist die hintere Extremität gestreckt, so bewirkt leichter Reiz der Extremität einen Beugereflex, ist dieselbe gebeugt, so ruft der gleiche Reiz Streckung hervor. (Schaltung nach dem Gesetze von v. Uexküll.) Drückt man während der Reizung der rechten hinteren Extremität leicht mit der Hand die rechte Flanke, so tritt ein Reflex nicht auf der gereizten, sondern auf der entgegengesetzten Seite auf. (Schaltung nach Magnus.) Das Tier wird wiederum in die Schwebe gebracht. Hebung und Senkung des Kopfes sowie Drehungen und Wendungen desselben bewirken eine Veränderung des Tonus der Extremitäten. (Schaltung durch das Labyrinth und durch veränderte Spannung der Halsmuskeln.) Um auf eine einfache Weise den Einfluß der Halsmuskeln allein auf die Schaltung der Reflexe zu beobachten, kann man bei festgehaltenem Kopfe den Körper leicht heben und senken oder auch seitwärts wenden, so daß die Bewegung in der Halswirbelsäule stattfindet.

241. Reizung der motorischen Zentren des Großhirns beim Hunde.

Aufgabe: Es ist zu zeigen, daß bei Reizung der motorischen Sphäre der Großhirnrinde des Hundes Bewegungen der Extremitäten der entgegengesetzten Seite auftreten.

Gebraucht werden: Hund, Operationsinstrumente, Morphiumlösung, Äther, Trepan, Plasticin, Reizelektroden, Induktionsapparat, Element.

Ausführung: Eine halbe Stunde vor Beginn der Operation erhält der Hund $1/2$ cg Morphium pro Kilo Körpergewicht. Bei beginnendem Schlafe wird er in Bauchlage aufgebunden und die Äthernarkose eingeleitet. Jetzt wird die Haut in der Mittellinie des Schädeldaches durchschnitten und im übrigen so verfahren wie in der Aufgabe „Die Starre nach Enthirnung usw.". Bei der Abschabung des Knochens achtet man darauf, daß man die von der Mittellinie nach der Seite zu verlaufende Sutura coronalis deutlich sieht. Die-

224 Übungen zur Physiologie der Bewegung und Empfindung.

selbe verläuft in einer Höhe, die gegeben ist durch die Linie, welche man durch die hinteren Ränder der Augenhöhlen legt. Dicht hinter dieser Sutur wird das Trepanloch angelegt. Man kann das Trepanloch nach hinten und lateralwärts mit der Knochenzange vergrößern bis vielleicht zu einem Durchmesser von 3 cm Größe. Nach Freilegung der Hirnrinde wird etwaige Blutung sorgfältig gestillt. Jetzt kann man mit der Reizung beginnen. Um besser zu beobachten, kann man bei dem ruhig in Äthernarkose schlafenden Tiere die Extremitäten losbinden. Man sucht eine Reizstärke auf, die gerade eine beginnende Empfindung an der eigenen Zunge gibt. Man legt die Elektroden flach auf die Rindenstellen und reizt. Je nach der Stelle, welche man reizt, erhält man auf der entgegengesetzten Seite koordinierte Bewegungen. Es empfiehlt sich, dieselbe Stelle nicht mehrmals hintereinander zu reizen. Nachdem man den Effekt der Reizung verschiedener Rindenstellen festgestellt hat, kann man zum Schluß die Wirkung einer stärkeren Reizung probieren. Es brechen bei stärkerer Rindenreizung allgemeine epileptiforme Krämpfe aus.

242. Reaktionszeit.

Aufgabe: Das Intervall zwischen dem Eintreten eines Vorganges und seiner Registrierung durch die Versuchsperson bestimmen.

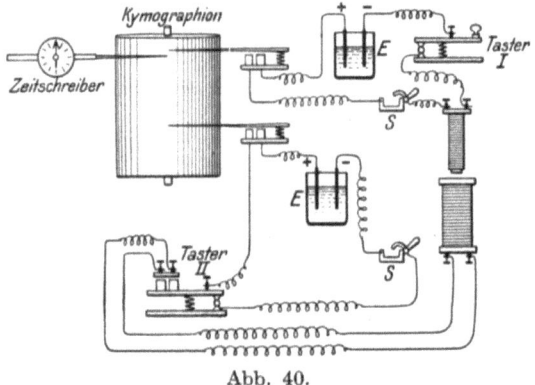

Abb. 40.

Gebraucht werden: Rasch rotierendes Kymographion, $1/_5$ „angebende Jaquet-Uhr oder Zungenpfeife 0,01", zwei Pfeilsche Signale, zwei elektrische Taster, Elektrode, 2 Quecksilberschlüssel, 2 Elemente, ein Induktionsapparat, Drähte.

Ausführung: Beruße das Papier des Kymographion, stelle den Zeitschreiber fein an. Herstellung des ersten Kreises, gebildet aus Element, Taster, primärer Rolle des Induktionsstroms, Quecksilberschlüssel, Signal. Herstellung des zweiten Kreises, bestehend aus Element, Quecksilberschlüssel, Taster, Pfeilschem Signal. Bei Reizung durch den Induktionsstrom kommt noch in Nebenschließung die sekundäre Rolle des Induktionsapparates. Die beiden Signale werden mit ihren Spitzen sorgfältig in dieselbe Vertikale gebracht wie der Zeitschreiber. Prüfe durch Schluß jedes einzelnen Tasters, daß die beiden Kreise in Ordnung. Der erste Stromkreis registriert die Zeit des Vorganges, der zweite die Wahrnehmung desselben.

Beobachtungsaufgaben: 1. Registriere die Wahrnehmung des Schalles, den die Bewegung des Tasters im I. Stromkreis verursacht. Als Vorübung wird bei stillstehender Trommel vom Versuchsleiter der erste Kreis geschlossen, von der Versuchsperson die Wahrnehmung registriert. Dann wird der Zeitschreiber in Gang gesetzt, das Kymographion zur raschen Rotation gebracht, und Versuchsleiter und Versuchsperson verfahren wie bei der Vorübung. Eine dritte Person überwacht, daß die Trommel des Kymographion nur je einmal herumgeht. Zwei andere Personen überwachen das Anliegen der Schreibspitzen. 2. Die Versuchsperson registriert den Moment, wo sie den Funken beobachtet, der bei Öffnung (Quecksilberschlüssel) des primären Stromkreises entsteht. Verfahren sonst wie bisher. 3. Schalte die sekundäre Rolle und eine Reizelektrode ein. Eine weitere Versuchsperson legt die Elektrode an die nichtregistrierende, befeuchtete Hand der Versuchsperson an. Sonst wie bisher; die Versuchsperson registriert den Moment, wo sie den Induktionsschlag fühlt. Die Differenz der beiden Signale gibt, bezogen auf die Zeitmarken auf dem Kymographion, die Reaktionszeit. Achte darauf, daß Übung und vorherige Avertierung die Reizzeit ändert.

Lehre von den Sinnesempfindungen.
243. Bestimmung der Brennweite einer Linse.

Aufgabe: Bestimmung der Brennweite einer Linse.

Gebraucht werden: Linsen, Auerbrenner mit Spalt, Schirm.

Ausführung: Bei einer Sammellinse bestimmt man die Brennweite einfach dadurch, daß man mittels derselben das Bild einer sehr weit entfernten Lichtquelle auf einem Schirm auffängt und die Lage des Schirmes so lange verändert, bis das Bild vollkommen scharf ist. Dann ist die Entfernung zwischen Linse und Schirm gleich der Brennweite.

Bei einer Zerstreuungslinse kann man diese Methode in der Weise anwenden, daß man zuerst durch eine Sammellinse das Bild eines sehr entfernten Punktes auf einen Schirm auffängt und dann die zu untersuchende Zerstreuungslinse dicht an die erste Linse anlegt. Das

226 Übungen zur Physiologie der Bewegung und Empfindung.

Bild wird jetzt verschwommen, und der Schirm muß mehr oder weniger weit entfernt werden, damit das Bild wieder scharf sei. Dann ist die neue Entfernung gleich der Brennweite der beiden aufeinandergelegten Linsen, und die Brennweite der zu untersuchenden Zerstreuungslinse läßt sich nach folgender Formel berechnen:

$$\frac{1}{A} = \frac{1}{\varphi} - \frac{1}{\psi},$$

wo A die Brennweite der kombinierten Linse, φ die der Sammellinse und ψ die der Zerstreuungslinse ist. Letztere ist also:

$$\psi = \frac{A\varphi}{A - \varphi}.$$

Wenn man nicht über eine genügend weit entfernte Lichtquelle verfügt und also auch nicht die Brennweite direkt bestimmen kann, läßt sich diese Bestimmung auch unter Anwendung eines nahe belegenen Gegenstandes mit der gewöhnlichen Linsenformel ausführen. Wenn F die Brennweite der Linse, f_1 die Lage des Objektes und f_2 die des Bildes ist, so hat man ja:

$$\frac{1}{F} = \frac{1}{f_1} - \frac{1}{f_2} \quad \text{und also:} \quad F = \frac{f_1 \cdot f_2}{f_1 + f_2}.$$

Nach dieser Methode erhält man, besonders wenn es sich um die schwächeren Linsen bis zu etwa 7 D. handelt, sehr gute Werte. Die Brennweite einer Linse von 5 D. ist 200 mm, die von 6 D. 166 mm und die von 7 D. 143 mm, also Differenzen der Brennweiten von bzw. 34 und 22 mm, die nicht unbemerkt bleiben können. Bei den stärkeren Linsen sind die Differenzen der Brennweiten kleiner, z. B. bei 10 D. 100 mm, für 11 D. 91 mm und für 12 D. 83 mm, und die genaue Bestimmung wird also hier schwieriger.

244. Untersuchungen aus der Dioptrik mit dem Augenmodell von v. Kries.

Aufgabe: Es sind mit Hilfe des v. Kriesschen Augenmodells Beobachtungen über die dioptrischen Verhältnisse des Auges zu machen. (Aus der Anleitung zum physiologischen Praktikum von Prof. v. Kries.)

Gebraucht werden: v. Kriessches Augenmodell, quadratische Gitter von schwarzen Linien auf weißem Grund (auf photographischem Wege hergestellt oder auf Karton gezeichnete Netze), Zusatzlinsen zum Augenmodell: sphärisch +, sphärisch − und zylindrisch + je eine Linse von 0,5, 1,0 und 1,5 Dioptrie, 2 m lange Holzplatte mit aufgeklebtem Maßstab (käufliche Papierskala) als optische Bank, worauf sich die photographischen Gitter als Objekte verschieben

Lehre von den Sinnesempfindungen. 227

lassen, Pappschirm mit kleinem rundem Loch, kleine Glühlampe.

Ausführung: 1. Einstellung des Modells für Emmetropie, eine, zwei und drei Dioptrien Myopie, mit Ablesung der erforderlichen Einstellungen am Modell.

Das Modell wird zuerst durch Abbildung sehr entfernter Objekte emmetropisch eingestellt und die dafür erforderliche Stellung des Hintergrundes an der Skala abgelesen. Darauf wird das Modell so aufgestellt, daß der unter der abbildenden Linse stehende Index auf den Nullstrich des aufgestellten Maßstabes kommt. Dann wird ein passendes Objekt (erleuchtetes Kreuz od. dgl.) auf 100, dann auf 50, dann auf 33,3 cm Abstand gestellt und jedesmal die Stellung des Hintergrundes ermittelt, bei der man ein scharfes Bild erhält, also die Bulbuslängen, bei denen der Apparat 1, 2 und 3 Dioptrien Kurzsichtigkeit aufweist.

2. Bestimmung des dioptrischen Wertes von einer oder zwei sphärischen Linsen.

Die Einstellung des Apparates für einen Meter, also Myopie von 1 Dioptrie, wird zum Ausgangspunkt genommen und sodann eine Linse vorgesetzt. Es wird dann diejenige Stelle aufgesucht, an die das Objekt (das erleuchtete Kreuz) gebracht werden muß, um wieder auf dem (natürlich nicht verschobenen) Hintergrund ein scharfes Bild zu geben. Man berechnet den Brechungsüberschuß in Dioptrien, den der Apparat nunmehr besitzt, und erhält durch Subtraktion der von vornherein vorhandenen 1 Dioptrie den Wert der vorgesetzten Linse. Es werden auf diese Weise die brechenden Werte einiger Linsen in Dioptrien bestimmt. Man überzeuge sich, daß bei Vorsetzung von zwei Linsen zusammen der brechende Wert annähernd mit der Summe der für die beiden einzelnen Linsen bestimmten Werte übereinstimmt.

3. Bestimmung des dioptrischen Wertes einer Zylinderlinse.

Der gleiche Versuch wird mit einer zylindrischen Linse ausgeführt. Dabei ist zu beachten, daß es für die Wahrnehmung senkrechter Linien nur auf die Brechung im horizontalen Schnitt ankommt (und umgekehrt). Man prüft daher den dioptrischen Wert einer Zylinderlinse so, daß man als Objekt ein Liniensystem benutzt, dessen Richtung der Zylinderachse parallel ist. Man überzeuge sich, daß die Abbildung eines Liniensystems durch die Linse nicht merklich geändert wird, wenn die Achse des Zylinders zum Liniensystem senkrecht steht, ferner auch davon, daß bei Anwendung einer zylindrischen Linse (astigmatischer Brechung) die senkrechten und die horizontalen Linien bei verschiedenen Entfernungen des Objektes deutlich erscheinen. Bei derjenigen Stellung des Objekts, in der die einen scharf erscheinen, sind die anderen unsichtbar.

15*

245. Messung der Hornhautkrümmungen mit dem Ophthalmometer[1]).

An beiden Enden einer etwa 1 m langen Holzschiene mit aufgeklebter Millimeterteilung wird je eine kleine Glühlampe angebracht und beide in den Kreis einer passenden Kette oder eines Akkumulators mit richtigem Vorschaltwiderstand eingeschaltet, samt einem Schlüssel. Die Schiene wird in ihrer Mitte an einem eisernen Stativ so eingeklemmt, daß sie sich horizontal und vertikal stellen läßt. Das Ophthalmometer wird möglichst nahe der Mitte der Schiene im Dunkelzimmer aufgestellt. Die Versuchsperson sitzt dem Ophthalmometer in einem Abstande von 2 bis 3 m gegenüber, und ihr Kopf wird in einem soliden Kopfhalter mit Zahnbrettchen unverrückbar angebracht. Das Ophthalmometer wird zunächst bei horizontaler Schienenstellung benutzt, und seine Plattenkammer so orientiert, daß die Platten sich um eine vertikale Achse drehen. Die Versuchsperson fixiert die Mitte des groben Fadenkreuzes am Apparat; damit dasselbe erkennbar ist, wird das Zimmer nicht völlig verdunkelt, man läßt etwa über dem Kopfe des Beobachteten eine Gasflamme brennen. Man dreht nun nach genauer Einstellung des Fernrohres die Platten so, daß die Doppelbilder der beiden hellen Punkte im Auge genau um ihren Abstand auseinanderweichen, so daß drei Punkte sichtbar werden, liest die Drehungswinkel beider Platten, welche annähernd gleich sind, mittels des Nonius ab und nimmt aus beiden Werten das Mittel.

Zur Berechnung der Bildgröße, d. h. des gegenseitigen Abstandes der beiden Hornhautbildchen, dient die (an der Tafel abzuleitende) Formel

$$x = 2h \frac{\sin(\alpha - \beta)}{\cos \beta},$$

worin h die Dicke der Glasplatten, α der abgelesene Drehwinkel, β der zu α gehörige Brechungswinkel $\left(\sin \beta = \frac{1}{n} \sin \alpha\right)$, zu dessen Berechnung man das Brechungsverhältnis n des Plattenglases kennen muß. Die Dicke h ist mit einem guten Dickenmesser leicht zu ermitteln. Die Größe n ermittelt man am einfachsten, indem man das Instrument auf eine sehr genaue Millimeterteilung richtet, und die Drehwinkel α für Verschiebung der Doppelbilder um 1, 2, 3 mm feststellt. Drückt man in obiger Formel β durch a aus, so erhält man

$$x = 2h \sin \alpha \left(1 - \frac{\cos \alpha}{\sqrt{n^2 - \sin^2 \alpha}}\right),$$

welche Gleichung, für n gelöst, ergibt

---

[1]) Nach L. Hermann, Physiol. Prakt.

Lehre von den Sinnesempfindungen. 229

$$n = \frac{\sin\alpha}{2h\sin\alpha - x}\sqrt{4h^2 + x^2 - 4h\cdot\sin\alpha}.$$

Nachdem auf diese Weise n ermittelt ist (hat man n für x = 1, 2, 3 mm ermittelt, so nimmt man aus den berechneten Werten das Mittel), läßt sich x für jedes α berechnen. Hat man eine größere Anzahl von Ophthalmometermessungen auszuführen, so berechnet man sich am besten eine Tafel, welche für jeden Wert von α direkt das zugehörige x ergibt, und welche man nach den bekannten Interpolationsregeln benutzt.

Der Krümmungsradius der Hornhaut r ist leicht zu berechnen, wenn die Größe des Objektes, d. h. der Abstand beider Glühlämpchen, und die Entfernung desselben, d. h. der Schienenmitte vom Hornhautscheitel, gemessen ist. Nennt man erstere a, letztere d, und ist x die ophthalmometrische bestimmte Bildgröße, so ist

$$r = 2\frac{x}{a}d.$$

246. Bestimmung des Nahepunktes und des Fernpunktes mit Hilfe von Scheiners Optometer.

Aufgabe: Den Nahepunkt zu bestimmen mit Hilfe von Scheiners Versuch.

Gebraucht werden: Optometer nach Scheiner, Kartenblatt mit zwei Pünktchen, deren Distanz kleiner ist als der Durchmesser der Pupille, Linsen.

Ausführung: Man visiere durch die beiden kleinen Löcher der Scheibe auf den ausgespannten dunkeln Faden. Der Faden muß aus einem hellen Grunde ohne andere Objekte sich abheben. Die Schiene, welche den Faden trägt, wird allmählich näher geschoben, bis der Faden in Doppelbilder zerfällt. Man liest diese Distanz ab, womit die Entfernung des Nahepunktes gegeben ist. Die Bestimmung werde ein paarmal wiederholt. Der Faden muß fest fixiert werden. Man notiere den gefundenen Nahepunkt.

Um den Fernpunkt zu bestimmen, müßte der Maßstab, auf dem die Nadel verschoben wird, für das normalsichtige Auge unendlich lang sein; den Fernpunkt des Hypermetropen (negativer Fernpunkt, d. h. hinter dem Auge gelegen) könnte man auf diese Weise überhaupt nicht bestimmen. Um aber dennoch den Fernpunkt nach dem Scheinerschen Prinzip bestimmen zu können, setzt man unmittelbar hinter den Schirm eine starke Konvexlinse von bekannter Brennweite, z. B. 10 Dioptrien; wodurch man das Auge künstlich stark kurzsichtig macht

Die durch die Linse in das Auge gelangenden Strahlen kommen dann aus dem Bildpunkte der Linse, der sich jederzeit berechnen läßt, da die Objektweite und Brennweite der Linse bekannt sind. Befindet sich die Nadel z. B. 10 cm vor der Linse, also in ihrem

Brennpunkte, dann treten die Strahlen aus der Linse parallel aus, demgemäß ist das Bild in Unendlich gelegen. Kann ein Auge die Nadel unter diesen Versuchsbedingungen scharf erkennen, vereinigt es ohne Akkommodation parallele Strahlen auf seiner Netzhaut, dann liegt sein Fernpunkt gleichfalls in Unendlich, d. h. es ist normalsichtig.

Man berechnet die Lage des Bildpunktes aus der Linsengleichung:

$$\frac{1}{a} + \frac{1}{b} = \frac{1}{f}.$$

a = Entfernung des Objektes von der Linse, b = Entfernung des Bildes von der Linse, f = Brennweite der Linse. Bei Auflösung der Gleichung nach b ergibt sich

$$b = \frac{a \cdot f}{a - f}.$$

Den Fernpunkt berechnet man aus der größten, den Nahepunkt aus der kleinsten Distanz der Nadel von der Linse, in welcher die Nadel noch einfach gesehen wird. Bei der Berechnung des wirklichen Fernpunktes muß man noch den Abstand des Auges vom Linsenmittelpunkt mit in Rechnung bringen.

247. Beobachtung der Purkinje-Sansonschen Spiegelbilder nach Helmholtz.

Gebraucht werden: Phakoskop von Helmholtz, Stecknadeln, Lampe, Kerze.

Zur genaueren Untersuchung der von den brechenden Flächen des Auges gelieferten Spiegelbilder bedient man sich des Phakoskopes von Helmholtz. Es besteht aus einem sechseckigen, niedrigen, innen geschwärzten Kasten, der an drei alternierend gelegenen Wänden je eine Öffnung hat; die eine für das zu untersuchende Auge, eine zweite für das beobachtende Auge und die dritte, eine Doppelöffnung von zwei dicht übereinander liegenden dreieckigen Ausschnitten für die Lichtquelle. In der vorderen Kastenwand befindet sich gerade gegenüber der Öffnung ein kleiner Ausschnitt, in dessen Mitte eine Nadel angebracht ist. In der Entfernung von $1^1/_2$ m vor dem Apparat wird eine zweite Nadel aufgestellt, welche genau mit der im Apparat befindlichen in der Visierlinie des zu beobachtenden Auges stehen muß.

Die Versuchsperson und der Beobachter müssen ihr Auge dicht an den Apparat halten. Dann wird der zu Untersuchende angewiesen, die entfernte Nadel zu fixieren. Der Beobachter sieht nun in dem dunklen Felde der Pupille drei Paar helle, dreieckige Spiegelbildchen, die den als Lichtquelle dienenden dreieckigen Ausschnitten des Kastens entsprechen. Am deutlichsten und hellsten ist das nach der

Lehre von den Sinnesempfindungen. 231

Seite der Lichtquelle zu gelegene, aufrechte Bildpaar, das von der vorderen Cornealfläche entworfen wird. Dann folgt ein oft schwer erkennbares, lichtschwaches, größeres aufrechtes Bildpaar, welches von der vorderen Linsenfläche herrührt. Das dritte Bildpaar ist das kleinste; es ist etwas heller als das mittlere und umgekehrt. Dieses Bild wird von der hinteren Linsenfläche gespiegelt. Während man die drei Spiegelbildpaare scharf beobachtet, fordert man die Versuchsperson auf, die nahe Nadel zu fixieren. Dabei ändern sich die Cornealbildchen gar nicht, die vorderen Linsenbildchen dagegen werden kleiner, schärfer begrenzt und etwas heller. Außerdem haben sich die vorderen Linsenbildchen sowohl untereinander als auch den Cornealbildchen genähert.

Die hinteren Linsenbildchen zeigen nur eine sehr geringfügige, kaum wahrnehmbare Verkleinerung, sie ändern ihren Ort nicht.

Man kann die Beobachtung der Spiegelbilder auch ohne Phakoskop im Dunkelzimmer vornehmen. Vor dem Auge der Versuchsperson werden genau hintereinander und in gleicher Höhe mit dem zu untersuchenden Auge zwei Nadeln mit glänzenden Knöpfen aufgestellt, die der Beobachtete abwechselnd fixieren muß; die eine Nadel ist etwa 15 cm, die andere 150 cm vom Auge entfernt. Seitlich vorn und in gleicher Höhe mit dem Auge der Versuchsperson wird in einer Entfernung von etwa 30 cm ein Auer-Brenner aufgestellt, der zur Visierlinie einen Winkel von 45° bildet und mit einem Blechzylinder, der zwei dreieckige Ausschnitte enthält, bedeckt ist. Der Beobachter stellt sich in der gleichen Entfernung schräg, symmetrisch zum Auer-Brenner vor dem Auge des Beobachteten auf, dessen Pupille er beobachtet. In dem dunkeln Felde der Pupille erscheinen dann die sechs Spiegelbildchen der beleuchteten Ausschnitte des Zylinders.

248. Beobachtung des Augenhintergrundes eines Kaninchens[1]).

Aufgabe: Den Augenhintergrund eines Kaninchens zu beobachten und zu zeichnen.

Gebraucht werden: Augenspiegel. Papier, Albinokaninchen, Kasten. Abbildung des Augenhintergrundes.

Ausführung: Man setzt das Kaninchen, dessen Augen untersucht werden sollen, auf eine 35 bis 40 cm hohe Unterlage (Kiste od. dgl.), die auf einem Tische steht. Man setzt das Kaninchen in den Kasten. Die Pupillen sind durch wenig Atropin in mäßigem Grade erweitert worden, und dadurch ist auch eine für den Versuch genügende Starre eingetreten. Die Verhältnisse sollen nicht zu sehr von den normalen abweichen. Der Praktikant sitzt vor dem Tische und lernt zunächst den Spiegel richtig halten und den Reflexschein der Lampe auf die

---

[1]) Nach Fuchs.

232 Übungen zur Physiologie der Bewegung und Empfindung.

vom Lehrer bezeichneten Stellen werfen (auf die Kiste rechts oben, links unten usw.). Der Griff des Augenspiegels wird knapp am Ende zwischen Daumen und Zeigefinger gehalten, so daß man ihn leicht zwischen den Fingern drehen kann. Er soll ungefähr vertikal stehen. Wird das Licht in das Auge des Kaninchens geworfen, so erscheint das Auge leuchtend, d. h. die Pupille sieht hellrötlich aus. Einzelheiten, wie z. B. die Blutgefäße des Augenhintergrundes, kann man vorläufig noch nicht sehen. Wohl aber kann man leicht erreichen, indem man seinen eigenen Kopf mäßig nach rechts oder nach links bewegt und seinen Körper etwas streckt oder bückt, daß die bisher rötlich leuchtende Pupille heller und weißlich erscheint. In diesem Falle sieht man dann in der Richtung auf die Pupille, wozu man schräg nach unten von oben in das Auge des Kaninchens sehen muß. Diese Vorübung erleichtert die spätere Untersuchung des Augenhintergrundes sehr wesentlich.

Die Glaslinse, die wir zum Augenspiegeln brauchen, wird an ihrem Griff zwischen Daumen und Zeigefinger der linken Hand gehalten. Der kleine Finger soll dabei gestreckt und auf irgendeinen Stützpunkt (Kopf des Kaninchens) angelehnt werden. Bei dieser Haltung der Linse kann man sie leicht dem Kaninchenauge nähern oder sie von ihm entfernen, bis man ein scharfes Bild sieht. Diese Bewegungen der Linse sind für den Anfänger nicht ganz leicht auszuführen, weil die Verbindungslinie zwischen dem Auge des Beobachters und dem Kaninchenauge immer ungefähr lotrecht durch die Mitte der Linse gehen soll. Es muß also, wenn man die scharfe Einstellung auf die Netzhaut sucht, die Linse stets so verschoben werden, daß ihre optische Achse mit der Visierlinie des Beobachters annähernd zusammenfällt. Kann man die Pupille nicht finden, so läßt man zunächst wieder die Linse beiseite und bringt sein Auge in solche Lage, daß die durch den Spiegel gesehene Pupille des Kaninchens weiß (nicht rötlich) erscheint, und bringt dann erst die Linse vor das Kaninchenauge, ohne die Lage des eigenen Kopfes zu verändern.

Die Aufgabe verlangt eine Zeichnung des gesehenen Augenhintergrundes, die der Praktikant auf einem Stück Papier zu entwerfen und abzuliefern hat.

249. Beobachtung des Augenhintergrundes am Menschen.

Aufgabe: Es ist der Augenhintergrund des Menschen im aufrechten und im umgekehrten Bilde zu untersuchen.

Gebraucht werden: Elektrische Milchglasbirne als Beleuchtungsquelle, Augenspiegel (Pflügerscher Augenspiegel oder Liebreichscher Augenspiegel, Konvexlinsen von 13, 15 und 20 Dioptrien.

Ausführung: Bei der Ausführung wird vorausgesetzt, daß der Untersucher emmetrop ist. Im Fall das nicht zutrifft, muß der Untersucher hinter dem Augenspiegel diejenige Linse anbringen, welche ihn zur Emmetropie korrigiert. Gemäß den Aufgaben eines physiologischen Praktikums soll die untersuchte Person emmetrop sein. Zur Untersuchung im aufrechten Bild kommt die Lichtquelle dicht hinter den Kopf der untersuchten Person, und zwar etwas nach links, wenn das linke Auge untersucht werden soll. Der Beobachter nimmt den Spiegel zur Hand, legt den Spiegel vor sein linkes Auge und hält Kopf und Spiegel so, daß das linke Auge der beobachteten Person vom Spiegel reflektiertes Licht der Lichtquelle erhält. Der Beobachter nähert sich dem Auge so nahe wie möglich, durch das Loch des Spiegels blickend. Dabei darf der Beobachter, trotzdem seine Aufmerksamkeit darauf gerichtet sein muß, daß die beobachtete Pupille rot aufleuchtet, keinesfalls auf die Nähe akkommodieren, sondern muß sich bemühen, möglichst spannungslos vor sich hin zu blicken. Das Erzielen der Spannungslosigkeit wird dadurch erleichtert, daß man, wie beim Mikroskopieren, auch das andere Auge ruhig offen hält. Es erscheint bei Innehaltung dieser Vorschriften das aufrechte Bild des Augenhintergrundes. Nur wenn man nahe genug am Auge ist, kann man durch das kleine Loch der Pupille eine hinreichende Übersicht erhalten.

Zum Untersuchen im umgekehrten Bilde wird die beobachtete Person aufgefordert, dicht neben dem Ohr des Untersuchers vorbei auf eine ferner gelegene Wand hinzublicken. Der Untersucher setzt sich in einige Entfernung von der untersuchten Person und hält den Augenspiegel wie in der vorigen Beobachtung an sein Auge, Licht von der Lichtquelle in das beobachtete Auge werfend. Wenn die Pupille hell aufleuchtet, wird etwa 8 cm vom untersuchten Auge entfernt mit der anderen Hand eine Linse von 13 bis 15 Dioptrien (man kann auch eine solche von 20 Dioptrien benutzen) vorgehalten. Die Linse wird am Stiel mit Daumen und Zeigefinger gefaßt, der kleine Finger wird dicht oberhalb der Augenbraue aufgelegt, um die linsenhaltende Hand ruhig zu stützen. Der Anfänger darf hierbei nicht der richtigen Beleuchtung des Auges verlustig gehen. Es erscheint vor der Linse das umgekehrte Bild des Augenhintergrundes, welches der Beobachter von der richtigen Entfernung aus betrachten muß. Die Übersicht wird erleichtert, wenn der Beobachter ganz zwanglos leichte Bewegungen seines Kopfes nach oben und unten, rechts und links, vorn und hinten bei unverrückbarem Festhalten des Spiegels vor dem Auge ausführt. Das andere Auge des Untersuchten darf von der Hand des Untersuchers nicht zugedeckt werden.

250. Pupillarreflexe.

Gebraucht werden: Linsenkasten.

Die Versuchsperson wird mit dem Gesicht nach dem Fenster gestellt. Die Pupillen beider Augen sind beim normalen Menschen gleichweit und zeigen mittlere Größe, wenn der Versuchsperson nicht gerade direktes Sonnenlicht ins Auge fällt oder sie ein helles Objekt, z. B. eine weiße Wolke, fixiert. Nun läßt man ein Auge schließen und bedeckt das andere mit der Hand, die man ungefähr $1/2$ Minute vorhält. Wird dann die Hand rasch abgezogen, so bemerkt man, daß die Pupille gegen früher sich erweitert hat und jetzt lebhaft sich verengt. Derselbe Versuch wird mit dem anderen Auge wiederholt. Nachdem die Pupillen sich wieder auf mittlere Weite eingestellt haben, läßt man die Versuchsperson rasch in die Sonne oder gegen eine weiße Wolke blicken; sofort tritt auf beiden Seiten gleich schnell eine gleich starke Verengerung der Pupillen ein. Beim Sehen in die Sonne, das wegen der Blendungserscheinungen nicht zu lange dauern darf, verengern sich die Pupillen ad maximum bis zu Stecknadelkopfgröße.

Man beobachtet nun die Pupillarweite des einen Auges, während man das andere Auge mit der Hand verdunkelt. Trotzdem das beobachtete Auge unausgesetzt die gleiche Lichtmenge wie früher trifft, konstatiert man während der Beschattung des anderen Auges eine Pupillenerweiterung des beobachteten Auges.

Man läßt die Versuchsperson einen entfernten Gegenstand fixieren und beobachtet die Pupillenweite. Beide Pupillen sind gleich und mittelweit. Nun läßt man den in 15 cm in der Mittellinie vor die Augen gehaltenen Finger fixieren, wobei man eine gleichstarke Verengerung beider Pupillen beobachtet.

Man kann den Versuch auch so ausführen, daß man die Versuchsperson anweist, den vorgehaltenen Finger des Untersuchers ständig zu fixieren, während der Finger langsam dem Auge genähert und von ihm wieder entfernt wird. Beim Nähern des Fingers tritt eine allmählich zunehmende Pupillenverengerung ein, beim Entfernen eine Erweiterung. Die Bewegungen des fixierten Fingers dürfen nicht zu rasch geschehen, wenn man die allmählichen Veränderungen der Pupillenweite beobachten will.

Da beim binokularen Fixieren des nahe an das Auge gehaltenen Fingers die Akkommodation mit einer Konvergenzbewegung verbunden ist, so muß untersucht werden, wie jeder der beiden Faktoren auf die Pupillenweite einwirkt.

Um die Konvergenzbewegung bei der Akkommodation auszuschalten, setzt man vor jedes Auge ein Prisma, mit der Basis nasalwärts gerichtet, das gerade hinreicht, die von einem in der Mitte zwischen beiden Augen liegenden nahen Punkte ausgehenden Strahlen so abzulenken, daß die Strahlen nach dem Durchgange durch die Prismen scheinbar von zwei in Augendistanz auseinanderliegenden gleich nahen Punkten zu kommen scheinen, die ihr Bild bei parallelen Blicklinien auf der Fovea centralis retinae entwerfen. Da die beiden Bilder auf korrespondierende Netzhautstellen fallen, wird einfach

Lehre von den Sinnesempfindungen. 235

gesehen. Man läßt zunächst die Versuchsperson ein fernes Objekt fixieren und beobachtet die Pupillenweite, dann setzt man vor die Augen eine Prismenbrille (Prismenbasis nasalwärts) von 13° Ablenkungswinkel und läßt nun ein 15 cm vor dem Auge aufgestelltes Objekt (Bleistiftspitze oder Nadel) fixieren.

Nun tritt keine Konvergenz ein, weil die Prismen die vom Objekt ausgehenden Strahlen so ablenken, daß sie bei parallelen Blicklinien, wie beim Sehen in die Ferne, in beiden Augen sich in den Foveae centrales vereinigen. Da aber die Strahlen für jedes Auge aus einem 15 cm vor dem Auge gelegenen Punkte kommen, so muß das Auge auf diese Nähe akkommodieren, wenn es das Objekt scharf sehen will. Bei dieser Akkommodationsanstrengung ohne Konvergenz tritt gleichfalls Pupillenverengerung ein.

Um die Wirkung der Konvergenz allein auf die Pupillenweite zu beobachten, läßt man zuerst ein fernes Objekt fixieren und beobachtet die Pupillenweite. Dann muß die Versuchsperson ein in 10 cm in der Mittellinie vor den Augen befindliches Objekt durch eine Konvexbrille von 10 Dioptrien fixieren.

Die Linse bricht die von dem nahen Objekt ausgehenden Strahlen so, daß sie aus der Linse parallel austreten, weshalb ein normalsichtiges Auge sie ohne Akkommodation auf seiner Netzhaut zu einem scharfen Bilde vereinigt. Dagegen muß, um das nahe Objekt einfach zu sehen, die für 10 cm Abstand notwendige Konvergenz (20°) ausgeführt werden, wobei wiederum eine Verengerung der Pupille eintritt.

251. Untersuchung der Mydriatica und der Myotica.

Aufgabe: Zu beobachten, daß Atropin die Pupille erweitert und Eserin die Pupille verengt.

Gebraucht werden: Kaninchen, Kasten für das Kaninchen, Atropinlösung, Eserinlösung, Pipetten zum Einträufeln in das Auge.

Ausführung: Man bringe das Kaninchen in den Kasten, so daß der Kopf in ruhiger Stellung aus demselben hervorgestreckt wird. In das eine Auge wird mit der hierzu gehörigen Pipette in den Bindesack Atropinlösung, in das andere Eserin eingeträufelt. Achte auf den Unterschied der Pupillen auf beiden Seiten. Stelle fest, daß auf der atropinisierten Seite die Pupillarreflexe weggefallen sind.

252. Untersuchung der Unterschiedsempfindlichkeit des Auges für Helligkeiten.

Aufgabe: Zu untersuchen, welches die geringsten Helligkeitsunterschiede sind, welche das Auge unter verschiedenen Bedingungen zu unterscheiden vermag.

Gebraucht werden: Farbenkreisel, Massonsche Scheiben.

236   Übungen zur Physiologie der Bewegung und Empfindung.

Ausführung: Auf den Farbenkreisel bringt man eine weiße Scheibe, welche längs eines Radius einen unterbrochenen Strich, dessen Teile alle die gleiche Dicke haben, besitzen. Bei der Rotation der Scheibe geben diese schwarzen Striche graue Ringe auf der Scheibe. Ist d die Breite der Striche, r die Entfernung eines Punktes eines schwarzen Striches vom Mittelpunkt der Scheibe, so ist die Helligkeit h des grauen Ringes, der bei der Rotation entsteht, wenn die Helligkeit der Scheibe = 1 gesetzt wird,

$$h = 1 - \frac{d}{2r\pi}.$$

Je größer r, desto kleiner ist der Unterschied der Helligkeit der grauen Ringe von der Helligkeit der Scheibe. Die Helligkeit desjenigen Ringes, welcher bei rascher Rotation, so daß vollständige Verschmelzung eintritt, gerade noch durch seinen Helligkeitsunterschied von der Scheibe sich abhebt und dadurch erkannt wird, ist zu berechnen. Hierdurch wird die Unterschiedsempfindlichkeit gefunden.

Beobachtungsaufgaben: 1. Durch Entfernung von der Scheibe wird das Netzhautbild verkleinert. Ermittle die Abhängigkeit der Unterschiedsempfindlichkeit von der Größe des Netzhautbildes (oder dem Gesichtswinkel). 2. Bestimme die Abhängigkeit der Unterschiedsempfindlichkeit von der absoluten Helligkeit des Raumes durch Variierung der Beleuchtung des Raumes.

253. Untersuchung der Wechselwirkung der Netzhautstellen.

Aufgabe: Es ist zu beobachten, daß das Aussehen, die Helligkeit eines Objektes nicht allein von dem Licht, welches dieses Objekt aussendet, abhängt, sondern auch von der Helligkeit der Umgebung.

Gebraucht werden: Große, weiße durchlochte Scheibe, große weiße nicht durchlochte Scheibe, großes dunkles Tuch oder dunkles Papier, kleine weiße und schwarze und graue Papierscheiben.

Ausführung: 1. Man halte die beiden großen weißen im Holzrahmen gefaßten Scheiben so übereinander, daß die durchlochte Scheibe oben, die nicht durchlochte unten liegt. Die beiden Scheiben müssen so weit übereinander stehen, daß die obere Scheibe die untere nicht beschattet. Man blicke auf das Loch. Dasselbe erscheint durch das Licht der unteren Scheibe hell. Durch Drehung der unteren Scheibe zum Fenster oder vom Fenster weg beobachtet man, daß das Loch verschieden hell oder dunkel wird, was rein physikalisch durch die verschiedene Menge zugestrahlten Lichtes sich erklärt. Nun wird 2. die untere Scheibe festgehalten und die obere Scheibe entweder zum Fenster oder vom Fenster weg gedreht, wobei auf das Loch zu achten ist. Obwohl das von unten durch das Loch dringende Licht sich gar nicht verändert, ändert sich die Helligkeit des Loches in sehr

Lehre von den Sinnesempfindungen. 237

merklicher Weise, indem beim Drehen der oberen Scheibe fensterwärts das Loch sehr dunkel, beim Drehen vom Fenster weg sehr hell wird. Diese Erscheinung beruht auf dem Kontrast gegenüber der verschiedenen Helligkeit des Grundes, auf dem das Loch erscheint.

Die gleiche Beobachtung kann man anstellen, indem man eine kleine graue Scheibe einmal auf weißes, das andere Mal auf schwarzes Papier wirft. Der Helligkeitsunterschied desselben Graues ist sehr groß.

254. Untersuchung der Dunkeladaptation des Auges und der künstlich erzeugten totalen Farbenblindheit.

Aufgabe: Es ist zu beobachten, wie nach einem längeren Aufenthalt im Dunkeln die Farbenwahrnehmung und die Empfindlichkeit der Netzhautmitte (Fovea centralis) sich ändert.

Gebraucht werden: Dunkelzimmer, Spaltvorrichtung, mit Mattglas (Aubertscher Spalt), um schwaches Licht hereinzulassen, farbige Scheiben, weiße Scheiben.

Ausführung: Die Versuchspersonen begeben sich in ein dunkles Zimmer und verweilen darin etwa 15 Minuten. Der Versuchsleiter, welcher durch passende Einrichtung sich nicht dunkeladaptiert, hält eine Kollektion von farbigen und schwarzen Scheiben bereit. Nach 15 Minuten werden den dunkeladaptierten Versuchspersonen die farbigen Scheiben dargeboten. Dieselben können bei passender schwacher Beleuchtung des Raumes vermittels des Spaltes, wenn sie ihre Dunkeladaptation nicht zerstören, keine Farbe wahrnehmen, sondern jede Farbe erscheint denselben als eine verschieden helle bzw. dunkle farblose Empfindung (Zustand der totalen Farbenblindheit). Der Versuchsleiter kann zu einzelnen Farben dasjenige Grau aussuchen lassen, welches mit den einzelnen Farben gleich erscheint.

Der Versuchsleiter hat ferner auf einem dunkeln Grunde ein paar, etwa 5, kleine weiße Scheiben angeordnet. Die Versuchspersonen fixieren die weißen Scheiben und beobachten, daß diejenige Scheibe, welche sie fixieren, verschwindet, während diejenigen Scheiben, welche sich auf der Netzhautperipherie abbilden, deutlich gesehen werden (Blindheit der sonst sehtüchtigen Netzhautmitte, sog. Zapfenphänomen).

Bei einem nicht sehr hohen Grade der Dunkeladaptation läßt sich das sog. Purkinjesche Phänomen beobachten. Man suche eine blaue und eine rote Scheibe heraus, welche bei guter Tagesbeleuchtung, abgesehen vom Farbenunterschied, gleich hell erscheinen. Darauf wird das Zimmer durch Herunterlassen von Rouleaus in erheblicher Weise verdunkelt. Sofort tritt ein auffallender Helligkeitsunterschied ein, indem das Rot sehr dunkel, das Blau sehr viel heller wird.

238 Übungen zur Physiologie der Bewegung und Empfindung.

255. Das Talbot-Plateausche Gesetz.

Aufgabe: Mit Hilfe einer Scheibe, deren innerster Ring die halbe Peripherie weiß, die andere Hälfte schwarz zeigt, während im mittleren Ringe zwei Viertel, im äußeren Ringe vier Achtel weiß, der Rest schwarz sind, nachzuweisen, daß, wenn eine Stelle der Netzhaut von periodisch veränderlichem und regelmäßig in derselben Weise wiederkehrendem Licht getroffen wird und die Dauer der Periode hinreichend kurz ist, ein kontinuierlicher Eindruck entsteht, der dem gleich ist, welcher entstehen würde, wenn das während einer jeden Periode eintreffende Licht gleichmäßig über die ganze Dauer der Periode verteilt wäre.

Gebraucht werden: Farbenkreisel, Scheibe wie beschrieben.

Ausführung: Die beschriebene Scheibe wird in so rasche Umdrehung versetzt, daß alle Ringe die gleiche Helligkeit zeigen.

256. Untersuchung des Sehens in der Netzhautperipherie und Ermittlung der Urfarben mit Hilfe des peripheren Farbensehens.

Aufgabe: Es sind mit Hilfe der Perimetrie die Grenzen des Farbensehens in verschiedenen Meridianen der Netzhaut festzustellen und 2. sind die Urfarben dadurch zu ermitteln, daß man beobachtet, welche Farben bei ihrer Wanderung von der Peripherie nach dem Zentrum ihren Farbenton nicht ändern.

Gebraucht werden: Ein Perimeter, Tisch mit schwarzem Tuch, kleine farbige Papierscheiben, eine kleine Pinzette.

Ausführung: 1. Untersuchung der Grenzen des farbigen Sehens auf der Netzhautperipherie. Die Versuchsperson setzt sich an das Perimeter mit Aufstützung des Kinnes und fixiert fest das geradeaus liegende Fixationszeichen. Von der äußersten Peripherie her wird zunächst eine beliebige Farbe herangeführt und allmählich von der äußersten Peripherie näher an das Zentrum herangebracht. Die Versuchsperson gibt an, wann sie zuerst eine Farbenwahrnehmung hat. Der Winkelgrad, berechnet vom Zentrum, bei dem die farbige Wahrnehmung zuerst auftritt, wird notiert. Man führe diese Bestimmung für verschiedene Farben durch, auch für weiß, und stelle die Grenzen für die einzelnen Farben fest. Man kann später die gefundenen Grenzen in ein Schema eintragen, so daß die Gesichtsfeldgrenzen für die einzelnen Farben aufgezeichnet sind (Gesichtsfeldaufnahmen). Hat man beispielsweise die Grenzen für den horizontalen Meridian der Netzhaut bestimmt, so kann man durch Drehen des Perimeterringes um 90° die gleiche Aufnahme für den vertikalen Meridian machen. Haupterfordernis bei der ganzen Ausführung ist, daß die Versuchsperson während ihrer Beobachtung fest das Fixationszeichen fixiert und den Blick nicht abirren läßt.

2. **Bestimmung der Urfarben.** Auf einen Tisch wird ein mattschwarzes Tuch ausgebreitet. Auf eine Stelle desselben legt man eine kleine schwarze Scheibe, welche als Fixationszeichen dient. Der Beobachter stellt sich vor den Tisch, bedeckt das eine Auge mit der Hand und fixiert mit dem anderen Auge das schwarze Fixationszeichen. Darauf wird eine kleine farbige Scheibe mit der Pinzette von der äußersten Peripherie her auf dem schwarzen Tuche herangeführt und ganz langsam allmählich mehr an das Fixationszeichen herangebracht, bis die Versuchsperson angibt, ob und welche Farbe sie wahrnimmt. Dann wird die farbige Scheibe näher und näher an das Fixationszeichen herangeführt, wobei die Versuchsperson jederzeit eine etwaige Änderung in der Farbenwahrnehmung angibt. Die Versuchsperson ist dahin zu instruieren, daß sie 1. nur auf die Farbe und nicht auf die Pinzette achtet, 2. daß sie jede Änderung im Farbentone angibt. Worauf es bei dieser Untersuchung ankommt, ist folgendes:

Nimmt man beispielsweise ein Rot oder ein Grün, so kann je nach der gewählten Farbe die erste von der Versuchsperson wahrgenommene Farbe gelb oder blau sein und erst beim allmählichen Heranbringen der Farbe näher an das Fixationszeichen, also näher an das Zentrum, tritt der rote bzw. grüne Farbenton hervor. Die Erscheinung, daß auf einer gewissen Stelle der Netzhaut ein Rot oder Grün zuerst blau oder gelb erscheint, beweist zweierlei: 1. daß das betreffende Rot oder Grün daneben noch eine Blau- bzw. Gelbvalenz hat, 2. daß die Zone der Netzhaut, welche Rot und Grün nicht sehen konnte, rot-grünblind ist. Man suche nun aus den vielen farbigen Papieren, die zur Verfügung stehen, durch den Versuch dasjenige Rot, Grün, Blau und Gelb zu finden, welches von Anfang an bis zum Zentrum ohne jede Veränderung des Farbentones in der gleichen Farbe wahrgenommen wird. Diese vier Farben sind die reinen Urfarben der betreffenden Versuchsperson.

257. Untersuchung der Farbenmischung.

Aufgabe: Es sind Farbenmischungen aus verschiedenen Farben zu machen und die Bedingungen festzustellen, von denen das Aussehen der Mischfarbe abhängt.

Gebraucht werden: 1. Einfachere Methode: Heringscher Farbenkreisel, farbige Scheiben, weiße und schwarze Papiere, geteilter Kreis zu Messungszwecken. 2. Genauere Methode: Ein spektraler Farbenmischapparat.

Ausführung: 1. Einfachere Methode: Auf den Farbenkreisel kommen zunächst zwei farbige Scheiben, etwa blau und gelb. Die Scheiben werden so ineinander gelegt, daß sie an der Schlitzstelle ineinander gesteckt werden, so daß ein Teil des Kreises aus blauer, ein Teil aus gelber Farbe besteht. Zum Schutz gegen Zerreißen kommen die farbigen Papiere auf eine etwas festere Papierscheibe. Nachdem die Scheiben auf die zugehörige Stelle des Farbenkreisels angebracht worden sind, kommt darüber ein kleinerer Kreis, bestehend aus zwei farbigen Papieren, weiß und schwarz. Sodann wird ein kleiner Papierring aufgelegt und das Ganze mit der Schraube des Farbenkreisels festgeschraubt. Bei der Drehung des Farbenkreisels muß streng darauf geachtet werden, daß nicht gegen die offene Stelle der Schlitze gedreht wird, weil sonst die Papierscheiben zerreißen. Deshalb müssen auch die beiden Kreise, der äußere sowie der innere, in gleicher Weise gesteckt worden sein. Beim Drehen beobachtet man, daß der äußere Ring, der aus Blau und Gelb besteht, den Ton nach dem Weißlichen zu annimmt, wenn man das Blau und Gelb in passenden Mengenverhältnissen miteinander mischt. Um die passenden Mengenverhältnisse von Blau und Gelb herzustellen, muß immer wieder die Schraube gelockert werden und so lange an den Mengenverhältnissen von Blau und Gelb geändert werden, bis beim Drehen ein farbloses Grau erscheint.

Auf dem inneren Kreis ist durch Mischung von Weiß und Schwarz gleichfalls ein Grau entstanden. Die Helligkeit dieses Graues muß der Helligkeit des Graues, welches aus Blau und Gelb entstanden ist, gleich gemacht werden. Dies geschieht, wie vorher, durch Variierung der Menge von Weiß und Schwarz. Nachdem man so Weiß aus komplementärem Blau und Gelb gemischt hat, mißt man durch Anlegung des Teilkreises in Winkelgraden, wie viel Teile Gelb und blau zur Mischung notwendig waren, und ebenso Weiß und Schwarz. Man notiere diese Farbengleichung. Hierauf wird die blaue und gelbe Scheibe abgenommen und durch Rot und Grün ersetzt. Man suche in der gleichen Weise wie vorher die passenden Mengenverhältnisse von Rot und Grün, um eine Gleichung mit dem farblosen Grau aus Schwarz und Weiß zu bekommen. Man notiere wiederum die komplimentären Mengen von Rot und Grün. Oft ist es nötig, da die Mischung nicht vollkommen farblos wird, eine kleine Menge einer dritten Farbe zuzusetzen, um Farblosigkeit zu erzielen. Dies geschieht so, daß eine dritte farbige Scheibe den beiden anderen größeren Scheiben zugemischt wird.

Mische drei Farben, etwa Rot, Grün und Blau und beobachte, daß aus diesen drei Farben, in passenden Mengenverhältnissen gemischt, gleichfalls ein farbloses Grau entsteht. Miß die Mengenverhältnisse der Farben und notiere dieselben.

Nachdem man so die Entstehung von Weiß aus zwei Komplementärfarben und aus Mischung von drei Farben kennen gelernt hat, untersuche man die Mischfarben, welche entstehen, wenn man etwa nicht komplementäre Mengen von Rot und Grün miteinander mischt. Man beobachte die entstandene Mischfarbe und notiere die Mengen-

Lehre von den Sinnesempfindungen. 241

verhältnisse von rot und grün, die zur Entstehung der verschiedenen Mischfarben Veranlassung geben.

2. **Genauere Ausführung**: Der spektrale Farbenmischapparat wird vom Lehrpersonal aufgestellt und erläutert. Es ist die Aufgabe, in demselben, nachdem beispielsweise im Gesichtsfeld ein spektrales Blau eingestellt worden ist, durch Drehung eines Spaltes, der an dieselbe Stelle des Gesichtsfeldes eine weitere spektrale Farbe hinbringt, farblose Helligkeit entstehen zu lassen. Wenn im Gesichtsfeld das Blau in annähernd farblose Helligkeit umgeschlagen hat, wird der Spalt geschlossen, und man stellt fest, daß zu dem spektralen Blau ein spektrales Gelb zugemischt worden ist, um Weiß hervorzurufen. Sodann kann zu einem spektralen Rot ein Grün zugemischt werden, welches gerade annähernd farblose Helligkeit ergibt. Durch Mischung von zwei Farben, welche im Spektrum näher aneinander heranliegen als die Komplementärfarben, lassen sich alle zwischen den beiden Farben befindlichen Mischfarben herstellen. Hat man beispielsweise in der oberen Hälfte des Gesichtsfeldes durch Mischung zweier spektraler Farben eine Farbe entstehen lassen, so kann man in der unteren Hälfte des Gesichtsfeldes durch Öffnung des zugehörigen Spaltes und Einstellung mit Hilfe der Schraube, die den Spalt verschiebt, diejenige reine Spektralfarbe einstellen, welche gleich ist mit der Mischfarbe. Durch Variierung der Spaltweiten vor der Gasflamme und der Spalte näher am Gesichtsfeld kann man jede beliebige Helligkeit herstellen.

258. Beobachtung an Nachbildern und ihre Beziehungen zur Theorie des Lichtsinnes.

1. Auf einem dunklen Grunde wird in die Mitte eine kleine schwarze Marke angebracht. Die schwarze Marke wird gedeckt von einem weißen Papierquadrat. Der Beobachter fixiert das weiße Papierquadrat 40 Sekunden lang und entfernt dasselbe. Nach Entfernung läßt er den Blick auf der Fixiermarke ruhen. Es erscheint periodisch verschwindend und wiederkehrend ein Nachbild, dunkler als der dunkle Grund. Das dunkle Nachbild ist umgeben von einem hellen Lichthof, der besonders zu beachten ist. 2. An Stelle eines Quadrates wird jetzt ein Quadrat aufgelegt, aus dessen Mitte ein Streifen ausgeschnitten ist. In der Mitte des Streifens liegt auf dem jetzt sichtbaren dunklen Grund die Fixationsmarke. Dieselbe wird 40 Sekunden lang fixiert. Während der Fixation beobachtet man, daß die Ränder am dunkelsten bzw. am hellsten erscheinen (simultaner Kontrast). Jetzt wird das Viereck entfernt, der Blick bleibt auf der Fixationsmarke ruhen. Es erscheint dort, wo das Weiß gelegen hat, ein dunkles Nachbild, umgeben von dem Lichthof. Dort, wo der rings von Weiß umgebene schwarze Streifen lag, ein sehr helles Nachbild. 3. Es werden

auf einem Tisch ein großer schwarzer und weißer Streifen Papier aufgelegt, die sich berühren. Etwa 2 cm bis 4 cm von der Grenzlinie entfernt wird auf das Weiß und Schwarz ein grauer Streifen gleicher Helligkeit aufgelegt. Die beiden Grau erscheinen auf dem Grund sehr verschieden hell. Auf der Grenzlinie wird eine kleine Fixationsmarke fixiert. Nach 40 Sekunden werden die beiden Graustreifen entfernt und auch die beiden großen Papierblätter. Unter den Papierblättern muß ein grauer Grund liegen mit Fixationsmarke, auf dem der Blick ruht. Es entwickelt sich entsprechend den beiden grauen Streifen rechts und links von der Fixationsmarke ein Nachbild. Die beiden Nachbilder sind verschieden hell, und zwar umgekehrt wie die Vorbilder. Die Verschiedenheit der Nachbilder beweist, daß die Kontrastverschiedenheit der beiden Vorbilder auf physiologischen Prozessen beruht.

259. Untersuchung der korrespondierenden Netzhautstellen.

Aufgabe: Es sind durch Beobachtung die korrespondierenden Netzhautstellen zu finden und darauf die Entstehung der Tiefenwahrnehmung durch Abbildung auf disparaten Netzhautstellen festzustellen.

Gebraucht werden: Herings Haploskop, Zeichnungen mit Linien, welche auf korrespondierenden oder disparaten Netzhautstellen sich abbilden.

Ausführung: Das Haploskop wird vom Lehrpersonal justiert und eingestellt. Auf die rechte und linke Scheibe werden zuerst die Linienzeichnungen angebracht, wo beispielsweise 5 oder 7 vertikale Linien gleich weit voneinander gezeichnet sind, so daß sich alle bei richtiger Beobachtung auf korrespondierenden Längsschnitten abbilden müssen. Der Beobachter setzt sich ans Haploskop, Stirn und Nase auf die entsprechenden Halter des Apparates aufgestützt, und zwar so, daß das rechte und das linke Auge bequem in die beiden Spiegel des Apparates hineinsieht. Die beiden Arme des Apparates müssen so gestellt werden, daß die beiden mittleren Linien der Figuren gleichzeitig in gleicher Lage in jedem Spiegel gesehen werden. Der Beobachter fixiert den Mittelpunkt der beiden mittleren Linien. Bei richtiger Beobachtung erscheinen, trotzdem jedem Auge ein gesondertes Bild dargeboten wird, beispielsweise, wenn je 5 Linien sich auf jeder Scheibe befinden, nicht 10 Linien, sondern nur 5 Linien, indem jedes Linienpaar, welches sich auf korrespondierenden Längsschnitten abbildet, einfach gesehen wird.

Die Linien können auch so gezeichnet werden, daß auf den beiden Scheiben nur Halblinien liegen, auf der einen Scheibe die oberen, auf der anderen die zugehörigen unteren. Die beiden Halblinien

Lehre von den Sinnesempfindungen. 243

verschmelzen, wenn sie korrespondierend liegen, zu einer einheitlichen Linie.

Hierauf werden die beiden Zeichnungen entfernt und mit den beiden Zeichnungen vertauscht, wo je ein Linienpaar rechts und links von der Mittellinie so gezeichnet sind, daß sie sich mit gekreuzter bzw. ungekreuzter Disparation abheben. Die Beobachtung geschieht wie vorher. Bei fester Fixierung des Mittelpunktes der mittleren Linie erscheint die eine Nachbarlinie vor, die andere Nachbarlinie hinter der Ebene, welche durch die anderen sich korrespondierend abbildenden Linien bestimmt wird.

260. Das Gesetz der identischen Sehrichtung.

Aufgabe: Es ist durch Beobachtung das Gesetz zu verifizieren, daß Objekte, welche auf je zwei korrespondierenden, physikalischen Richtungslinien liegen, in einer identischen Sehrichtung gesehen werden bzw. erscheinen.

Gebraucht werden: Großes Reißbrett, kleine farbige Scheiben mit Faden zum Aufhängen an dem Reißbrett, Reißzwecken, Glasplatte mit kleinem Tintenring in der Mitte. Stativ, Halter mit Beißbrett.

Ausführung: Die Aufstellung wird vom Lehrpersonal besorgt. Der Beobachter setzt sich an den Tisch, wo der Halter mit dem Beißbrett befestigt ist. Er beißt sich in das Beißbrett bei ungezwungener Geradhaltung des Kopfes fest und blickt auf die 25 cm vor ihm befindliche Scheibe, derart, daß das Tintenfixationszeichen gerade in der Höhe der Augen sich befindet. Das Fixationszeichen soll in der gleichen Ebene liegen wie die Nasenwurzel. Hierauf wird das eine Auge geschlossen. Der Beobachter blickt durch das Fixationszeichen nach dem Reißbrett, daselbst wird an dem Punkte, wo die gedachte Linie durch das Auge und das Fixationszeichen das Reißbrett schneidet, die eine farbige Scheibe aufgehangen. Sie wird mit Hilfe des Fadens und der Reißzwecke in einer Höhe festgesteckt, daß der obere Rand der Scheibe gerade in Augenhöhe liegt. Hierauf wird das andere Auge geöffnet und das erste Auge geschlossen und nun für dieses Auge in der Weise, wie soeben beschrieben wurde, die andere Scheibe auf das Reißbrett aufgehängt, und zwar derart, daß der untere Rand der Scheibe in Augenhöhe liegt. Auf diese Weise liegt die Scheibe auf der physikalischen Richtungslinie des betreffenden Auges. Jetzt werden beide Augen geöffnet und der Beobachter blickt ruhig mit beiden Augen auf das Fixationszeichen auf der Glasscheibe. Er sieht dann einen einzigen langen Streifen, der sich aus den beiden Halbstreifen zusammensetzt. Der ganze Streifen erscheint in einer geraden Richtung, welche gegeben ist durch die Linie, welche von der Nasenwurzel durch das Fixationszeichen nach dem Reißbrett geht, die Sehrichtung, während die beiden Streifen in Wirklichkeit auf zwei verschiedenen physikalischen Richtungslinien liegen.

261. Die Entstehung der Tiefenwahrnehmung durch das binokulare Sehen.

Aufgabe: Es ist zu beobachten, daß bei einer Beobachtungsmethode, welche die Erfahrungsmomente ausschließt, die Tiefenwahrnehmung durch das binokulare Sehen, d. h. durch die Art und Weise, wie sich Objekte auf den beiden Netzhäuten abbilden, zustande kommt, während man beim Beobachten mit nur einem Auge selbst sehr große Tiefenunterschiede nicht richtig zu beurteilen vermag.

Gebraucht werden: Lange Heringsche Dunkelröhre, Stäbe in Stativfuß gefaßt, kleine Kügelchen aus Glas oder auch Erbsen.

Ausführung: Die Versuchsperson setzt sich vor die Dunkelröhre und schaut durch die lange Dunkelröhre auf die Objekte, welche von dem Versuchsleiter dargeboten werden. Außer den dargebotenen Objekten darf nur ein Grund ohne weitere Objekte zur Orientierung gesehen werden. Der Versuchsleiter stellt zunächst drei Stäbe in einer Ebene auf, welche parallel zur hinteren Öffnung der Dunkelröhre liegt. Die Versuchsperson fixiert die mittlere Linie. Jede Verschiebung einer Linie aus der Ebene, welche durch die beiden anderen Linien bestimmt wird, wird sofort bemerkt und richtig angegeben, ob die Linie vor oder hinter der Ebene liegt, welche durch die fixierte Linie bestimmt wird. Jetzt schließt die Versuchsperson beide Augen, währenddem verschiebt der Versuchsleiter die drei Stäbe so, daß sie in verschiedener Entfernung von der hinteren Öffnung des Dunkelrohres liegen. Die Versuchsperson öffnet jetzt nur ein einziges Auge und fixiert wiederum den mittleren Stab. Sie ist jetzt nicht mehr in der Lage, die richtigen Entfernungen zu erkennen, zeigt sich vielmehr vollkommen desorientiert über die wirklichen Tiefenverhältnisse, weil beim monokularen Sehen die binokulare Disparation nicht zur Geltung kommen kann.

Der Versuch kann auch so angestellt werden, daß der Versuchsleiter vor oder hinter dem fixierten Stabe eine Kugel fallen läßt. Während beim binokularen Sehen richtig angegeben wird, ob die Kugel vor oder hinter der fixierten Linie gefallen ist, vermag der Beobachter beim monokularen Sehen nur zufällig eine richtige Antwort zu geben (Heringscher Fallversuch, welcher die Mitwirkung der Augenbewegungen ausschließt).

262. Nachweis des Listingschen Gesetzes.

Aufgabe: Es ist zu zeigen, daß es eine bestimmte Lage des Kopfes gibt, wobei reine Hebungen und Seitwärtswendungen der Augen ohne Rollung um die Gesichtslinie ausgeführt werden.

Lehre von den Sinnesempfindungen. 245

Gebraucht werden: Heringsches Beißbrettchen mit Papierstreifen für die Pupillendistanz, farbiger oder schwarzer Streifen, der an die Wand eines größeren Zimmers in Augenhöhe angebracht wird.

Ausführung: Die Versuchsperson nimmt das Beißbrettchen in den Mund und blickt an dem Papierstreifen, dessen Länge gleich seiner Pupillendistanz ist, vorbei auf den Streifen an der Wand. Die Papierstreifen werden mit Hilfe des Lehrpersonals angefertigt. Die erste Beobachtung geschieht in zwangloser Aufrechtstellung des Körpers und Geradhaltung des Kopfes. Nach 40 Sekunden Fixierung des farbigen oder schwarzen Streifens werden die Augen ohne jede Bewegung des Kopfes horizontal seitwärts geführt. Der Blick wird dann auf einem seitwärts gelegenen Punkt ruhen gelassen. Es entwickelt sich das Nachbild des Streifens. Dieselbe Beobachtung wird wiederholt durch Seitwärtswendung der Augen nach der anderen Seite, sodann wird die Beobachtung jedesmal nach vorheriger Fixierung des Streifens in der Ausgangslage wiederholt mit Hebung und Senkung der beiden Augen. Ist in den neuen Lagen die Orientierung des Nachbildes die gleiche wie diejenige des Vorbildes, hat keine Drehung des Nachbildes stattgefunden, so hat der Beobachter die Primärlage seiner beiden Augen gefunden, aus welcher heraus die Bewegungen der Augen ohne Rollung um die Gesichtslinie stattfinden (Listings Gesetz).

Nachher soll der Beobachter eine extreme Neigung des Kopfes nach hinten oder nach unten ausführen und die Beobachtungen in der gleichen Weise wiederholen. Es zeigt sich, daß jetzt die Seitenwendung und Hebung der Nachbilder gegen die Lage des Vorbildes eine Drehung erlitten haben. (Sekundäre Lage der beiden Augen, Rollung um die Gesichtslinie.) Das Beißbrettchen dient dazu, um zu kontrollieren, daß die Ausgangslage die ursprüngliche ist; die Winkelteilung am Beißbrettchen dient dazu, um die etwaige Neigung der Primärlage gegen die Ebene des Bodens festzustellen.

263. Beobachtung des Trommelfelles am Menschen[1]).

Gebraucht werden: Ohrtrichter, Reflektor. Abbildungen vom menschlichen Trommelfell.

Die Versuchsperson wird so gegen eine Lichtquelle gesetzt, daß das zu untersuchende Ohr von dieser abgewendet ist. Als Lichtquelle benützt man das von einer Wolke reflektierte Tageslicht. Muß man bei künstlicher Beleuchtung untersuchen, so wird man zweckmäßig Auerlicht nehmen; die Lampe wird dann seitlich über und hinter dem zu Untersuchenden aufgestellt. Das von der Lichtquelle ausgesandte Licht wird durch einen Stirnreflektor (Hohlspiegel mit zentraler Öffnung) von 7—9 cm Durchmesser und 15 cm Brenn-

---
[1]) Nach Fuchs.

weite in das Ohr geworfen. Der Reflektor wird mit seinem Band um den Kopf festgeschnallt, so daß die zentrale Öffnung sich in Augenhöhe befindet.

Um eine möglichst konzentrierte Beleuchtung zu erhalten, muß man den Reflektor in der richtigen Entfernung vom Trommelfell halten, das heißt der Beobachter muß sich mit dem unmittelbar hinter dem Reflektor befindlichen beobachtenden Auge in einem bestimmten Abstand vom Ohre befinden. Benützt man eine Wolke als Lichtquelle, dann wird eine möglichst starke (fokale) Beleuchtung erzielt, wenn sich der Spiegel in seiner Brennweite, also 15 cm vom Trommelfell entfernt, befindet. Da die ganze Länge des äußeren Gehörganges ungefähr 3 cm beträgt, so wird der Beobachter sich in einer Entfernung von etwa 12 cm vom Ohr aufstellen. Bei Benützung einer künstlichen Lichtquelle wird man gleichfalls eine möglichst fokale Beleuchtung wählen, also ein stark verkleinertes Bild der Lichtquelle auf dem zu beleuchtenden Objekt erzeugen. Da man die künstliche Lichtquelle nicht unendlich weit aufstellen kann, so muß sich der Beobachter in etwas größerer Entfernung, z. B. 20 cm vom Trommelfell, also ca. 17 cm vom Ohr, befinden. Damit in 20 cm vom Spiegel ein verkleinertes scharfes Bild der Lichtquelle entsteht, muß sich diese letztere 60 cm vom Spiegel entfernt befinden.

Der Kopf des Untersuchten wird ein wenig seitlich und schräg gestellt. Der Untersucher faßt die Ohrmuschel mit der Hand und zieht sie nach hinten, oben und außen, um die normale Krümmung des äußeren Gehörganges auszugleichen, welche sonst den Anblick des Trommelfelles verhindern würde. Manchmal muß eine andere Zugrichtung auf den äußeren Gehörgang ausgeübt werden, um ihn zu strecken. In den äußeren Gehörgang führt man den Ohrtrichter mit seinem schmalen Teil ein, den man unter leichten Drehbewegungen langsam möglichst weit vorschiebt. Eine jede Gewaltanwendung beim Einführen des Ohrtrichters ist wegen Verletzung der Haut des Gehörganges strengstens zu vermeiden. Man wähle einen Trichter mit möglichst weitem Lumen, der sich aber noch leicht einführen läßt. Der Ohrtrichter ist ein konisch geschweiftes Neusilberrohr mit trichterförmigem Ansatz, dessen innere Fläche zur Vermeidung störender Reflexe mattiert ist. Der Beobachter bringt das mit dem Reflektor bewaffnete Auge in die richtige Entfernung und beleuchtet durch passende Drehung des in einem doppelten Kugelgelenk beweglichen Reflektors das Innere des Gehörganges.

In der Trichteröffnung erscheint dann das Trommelfell als eine kleine, blaßgrau gefärbte, leicht ovale Membran von 8 bis 10 mm Durchmesser, die an ihrer unteren Partie einen hellen Lichtreflex zeigt. Häufig überblickt man nicht das ganze Trommelfell auf einmal, sondern muß sich nach und nach durch Neigen des Trichters und Bewegen des Kopfes die einzelnen Partien einstellen.

Lehre von den Sinnesempfindungen. 247

264. Prüfung der Empfindlichkeit des Gehörs.

Aufgabe: Es ist in zwei verschiedenen Methoden die Empfindlichkeit des Gehörsinnes zu prüfen.

Gebraucht werden: Taschenuhr, Induktionsapparat, Element, Telephon.

Ausführung: 1. Einfache Methode:· Die Versuchsperson stellt sich an das eine Ende eines großen Zimmers oder eines längeren Korridors. Der Raum muß im übrigen möglichst geräuschlos sein. Der Untersucher nimmt die Taschenuhr und stellt fest, auf wieviel Meter Entfernung zuerst das Ticken der Uhr gehört wird.

2. Genauere Methode: Verbinde die primäre Rolle des Induktionsapparates mit Quecksilberschlüssel und Element. Die sekundäre Rolle wird mit einem Telephon verbunden. Man setze den unterbrochenen Strom der primären Rolle in Betrieb unter Einschaltung des Wagnerschen Hammers. Am besten kommt der Induktionsapparat in einen anderen Raum, damit das Geräusch des Hammers nicht gehört wird. Die Versuchsperson nimmt das Telephon an das Ohr und drückt das Telephon fest an das Ohr. Es wird der größte Abstand der sekundären Rolle von der primären aufgesucht bzw. wird, wenn nötig, der Winkel zwischen den Achsen der beiden Rollen geändert und hierdurch der schwächste Induktionsstrom aufgesucht, der gerade noch im Telephon zu einer Schallwahrnehmung führt.

265. Prüfung der Mittelohrfunktionen.

Aufgabe: 1. Zu zeigen, daß die Luftleitung der Kopfknochenleitung überlegen ist (Rinnescher Versuch).

2. Zu beobachten, daß der Schall einer Stimmgabel, die auf den Kopf gesetzt wird, auf derjenigen Seite verstärkt gehört wird, deren Gehörgang man verschlossen hat (Weberscher Versuch).

Gebraucht werden: Stimmgabeln mittlerer Höhe.

Ausführung: 1. Man schlage eine Stimmgabel an und setze dieselbe auf den Kopf der Versuchsperson. Die Versuchsperson hat anzugeben, wie lange sie dieselbe hört. Wenn dieselbe das verabredete Zeichen gibt, daß sie die Stimmgabel nicht mehr hört, wird die Stimmgabel vor den Gehörgang gebracht. Normale Personen hören dann den Schall der vorher verklungenen Stimmgabel wieder ganz deutlich (positiver Rinnescher Versuch).

2. Man schlage wiederum die Stimmgabel an und setze dieselbe auf die Mitte des Schädels der Versuchsperson. Wenn dieselbe gut gehört wird, und deutlich etwa in der Mitte des Kopfes lokalisiert wird, wird die Versuchsperson aufgefordert, mit dem Finger einen Gehörgang fest zu verschließen. Sofort wird die Versuchsperson den Schall in das verschlossene Ohr lokalisieren.

248 Übungen zur Physiologie der Bewegung und Empfindung.

266. Galvanischer Schwindel und reaktive Drehung am Kaninchen.

An zwei langen dünnen Drähten, welche mit Tauchbatterie, Schlüssel und Stromwender verbunden sind, werden zwei kleine Schwämmchen befestigt und mit gesättigter Salzlösung getränkt. Dieselben werden in die Ohren eines Kaninchens möglichst tief eingestopft und mittels zweier kleiner, nicht zu stark federnder Klemmpinzetten, welche die Ohrlöffel an der Wurzel fassen, festgehalten. Bei Schließung des Stromes (10 bis 20 Elemente) wälzt sich das Tier sofort energisch in der Richtung nach der Anodenseite und ändert beim Umlegen der Wippe die Wälzrichtung; man darf, da die Drähte sich verwickeln, immer nur wenige Touren machen lassen.

267. Untersuchung der Labyrinthfunktion mit Hilfe des kalorischen Nystagmus.

Aufgabe: Es ist die nach Ausspritzung des Gehörganges mit kaltem und warmem Wasser infolge Labyrinthreizung auftretende Reaktion, in Nystagmus der Augen bestehend, zu beobachten und die Abhängigkeit der Reaktion von der Lage des Tieres zu beobachten.

Gebraucht werden: Kleines Paukenröhrchen, Druckgefäß mit Schlauchleitung, Kaninchen.

Ausführung: Ein Kaninchen wird in Bauchlage aufgebunden und der Kopf so fixiert, daß man die Augen gut beobachten kann. In den Gehörgang wird das durch einen langen Schlauch mit dem Druckgefäß in Verbindung gebrachte Paukenröhrchen möglichst tief eingeführt. Das mit kaltem Wasser, 12 bis 15°, gefüllte Druckgefäß wird $1^1/_2$ m hoch gestellt. Das aus dem Gehörgang wieder auslaufende Wasser wird, um die Benässung des Tieres zu vermeiden, in einer Schale aufgefangen. Nach einiger Zeit treten Nystagmusbewegungen der Augen ein, und zwar zur Seite des unausgespritzen Ohres gerichtet, wenn man auf die Phase der raschen Zuckungen achtet. Bei Verwendung von warmem Wasser, 45 bis 50°, schlägt die rasche Zuckungsphase des Nystagmus nach der Seite des ausgespritzten Ohres. Hierauf gibt man dem Kaninchenbrett mit dem Kaninchen andere Lagen, z. B. Rücken nach unten, und achtet auf den Ausfall der kalorischen Reaktion in dieser neuen Lage.

Die kalorische Reaktion läßt sich auch am Menschen untersuchen, vorausgesetzt, daß dessen Trommelfell intakt und der Gehörgang gereinigt ist. Man spritzt bei Neigung des Kopfes nach hinten um etwa 60° mit einer Rekordspritze 5 ccm Wasser entweder von 20° oder 45 bis 50° in den äußeren Gehörgang. Neigt man den Kopf des Menschen, der etwa um 60° nach hinten gebeugt ist, auf die nicht ausgespülte Seite, so tritt an Stelle des bisherigen horizontalen Nystagmus ein rotatorischer Nystagmus auf.

Lehre von den Sinnesempfindungen.   249

268. Untersuchung der Labyrinthfunktionen des Frosches[1]).

Der Frosch wird narkotisiert und dann in Rückenlage auf ein Brett von der Form eines Kreuzes aufgebunden. Zum Öffnen und Offenhalten des Mundes benutzen wir zwei kleine Haken, von denen der eine am Ende eines kurzen und der andere am Ende eines längeren Bindfadens befestigt ist. Der Haken mit dem kürzeren Faden wird in dem Rand des Oberkiefers eingehakt, und sein Faden in dem Schnitt, der sich im Holz des Froschkreuzes am Kopfende befindet, festgeklemmt. Man fixiert hierdurch den Kopf. Der Haken mit dem längeren Bindfaden wird in den Rand des Unterkiefers eingehakt. Indem man dann an diesem Faden zieht, öffnet man den Mund des Frosches, bis der Unterkiefer auf die Brustwand zu liegen kommt, und klemmt den Faden in einem der Schnitte am Fußende des Kreuzes fest. Ist auf diese Weise der Mund, soweit es überhaupt möglich ist, geöffnet und fixiert, so schneidet man mit der kleinen Schere die Schleimhaut des Oberkiefers genau in der Medianlinie auf, und zwar fast in der ganzen erreichbaren Ausdehnung. (Es darf aber nichts von der Haut abgeschnitten werden!) Der Schnitt reicht also etwa nach vorn bis zum vorderen Rande der Augäpfel und nach hinten bis zu der Verschlußstelle des Oesophagus. Um einen ersten kleinen Schnitt in die Schleimhaut zu machen, in den man dann mit der Scherenspitze eindringen kann, um den Schnitt zu verlängern, hebt man mit der Pinzette eine kleine Querfalte empor, die man dann quer durchschneidet. Man erfaßt mit der Pinzette die linke Hälfte der durchschnittenen Schleimhaut etwa in der Hälfte des Schnittes und schlägt sie nach außen um. Man sieht dann ein kleines Bündel von Blutgefäßen, Äste der Carotis interna, welches aus der Tiefe hervortritt und an der hochgehobenen Schleimhaut haftet[2]).

Die Eröffnung der Ohrhöhle geschieht in folgender Weise: Das Os parabasale bildet ein Kreuz mit einem langen Schenkel nach vorn, einem ganz kurzen nach hinten und je einem wieder etwas längeren nach beiden Seiten. Durch den Seitenschenkel schimmert das Otolithensäckchen hindurch. Man sticht mit einer feinen Nadel mitten in dieses hinein. Es hat dies erste Anstechen der Ohrhöhle den Zweck, für den nun anzuwendenden Bohrer einen Anhaltspunkt zu gewinnen. Man bohrt, indem man den Bohrer zwischen den Fingern dreht, so tief, daß er durch das Loch hindurch in die Ohrhöhle einsinken kann. Ist er nicht sehr scharf, so bleibt eine kleine dünne Knorpelplatte am Rande der Bohröffnung hängen. Da sie den Einblick in die Ohrhöhle erschwert, entfernt man sie mit einer spitzen Pinzette.

---

[1]) Nach Ewald: Das Straßburger Praktikum.
[2]) Mit leichten Haken werden die Blutgefäße vom Operationsgebiet abgezogen.

Es bleibt jetzt nur noch übrig, das Labyrinth herauszuziehen. Durch wenige Stiche mit der Nadel bringt man den Inhalt des Otolithensäckchens zum Ausfließen in die Ohrhöhle und spült ihn mit einer Spritzflasche oder auch nur, indem man aus einiger Höhe das aus einem Schwämmchen gedrückte Wasser auf die Öffnung der Ohrhöhle hinunterfallen läßt, nach außen fort. Mit ganz kleinen Schwämmchen, nicht viel größer als ein Stecknadelknopf, tupft man dann die Ohrhöhle aus. Hierbei hält man die Schwämmchen mit der spitzen Pinzette fest und drückt sie ganz in die Ohrhöhle hinein. Man zieht sie wieder heraus, drückt sie mit einem Finger gegen ein Handtuch und wiederholt die Prozedur. Um die jetzt noch in der Ohrhöhle befindlichen Bogengänge zu entfernen, geht man mit einem Exkavator ein, kratzt gewissermaßen den ganzen Inhalt der Höhle zusammen und zieht ihn heraus. Mit etwas Geduld kommt man leicht zum Ziel. Will man aber schnell, mit Sicherheit und unter möglichster Schonung der Bogengänge das Labyrinth entfernen, so muß man schon etwas systematischer zuwege gehen. Man fängt dann in der Mitte der der Öffnung gegenüberliegenden Wand (dorsale Decke der Ohrhöhle) an und führt das scharfe Ende des Exkavators von diesem Pol aus — die Ohrhöhle als Hohlkugel gedacht — über einen halben Meridian bis zur oberen Öffnung. Dabei bleibt man, ohne stark zu drücken, stets mit der knöchernen Wand in Berührung und vermeidet es dadurch, einen Bogengang zu überspringen. Hat man die kratzende Bewegung auf einem solchen halben Meridian vollendet, so fängt man wieder von dem ersten Ausgangspunkt an und bestreicht einen zweiten neben dem ersten befindlichen Meridian. Man kommt durch etwa achtmaliges Wiederholen dieser Prozedur rings im Kreise herum, wodurch der ganze Inhalt der Ohrhöhle von der Wand abgerissen wird. Jetzt erst versucht man, mit dem Exkavator den gelockerten und zusammengekratzten Inhalt aus der Ohrhöhle herauszuholen. Es kommt ein kleines dunkelgefärbtes Klümpchen zum Vorschein, welches, wenn es nicht schon am Exkavator hängen bleibt, mit der spitzen Pinzette gepackt und hervorgezogen wird. Nachdem es in ein Uhrschälchen unter Wasser gebracht und auf eine schwarze Unterlage gestellt ist, erkennt man das Labyrinth an den drei Bogengängen und kann sich, wenn man die kleinen anhaftenden Gewebefetzchen mit Nadel und Pinzette entfernt, leicht von der Vollständigkeit der Bögen und Ampullen überzeugen.

Gewöhnlich zerreißen die Bögen bei der Herausnahme in folgender Weise. Entweder wird jeder einzelne Bogen an seinem einen Ende von dem Utriculus abgerissen, und dann sehen wir die Bögen als drei nicht ganz gleich lange, von einer kleinen Masse ausgehende Fäden im Wasser des Uhrschälchens flottieren, oder aber man sieht nur zwei solche Fäden, einen langen und einen kurzen. Der lange besteht dann aber aus zwei Bögen (anterior und posterior), welche

Lehre von den Sinnesempfindungen. 251

durch das Ende des Sinus utriculi, der durchgerissen ist, zusammenhängen. Da jeder Bogengang durch einen knöchernen Ring hindurchgeht, so ist im letzteren Falle der eine von den beiden zusammenhängenden Bögen durch den knöchernen Kanal des anderen mit hindurchgezogen worden. Bei einiger Geschicklichkeit gelingt es oft, das ganze Labyrinth im Zusammenhang auf diese Weise aus der Ohrhöhle zu entfernen. Sollte sich indessen bei der Untersuchung im Wasser ergeben, daß ein Bogengang zurückgeblieben ist, so muß man noch einmal mit dem Exkavator eingehen, und man beachte dann, daß die Form der Ohrhöhle nicht unbedeutend von der Hohlkugel abweicht. Sie buchtet nach hinten und meridianwärts von dem Bohrloch ziemlich weit aus, und an dieser medianen Wand befindet sich auch die Eintrittstelle des Nervus VIII. Hier pflegt der zurückbleibende Rest des Labyrinths noch am Nerven zu haften. Hat man sich überzeugt, daß alle drei Bögen entfernt worden sind, so stopft man noch einen der kleinen oben erwähnten Schwämme in die Ohrhöhle und wischt diese rings herumfahrend sauber aus. Dann wird die durchschnittene Schleimhaut wieder in ihre Lage gebracht, und die Operation kann in ganz der gleichen Weise auf der anderen Körperseite ausgeführt werden, wobei man dann nur nötig hat, den Drahtgalgen in das Loch am Ende des anderen Armes des Froschkreuzes einzustecken. Die aufgeschnittene Schleimhaut legt sich nach Beendigung der Operation genügend gut aneinander, so daß ein Vernähen derselben unterbleiben kann.

Die Operation führen wir zunächst nur einseitig aus. Der Frosch wird schnell entfesselt. Er hält den Kopf auf der operierten Seite tiefer. Gereizt springt er schief in die Höhe und fällt ungeschickt auf den Tisch zurück. Legt man ihn einige Male auf den Rücken und läßt ihn sich wieder in die Bauchlage umdrehen, so zieht er erst langsamer und schließlich gar nicht mehr die beiden Extremitäten an, die sich auf der nichtoperierten Seite befinden.

In ein großes Wasserbecken gebracht, überschlägt er sich und taumelt gewissermaßen im Wasser, indem er sich auch häufig um die Längsachse dreht. Doch kommt es noch gelegentlich zu regelrechten Schwimmstößen. Liegt er ruhig an der Oberfläche des Wassers, so taucht die operierte Seite des Körpers tiefer ins Wasser ein.

Wir setzen ihn dann auf eine kleine Drehscheibe und drehen ihn ganz langsam und immer nur um eine halbe oder ganze Drehung. Der Frosch sei rechts operiert. Bei Drehung nach links reagiert er dann noch fast wie ein normales Tier, wenn auch nicht so stark: er wendet den Kopf nach rechts. Bei Drehung nach rechts findet aber keine deutliche Reaktionsbewegung nach links statt. Umgekehrt, wenn man die Drehscheibe einige Zeit gedreht hat und dann plötzlich festhält, findet bei ihm nur dann eine deutliche Nachdrehung statt, wenn die Drehung nach rechts geschah.

252 Übungen zur Physiologie der Bewegung und Empfindung.

Der Frosch wird wieder aufgebunden und die Operation nun auch auf der zweiten Seite ausgeführt. Nach Verlust auch des zweiten Labyrinths zeigt der schnell wieder entfesselte Frosch sehr starke Störungen. Zwar hält er jetzt den Kopf nicht mehr schief, weil die Schädigung der Muskulatur auf beiden Seiten des Kopfes jetzt gleich groß ist, aber die Sprünge sind ganz anormal geworden. Ebenso die Bewegungen im Wasser: es werden nie mehr regelmäßige Schwimmstöße ausgeführt. Auf der Drehscheibe keine Drehschwindelerscheinungen (Kopfwendungen).

Auf dem Kletterbrett fehlen die kompensatorischen Kopfbewegungen (Heben und Senken des Kopfes), die das normale Tier zeigt, wenn man das Brett vorn senkt oder hebt.

269. Untersuchung des Richtungssinnes.

Aufgabe: Bei Ausschluß des Gesichtssinnes sind drei Stäbe in der Richtung der drei rechtwinkligen Koordinaten des Raumes einzustellen und die unter besonderen Bedingungen etwa eintretenden Abweichungen in Winkelgraden abzulesen.

Gebraucht werden: Ashers Koordinatenapparat zur Bestimmung des Richtungssinnes (Lieferant Stoppani & Cie., Bern).

Ausführung: Die Versuchsperson setzt sich mit verbundenen Augen an den Koordinatenapparat, welcher auf den Tisch festgeschraubt ist. Der Versuchsleiter stellt einen Stab ein und läßt ihn von der Versuchsperson mit der Hand abtasten. Dann wird der Versuchsperson die Aufgabe gegeben, die zwei anderen Stäbe rechtwinklig horizontal und vertikal zu dem ersten Stabe einzustellen. Die Einstellung wird an der Winkeleinteilung des Apparates abgelesen. Der Versuch wird bei verschiedenen Neigungen des Kopfes wiederholt. Bei normalen Personen tritt nur bei extremen Kopfhaltungen eine geringfügige Abweichung von der rechtwinkligen Orientierung der drei Koordinaten ein.

270. Aufsuchung der Wärme- und Kältepunkte.

Aufgabe: Es ist festzustellen, daß Wärme und Kälte nur an bestimmten Punkten empfunden wird.

Gebraucht werden: Punktförmiger Kälte- und Wärmetaster, Schläuche, Eis, warmes Wasser, Ablaufgefäß, Zulaufgefäß, verschieden temperierbarer Ästhesiometer, Versuchsperson, Thermometer, fein zugespitzter Farbstift.

Ausführung: Der Taster für Kälte- und Wärmepunkte wird durch Schläuche mit dem Zulauf- und Ablaufgefäß verbunden, das Zulaufgefäß wird entweder mit kaltem oder warmem Wasser gefüllt und

Lehre von den Sinnesempfindungen. 253

der Durchlauf durch den Taster eingeleitet. Lies die Temperatur ab. Dann wird die Versuchsperson, welche die Augen schließt, auf dem Handrücken an verschiedenen Stellen berührt. Das verschieden temperierbare Ästhesiometer hat zwei verschiebbare Taster, welche wie oben gefüllt werden können.

Beobachtungsaufgaben: 1. Stelle fest, daß nur gewisse Punkte Wärme, andere Kälte, andere nur Druck empfinden. Bezeichne die Kälte- und Wärmepunkte mit dem Farbstift. 2. Große Kälte der Spitze wird gelegentlich als „Hitze" empfunden. 3. Beobachte mit Hilfe des verschiebbaren Tasters, welchen Einfluß die Temperatur auf die Simultanschwelle des örtlichen Unterscheidungsvermögens hat.

271. Untersuchung der Schmerzempfindung.

Aufgabe: Es sind durch chemische und elektrische Reizung Orte aufzusuchen, welche reine Schmerzempfindung bzw. auch Jucken hervorrufen.

Gebraucht werden: Kleines Fläschchen, welches Eisessig enthält. Durch den Kork des Fläschchens ist ein Thermometerrohr gesteckt, welches bis nahe an die Oberfläche des Eisessigs reicht. Ein Stück feinsten Nähfadens (Nr. 90) ist als Docht durch das Rohr gezogen und taucht etwa 5 mm hervorragend in die Säure. Feine Reizelektrode, bestehend aus einem Elektrodenhalter, in welchen ein weicher Kupferdraht von $1/3$ mm Durchmesser mit hakenförmig umgebogenen Ende gefaßt ist. Das Drahtende muß sorgfältig abgeschmirgelt sein (von Freysche Apparate). Breite Binde als indifferente Elektrode, Schlittenapparat.

Ausführung: Behufs chemischer Reizung durch ein Tröpfchen Eisessig berührt man leicht mit dem Faden Stellen auf der Haut der Ellenbeuge unter Vermeidung der Berührung der Haare. Man achte darauf, an welchen Stellen der Haut Schmerz und Juckempfindung auftritt und wie der zeitliche Verlauf der Empfindungen ist. Behufs elektrischer Reizung wird eine breite Binde als indifferente Elektrode am linken Unterarm angelegt, mit der differenten Elektrode (Kathode der Öffnungsschläge), dem dünnen Kupferdrähtchen, Hautstellen der Beugeseite des Oberarms berührt. Der kurze Schenkel des Hakens wird senkrecht zur Hautfläche aufgesetzt, der lange Schenkel ist parallel oder tangential zu ihr gerichtet. Man steigert den Druck des Aufsetzens bis gerade zum Durchbiegen des dünnen Drahtes, wodurch Gleichmäßigkeit des Druckes gesichert wird. Die Haut wird nicht befeuchtet, die faradische Reizung soll nur wenige Sekunden dauern, der Rollenabstand des Induktionsapparates wird so lange gesteigert, bis deutliche Empfindung auftritt. Man achte auf Qualität und zeitliche Verhältnisse.

254 Übungen zur Physiologie der Bewegung und Empfindung.

272. Prüfung des Ortsinnes der Haut (Lokalisationsvermögen).

Aufgabe: Bestimmung der Simultanschwellen mit dem Weberschen Tasterzirkel.

Gebraucht wird: Ästhesiometer.

Ausführung: Die Versuchsperson muß die Augen schließen und angeben, ob sie die beiden genau gleichzeitig auf die Haut aufgesetzten Zirkelspitzen als eine oder als zwei Spitzen empfunden hat. Man beginnt die Untersuchung mit einer beliebig gewählten Distanz der Spitzen. Werden die Spitzen beim gleichzeitigen Aufsetzen doppelt empfunden, dann verringert man unter schrittweiser Prüfung ihre Distanz so lange, bis die Angaben, ob es sich um eine oder zwei Spitzen handelt, unsicher werden. Die kleinste Distanz, bei der noch eine sichere Doppelempfindung der gleichzeitig aufgesetzten Spitzen vorhanden ist, ist das Maß für die Feinheit des Lokalisationsvermögens. Hätte man den Abstand der beiden Spitzen zu Beginn des Versuches zu klein gewählt, so daß bei ihrem gleichzeitigen Aufsetzen nur eine Spitze gefühlt wird, dann müssen die Spitzen allmählich so weit auseinander geschoben werden, bis eine sichere Doppelempfindung eintritt. Hat man die Messung an einer Hautstelle in der einen Richtung, z. B. der Querrichtung, ausgeführt, dann wiederhole man sie an derselben Stelle in der darauf senkrechten, also Längsrichtung. Dabei zeigt es sich, daß an den Extremitäten in der Querrichtung eine kleinere Distanz der Zirkelspitzen noch als doppelt empfunden wird als in der Längsrichtung. Man muß alle Messungen mehrfach wiederholen und aus den einzelnen erhaltenen Werten das Mittel nehmen. Zur richtigen Ausführung der Versuche ist sorgfältigst darauf zu achten, daß die Spitzen genau gleichzeitig und nicht kurz hintereinander aufgesetzt werden. Im letzteren Falle entstehen Doppelempfindungen auch noch bei Abständen der Spitzen, wo bei gleichzeitigem Aufsetzen nur eine Empfindung wahrgenommen wird. Ferner darf beim Aufsetzen des Zirkels kein Druck ausgeübt werden, weil sonst durch Irradiation einfache Empfindungen anstatt Doppelempfindungen entstehen, ebenso muß ein ungleich starkes Andrücken der Spitzen vermieden werden, weil dadurch noch Doppelempfindungen entstehen bei Distanzen, wo beim richtigen Aufsetzen der Spitzen einfache Empfindungen angegeben werden. Man muß bei der Durchführung der Versuche auch Vexierversuche regellos einschalten, die darin bestehen, daß man wirklich nur mit der einen Spitze die Hand berührt. Bei der Ausführung der Versuche findet man, daß beim Übergang von größeren zu kleineren Distanzen die Zirkelspitzen bei kleineren Abständen doppelt empfunden werden als beim Übergang von kleineren zu größeren Distanzen. Der größte Abstand der Zirkelspitzen, welcher beim Aufsetzen auf die Haut nur eine Berührungsempfindung hervorruft, gibt den Durchmesser eines

Lehre von den Sinnesempfindungen. 255

Empfindungskreises an. Die Empfindungskreise sind an den Extremitäten Ellipsen, ihre Größe wechselt an den verschiedenen Stellen, z. B. Oberarm, Handrücken, Fingerbeere, Stirne, und nimmt zu mit der Ermüdung der Versuchsperson. Bewegt man das auf die Haut des Vorderarmes gesetzte Ästhesiometer bei unveränderter Spitzenstellung nach der Fingerspitze zu, so hat man die Empfindung, als ob die Zirkelspitzen sich immer mehr voneinander entfernen würden. Wegen der allmählich fortschreitenden Verkleinerung der Empfindungskreise in der Richtung vom Vorderarm zur Fingerspitze zu, kommen beim Bewegen des Tastzirkels in der angegebenen Richtung allmählich immer mehr und mehr nicht erregte Empfindungskreise zwischen den erregten zu liegen, wodurch das Auseinanderrücken der Zirkelspitzen vorgetäuscht wird. Bestimmung der Sukzessivschwellen. Die Versuchsperson, welche die Augen geschlossen hält, wird an einer Hautstelle mit einer feinen Spitze (Reizborste oder Schreibfeder) berührt und muß mit einer stumpfen Spitze den Ort der Berührung bezeichnen. Die Versuchsperson gibt nun je nach der Hautstelle, wo die Berührung stattfand, einen dem Berührungspunkte mehr oder weniger nahe gelegenen Punkt an. Die Größe des Fehlers, in Millimeter gemessen, ist das Maß für die Feinheit des Lokalisationsvermögens. Eine andere Methode zur Prüfung der Simultanschwelle ist folgende: Die Versuchsperson hat bei geschlossenen Augen anzugeben, ob zwei kurz nacheinanderfolgende Berührungen der Haut an derselben oder an verschiedenen Stellen erfolgt sind. Bei der Ausführung der Versuche muß man in regelloser Folge bald den zuerst berührten, bald einen anderen Hautpunkt berühren. Ferner muß die Berührung immer mit der gleichen Stärke erfolgen, weil sonst leicht Täuschungen unterlaufen.

273. Untersuchung des Kraftsinnes.

Aufgabe: Es sind durch Befestigung von Massen in verschiedenem Abstande von der Schulter auf den versteiften und horizontal gehaltenen Arm Drehungsmomente zu erzeugen, um zu erkennen, daß diese und nicht die Gewichte wahrgenommen werden.

Gebraucht werden: Hülse aus Gips oder einem leichten Metall zur Versteifung des Armes, hufeisenförmige Bleigewichte zum Aufsetzen auf den versteiften Arm (die Bleigewichte betragen 200 bis 600 g in Intervallen von je 50.

Ausführung: Auf den gestreckten Arm einer Versuchsperson wird die zur Versteifung dienende Hülse aufgelegt, welche verhindert, daß die aufgesetzten Gewichte durch den Drucksinn erkannt werden. Die sitzende Versuchsperson, deren Augen verbunden sind, läßt den geschienten, lateral fast bis zur wagrechten Stellung gehobenen Arm auf einem Kissen ruhen. Der Versuchsleiter befestigt einmal in 20,

256 Übungen zur Physiologie der Bewegung und Empfindung.

das andere Mal in 40 cm Abstand vom Drehpunkt der Schulter ein Gewicht und fordert zur Prüfung des Gewichtes auf, die in einer sehr langsamen Hebung des Armes bis zur wagerechten Lage des Armes besteht. Sobald die Versuchsperson den Arm wieder auf das Kissen zurücksinken läßt, nimmt der Versuchsleiter das Gewicht ab und ersetzt es rasch durch ein größeres oder kleineres auf der anderen Stelle. Die Versuchsperson hebt den Arm zum zweitenmal und urteilt darüber, ob ihr das zweite Gewicht größer, kleiner oder gleich erscheint wie das erste. Von Zeit zu Zeit werden blinde Versuche dazwischen geschaltet, die darin bestehen, daß dasselbe Gewicht zweimal auf dieselbe Stelle gesetzt wird.

Man kann auch so verfahren, daß man 20 cm vom Schultergelenk stets 600 g auflegt und nach Beurteilung desselben auf die 40 cm vom Schultergelenk entfernte Stelle 550 g und weiter herab je 50 g weniger dort auflegt, bis dasjenige Gewicht erreicht ist, welches mit Sicherheit als leichter beurteilt wird als die 600 g auf der der Schulter näheren Stelle.

274. Prüfung des Weberschen Gesetzes mit Hilfe von gehobenen Gewichten.

Aufgabe: Es ist zu untersuchen, wie groß der Unterschied zweier Gewichte sein muß, damit man beim Heben den Unterschied gerade wahrnimmt.

Gebraucht werden: Gewichte, eine Schale mit Halter, um die Gewichte zu tragen.

Ausführung: Die Versuchsperson setzt sich am besten mit verschlossenen Augen an einen Tisch und stützt den Arm auf. Darauf ergreift sie die vom Versuchsleiter übergebene Schale an dem Halter und hebt das Ganze mit dem darauf befindlichen Gewicht, um ein Urteil für die Schwere zu bekommen. Der Versuchsleiter beginne etwa mit dem Gewicht von 1 kg. Darauf beringt der Versuchsleiter, ohne daß die Versuchsperson etwas davon weiß, so viel Mehrgewicht auf die Schale an, daß die Versuchsperson in der Lage ist, einen sicher bemerkten Unterschied anzugeben. Notiere das Gewicht, wobei dies eintritt. Darauf wird das Ausgangsgewicht durch ein anderes, schwereres ersetzt, und wiederum wird das Zusatzgewicht aufgesucht, bei dem gerade mit Sicherheit der Unterschied bemerkt wird. Wenn bei einer Reihe von Gewichten die Untersuchung durchgeführt worden ist, stelle fest, wie sich die Größe des Zusatzgewichtes mit den Ausgangsgewichten verändert. Innerhalb der Gebiete, in denen das Webersche Gesetz gilt, sollte der relative Unterschied gleich bleiben. Oder anders ausgedrückt: Die wirklichen Unterschiede müssen proportional mit der Größe der Ausgangsgewichte wachsen.

Eine andere Methode der Prüfung des Weberschen Gesetzes be-

Lehre von den Sinnesempfindungen. 257

anspruoht allein den Drucksinn. Zu diesem Zweck wird die Hand mit dem Handteller nach unten glatt auf dem Tische aufgelegt und es kommen mit Hilfe einer passenden Unterlage Gewichte auf den Rücken von ein oder zwei Fingern. Es ist zu prüfen, wie groß bei verschieden schweren Gewichten das Zuwachsgewicht sein muß, damit ein Unterschied wahrgenommen wird.

275. Prüfung der spezifischen Funktionen des Geschmackssinnes.

Aufgabe: Es ist der Versuch zu machen nachzuweisen, daß die Empfindung des Sauern und Süßen, Bittern und Salzigen an spezifische Endorgane in der Zunge geknüpft sind.

Gebraucht werden: Kleine Fläschchen mit Zucker-, Salzlösung, Lösung von Chinin und von verdünnter Essigsäure, weiche, kleine, leicht zuspitzbare Pinsel bzw. Sonde mit kleinsten Wattebäuschchen.

Ausführung: Die Versuchsperson streckt die Zunge heraus. Der Versuchsleiter prüft mit den einzelnen Lösungen, indem er die Pinselspitze möglichst isoliert, auf einen punktförmigen Bezirk der Zunge aufsetzt, ob die Wahrnehmung der vier genannten Qualitäten an die Berührung von besonderen Geschmackspunkten in der Zunge geknüpft ist. Nach jeder einzelnen Prüfung muß die Zunge mit einer ganz indifferenten Lösung an der betreffenden Stelle abgewischt werden. Man mache eine Skizze der Zunge und zeichne auf dieser Skizze die Stellen ein, an denen man die Empfindung des Süßen, Sauern, Bittern und Salzigen als einzige Empfindung hat nachweisen können.

276. Trennung von Geruchs- und Geschmacksempfindungen.

Aufgabe: Es ist zu zeigen, daß der angebliche Geschmack einer $1/10$ n-Natronlauge in Wirklichkeit eine Geruchswahrnehmung ist.

Gebraucht werden: $1/10$ n-Natronlauge.

Ausführung: 2 bis 3 ccm $1/10$ n-Natronlauge werden auf das Zwanzigfache verdünnt. Die Versuchsperson verschließt die Nase fest und nimmt die Lösung in den Mund. Erst wenn die Nase geöffnet wird, tritt der sog. laugige Geschmack ein, ein Beweis, daß es sich um eine Geruchsempfindung handelt.

277. Olfaktometrie.

Aufgabe: Es ist die Geruchsschärfe quantitativ mit Hilfe von Zwaardemakers Olfaktometers zu bestimmen, welcher auf dem Prinzip beruht, daß Luft, die durch ein Glasrohr in die Nase eingezogen wird, durch wechselnde Längen eines mit Riechstoffen durchdrängten Tonzylinders passieren muß.

Gebraucht werden: Zwaardemakers Olfaktometer, Riechstoffe, z. B. Campher, Kölnisches Wasser, Petroleum, Citronenöl.

258   Übungen zur Physiologie der Bewegung und Empfindung.

Ausführung: Das gut gereinigte Glasrohr wird an seinem aufgebogenen Ende in die eine äußere Nasenöffnung eingeführt, während die andere Nasenöffnung mit dem Finger verschlossen wird. Über den jenseits des Schutzschirmes gelegenen Teil des Glasrohres wird vom Versuchsleiter zunächst der mit einer riechenden Substanz getränkte Tonzylinder vollständig übergeschoben, so daß die in die Nase eingezogene Luft keinen Dampf der Riechsubstanz erhält. Dann wird allmählich der Tonzylinder vorgeschoben, so daß eine immer größere Strecke desselben von der Luft passiert werden muß, bevor sie in das Glasrohr gelangt; demnach die Luft immer mehr und mehr mit dem Riechstoff geschwängert wird. Die Länge des Zylinders in Millimeter, wenn die Versuchsperson zum ersten Male die Qualität des Geruches anzugeben vermag, gilt als Maß für die Empfindlichkeit des Geruchssinnes gegenüber dem angewandten Geruchsstoff.

278. Herstellung von Mischungsgleichungen auf dem Gebiete des Geschmackssinnes.

Aufgabe: Es ist durch Mischung von zwei Stoffen, welche je eine einheitliche Geschmacksart haben, Geschmacksgleichheit mit einer gemischten Geschmacksempfindung zu erzielen, welche von einem chemisch reinen Körper herrührt.

Gebraucht werden: 3,42 n-Kochsalzlösung als Vertreter salzigen Geschmackes, 0,119 n-Weinsteinsäurelösung als Vertreter des sauren Geschmackes, 0,374 n-Ammoniumchloridlösung als Vertreter der Geschmacksart salzigsauer.

Ausführung: Zuerst werden 10 ccm der verschiedenen Lösungen fünf Minuten lang geprüft. Dann werden Mischungen der Kochsalzlösung und der Weinsäurelösung verschiedener Konzentration solange gemacht, bis dieselben geschmacksgleich mit der 0,374 n-Ammoniumchloridlösung geworden ist. Als individuelles Beispiel sei eines von v. Skramlik gegeben.

0,374 n-NH_4Cl geschmacksgleich 1,71 n-NaCl + 0,000 595 n-W.

279. Beobachtung des Kehlkopfes am Menschen[1]).

Gebraucht werden: Reflektor, Kehlkopfspiegel, Becherglas, 1 proz. Lysollösung, Gaslampe, Watte, Abbildungen vom Kehlkopf.

Zur Beobachtung des Kehlkopfes am Menschen bedient man sich des Kehlkopfspiegels, der ein kleines rundes oder ovales Planspiegelchen ist, das an einem langen Griff unter einer Neigung von 120° befestigt ist, und das in den Mundrachenraum eingeführt wird, wodurch ein Spiegelbild des entsprechend beleuchteten Kehlkopfes in dem Spiegel

---
[1]) Nach Fuchs.

Lehre von den Sinnesempfindungen. 259

entsteht. Um eine möglichst helle (fokale) Beleuchtung des Kehlkopfes zu erzielen, bedient man sich des Stirnreflektors, mit dem ein verkleinertes Bild der Lichtquelle im Kehlkopf erzeugt wird.

Das beobachtende, mit dem Reflektor von 15 cm Brennweite bewaffnete Auge befindet sich z. B. in 10 cm Entfernung von der Mundöffnung des Untersuchten; der Kehlkopfspiegel sei 7 cm tief in die Mundrachenhöhle eingeführt, und es betrage die Entfernung des Spiegelchens vom Kehlkopf gleichfalls ungefähr 7 cm, dann ist der Reflektor 24 cm vom Kehlkopf entfernt (der gewöhnlichen Sehweite beim Arbeiten). Also muß das vom Reflektor erzeugte Bild der Lichtquelle in dieser Entfernung liegen. Da wir aber nur ein kleines Objekt beleuchten wollen, so brauchen wir zur maximalen Beleuchtung des Kehlkopfes ein verkleinertes Flammenbild. Ein solches wird von einem Konkavspiegel nur dann geliefert, wenn sich die Lichtquelle (Flamme) außerhalb der doppelten Brennweite des Spiegels befindet. In unserem Falle wird also die Lichtquelle 40 cm vom Reflektor entfernt sein müssen, um in 24 cm vor ihm ein verkleinertes Bild der Lichtquelle zu liefern. Da sich das mit dem Reflektor versehene Auge 17 cm vor dem eingeführten Kehlkopfspiegel befindet, so muß die Lichtquelle seitlich hinter dem Kopfe des Beobachteten stehen. Steht die Lampe in der angegebenen Entfernung rechts vom Untersuchten, dann muß der Untersucher den Reflektor vor sein rechtes Auge bringen.

Die Untersuchung wird im Sitzen vorgenommen. Der zu Untersuchende neigt seinen Kopf etwas nach hinten und streckt aus der weit geöffneten Mundhöhle seine Zunge möglichst weit flach hervor und faßt die Zunge mit einem Taschentuch zwischen Zeigefinger und Daumen der einen Hand. Der Zeigefinger liegt auf der Oberfläche, der Daumen auf der Unterfläche der Zunge. Der Untersucher stellt nun den Reflektor so sein, daß das Velum gut beleuchtet ist, und führt von dem der Lichtquelle abgekehrten Mundwinkel aus den nach der Art einer Schreibfeder am Griff leicht gehaltenen Kehlkopfspiegel ein. Damit sich dieser nach dem Einführen in die Mundhöhle nicht beschlägt (Abkühlung der erwärmten mit Wasserdampf gesättigten Exspirationsluft am Spiegel), muß man die vordere Spiegelfläche über einer Gasflamme auf Körpertemperatur erwärmen. Die Erwärmung darf aber nicht so stark sein, daß die Metallfassung des Spiegels heiß wird, um Verbrennungen zu vermeiden. Deshalb prüft der Untersucher die Temperatur des einzuführenden Spiegels durch Aufsetzen auf seinen eigenen Handrücken. Einfacher und besser (Desinfektion) ist es, den Spiegel vor dem Einführen in eine 1 proz. Lysollösung einzutauchen, in der er sich mit einer dünnen, durchsichtigen Lysolschicht (Seifenmembran) überzieht, die das Beschlagen des Spiegels verhindert. Die Rückseite und Randfassung des Spiegels werden mit einem Wattebäuschchen sorgfältig abgetrocknet, um den unangeneh-

17*

men Lysolgeschmack beim Berühren der Schleimhäute zu vermeiden. Der Spiegel wird ohne den harten Gaumen oder die Zunge zu berühren bis an das Gaumensegel eingeführt, wobei alle unzarten, stoßweisen Bewegungen, sowie die Berührung der hinteren Rachenwand zu vermeiden sind, wodurch Würgbewegungen ausgelöst werden würden. Man hält den Spiegel leicht gegen die vordere Fläche des Gaumensegels angedrückt, so daß die Uvula durch die Rückseite des Spiegels nach oben gedrängt wird. Nun stellt sich im Spiegel der Kehlkopf ein, je nachdem man den Spiegel mehr senkrecht oder wagrecht hält.

Sobald wir das Kehlkopfbild, namentlich die Stimmbänder, sehen, beobachten wir ihre Stellung zunächst bei ruhiger Atmung. Wir sehen im Spiegelbild die nach vorn (ventral) liegenden Kehlkopfgebilde oben, die nach hinten (dorsal) liegenden unten. Nach oben sehen wir den Zungengrund und vor ihm die eigenartig bogenförmig geschwungene Epiglottis, deren knorpeliger Rand manchmal gelblich durchscheint. Von den seitlichen Rändern der Epiglottis ziehen nach unten die Plicae aryepiglotticae, in denen die Cartilagines Wrisbergii als kleine Höcker erkennbar sind. Unterhalb liegen als kleine rötlich gefärbte Erhebungen die Santorinischen Knorpel. Von der Mitte der Epiglottis ziehen nach unten zwei weißlich glänzende Streifen, die im unteren Teil des Spiegelbildes sich mehr voneinander entfernen, es sind die beiden Stimmbänder (Stimmlippen), die zwischen sich einen dreieckigen Spalt (Glottis) lassen, durch den die vordere Kehlkopf- und Trachealwand sichtbar wird. Die Stimmbänder setzen sich an den hell durchscheinenden Processus vocales an. Lateral sind die Stimmbänder von einer dunkler erscheinenden Einsenkung, dem Eingang zum Ventriculus Morgagni, begrenzt. Noch weiter lateral liegen zwei dicke hellrote Wülste, die falschen Stimmbänder.

Man sieht, wie die Stimmbänder bei jeder Inspiration auseinanderweichen, so daß der zwischen ihnen liegende Spaltraum sich vergrößert, und bei jeder Exspiration sich nähern, wodurch die Glottis verengt wird. Bei tiefer Inspiration gehen die Stimmbänder sehr weit auseinander, man sieht dann die tieferen Teile der Trachea, manchmal sogar die Ursprungsstelle der beiden Hauptbronchien, welche als zwei nebeneinander liegende dunkle, fast kreisrunde Öffnungen erscheinen. An der Trachealwand erkennt man deutlich die einzelnen, hellweiß durchschimmernden Knorpelringe. Nach diesen Beobachtungen läßt man den Untersuchten laut den Vokal e oder i aussprechen. Die Stimmbänder nähern sich dabei sehr stark der Mittellinie und lassen nur einen ganz schmalen Spalt zwischen sich. Nur der hinterste (im Spiegelbild unterste) Teil der Glottis zwischen den Aryknorpeln erscheint weniger verengt (Glottis respiratoria). Die Form des von den Stimmbändern begrenzten Teiles der Stimmritze (Glottis vocalis) erscheint etwas verschieden, je nachdem man höhere oder tiefere Töne angeben läßt.

Verlag von Julius Springer in Berlin W 9

Die Lebensnerven. Ihr Aufbau. Ihre Leistungen. Ihre Erkrankungen. Zweite, wesentlich erweiterte Auflage des Vegetativen Nervensystems. In Gemeinschaft mit zahlreichen Fachgelehrten dargestellt von Dr. L. R. Müller, Professor der Inneren Medizin, Vorstand der Inneren Klinik in Erlangen. Mit 852 zum Teil farbigen Abbildungen und 4 farbigen Tafeln. (XI u, 614 S.) 1924.
85 Goldmark; gebunden 86.50 Goldmark / 8.35 Dollar; gebunden 8.70 Dollar

Das autonome Nervensystem. Von J. N. Langley, Professor der Physiologie an der Universität zu Cambridge. Erster Teil. Autorisierte Übersetzung von Dr. Erich Schilf, Privatdozent für Physiologie, Assistent am Physiologischen Institut zu Berlin. (IV u. 69 S.) 1922.
2.10 Goldmark / 0.50 Dollar

Praktikum der Gewebepflege oder Explantation besonders der Gewebezüchtung. Von Dr. phil. Rhoda Erdmann, Privatdozent der Philosophischen Fakultät an der Friedrich Wilhelms-Universität zu Berlin. Mit 101 Textabbildungen. (VIII u. 118 S.) 1922.
6 Goldmark / 1.45 Dollar

Kurzes Lehrbuch der physiologischen Chemie. Von Dr. Paul Hári, o. ö. Professor der physiologischen und pathologischen Chemie an der Universität Budapest. Zweite, verbesserte Auflage. Mit 6 Textabbildungen. (X u. 354 S.) 1922.
Gebunden 11 Goldmark / Gebunden 2.65 Dollar

Kurzes Lehrbuch der allgemeinen Chemie. Von Julius Gróh, o. ö. Professor der Chemie an der Tierärztlichen Hochschule Budapest. Übersetzt von Paul Hári, o. ö. Professor der physiologischen und pathologischen Chemie an der Universität Budapest. Mit 69 Abbildungen. (VIII u. 278 S.) 1923.
Gebunden 8 Goldmark / Gebunden 1.95 Dollar

Praktikum der physikalischen Chemie, insbesondere der Kolloidchemie für Mediziner und Biologen. Von Dr. med. Leonor Michaelis, a. o. Professor an der Universität Berlin. Zweite, verbesserte Auflage. Mit 40 Textabbildungen. (VIII u. 183 S.) 1922.
5 Goldmark / 1.20 Dollar

Grundriß der theoretischen Bakteriologie. Von Dr. phil. Traugott Baumgärtel, Privatdozent für Bakteriologie an der Technischen Hochschule München. Mit 8 Abbildungen. (XXXVIII u. 259 S.) 1924.
9.60 Goldmark; gebunden 10.50 Goldmark / 2.30 Dollar; gebunden 2.50 Dollar

Technik und Methodik der Bakteriologie und Serologie. Von Professor Dr. M. Klimmer, Obermedizinalrat, Direktor des Hygienischen Instituts der Tierärztlichen Hochschule Dresden. Mit 228 Abbildungen. (XI u. 520 S.) 1923.
14 Goldmark / 3.35 Dollar

Verlag von Julius Springer in Berlin W 9

Monographien aus dem Gesamtgebiet der Physiologie der Pflanzen und der Tiere

Herausgegeben von

M. Gildemeister-Leipzig, R. Goldschmidt-Berlin,
C. Neuberg-Berlin, J. Parnas-Lemberg,
W. Ruhland-Leipzig

Erster Band: **Die Wasserstoffionen-Konzentration,** ihre Bedeutung für die Biologie und die Methoden ihrer Messung. Von Dr. **Leonor Michaelis,** a. o. Professor an der Universität Berlin. Zweite, völlig umgearbeitete Auflage. In drei Teilen.
Teil I: **Die theoretischen Grundlagen.** Mit 32 Textabbildungen. Unveränderter Neudruck. (XI u. 262 S.) 1923. Gebunden 11 Goldmark / Gebunden 2.65 Dollar
Teil II: **Methodik.** In Vorbereitung
Teil III: **Physiologie.** In Vorbereitung

Zweiter Band: **Die Narkose** in ihrer Bedeutung für die allgemeine Physiologie. Von **Hans Winterstein,** Professor der Physiologie und Direktor des Physiologischen Instituts der Universität Rostock. Zweite Auflage.
In Vorbereitung

Dritter Band: **Die biogenen Amine** und ihre Bedeutung für die Physiologie und Pathologie des pflanzlichen und tierischen Stoffwechsels. Von **M. Guggenheim.** Zweite, umgearbeitete und vermehrte Auflage. (VIII u. 474 S.) 1924.
20 Goldmark; gebunden 21 Goldmark / 4.80 Dollar; gebunden 5 Dollar

Vierter Band: **Elektrophysiologie der Pflanzen.** Von Dr. **Kurt Stern,** Frankfurt a. M. Mit 82 Abbildungen. (VII u. 219 S.) 1924.
11 Goldmark; gebunden 12 Goldmark / 2.65 Dollar; gebunden 2.90 Dollar

Fünfter Band: **Anatomie und Physiologie der Capillaren.** Von **August Krogh,** Professor der Zoophysiologie an der Universität Kopenhagen. In deutscher Übersetzung von Professor Dr. **U. Ebbecke** in Göttingen. Mit 51 Abbildungen. (XII u. 282 S.) 1924.
12 Goldmark; gebunden 13 Goldmark / 2.90 Dollar; gebunden 3.10 Dollar

Sechster Band: **Körperstellung.** Experimentell-physiologische Untersuchungen über die einzelnen bei der Körperstellung in Tätigkeit tretenden Reflexe, über ihr Zusammenwirken und ihre Störungen. Von **R. Magnus,** Professor an der Reichsuniversität Utrecht. Mit 263 Abbildungen. (XIII u. 740 S.) 1924.
27 Goldmark; gebunden 28.50 Goldmark / 6.45 Dollar; gebunden 6.80 Dollar

Siebenter Band: **Kolloidchemie des Protoplasmas.** Von Dr. **W. Lepeschkin,** früher Professor der Pflanzenphysiologie an der Universität Kasan, jetzt Professor in Prag. Mit 22 Abbildungen. (IX u. 228 S.) 1924.
9 Goldmark; gebunden 9.90 Goldmark / 2.15 Dollar; gebunden 2.40 Dollar

MIX
Papier aus verantwortungsvollen Quellen
Paper from responsible sources
FSC® C105338

If you have any concerns about our products,
you can contact us on
ProductSafety@springernature.com

In case Publisher is established outside the EU,
the EU authorized representative is:
**Springer Nature Customer Service Center GmbH
Europaplatz 3, 69115 Heidelberg, Germany**

Printed by Libri Plureos GmbH
in Hamburg, Germany